高等职业教育土建专业系列教材

建筑工程测量

（第二版）

主　编　黄炳龄
副主编　陈能辉　刘　放　赖晓龙　颜循英
参　编　涂群岚　张佑林　黄宇晨
主　审　程朋根

南京大学出版社

图书在版编目(CIP)数据

建筑工程测量 / 黄炳龄主编. —2 版. —南京：南京大学出版社，2017. 1(2023. 1 重印)

ISBN 978 - 7 - 305 - 17954 - 9

Ⅰ. ①建… Ⅱ. ①黄… Ⅲ. ①建筑测量—高等职业教育—教材 Ⅳ. ①TU198

中国版本图书馆 CIP 数据核字 (2016) 第 298517 号

出版发行 南京大学出版社
社　　址 南京市汉口路 22 号　　邮　　编 210093
出 版 人 金鑫荣

书　　名 **建筑工程测量(第二版)**
主　　编 黄炳龄
责任编辑 董 薇 吴 华　　编辑热线 025 - 83597482

照　　排 南京开卷文化传媒有限公司
印　　刷 常州市武进第三印刷有限公司
开　　本 787×1092 1/16 印张 23 字数 565 千
版　　次 2023 年 1 月第 2 版第 7 次印刷
ISBN 978 - 7 - 305 - 17954 - 9
定　　价 49. 80 元

网　　址：http://www. njupco. com
官方微博：http://weibo. com/njupco
官方微信号：njuyuexue
销售咨询热线：(025)83594756

前　言

（第二版）

本书按照高等职业技术院校土建类专业教育标准、培养目标及测量课程的教学大纲，在第一版的基础上修订而成，适合作为高职高专土建类专业的教材，也可作为相关专业人员的参考用书。

本书具有或力求达到如下特点：全面性，适合土建类各专业选用；针对性，针对高职高专学生特点进行编写；应用性，有双师型教师和工程技术人员参加编写，更加贴近教学和工程实际；创新性，融入了“理实一体化行动导向教学法”教学模式等教研成果；现代性，更新了测量的最新知识及发展趋势。

本书共分4篇23章，第1篇（第1章～第10章）测绘技术基础篇，内容为测量工作简介，水准测量和水准仪，角度测量和经纬仪，距离测量与直线定向，测量误差的基本知识，电子全站仪与GPS定位系统，小地区控制测量，大比例尺地形图的知识，大比例尺地形图的测绘，大比例尺地形图的应用；第2篇（第11章～第17章）工程施工阶段测量篇，内容为测设的基本工作，施工控制测量，民用建筑施工测量，工业建筑施工测量，线路工程测量，桥梁工程测量，地下工程测量；第3篇（第18章～第20章）工程运营管理阶段测量篇，内容为变形观测，竣工测量，展望；第4篇（第21章～第23章）工程测量实训指导篇，内容为测量实训总则，单项技能课间实训指导，综合技能作业周实训指导。

本书由江西建设职业技术学院黄炳龄主编，江西省建筑设计研究总院陈能辉、武汉船舶职业技术学院刘放、福建林业职业技术学院赖晓龙和广西理工职业技术学院颜循英担任副主编，江西建设职业技术学院涂群岚、张佑林和江西电信信息产业有限公司黄宇晨参加编写。具体编写分工如下：黄炳龄负责第1,6,7,20,21,23章以及附录编写；陈能辉负责第3,4,15,16章编写，刘放负责第11章编写，赖晓龙负责第10章编写，颜循英负责第14章编写，涂群岚负责第17,18,19章编写；张佑林负责第2,12,13章编写；黄宇晨负责第5,8,9章编写；第22章“单项技能课间实训指导”由相关章节的编写人员编写。最后由黄炳龄统稿，东华理工大学程朋根主审。

由于编者水平有限，时间仓促，书中难免存在不妥之处，谨请读者批评指正。

本书采用基于二维码的互动式学习平台，配有二维码，读者可通过微信扫描二维码获取本书相关的电子资源（课件、规范、习题答案等），体现了数字出版和教材立体化建设的理念。

编　者

2016年10月

目　录

第1篇　测绘技术基础

第 2 篇　工程施工阶段测量

第 3 篇　工程运营管理阶段测量

第 4 篇　工程测量实训指导

第 1 篇
测绘技术基础

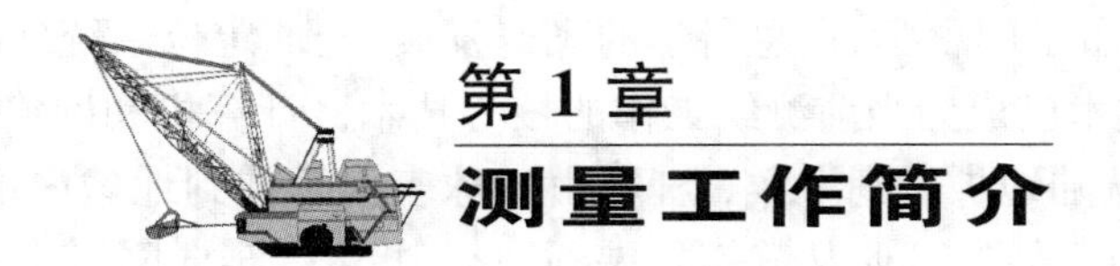

第1章 测量工作简介

第1节　测绘学的定义、分类和作用

一、测绘学的定义和分类

测绘学又称测绘科学技术，是研究测定和推算地面的几何位置、地球形状及地球重力场，据此测量地球表面自然形态和人工设施的几何分布，并结合某些社会信息和自然信息的地理分布，编制全球和局部地区各种比例尺地图和专题地图的理论和技术的学科，是地球科学的重要组成部分。

测绘学属于工学学科门类之中的一个一级学科，下设3个二级学科——大地测量学与测量工程、摄影测量与遥感、地图制图学与地理信息工程。

测绘学按照研究的范围、研究的对象及采用的技术手段不同，可分为12个分支学科：大地测量、海洋测绘、工程测量、房产测绘、地籍测绘、行政区域界线测绘、测绘航空摄影、摄影测量和遥感、地图制图、地理信息工程、导航电子地图制作、互联网地理信息服务。

二、测绘学的地位和作用

测绘学的实质就是确定地面点和空间点的位置，测绘科学技术的应用非常广泛，在国民经济建设、国防建设以及科学研究等领域都占有重要的地位，对国家可持续发展发挥着越来越重要的作用。

测绘工作常被人们称为建设的尖兵，不论是国民经济建设还是国防建设，其勘测、设计、施工、竣工及运营管理等阶段都需要测绘工作，而且都要求测绘工作“先行”。

在国民经济建设方面，测绘信息是国民经济和社会发展规划中最重要的基础信息之一。测绘工作为国土资源开发利用，工程设计和施工，城市建设、工业、农业、交通、水利、林业、通信、地矿等部门的规划和管理提供地形图和测绘资料。土地利用和土壤改良、地籍管理、环境保护、旅游开发等都需要测绘工作，应用测绘工作成果。

在国防建设方面，测绘工作为打赢现代化战争提供测绘保障。各种国防工程的规划、设计和施工都需要测绘工作，战略部署、战役指挥离不开地形图，现代测绘科学技术对保障远程导弹、人造卫星或航天器的发射及精确入轨起着非常重要的作用，现代军事科学技术与现代测绘科学技术已经紧密地结合在一起。

在科学研究方面，诸如航天技术、地壳变形、地震预报、滑坡监测、灾害预报和防治、环境保护、资源调查以及其他科学的研究中，都要应用测绘科学技术，需要测绘工作的配合。地理信息系统(GIS)、数字城市、智慧城市、数字中国、数字地球的建设都需要现代测绘科学技术提供基础数据信息。

近十几年来，随着空间科学、信息科学的飞速发展，全球定位系统(GPS)、遥感(RS)、地理信息系统(GIS)技术已成为当前测绘工作的核心技术。计算机和网络通信技术的普遍应用使测绘领域早已从陆地扩展到海洋、空间，由地球表面延伸到地球内部；测绘技术体系从模拟转向数字、从地面转向空间、从静态发展到动态，并进一步向网络化和智能化方向发展；测绘成果已从三维发展到四维，从静态发展到动态。随着新的理论、方法、仪器和技术手段不断涌现及国际测绘学术交流合作日益密切，我国的测绘事业必将取得更多更大的成就。每个测绘工作者有责任兢兢业业、不避艰辛，努力当好国民经济建设的尖兵，为我国的经济建设和社会发展多做贡献。

第2节　工程测量的定义、分类和作用

一、工程测量的定义和分类

1. 工程测量的定义

在现代社会中，“工程”一词有广义和狭义之分。就狭义而言，工程定义为“某组设想的目标为依据，应用有关的科学知识和技术手段，通过一群人的有组织活动将某个(或某些)现有实体(自然的或人造的)转化为具有预期使用价值的人造产品过程”。就广义而言，工程则定义为“由一群人为达到某种目的，在一个较长时间周期内进行协作活动的过程”。

需要确定产品位置、形状和大小的工程对象包括：房屋建筑、线路、桥梁隧道、水利、矿山、地下、林业、军事、城市、工业和海洋等工程。

工程一般分为规划(设计)、建设(施工或生产)和运营(管理或使用)3个阶段。3个阶段有时会重叠，例如城市工程中，规划、建设与管理3个阶段实际上是并存的。

工程测量是为各种工程在规划、建设、运营阶段，应用测绘学理论和方法，提供产品位置、形状和大小保障和服务的技术。

2. 工程测量的分类

按照测量精度，工程测量可分为普通工程测量和精密工程测量。

按照工程对象，工程测量可分为建筑工程测量、水利工程测量、线路工程测量、桥隧工程测量、地下工程测量、海洋工程测量、军事工程测量、工业测量，以及矿山测量、城市测量等。

按照测绘资质分级标准，工程测量分为控制测量、地形测量、城乡规划定线测量、城乡用地测量、规划检测测量、日照测量、市政工程测量、水利工程测量、建筑工程测量、精密工程测量、线路工程测量、地下管线测量、桥梁测量、矿山测量、隧道测量、变形(沉降)观测、形变测量、竣工测量。

测量学是测绘工程专业及相关专业的一门专业技术基础课。测量学研究地球表面局部地区内测绘工作的基本理论、技术、方法及应用。由于是在地球表面一个小区域内进行测绘工作，故可以把这块球面看作平面而不顾及地球曲率的影响。测量学又称为普通测量学或地形测量学，其主要内容包括水准测量、角度测量、距离测量、控制测量、地形图测绘及地形图的应用。

本书主要包括普通测量学内容，即测绘学基础的内容，以及部分工程测量内容。着重介绍常规测量仪器的构造与使用、大比例尺地形图的测绘与应用、一般工程施工阶段测量工作以及工程运营管理阶段测量工作。

3. 工程测量的工作内容

(1) 控制网建立：工程各阶段的测图、施工、安装控制网和变形监测网建立。

(2) 地形图测绘：工程规划阶段的模拟或数字形式地形资料提供。

(3) 施工放样：工程建设阶段的建筑物测设，大型精密设备的安装和调试测量；工程验收时的竣工测量。

(4) 质量检测：工程建设阶段的质量检测；工业产品生产中的质量检测。

(5) 变形监测：工程建设、运营阶段的建筑物变形及工程有关的地质病害的监测、机理解释和预报。

二、工程测量在工程建设各个阶段的作用

工程建设的各个阶段都离不开测量工作。在工程规划设计阶段，首先要测绘地形图，为设计提供详细、准确的各种比例尺图件和测绘资料，以便确定布局合理、经济实用的设计与规划方案。在工程施工阶段，根据设计图纸的要求，将设计好的建(构)筑物的位置，在场地上标定出来，作为施工位置的依据。在施工过程中要及时为施工提供所需的轴线及标高，以保证按图施工实现设计理想，也要对施工和安装工程采用测量的方法进行几何尺寸、平面位置及标高等检验、校核，以满足设计要求，保证结构安全。测量工作也是评定施工质量的依据之一。在运营管理阶段，对某些大中型的建(构)筑物以及重要结构的地基稳定情况，还要定期进行变形观测，以保证建(构)筑物的安全运营，也为改进设计提供重要的依据。由此可见，在工程建设中自始至终都需要测量工作。而测量的精度和速度直接影响到整个工程的质量与进度。因此，工程测量对指导工程设计、要求按图施工、鉴定工程质量、保证工期及安全运营管理等都具有十分重要的意义。

特别是近年来城市建设在不断发展，建(构)筑物的结构、功能、规模以及施工的新方法、新工艺相继出现。在结构上，从原来的四五层砖混结构发展到二三十层的钢砼结构，甚至高度达百米的钢结构；在功能上，从住宅楼、办公楼、教学楼等发展到大型公用建筑物、高级饭店、写字楼、公寓、俱乐部等。这些变化使建筑物平面和立面的造型由直角和直线的轮廓向任意角度和曲线变化。在规模上，从单幢建筑物发展为建筑群或建筑小区；在施工方法上，由于机械化程度提高，已不只是现场砌筑，而常采用预制构(部)件现场安装，加快了施工速度；在施工工艺上，从传统的砌筑、倒模，向升板、大模和滑模发展。各种立交桥、高速公路、地下交通等工程的建设，都对测量工作在方法、精度和速度上提出了新的要求。为此，对于建筑工程技术、城镇规划与建设、给水与排水、供热与通风、建筑设备安装、道路与桥梁工程技术等建设类专业的学生，在掌握相关测量知识上提出如下要求：第一，要掌握测绘学的基本理论、基本知识及基本技能；第二，能熟练操作各种测量仪器；第三，会使用各种测量仪器进行高程、角度、距离等基本的测量工作；第四，由已知数据及观测数据会计算出所求点位的坐标、高程、方位等；第五，能进行各种地形图、平面图的测绘与使用；第六，能应用所学的测量知识，进行建筑施工中的定位、放线、投测轴线、抄平等工作。

第3节　地面点位的确定

一、测量的基准面

测量工作研究的对象是地面点。这些连续不断的地面点组成了起伏不平、极其复杂的地球表面，有高山、丘陵、平原和海洋。描述这样一个复杂表面上各点的位置，就要选择一个基准面作为依据。由于地球表面上海洋的面积约占71％，而陆地面积仅占28％，因此，人们很自然地把理想静止的海水表面选为基准面。静止的(海)水面称为水准面，与水准面相切的平面称为水平面。海水表面有涨有落，因此水准面不是唯一的。但是某一点多年平均海水面位置基本上是稳定的。所以，人们就选取过本国或本地区一点的平均静止的海水面为唯一的基准面，称为大地水准面。大地水准面穿过大陆与岛屿延伸而形成一个闭合曲面，包围的形体称为大地体。

由于地球的自转运动，地球上任一点都要受到离心力和吸引力的作用，这两个力的合力称为重力。重力的作用线为铅垂线，铅垂线是测量工作的基准线，而静止的水表面处处与铅垂线垂直，那么，大地水准面也就必然保持这一特征。但是，由于地球内部质量分布不均匀，引起铅垂线的方向产生不规则的变化，致使大地水准面成为一个不规则的复杂曲面，如图1－1－1(a)所示，它不能用一个规则几何形体和数学公式表达。若把地球的自然表面投影到这个曲面上，就很难进行测量的计算与制图工作。为此，人们就采用一个与大地水准面非常接近的规则几何表面来代替它，以表示地球的形状与大小。这个规则的几何表面就称为地球椭球面，它包围的形体称为地球(参考)椭球体，如图1－1－1(b)所示，作为测量工作和制图工作的基准面。地球(参考)椭球体由椭圆NESW绕其短轴NS旋转而成，如图1－1－2所示，它的形状与大小，通常用其长半径a、短半径b和扁率α表示。我国目前采用的元素值为$a = 6\,378\,140$ m，$\alpha = \dfrac{a-b}{a} = \dfrac{1}{298.257}$，并选择陕西省泾阳县永乐镇某点为大地原点，进行大地定位。由此而建立起国家坐标系，就是现在使用的“1980年国家大地坐标系”。

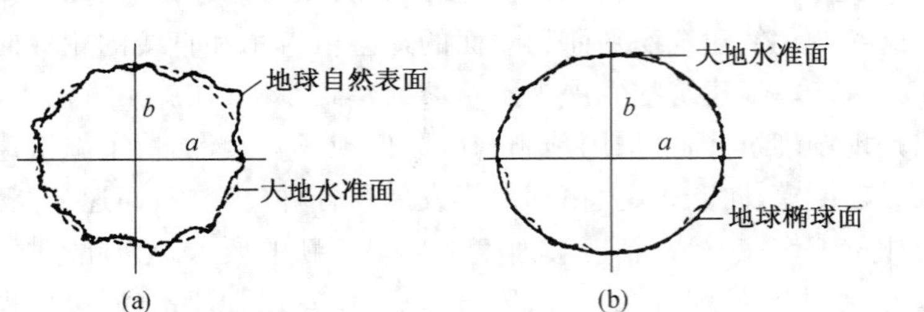

图1－1－1　大地水准面与地球椭球面

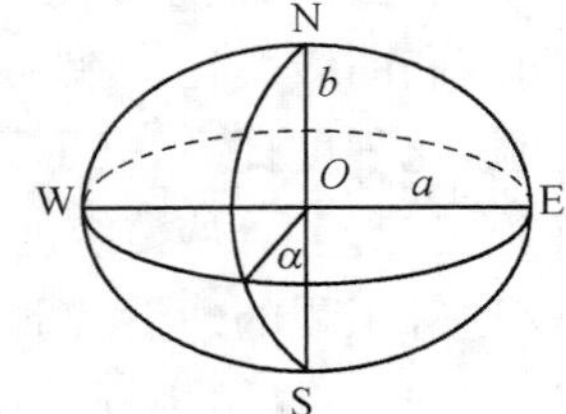

图1－1－2　地球(参考)椭球体

地球(参考)椭球体的扁率很小，在小范围内可近似地把它作为圆球，其半径为

$$R = \frac{1}{3}(2a + b) = 6\,371\ \text{km}$$

二、确定点位的方法

从几何学中知道，一个点的空间位置需要用三个量来确定，即三维空间坐标。同样，在确定地面点位时，也采用三维空间坐标来表示。在大范围内，用球面坐标系的两个坐标表示地面点投影到椭球体表面上的位置。在小范围内，用平面直角坐标系中两个坐标表示地面点投影到水平面上的位置；第三个坐标用高于或低于大地水准面铅垂距离来表示，如图1-1-3所示。

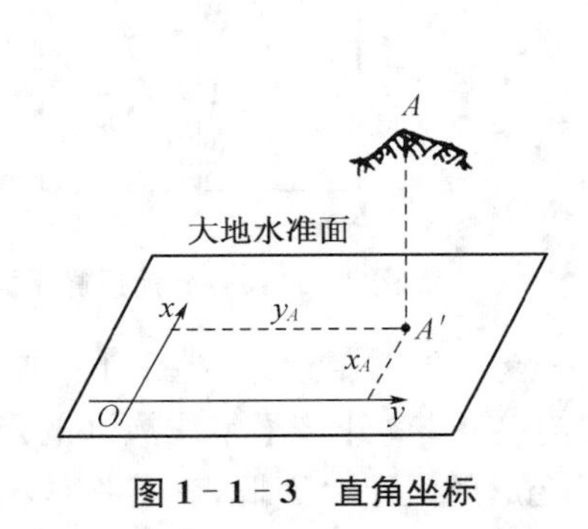

图1-1-3　直角坐标

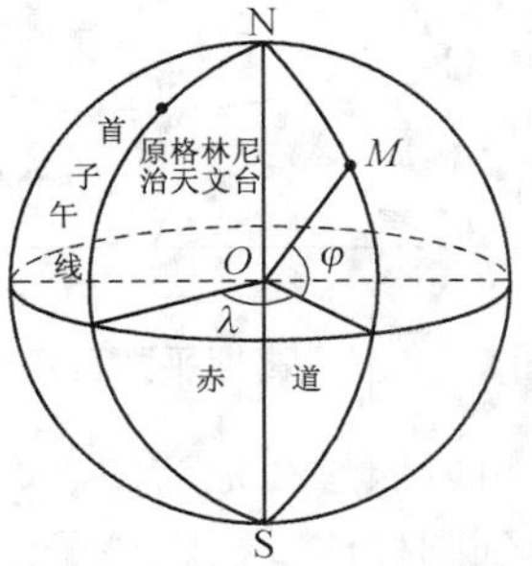

图1-1-4　地理坐标

(一) 地面点在投影面上的坐标

1. 地理坐标

在大区域内或从整个地球范围内来考虑点的位置，常采用经度 λ 和纬度 φ 表示，称为地理坐标。如图1-1-4所示，N、S分别为地球北极和南极，NS称为地轴，O 为地球的中心。

通过地球的中心且垂直于地轴的平面称为赤道面，它与地球表面的交线就是地球赤道线。

经过地轴所作的平面称为子午面，它与地球表面的交线称为子午线。通过国际协议原点(CIO)和原格林泥治天文台的子午面和子午线分别称首子午面和首子午线。

地面上某一点 M 的经度就是通过该点的子午面与首子午面间的夹角，用 λ 表示。经度从子午线起向东自0°～180°称为东经，向西自0°～180°称为西经。

M 点的纬度就是该点的铅垂线与赤道平面间的夹角，用 φ 表示。纬度从赤道起向北自0°～90°称为北纬，向南自0°～90°称为南纬。

地面上每一点都有一对地理坐标。例如，位于南昌市某点的地理坐标为东经115°51′，北纬28°41′。知道了点的地理坐标，就可以确定该点在大地水准面上的投影位置。

2. 高斯平面直角坐标

地理坐标是球面坐标，在国家的中、小比例尺地图绘制中常采用。在工程建设设计、施工中使用的大比例尺地形图，则用高斯平面直角坐标来确定地面点的平面位置。

由于地球表面是曲面，要把曲面上的点投影到平面上，就必须采用适当的投影方法。为了叙述方便，把地球近似看作圆球，并设想把投影面卷成圆柱体套在地球上，那么就有一条子午线与圆柱体内壁相切如图1-1-5所示。

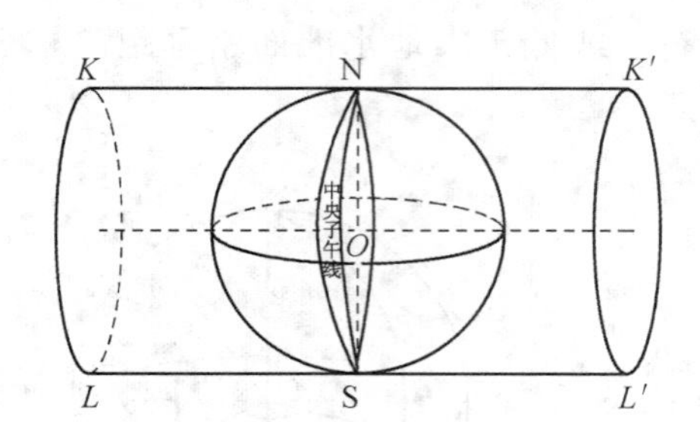

图 1-1-5　高斯平面直角坐标投影方法

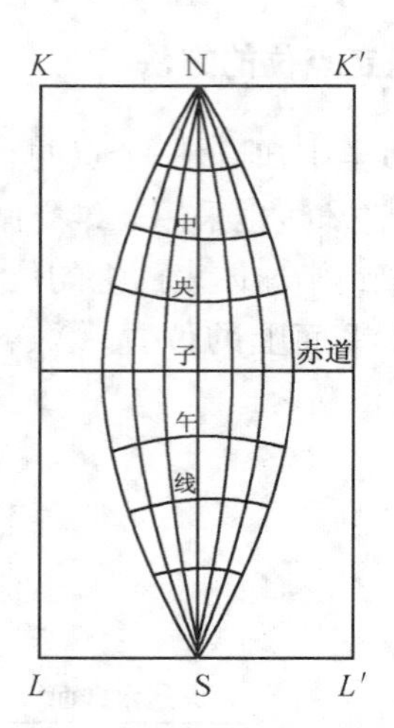

图 1-1-6　高斯投影平面

投影时，可以假想在地球中心有一点光源，由点光源发出光线，把相切子午线及其两边的点、线投影到圆柱体上。在该子午线上长度没有变形，离开该子午线愈远的点、线投影变形就愈大。在一定的经度差内，就可以控制投影变形的大小。因此，就可把该范围的点、线投影到圆柱体上。由于两侧对称，这条相切的子午线就称为该投影范围的中央子午线，此线作为投影后的纵坐标轴——x 轴；将赤道面扩大，并与圆柱体相交，则得到赤道在柱面上的投影，它也是一条直线，但长度有变形，此线作为投影后的横坐标轴——y 轴；两轴的交点为坐标原点。然后将圆柱体沿过南、北极的母线 KK'、LL' 剪开并展开成平面，如图 1-1-6 所示，此平面称为高斯投影平面。

高斯平面直角坐标系建立的要点如下：

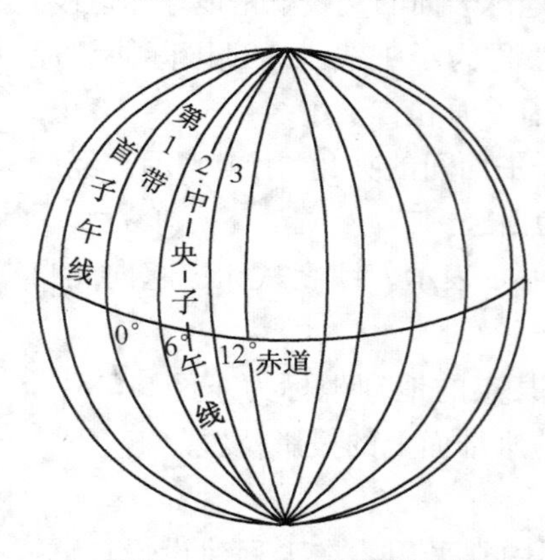

图 1-1-7　高斯投影分带

(1) 首先把地球表面每隔一定的经度差 6°划分一带，整个地球分为 60 个带，并从首子午线开始自西向东编号。如图 1-1-7 所示，东经 0°～6°为第一带，6°～12°为第二带……位于每带中央的子午线为中央子午线。如第一带中央子午线的经度为 3°，任一带的中央子午线经度为

$$\lambda_0 = 6N - 3° \qquad (1-1-1)$$

式中，N 为带的编号。

(2) 以每条带的中央子午线为坐标系纵轴 x，赤道为横轴 y，其交点为坐标系原点 O，从而构成使用于这一带的高斯平面直角坐标系，如图 1-1-8 所示。在这个投影面上的每一点的位置，就可用直角坐标 x、y 值来确定。

(3) 由于我国位于北半球，所以在我国范围内所有点的 x 坐标值均为正值，而 y 坐标值则有正、有负。为了使 y 坐标不出现负值，人为地把坐标纵轴向西平移 500 km，即把实际 y 坐标值上加上 500 km 作为使用坐标，如图 1-1-9 所示。

每一个 6°带都有其相应的平面直角坐标系。为了表明某点位于哪一个 6°带，规定在横坐标值前面加上带号。如：$x_m = 3\,218\,643.98$ m，$y_m = 20\,587\,307.25$ m，此处，y 坐标的前

面两位数字20，表示该点位于第20带。

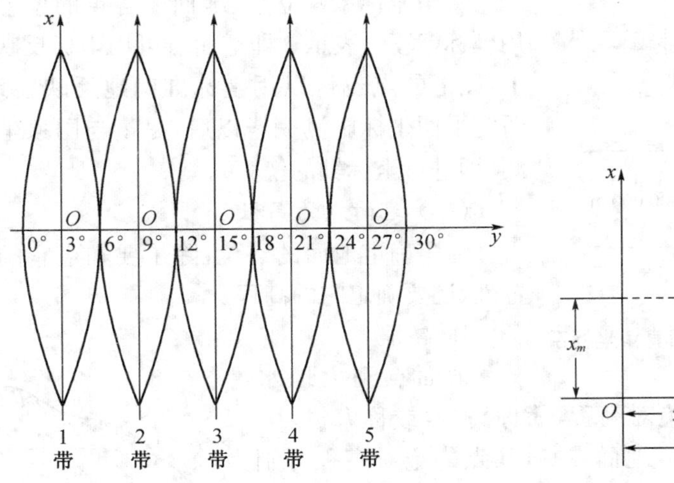

图1-1-8　6°带中央子午线及带号

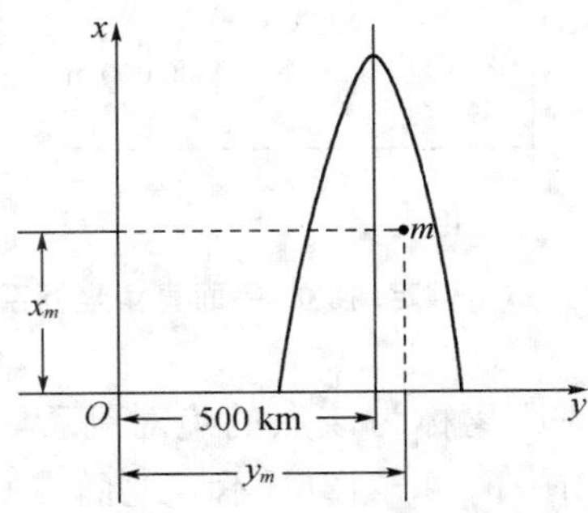

图1-1-9　高斯平面直角坐标系

高斯投影中，离中央子午线近的部分变形小，离中央子午线愈大变形愈大，两侧对称。因此，要求投影变形更小时，应采用3°带，3°带是从东经1°30′起，每隔经差3°划分一个带。整个地球划分为120个带，每一带按前面所述方法，建立起各自的高斯平面直角坐标。如图1-1-10所示下半部分，各带的中央子午线经度为

$$\lambda_0 = 3^\circ n \tag{1-1-2}$$

式中，n为带的编号。

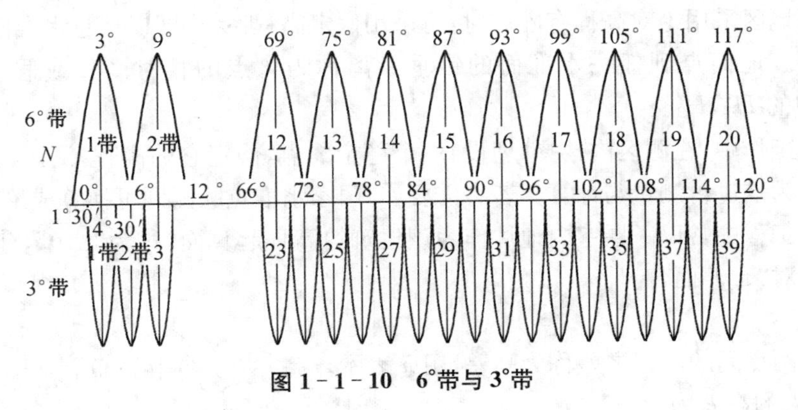

图1-1-10　6°带与3°带

3. 假定(独立)平面直角坐标系

在小范围(一般半径不大于10 km)内，把局部地球表面上的点，以正射投影的原理投影到水平面上，在水平面上假定一个直角坐标系，用直角坐标描述点的平面位置，如图1-1-11所示。

假定平面直角坐标系建立方法，一般是在测区中选一点为坐标原点，以通过原点的真南北方向(子午线方向)为纵坐标X轴方向，以通过原点的东西方向(垂直于子午线方向)为横坐标Y轴方向。为了便于直接引用数学中的有关公式，以右上角为第Ⅰ象限，顺时针排列，依次为Ⅱ,Ⅲ,Ⅳ各象限。为了避免在测区内出现负坐标值，原点坐标多定为一个足够大的整数，

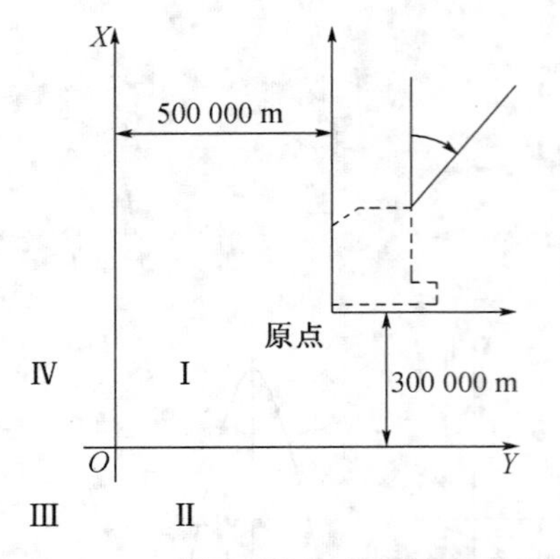

图 1-1-11　假定(独立)平面直角坐标系

如图 1-1-11 中 $X_{原}=300\,000$ m,$Y_{原}=500\,000$ m。

直角坐标系建立后,地面上各点的位置都可以用坐标(X,Y)表示。即地面点可用坐标反映在图纸上,图上的点也可以用坐标准确地反映在地面上。假定平面坐标施测完毕以后,尽量与国家坐标系联测(即进行坐标轴的换算)。

(二) 地面点的高程

为了确定地面的点位,除了要知道它的平面位置外,还要确定它的高程。

1. 高程

地面点到大地水准面的铅垂距离称为该点的绝对高程,简称高程,或称海拔,用 H 表示,如图 1-1-12 所示。地面点 A,B 点的绝对高程分别为 H_A,H_B。海水受潮汐和风浪的影响,是个动态曲面,我国在青岛设立验潮站,长期观测和记录黄海水面的高低变化,取其平均值作为大地水准面的位置(其高程为零),作为我国计算高程的基准面,并在青岛建立了水准原点。

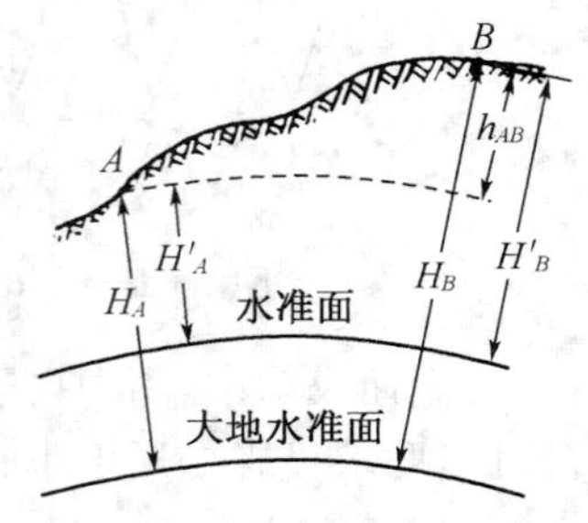

图 1-1-12　地面点的高程与高差

目前,我国采用"1985 国家高程基准",它是采用青岛验潮站 1953 年至 1977 年验潮资料计算确定的,并能算得青岛水准原点高程为 72.260 m,全国各地的高程都以它为基准进行测算。(原 1956 年高程基准和青岛水准原点高程 72.289 m,已由国测发[1987]198 号文件通告废止。)

当个别地区采用绝对高程有困难时,可采用假定高程系统,即以任意水准面作为起算高程的基准面。地面点到任一水准面的铅垂距离称为该点的相对高程或假定高程,如图 1-1-12 中的 H_A',H_B'。

在实际工作中,在测区内选择(埋设)一个稳定的点,假定它的高程,测区内其余各点的高程都以它为准进行测量与计算。若有需要,与国家水准点联测即可换算成绝对高程。

在建筑工程中常以一层室内地坪作为该建筑的高程起算面,称为"±0",建筑各部位的标高都是相对"±0"而言。

2. 高差

地面上两点间的高程之差称为高差,用 h 表示。高差有方向和正负。如图 1-1-12 所示,A,B 两点的高差为

$$h_{AB}=H_B-H_A=H'_B-H'_A \tag{1-1-3}$$

由此可见,两点间的高差与高程起算面无关。当 h_{AB} 为正时,B 点高于 A 点;当 h_{AB} 为负时,B 点低于 A 点。

B,A 两点的高差为

$$h_{BA}=H_A-H_B=H'_A-H'_B \tag{1-1-4}$$

可见,A,B 的高差与 B,A 的高差绝对值相等,符号相反,即 $h_{BA}=-h_{AB}$。

第 4 节　用水平面代替水准面的范围

如前所述，在小范围测区内，可以用水平面来代替水准面。那么，把水准面看成一个水平面，在测量中将会产生多大的误差影响呢？为了讨论的方便，仍假设地球是一个圆球。

1. 地球曲率对距离的影响

如图 1-1-13 所示，设地面上 A、B 两点，沿铅垂线方向投影到大地水准面得 A'，B'两点。用过 A'点且与大地水准面相切的平面来代替大地水准面，则 B 点在水平面上的投影为 C 点。设 $A'C$ 的长度为 t，$A'B'$的弧长为 s，则两者之差即为用水平面代替大地水准面所引起的距离误差，用 Δs 表示。

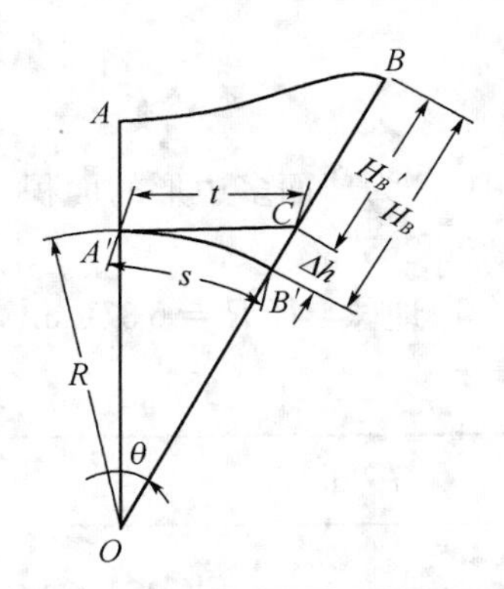

图 1-1-13　对距离与角度的影响

所以

$$\Delta s = t - s = R(\tan\theta - \theta) \qquad (1-1-5)$$

将 $\tan\theta$ 用级数展开

$$\tan\theta = \theta + \frac{1}{3}\theta^3 + \frac{5}{12}\theta^5 + \cdots$$

因为 θ 很小，所以只取前两项代入(1-1-5)式，得

$$\Delta s = \frac{1}{3}R\theta^3$$

又因

$$\theta = \frac{s}{R}$$

所以

$$\Delta s = \frac{s^3}{3R^2} \qquad (1-1-6)$$

或

$$\frac{\Delta s}{s} = \frac{s^2}{3R^2} \qquad (1-1-7)$$

以地球半径 $R = 6\,371$ km 及不同的距离 s 代入(1-1-7)式中，可得到表 1-1-1 所列的结果。

表 1-1-1　地球曲率对距离的影响

s/km	Δs/cm	$\Delta s/s$
10	0.82	1∶1 217 600
20	6.57	1∶304 400
50	102.65	1∶48 700

由上表可知，当水平距离为 10 km 时，用水平面代替水准面所产生的误差为距离的 1∶1 217 600，而目前最精密的量距误差为距离的 1∶1 000 000。所以在半径为 10 km 的测区范围内进行距离测量时，可以把水准面当作水平面，不必考虑地球曲率的影响。

2. 地球曲率对角度的影响

由球面三角学可知，同一空间多边形在球面上投影的各内角和，要比在平面上投影的各内角和大一个球面角超值 ε''。

$$\varepsilon'' = \rho'' \frac{P}{R^2} \qquad (1-1-8)$$

式中，P 为球面多边形的面积，单位为 km^2；R 为地球半径，单位为 km；ρ''为 1 弧度的秒值，为 206 265″。

以地球半径 $R = 6\,371$ km，不同测区面积 P 代入(1－1－8)式，可得到表 1－1－2 所列结果。

表 1－1－2　地球曲率对角度的影响

P/km^2	100	200	400
$\varepsilon''/('')$	0.51	1.02	2.03

对于面积为 100 km^2 的多边形，其角度误差很小，故只在精密的测量中才需要考虑这项误差的影响，一般的测量工作中，可不予考虑。

由于确定点的平面位置的主要测量工作是距离测量和角度测量。因此，根据以上两项分析，当测区面积小于 100 km^2 时，可以把大地水准面当成水平面。在测量精度要求较低的情况下，这个范围还可以扩大。

3. 地球曲率对高程的影响

如图 1－1－13 所示，地面点 B 的绝对高程为 H_B。当用水平面代替大地水准面时，则 B 点的高程应为 H_B'，其差数即为用水平面代替大地水准面所产生的高程误差，用 Δh 表示，可得

$$(R + \Delta h)^2 = R^2 + t^2$$

$$\Delta h = \frac{t^2}{2R + \Delta h} \qquad (1-1-9)$$

因为 t 和 s 相差较小，取 $t \approx s$；又因为 Δh 远小于 R，取 $2R + \Delta h \approx 2R$，代入(1－1－9)式得

$$\Delta h = \frac{s^2}{2R} \qquad (1-1-10)$$

以 $R = 6\,371$ km 及不同的距离 s 值代入(1－1－10)式，可得到表 1－1－3 所列结果。

表 1－1－3　地球曲率对高程的影响

s/km	0.1	0.2	0.5	1.0	2.0	3.0	4.0	5.0
Δh/cm	0.08	0.31	2.0	7.8	31.0	71	126	196

由表 1－1－3 可以看出，地球曲率对高程的影响很大。因此，在较短的距离内，也应考虑地球曲率对高程的影响。

第 5 节　测量工作的实施

一、三项基本测量工作

地面点位可以用它在投影面上的坐标和高程来确定。地面点的坐标和高程在实际工作中一般来说并不是直接测定的，往往是通过测量地面点的相互关系，经过推算得到的。在图 1－1－14 中，如已知 1 点坐标(x_1, y_1)，那么通过测量角度 α, β_2, β_3…和距离 D_1, D_2…就可以运用几何关系推算出 2,3…点的坐标。应该注意的是为了测算地面点的坐标，要观测的是它们投影到水平面上以后，投影点之间所组成的角度和边长，即水平角和水平距离，而不是地面点之间所组成的角度和边长。同理，如果知道 1 点的高程，又测得了各相邻点间的高差 h，那么 2,3…点的高程也可以推算得到。所以，地面点间的水平角、水平距离和高差是确定地面点位的三个基本要素，我们把水平角测量、水平距离测量和高差测量称为确定地面点位的三项基本测量工作，再复杂的测量任务都是通过综合应用这三项基本测量工作来完成的。

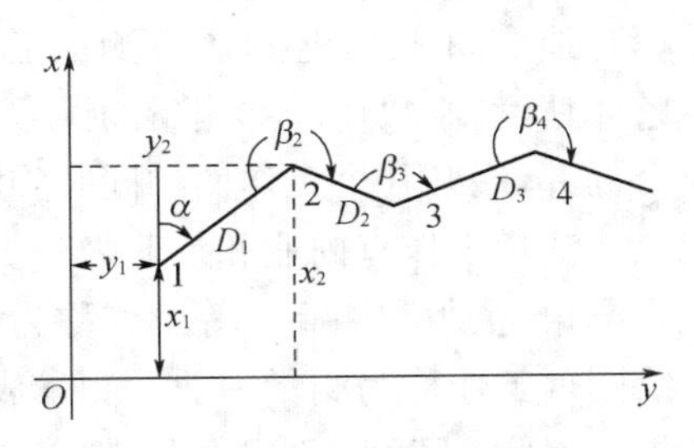

图 1－1－14　三项基本测量工作

二、测量工作的组织原则

无论是测绘还是测设，最基本的问题是测定点的位置。为了避免误差的积累与传递，保证测区一系列点位之间具有必要的精度，测量工作必须遵循“从整体到局部”“由高级到低级”“先控制后碎部”的原则进行。为此，应首先在测区内，选定一些起主导作用的点位，组成一定的几何图形，如图 1－1－15 中 1,2,3…点使用较精密的仪器和测量方法，测量其平面位置和高程。这些点位精度较高，起着整体控制的主导作用，这些点称为控制点。由一系列控制点所构造的几何图形称为控制网。测量控制点平面位置的工作称为平面控制测量，测量控制点高程的工作称为高程控制测量。在控制点的基础上，测量控制点与其周围碎部点间的相对位置称为碎部测量或地形测量。

图 1－1－15　控制测量与碎部测量

例如，在控制点 1 测绘其周围的碎部点 L,M,N 等，在控制点 2 测绘其周围的碎部点 $A,B,C\cdots$ 由于控制点相互联系成一整体，所以全测区内碎部点的相对位置也相互联系成一整体。这样碎部测量的精度虽然比控制点测量的精度低，但是碎部点的位置都是从控制点测定的，所以误差不会从一个碎部点传递到另一个碎部点。在一定的观测条件下，使各个碎部点能保证它应有的精度。这种“从整体到局部”“先控制后碎部”的测量工作组织原则，无论是地形图测绘，还是施工测量工作都应本着这一基本原则进行。它既可以保证全测区的整体精度，不致使碎部测量的误差累积起来，同时又可以根据控制网把整个测区划分成若干个局部，展开几个工作面的同时施测碎部，加快测量进度。

测量工作有内业和外业之分。为了确定地面点的位置，利用测量仪器和工具在现场进行测角、量距和测高差等工作称为测量外业；将外业观测数据、资料在室内进行整理、计算和绘图等工作称为测量内业。测量成果的质量取决于外业，但外业又要通过内业才能得出成果。因此，不论外业或内业，都必须坚持“边测量边校核”的原则，这样才能保证测量成果的质量和较高的工作效率。

三、对测量人员的基本要求

进行测量工作时，除了按照上述基本原则之外，测量人员还必须具备以下基本要求。

1. 地面点是地球表面的客观存在，地面点的位置应“实事求是”地在测量成果中反映出来。否则，作为工程建设设计、施工中必不可少的测量资料，地面点的位置的差错会误导设计及施工，而造成不必要的返工浪费。因此，测量人员就应当具备“认真负责，实事求是”的基本品质。

2. 测量工作总是以队、组的集体形式进行的，这就要求测量人员团结互助，发挥现代团队精神，紧密配合。

3. 测量是一项比较艰苦的工作，无论是地形测绘，还是施工现场测量，经常是白天外业观测，晚上还需要进行内业计算和制图。因此，测量人员必须具有吃苦耐劳的工作作风。

4. 测量仪器和工具是保质保量完成测量和施工放样的根本，如不准确就无法进行测量工作。因此，测量人员必须爱护仪器，定期检校仪器和工具，并在工作中养成正确使用仪器的良好习惯。

5. 测量记录和测绘图纸是外业工作的成果，也是评定观测质量，使用观测成果的基本依据。因此，必须认真做好记录工作，要做到内容真实、完善，书写清楚、整洁，要保持记录的“原始性”。工作结束后应及时整理归档。

6. 测量标志是测量工作的重要依据，因此，要做好标志的设置与保护工作。

7. 随着科学技术的发展，测量工作的理论、方法及所使用的仪器和计算工具在不断地发展和进步，测量人员要不断学习和掌握新技术，才能更加精确、快速地进行测量工作，为工程施工服务。

习题 1

1. 测绘学的定义、分类及作用是什么？
2. 工程测量在建设工程中的作用有哪些？
3. 什么叫水准面？它有什么特性？
4. 什么叫大地水准面？它在测量上的作用是什么？
5. 测量学上的平面直角坐标系与数学中的平面直角坐标系有何不同？
6. 什么叫绝对高程、相对高程和高差？绝对高程有没有负值？
7. 确定地面点位的三个基本要素是什么？三项基本测量工作是什么？
8. 测量工作的组织原则有哪些？

第2章 水准测量和水准仪

扫一扫可见
本章电子资源

高程(或高差)是确定地面点位的三个基本要素之一。测量地面点高程的工作称为高程测量。根据使用的仪器和方法不同,高程测量可分为水准测量、三角高程测量和气压高程测量等。其中水准测量是精确地测量地面点高程的主要方法,被广泛应用于国家高程控制测量、工程勘测和施工测量中。本章主要介绍水准测量的原理,水准仪的构造、使用、检验与校正,施测方法及成果计算等。

第1节 水准测量原理

水准测量的原理是利用水准仪提供的一条水平视线,对地面上所竖立的水准标尺进行读数,根据读数求得点位间的高差,从而由已知点的高程计算出所求点的高程。

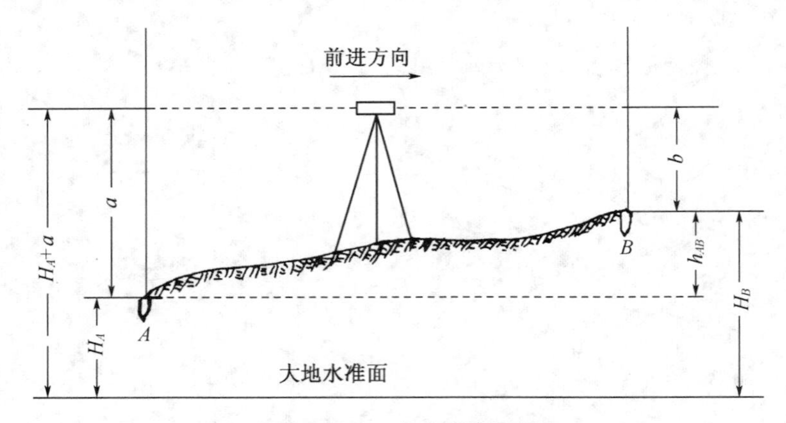

图1-2-1 水准测量原理

如图1-2-1所示,已知地面点A的高程H_A,求地面点B的高程H_B。可在A,B两点上垂直竖立水准标尺,并在两点的中间安置水准仪,利用水准仪提供的水平视线分别在A,B两水准标尺上截取读数a,b。由于测量是由A向B方向进行的,所以称A点为后视点,a为后视读数;B点为前视点,b为前视读数;仪器到后视点的距离为后视距离,仪器到前视点的距离为前视距离。

由图可以看出,B点与A点的高差h_{AB}可由下式求得:

$$h_{AB}=a-b \qquad (1-2-1)$$

即A,B两点的高差为后视读数减去前视读数。

从而求出B点的高程H_B:

$$H_B = H_A + h_{AB} = H_A + (a - b) \tag{1-2-2}$$

据(1-2-1)式计算出的高差可能为正值或为负值，因此水准测量所得的高差必须用"+""-"号表示。

当高差为正值时，说明前视点比后视点高；当高差为负值时，说明前视点比后视点低。在计算高程时，高差值须带符号一起进行运算。

(1-2-2)式亦可写成：

$$H_B = (H_A + a) - b \tag{1-2-2}$$

令 $H_i = H_A + a$，H_i 称为水准仪的水平视线高程，简称视线高。在同一个测站上，利用同一个视线高，可以较方便地计算出若干个不同位置的前视点的高程。这种方法常在工程测量中应用。其公式为：

$$H_B = H_i - b \tag{1-2-3}$$

当 A，B 两点距离较远或高差较大，安置一次仪器不能测得两点间的高差时，必须分成若干站，逐站安置仪器进行连续的水准测量，分别求出各站的高差，各站高差的代数和就是 A，B 两点间高差。如图 1-2-2 所示，各测站的高差 $h_1, h_2, \cdots, h_n$ 可用(1-2-1)式计算出：

$$h_1 = a_1 - b_1$$

$$h_2 = a_2 - b_2$$

$$\cdots$$

$$h_n = a_n - b_n$$

A，B 两点的高差为：

$$\begin{aligned} h_{AB} &= h_1 + h_2 + \cdots + h_n \\ &= (a_1 - b_1) + (a_2 - b_2) + \cdots + (a_n - b_n) \\ &= (a_1 + a_2 + \cdots + a_n) - (b_1 + b_2 + \cdots + b_n) \\ &= \sum a - \sum b \end{aligned}$$

即

$$H_B = H_A + h_{AB} = H_A + (\sum a - \sum b) \tag{1-2-4}$$

从(1-2-4)式可以看出：终点对起点的高差等于中间各测站的高差代数和，也等于各测站后视读数之和减去前视读数之和，以此可检核计算中是否有错误。

图 1-2-2 中 1，2，3 各立尺点只起高程的传递作用，它既有前视读数，也有后视读数，这些立尺点称为转点，常用"TP"(Turning Point)表示。各转点在水准测量中非常重要，不能碰动，否则整个水准测量将无法获得最后正确的结果。所以，在水准测量中要求转点必须设在坚实稳固的地面上或采用尺垫，以防止观测中水准标尺下沉。

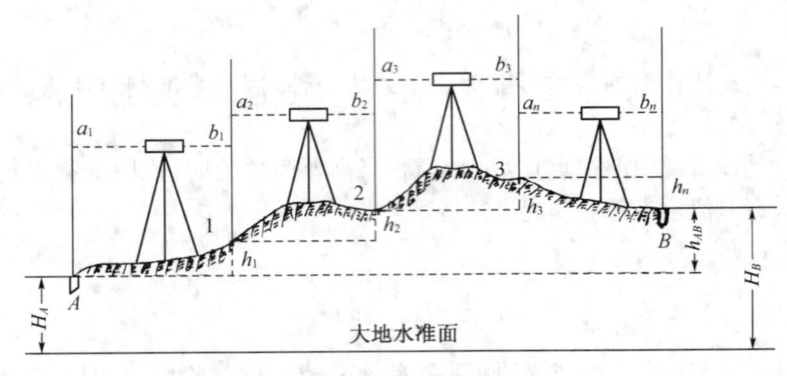

图 1-2-2　符合水准测量

第 2 节　水准测量的仪器和工具

水准测量常用的仪器和工具有水准仪、水准标尺、尺垫和三脚架。

一、DS_3 型微倾式水准仪

我国生产的水准仪按其精度分为 DS_{05}，DS_1，DS_3 和 DS_{10} 等不同等级的仪器。"D""S"分别为"大地测量""水准仪"汉语拼音的第一个字母，数字表示用这种仪器进行水准测量时，每千米往返观测的高差中误差，以 mm 为单位。建筑工程测量中通常使用 DS_3 型微倾式水准仪，其测量精度为±3 mm。

如图 1-2-3 所示，为国产 DS_3 型微倾式水准仪及相配套的三脚架。这种水准仪主要由望远镜、水准器和基座组成。

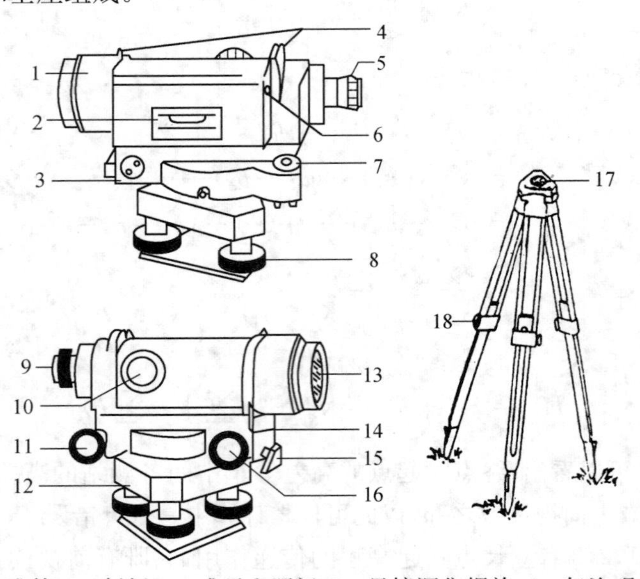

1—望远镜；2—水准管；3—托板；4—准星和照门；5—目镜调焦螺旋；6—气泡观察窗；7—圆水准器；8—脚螺旋；9—目镜；10—物镜调焦螺旋；11—微倾螺旋；12—基座；13—物镜；14—微倾片；15—水平制动螺旋；16—水平微动螺旋；17—连接螺旋；18—架脚固定螺旋

图 1-2-3　DS_3 型微倾水准仪的构造

（一）望远镜

望远镜是用以照准目标和对水准标尺进行读数的设备。它主要由物镜、调焦透镜、十字丝及目镜组成，如图 1－2－4 所示。

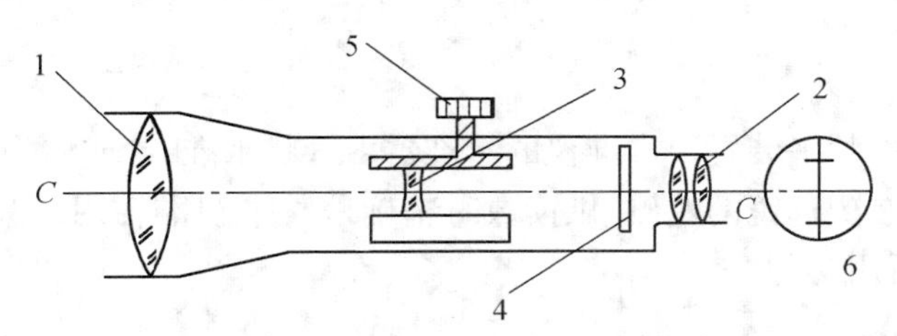

1—物镜；2—目镜；3—调焦透镜；4—十字丝分划板；5—物镜调焦螺旋

图 1－2－4　望远镜的构造

根据光学原理可知，观测时由望远镜的物镜对准观测目标，其作用是将观测目标在望远镜镜筒中形成倒立的实像。目镜对向观测者的眼睛，其作用是将物镜形成的像进行放大。因此，目镜又称放大镜。十字丝的作用是为了精确的照准目标，并读取标尺读数而设置的。

由于观测目标离水准仪的距离不同，目标的影像在十字丝平面上的位置也随着目标的远近而改变，为了使观测目标的影像落在十字丝的平面上，在照准目标后必须转动望远镜上的物镜调焦螺旋，使调焦透镜前后移动，使目标的影像落在十字丝平面上，再通过目镜的放大作用使影像和十字丝同时放大成倒立的虚像。如图 1－2－5 所示，从望远镜内所看到目标影像的视角 β 与肉眼直接观察该目标的视角 α 之比称为望远镜的放大倍率，用 V 表示，即 $V=\beta/\alpha$。DS_3 型微倾式水准仪的望远镜放大倍率为 30 左右。

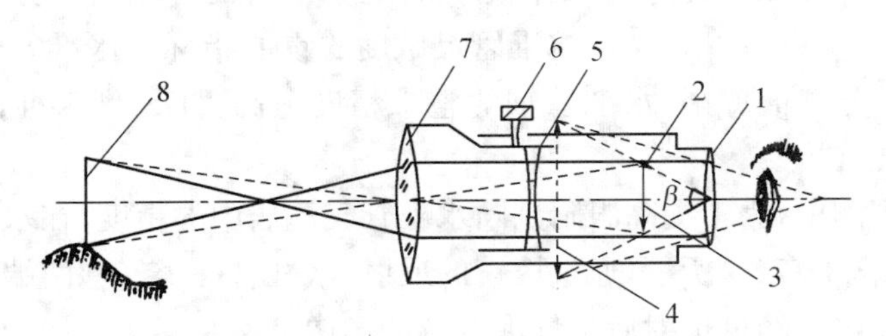

1—目镜；2—十字丝；3—倒立实像；4—放大虚像；5—调焦透镜；6—调焦螺旋；7—物镜；8—目标

图 1－2－5　望远镜成像原理

十字丝是刻在一块圆玻璃板上相互垂直的两条细丝，竖直的一根称为纵丝，水平的一根称为横丝，也称为中丝。横丝上、下还刻有两根对称的短横丝，这两根短横丝是用来测量距离的，故称为视距丝。

十字丝交点与物镜光心的连线称为望远镜的视准轴（或照准轴），如图 1－2－4 中的 CC 连线。

望远镜的正确使用方法是：首先将物镜对准背景明亮处，转动目镜调焦螺旋，使十字丝清晰，然后将物镜对准目标，转动物镜调焦螺旋使用目标的影像落在十字丝平面上，这时就可以在目镜中清晰地看到十字丝和目标了。

由于眼睛的分辨能力有限，在测量中往往目标影像没有完全落在十字丝平面上，就误认为影像最清晰了，这时，当观测员的眼睛对着目镜上下移动时，目标影像与十字丝横丝上下有错动，这种现象就称为视差。在观测中，视差存在会严重地影响读数的准确性，造成测量数据的不可靠。因此，视差在读数前必须消除。消除视差的方法是仔细认真地对物镜、目镜反复调焦，直至影像与十字丝没有错动现象。

在物镜的下方还有望远镜的水平制动螺旋和微动螺旋，借助这两个螺旋可以精确地照准目标。

（二）水准器

水准器是仪器的整平装置。水准仪的水准器由管状水准器（或称为水准管）和圆水准器组成。水准管安装在望远镜的左侧，供读数时精确地整平视准轴用。圆水准器安装在托板上，供概略整平仪器用。

1. 水准管

水准管是一个两端封闭而纵向内壁磨成半径为7～20m的圆弧玻璃管，管内注满酒精和乙酸的混合液，加热密封，冷却后在管内形成气泡。如图1－2－6(a)所示，水准管顶面圆弧的中心点O称为水准管零点，通过O点作一切线LL称为水准管轴。安装时水准管轴与望远镜视准轴平行。当气泡的中心点和零点重合即气泡被零点平分时，称为气泡居中，此时，水准管轴成水平位置，视准轴也同时水平。为了便于判断气泡是否严格居中，一般在零点两侧每隔2 mm刻一分划线，如图1－2－6(b)所示。水准管上每2 mm弧长所对应的圆心角称为水准管的分划值。分划值的大小是反映水准管灵敏度的重要指标。水准管分划值有10″，20″，30″和60″等几种。分划值愈小，水准管轴的整平精度愈高。DS_3型水准仪的水准管分划值为20″。

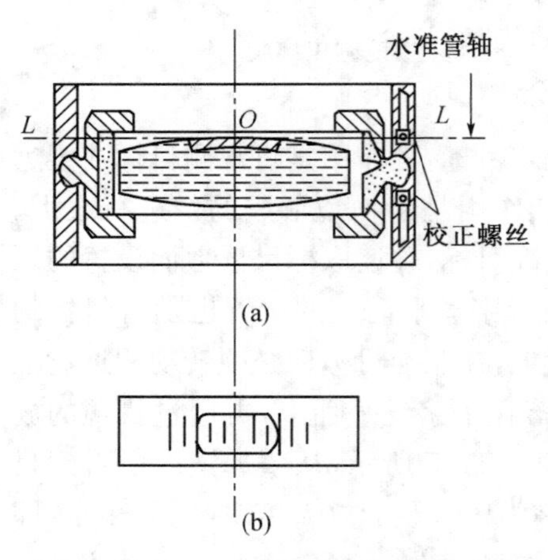

图1－2－6　水准管的构造

在水准测量观测中，为了提高眼睛判断水准管气泡居中的精度，在水准管的上方安装了一组棱镜。如图1－2－7(a)所示，通过棱镜的反射，水准管一半气泡两端的影像折射到望远镜旁的气泡观察窗内。经过折射后半气泡两端的影像呈两个半影。如图1－2－7(b)所示，当气泡居中时，即气泡被零点平分，两部分长度相等，两端半气泡就吻合，当气泡不居中时，

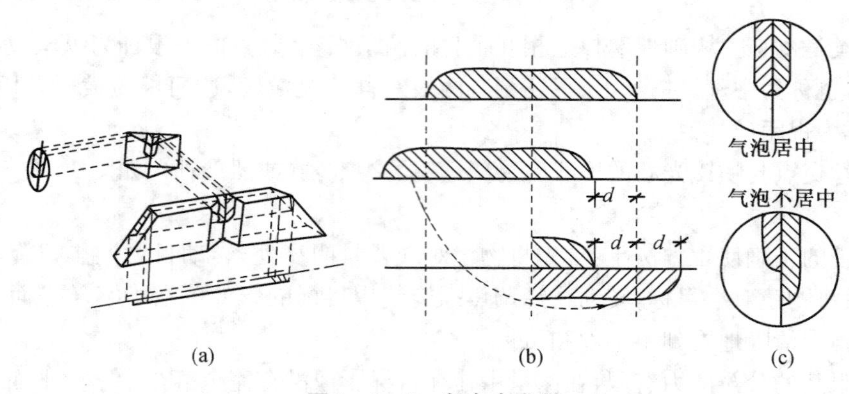

图1－2－7　复合水准器

如图 1－2－7(c)所示，就向一端偏移，若偏移量为 d，经过棱镜组反射、折射后，两端半气泡影像合在一起比较，使偏移量扩大了 2 倍，因此，就可提高 2 倍的居中精度，在观察窗内看到图1－2－7(c)中的影像。通过调节目镜下方的微倾螺旋，就可使水准管气泡居中，半气泡影像吻合，以便达到视线水平。这种具有提高居中精度的棱镜组装置的水准管称为符合水准器。

2. 圆水准器

圆水准器是一个顶面内壁磨成半径 0.5～1.0 m 的圆球面的玻璃圆盒，盒内注满酒精和乙酸的混合液，加热密封，冷却后在盒内形成气泡。如图 1－2－8 所示，它固定在仪器的托板上。玻璃球面的中央刻一圆圈，圆圈的中心称为圆水准器的零点，圆圈的中心和球心的连线称为圆水准器轴。圆水准盒安装时，圆水准器轴和仪器的竖直轴平行。当气泡中心与圆圈中心重合时，气泡居中，此时圆水准器轴处于铅垂的位置，仪器竖直轴竖直，仪器就处于概略水平状态。

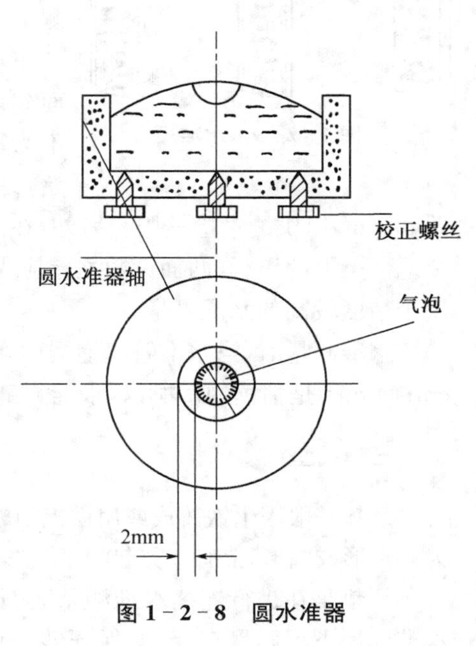

图 1－2－8　圆水准器

过零点各方向上 2 mm 弧长所对应的圆心角称为圆水准器的分划值，由于圆水准器顶面半径短，分划值大，其整平精度低，所以在水准仪上圆水准器只作概略整平。DS_3 型水准仪圆水准器的分划值一般为 8′～10′。

（三）基座

基座主要是由轴座、脚螺旋和三角形的连接板组成。基座的主要作用是支承仪器上部并与三脚架连接在一起。仪器的竖直轴套在轴座内，可使仪器上部绕竖直轴在水平面内旋转，调节三个脚螺旋，可使圆水准器气泡居中，使仪器概略水平。

望远镜与水准管固定在一起，且望远镜的视准轴应与水准管轴相互平行。当转动微倾螺旋时，望远镜以微倾片为支点进行微小的仰、俯运行，当水准管气泡居中时，水准管轴水平，视线(视准轴)也就水平了，即可利用十字丝横丝在水准尺上进行读数。仪器的竖直轴与圆水准器连接在一起，且圆水准器轴应与竖直轴相互平行。当圆气泡居中时，圆水准器轴就铅垂，竖直轴也处于铅垂，仪器就概略水平。由于微倾装置中的顶尖上、下运动量较小，只有仪器概略水平时，才能利用微倾螺旋，将水准管气泡居中，使视线水平。因此，在进行水准测量时，每测站先调节脚螺旋，使圆气泡在望远镜转到任何位置时都居中，然后方可开始观测。

在同一测站上，为了保证同一条视线，只需调平一次圆气泡。由于水准管分划值较小，每次照准目标后，都要调节微倾螺旋，使水准管气泡居中，以保证读数时视线水平。

二、水准标尺

水准标尺采用经过干燥处理且伸缩性较小的优质木材精制而成。目前有些厂家也生产有玻璃或铝合金制成的水准标尺。

常用的水准标尺有可以伸缩的塔尺和双面尺两种，如图 1－2－9 所示。水准标尺的基

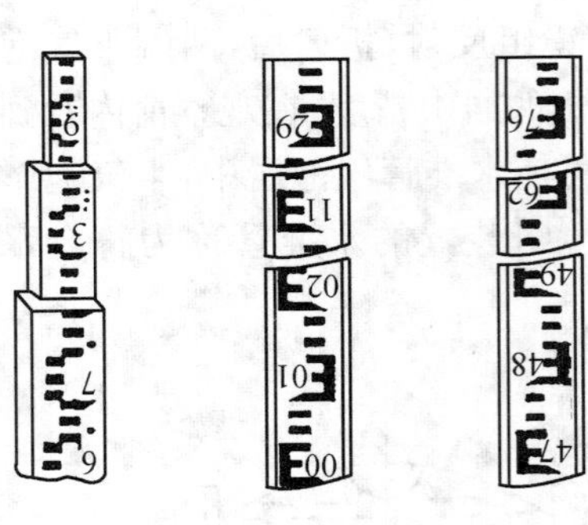

图 1-2-9　水准尺

本分划为 1 cm，用黑白或红白相间的油漆喷涂成每 5 cm 的 E 字形(或间隔)作为标志，并在每 dm 处有注记。

塔尺全长为 5 m，由 3 节套装组成，可以伸缩，尺底端从零起算。由于塔尺每节之间拼接处常易松动，稳定性差，使用时应注意检查。所以仅适用于低精度的水准测量与地形测量中。

双面尺又称红黑面尺，尺长为 3 m，两根尺为一对。黑面刻划是主尺，底端起点为零，红面刻划是辅尺，底端起点不为零，与黑面相差一常数 K。一根尺从 $K_1=4.687$ m 开始，另一根尺从 $K_2=4.787$ m 开始，两根尺红面底端刻划相差 0.1 m，以供测量检核用。另外，在水准仪视线高度不变的情况下，对同一根水准尺在同一地面点上的黑、红两面读数之差应为 4.687 m 或 4.787 m，可检核读数的正确性。该尺适用于精度较高的水准测量。

水准测量时，当水准管气泡居中，十字丝的中丝切在标尺上即可依次直接读出 m，dm，cm；而 mm 是估读的。所以，水准测量的精度和观测时估读 mm 数的准确度有很大关系。

三、尺垫

尺垫一般用生铁铸成或用铁板制成，如图 1-2-10 所示，其形状为三角形或圆形，上有一突起的半圆形圆顶，下面有三个尖的支脚。

尺垫是在进行连续水准测量时，作为临时的固定尺点，以防止水准标尺下沉和尺点变动，保证转点传递高程的准确性。为此，在使用尺垫时一定要将三个支脚牢固地踩入土中，水准标尺立在半圆的顶端上。

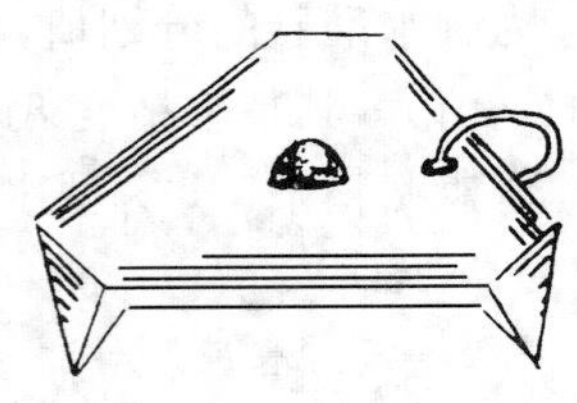

图 1-2-10　尺垫

四、三脚架

目前大多采用伸缩式木制或铝合金三脚架，如图 1-2-3 所示，它由架头和三条架腿组成。利用架腿固定螺旋可调节三条架腿的长度，利用连接螺旋可把仪器固定在架头上。

第 3 节　水准仪的基本操作程序

一、水准仪的使用方法

在一个测站用水准仪测量两点间的高差时，要对地面点上竖立的水准标尺进行读数，在读数前水准仪的基本操作步骤包括安置仪器、概略整平、照准标尺、精密整平、读取标尺读数、记录和计算等，以上步骤称为水准测量的基本方法。现分别介绍如下：

(一) 安置仪器

尽量在前后视距相等处安置仪器。打开三脚架，使其高度适中，架头大致水平，拧紧架腿固定螺旋，踩稳三个架腿。从箱中取出水准仪，用连接螺旋使水准仪与三脚架头紧固地连接在一起。

（二）概略整平

如图 1－2－11(a)所示，用双手按相对方向转动任意两个脚螺旋，使气泡移动到这两个脚螺旋连线方向的居中位置，然后转动第三个脚螺旋使圆气泡完全居中，如图 1－2－11(b)所示。

转动脚螺旋时，气泡运动方向与左手大拇指运动方向一致。反复整平，直至水准仪转到任何方向气泡都完全居中。

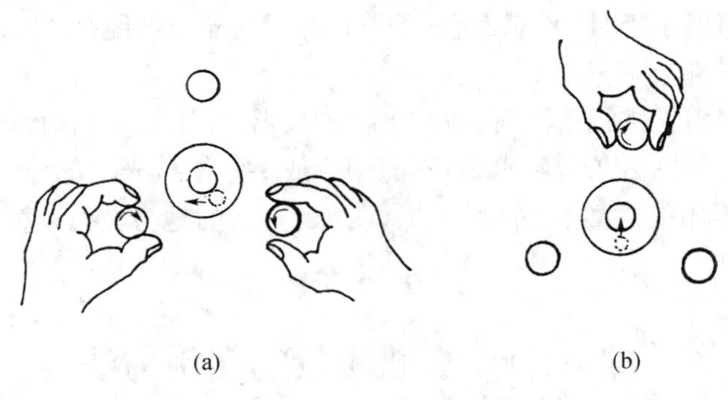

图 1－2－11　概略整平

（三）照准标尺

1. 松开制动螺旋，将望远镜物镜对向明亮的背景，转动目镜调焦螺旋，使十字丝清晰。

2. 用望远镜筒上的准星概略地照准水准标尺，使标尺在目镜的视场内，拧紧制动螺旋，固定水准仪。

3. 转动物镜调集螺旋，使水准标尺清晰。

4. 转动水平微动螺旋，使水准标尺的中央或任一边在十字丝纵丝附近。

5. 眼睛在目镜处上、下移动，观察水准标尺的分划与十字丝横丝有无错动。如有错动，存在视差，立即消除。

（四）精确整平

在符合水准器观察窗中观察水准管气泡，用右手缓慢而均匀地转动微倾螺旋，直至气泡两端半气泡影像完全吻合。

（五）读取标尺读数

读数是读取十字丝中丝（横丝）截取的标尺数值，必须在精确平整后进行。

读数时，从上向下（倒像望远镜），由小到大，先估读mm，依次读出m、dm、cm，读 4 位数，空位填零。如图 1－2－12 中的读数分别为 1.276 m、5.961 m。为了方便，可不读小数点。读完数后仍要检查半气泡是否吻合，若不吻合，应重新调平，重新读数。

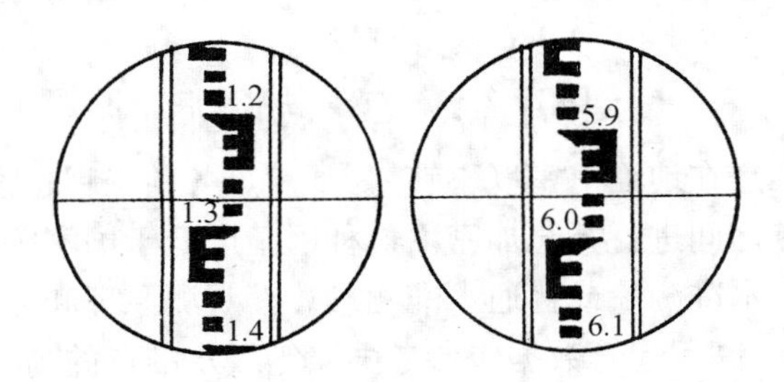

图 1－2－12　水准尺读数

二、水准仪使用的注意事项

1. 领取仪器时，必须对仪器的完好性及附件进行检查，发现问题应及时反映。

2. 安置仪器时，中心螺旋要拧紧。操作时仪器的各螺旋尽量置在中间位置，不拧到极限，用力要轻巧均匀。

3. 迁站时如路面平坦且距离较近时，可不卸下仪器，用手托着仪器的基座进行搬迁。否则，必须将仪器装箱后搬迁。

4. 在烈日或阴雨天进行观测时，应撑伞保护仪器，防止暴晒和雨淋。

5. 仪器用完后需擦去灰尘和水珠，不能用手或手帕擦拭光学部分。

6. 仪器长期不用应放置在通风、干燥、阴凉、安全的地方，并注意防潮、防水、防霉、防碰撞。

第4节　水准测量的实施方法

我国水准测量按精度分为一、二、三、四等。一、二等水准测量属于国家级控制，可作为三、四等水准测量的起算依据；而三、四等水准测量主要用作国防建设、经济建设及地形测量的高程起算依据。

在各等级水准路线上埋设的许多固定的高程标志称为水准点，常用“BM”(Bench Mark)表示。它们的高程已由专业测量单位，按不同等级的精度规定进行观测。这些水准点也称为国家等级水准点或埋设永久性标志。如图1-2-13(a)所示，一般用混凝土制成，顶部嵌入半球状金属标志，半球状标志顶点表示水准点的高程和位置。在冰冻地区水准点埋设深度应超过冰冻线0.5 m。有的用金属标志埋设于基础稳定的建筑物墙脚上，称为墙上水准点，如图1-2-13(b)所示。

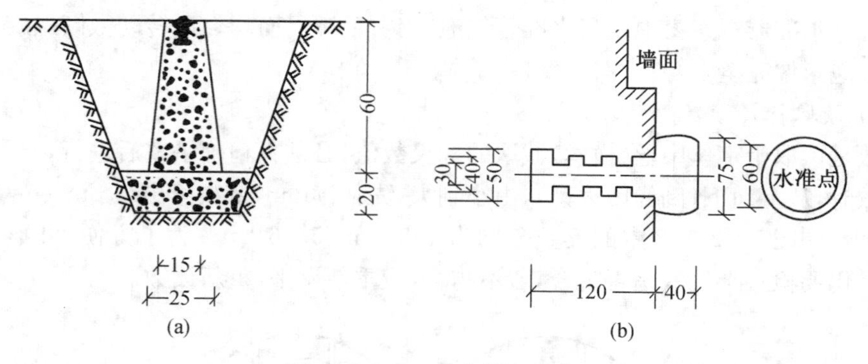

图1-2-13　永久性水准点

由于国家等级水准点在地面上密度不够，为了满足各项工程建设以及地形测量的需要，必须在国家等级水准点之间进行补充加密。这种因精度低于国家等级水准测量的精度而进行的水准测量称为等外水准测量或普通水准测量。其观测原理和方法与国家等级水准测量的原理和方法基本相同，高程起算数据应参考国家等级水准点的高程数据。

普通水准测量按具体要求可埋设图1-2-13所示的永久性水准点，也可埋设图1-2-14所示的临时性水准点。在大中型建筑工地上其水准点可用混凝土制成，顶站嵌入半球状金属标志。在小型建筑工地上可利用地面穿越坚硬岩石，亦可用大木桩打入地下，桩顶钉以半球状的金属圆帽钉。为了便于保护与使用，水准点理设后，应绘制点位略图。

普通水准测量工作包括拟定水准路线和埋设水准点、外业观测、水准路线高差闭合差的调整和高程计算。下面分别介绍普通水准测量的各项工作。

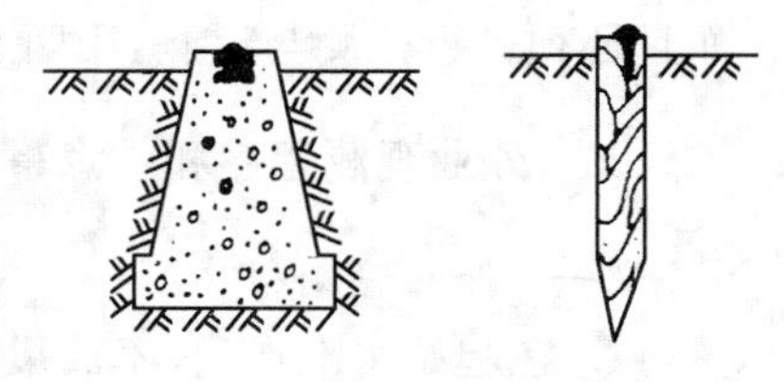

图 1－2－14　临时性水准点

一、拟定水准路线和选定水准点

根据具体工程建设或地形测量的需要，在水准测量之前要进行技术设计，以便选择既经济又合理的水准测量路线。为了使用高程的方便，在拟定的水准路线上，按规定或需要的间距埋设一些水准点，两相邻水准点之间的观测区段称为一个测段。

为了便于计算各水准点高程，并方便地检查校核测量中可能产生的错误，水准路线要按一定的形式拟定。水准路线的常见形式有三种。

（一）附合水准路线

如图 1－2－15 所示，从一个已知高级水准点出发，沿选定的测量路线并通过设置的水准点进行观测，最后附合到另一个已知的高级水准点上，这种水准路线称为附合水准路线。

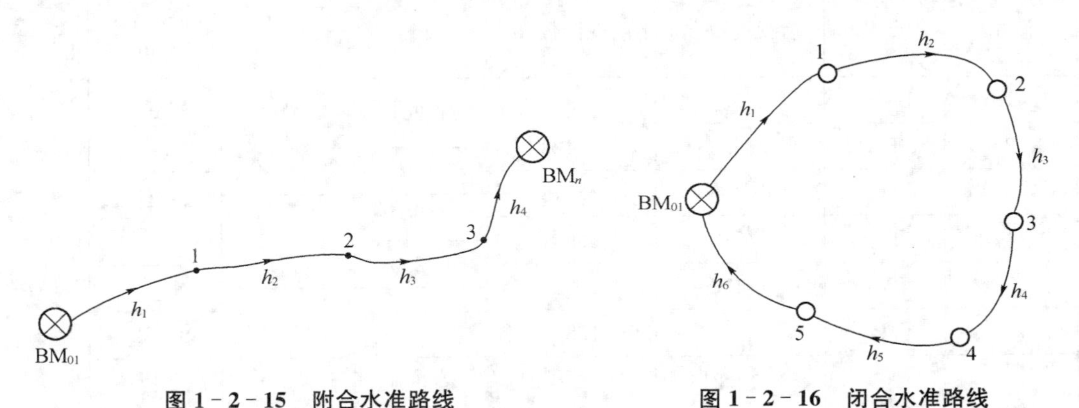

图 1－2－15　附合水准路线　　**图 1－2－16　闭合水准路线**

（二）闭合水准路线

如图 1－2－16 所示，从一个已知的高级水准点出发，沿选定的测量路线并通过设置的水准点进行观测，最后又闭合到该已知高程水准点上，这种水准路线称为闭合水准路线。

（三）支水准路线

如图 1－2－17 所示，从一个已知高级水准点出发，沿选定的测量路线并通过设置的水准点进行观测，既不闭合又不附合到另一已知高级水准点上，这种水准路线称为支水准路线。

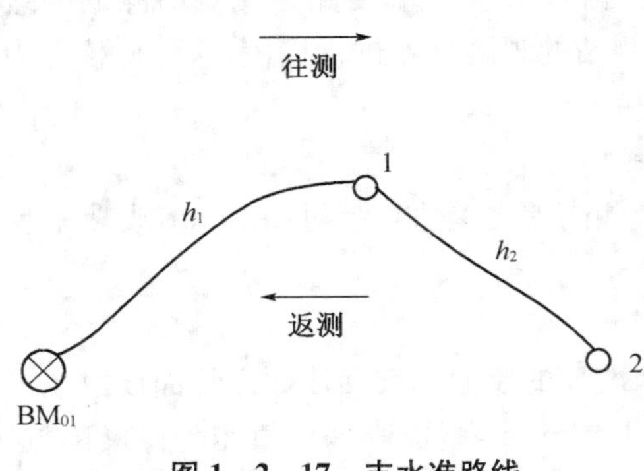

图 1－2－17　支水准路线

上述三种形式的水准路线所测得的高差值只有附合和闭合水准路线可以与已知高级水准点进行校核；而支水准路线无法校核。因此，支水准路线不但路线的长度有所限制，点数不应超过 2 个；

而且还须进行往测与返测，用两个不同方向的测量结果进行比较，以资校核。

二、外业观测程序和注意事项

（一）外业观测程序

1. 在起始水准点上，不放尺垫，直接放在标志上立标尺，作为后视。

2. 在水准路线的前进方向上安置水准仪，水准仪离后视标尺最长不要超过 100 m。概略整平，照准标尺并消除视差再精确整平，最后读取中丝读数。并记入表 1－2－1 手簿中。

3. 在水准路线的前进方向的适当地方（前、后视大致相等处）选择前视标尺的转点，放置并踩稳尺垫，将前视标尺竖立在尺垫上，作为前视。

4. 转动水准仪，照准前视标尺，消除视差，精确调平，读取中丝读数，记入手簿。

5. 前视尺不动，将后视尺迁到前面作为前视尺，而原前视尺变为后视尺。水准仪迁到后视尺、前视尺中间位置，重复 2，3，4 步的方法进行操作，直到最后一个水准点上。

表 1－2－1　水准测量记录手簿

工程名称：××××　　日期：1999.6.2　　观测者：宝　玉

仪器型号：DS_3 9618　　天气：晴　　记录者：英　雄

测站	点号	后视读数/m	前视读数/m	高差/m		高　程 /m	备　注
				＋	－		
1	BM_{IV3}	2.674		1.251		84.886	
2	TP_1	2.538	1.423	0.792			
3	TP_2	1.986	1.746	1.052			
4	TP_3	1.542	0.934	0.216			已知
5	TP_4	1.473	1.326		−0.369		
	TP_5		1.842			87.828	
计算检核		$\sum$10.213 −7.271 +2.942	$\sum$7.271	$\sum$3.311 −0.369 +2.942	−0.369		

（二）测站检核

由式（1－2－4）可以看出，待定点 B 的高程是根据 A 点高程和沿路各测站所测的高差计算所得。为了保证观测高差正确无误，必须对每测站的观测高差进行检核，这种检核称为测站检核。测站检核常采用双仪高法和双面尺法进行。

1. 双仪高法

在每测站上，利用两次不同的仪器高度，分别观测高差之差值不超过±5 mm，则取平均值作为该测站的观测高差。否则应重测。

2. 双面尺法

在每测站上，不改变仪器高度，分别读取双面水准尺的黑面和红面读数。红面读数减去 4.687 m 或 4.787 m 应等于黑面读数，其差值不超过±3 mm，则取其平均值作为标尺读数。否则应重测。

（三）水准测量的注意事项

1. 在水准点上立尺时，不要放尺垫，直接将水准尺立在水准点标志上。

2. 为了读取准确的标尺读数，水准尺应立垂直，不得前后或左右倾斜。为了保证水准标尺垂直，必要时水准标尺上应设置圆水准器。

3. 在观测中，记录应复诵，以免听错或记错。在确认观测数据无误且符合要求后，后视尺才准许提起尺垫迁移；否则，后视尺不能移动尺垫。

4. 前、后视距应大致相等，以消除或减弱仪器水准管轴与视准轴不完全平行的 i 角误差。如图1-2-18所示，由于两轴不完全平行而产生一个小的夹角 i 角。当水准管气泡居中，水准管轴水平，视准轴仍处于倾斜位置，致使前、后视读数产生偏差 x_1 和 x_2，其大小与视距成正比。当前后视距相等时，x_1 和 x_2 相等，在计算高差时将相互抵消掉。另外，由于地球曲率及大气折光的影响，致使水准尺读数产生误差 f。如图1-2-19所示，C 为地球曲率对读数的影响，γ 为大气折光对读数的影响，即 $f=C-\gamma$。计算测站高差时应从后、前视读数中分别减去 f，才能得到正确高差，即 $h=(a-f_a)-(b-f_b)$。当前后视距离相等时，$f_a=f_b$，计算高差时就可抵消掉地球曲率与大气折光的影响。

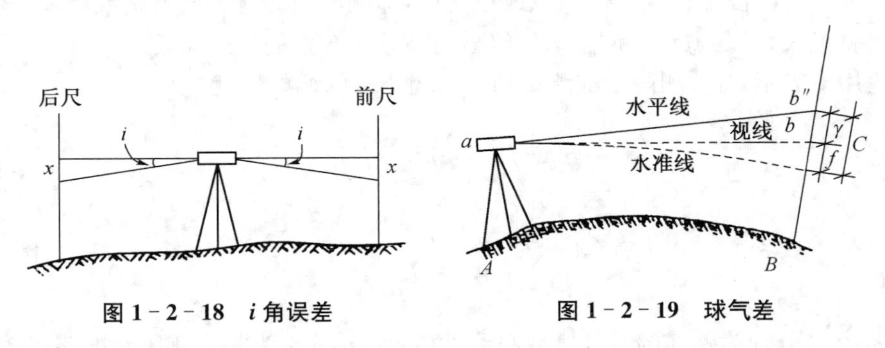

图1-2-18　i 角误差　　　　图1-2-19　球气差

5. 记录、计算字迹要清晰、工整，易于辨认，读错、记错、算错时需用斜线划掉，将正确数据重新记在它的上方，不得涂改，保持记录的原始性。

三、水准路线高差闭合差的调整和高程计算

（一）高差闭合差的计算

由于进行水准测量时，仪器本身、气候、观测者的感官等因素会给观测的数据不可避免地带来些误差，致使所观测的结果无论是对一个测站或对一条水准路线而言，与理论的数据不相符。一条水准路线实际测出的高差和已知的理论高差之差称为水准路线的高差闭合差，用 f_h 表示。

附合水准路线的高差闭合差为

$$f_h=\sum h-(H_{终}-H_{始}) \tag{1-2-5}$$

闭合水准路线的高差闭合差为

$$f_h=\sum h \tag{1-2-6}$$

支水准路线的高差闭合差为

$$f_h = \sum h_{往} + \sum h_{返} \qquad (1-2-7)$$

（二）普通水准测量高差闭合差的允许值

为了保证测量成果的精度，水准测量路线的高差闭合差不允许超过一定的范围，否则应重测。水准路线高差闭合差的允许范围称为高差闭合的允许值。普通水准测量时，平地和山地的允许值按下式计算：

$$平地：f_{h允} = \pm 40\sqrt{L}\ (\text{mm}) \qquad (1-2-8)$$

$$山地：f_{h允} = \pm 12\sqrt{n}\ (\text{mm}) \qquad (1-2-9)$$

式中，L 为水准路线的总长度，单位为 km；n 为水准路线的总测站数。

（三）高差闭合差的调整

对于附合水准路线或闭合水准路线，当高差闭合差满足允许值时可以进行调整，即将产生的闭合差科学合理地分配在各测段中。因在进行水准测量时观测条件相同，可认为各测站产生的观测误差是相等的。所以，水准路线高差闭合差的调整原则是各测段高差闭合差的调整值的大小与测段的长度或测站数成正比例，即测段距离愈长或测站数愈多，该测段应调整的数值就愈大，反之愈小。调整值的符号与高差闭合差的符号相反。

调整值用 v 表示，如 i 测段水准测量的高差闭合差的调整值就为

$$v_i = -\frac{f_h}{\sum_L} \times L_i \qquad (1-2-10)$$

或

$$v_i = -\frac{f_h}{\sum_n} \times n_i \qquad (1-2-11)$$

式中，$\sum_L$，$\sum_n$ 分别为路线的总长度或总测站数；L_i，n_i 分别为相应测段水准路线的长度或测站数。

当按(1－2－10)式或(1－2－11)式计算出各段的调整值后，将各测段的观测高差值与该测段的调整值取代数和，求得各测段经调整后的高差值，即

$$h_i = h_i{}' + v_i \qquad (1-2-12)$$

对于支水准路线，调整后的高差值就为往返观测符合要求后测量结果的平均高差值。即按下式计算：

$$h = \frac{|h_{往}| + |h_{返}|}{2} \qquad (1-2-13)$$

取往测高差的符号。

（四）各点高程的计算

对于附合水准路线或闭合水准路线，根据起点的已知高程加上各段调整后的高差依次推算各所求点的高程，即

$$H_i = H_{i-1} + h_i \quad (i=1,2,3,\cdots) \qquad (1-2-14)$$

推算到终点已知高程点上时，应与该点的已知高程相等；否则，计算有误，应找出原因，

重新计算。

支水准路线无法检核，在计算中要仔细认真，确认计算无误后方能使用计算成果。

图 1－2－20 是一条附合水准路线，作为算例其计算的步骤与结果按表 1－2－2 进行。

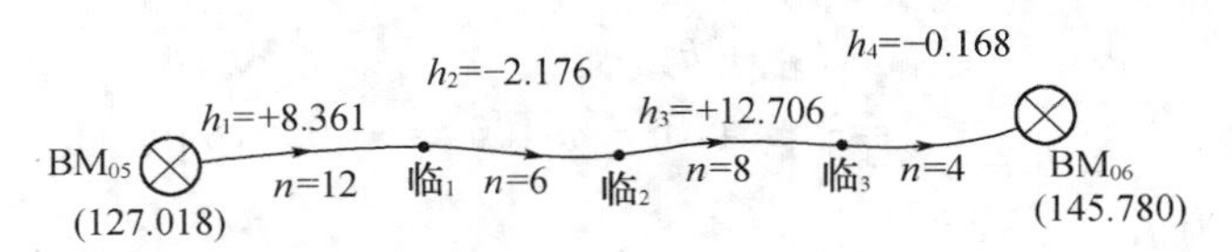

图 1－2－20　附合水准路线

表 1－2－2　附合水准路线高差闭合调整与高程计算

点　号	测站点 n	实测高差 /m	高差改正数 /m	改正后高差 /m	高　程 /m	备　注
1	2	3	4	5	6	7
BM_{05}					127.018	已知
	12	＋8.361	＋0.016	＋8.377		
TP_1					135.395	
	6	－2.176	＋0.008	－2.168		
TP_2					133.227	
	8	＋12.706	＋0.010	＋12.716		
TP_3					145.943	
	4	－0.168	＋0.05	－0.163		
BM_{06}					145.780	已知
	$\sum 30$	$\sum +18.723$	$\sum +0.039$	$\sum +18.762$		

辅助计算：

高差闭合差　　$f_h = \sum h - (H_{06} - H_{05})$

$$= +18.723 - 18.762 = -0.039\ \mathrm{m} = -39\ \mathrm{mm}$$

高差闭合差允许值：

$$f_{h允} = \pm 12\sqrt{n} = \pm 12\sqrt{30} = \pm 65\ \mathrm{mm}$$

$|f_h| < |f_{h允}|$，观测合格

闭合水准测量路线的高程计算，除高差闭合差按（1－2－7）式计算外，其闭合差的调整方法、允许值的大小均与附合的水准路线相同。

支水准路线的高程计算，可参照下面实例进行。

如图 1－2－21 所示，已知水准点 A 的高程为 $H_A = 18.653\ \mathrm{m}$。欲求得 1 点的高程，往测

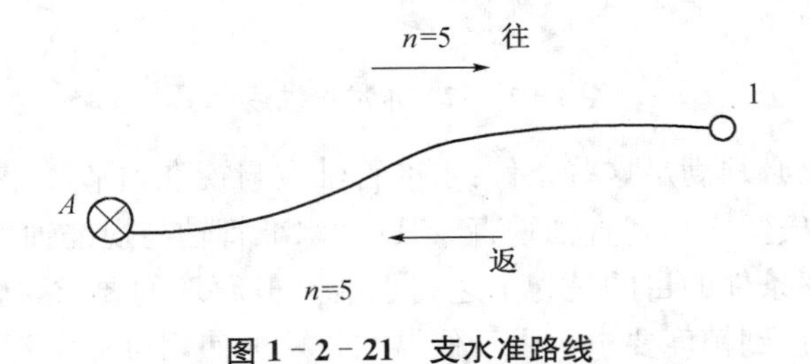

图 1－2－21　支水准路线

高差为 $h_{往}=+2.418\ \text{m}$，返测高差为 $h_{返}=-2.436\ \text{m}$。往测和返测各设了 5 个站。则 1 点高程计算方法如下：

高差闭合差为

$$f_h=h_{往}+h_{返}$$
$$=+2.418-2.436=-0.018\ \text{m}$$

闭合差允许值为

$$f_{n允}=\pm 12\sqrt{n}=\pm 12\sqrt{5}\ \text{mm}\approx\pm 27\ \text{mm}$$

$|f_h|<|f_{h允}|$，观测合格

取往测和返测高差绝对值的平均值作为 A、1 两点间的高差，其符号与往测符号相同。

即
$$h_{A1}=\frac{|+2.418|+|-2.436|}{2}=+2.427\ \text{m}$$

那么，1 点的高程为

$$H_1=H_A+h_{A1}=18.653+2.427=21.080\ \text{m}$$

第 5 节　水准仪的检验与校正

水准仪是进行高程测量主要的工具。水准仪的功能是提供一条水平的视线，而水平视线是依据水准管轴呈水平位置来实现的，如图 1-2-22 所示。

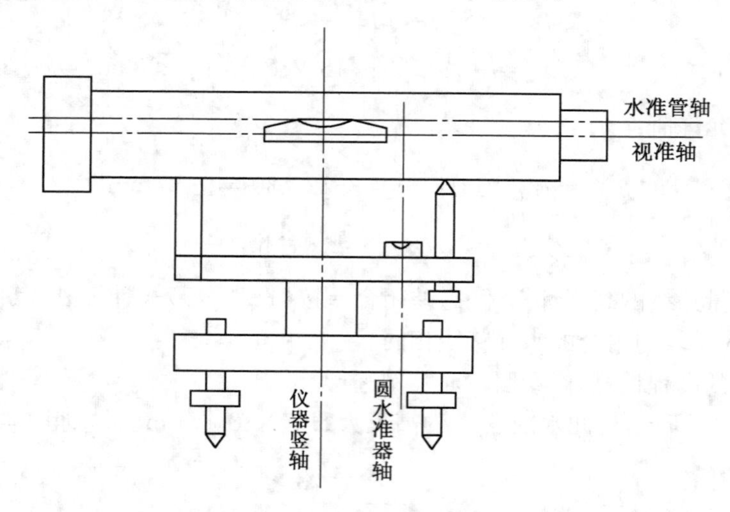

图 1-2-22　水准仪轴线

一台合格的水准仪必须满足这些条件：水准管轴应与视准轴平行；圆水准器轴应与仪器竖直轴平行；十字丝的横丝应与竖直轴垂直。其中，水准管轴与视准轴平行是水准仪应满足的主要条件。满足上述条件的目的是为了达到水准测量原理的要求，从而获得可靠的观测数据，以保证最后结果达到精度要求。由于仪器在长期的使用过程中不合理的操作，运输途中的振动等因素，水准仪不完全满足上述条件。为此，在进行水准测量之前，对所使用的水

准仪必须经过检验，检验后不满足条件的要校正，只有全部条件满足后水准仪才能进行水准测量。

仪器检验与校正的顺序原则是前一项检验不受后一项检验的影响，或者说后一项检验不破坏前一项检验条件的满足。水准仪检验与校正应按顺序进行，不能颠倒。

一、圆水准器轴应平行于仪器竖直轴

（一）检验

转动三个脚螺旋使圆水准器气泡居中，然后将水准仪望远镜旋转 180°，若气泡仍然居中，说明此条件已满足；若气泡不居中，则说明此项条件不满足，必须进行校正。

（二）校正

校正是用装在圆水准器下面的三个校正螺丝完成的，如图 1-2-23 所示。用校正针转动三个校正螺丝，使气泡向中心位置移动一半的偏差量。这时，圆水准器轴已与仪器竖直轴平行了。再转动脚螺旋使气泡向中心位置移动另一半的偏差量，这时圆水准器气泡已经居中，两轴已处于铅垂状态了。这样反复进行，直至望远镜转到任何方向上，圆水准器气泡都居中。

二、十字丝横丝应垂直于竖直轴

（一）检验

整平仪器，用望远镜中十字丝横丝的一端与远处同仪器等高的一个明显点状目标相重合，拧紧制动螺旋，如图 1-2-24(a)所示。

转动微动螺旋，若目标从横丝的一端至另一端始终在横丝上移动，说明此项条件已经满足；若目标偏离横丝如图 1-2-24(b)所示，则说明此项条件不满足，必须进行校正。

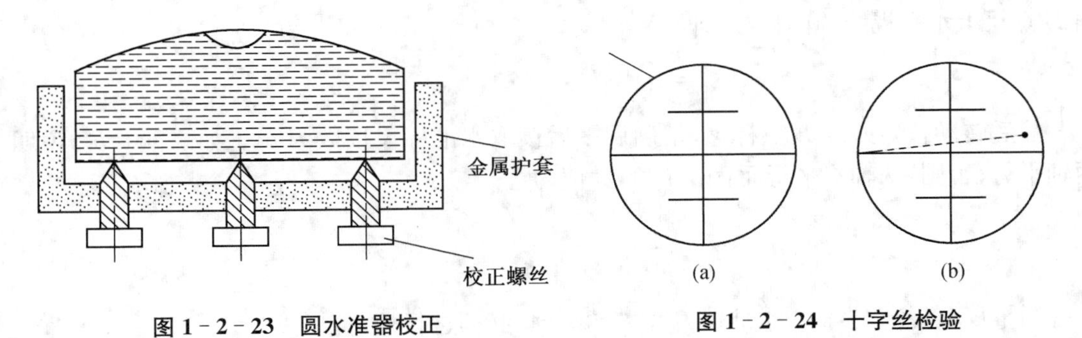

图 1-2-23　圆水准器校正

图 1-2-24　十字丝检验

（二）校正

旋开目镜的护罩，露出十字丝分划板座的三个固定螺丝，如图 1-2-25 所示；用小改锥轻轻松开固定螺丝，转动十字丝分划板座，使横丝的一端与目标重合，并轻轻旋紧三个固定螺丝；然后再检验此项，直至满足条件。

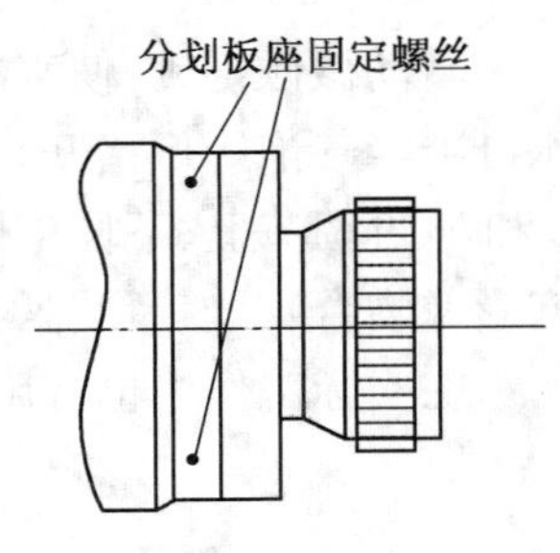

图 1-2-25　十字丝校正

三、水准管轴应平行于视准轴（$LL /\!/ CC$）

（一）检验

1. 求出正确高差

在平坦的地面上选择相距约 80 m 的 A，B 两点，放置尺垫或打木桩。在 A，B 的中点 C 上安置水准仪，用双仪高法测出 A，B 两点间高差 h_{AB}（两次高差之差不大于±5 mm，取其平均值）。由图 1－2－26(a)可以看出：

$$h_{AB}=(a_1-x)-(b_1-x)=a_1-b_1$$

因为仪器到两尺的距离相等，即使水准管轴与视准轴不完全平行，对读数产生的误差 x 相等，在计算高差时可以相互抵消，测出的高差 h_{AB} 就是正确高差。

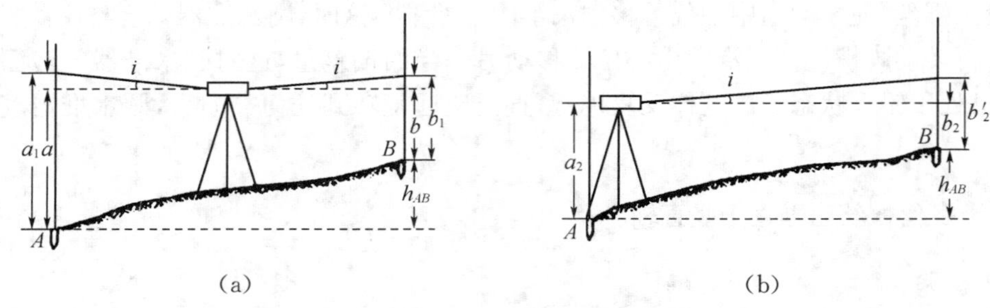

图 1－2－26　i 角误差检验

2. 计算正确的前视读数，并判断条件是否满足

把水准仪搬到离 A 点约 3 m 处，精确调平后读得 A 尺上的读数为 a_2，因为仪器离 A 点很近，i 角引起的读数误差很小，可忽略不计，即认为 a_2 读数正确。由 a_2 和高差 h_{AB} 就可计算出 B 点尺上水平视线的读数 b_2，即

$$b_2=a_2-h_{AB}$$

然后转动仪器照准 B 点标尺，精确调平后读取水准标尺读数为 b_2'。如果 $b_2=b_2'$，说明两轴平行；否则，两轴不平行而存在 i 角，其值为

$$i=\frac{b_2'-b_2}{D_{AB}} \tag{1-2-15}$$

测量规范规定，当 DS_3 水准仪 i 角＞±20″时，必须进行校正。

（二）校正

转动微倾螺旋，使水准读数为正确读数 b_2，这时视准轴水平，而水准管气泡不居中（与水准器半气泡影像错开）。如图 1－2－27 所示，先用校正针松开水准管一端左、右校正螺丝 a 和 b，再调节上、下校正螺丝 c 和 d，升高或降低水准管的一端，使气泡重新居中（两个半气泡影像吻合）。然后旋紧各校正螺丝。此项校正要反复进行，直至条件满足要求。

在实际工作中也可用“平行线”法进行该项的检验与校正。

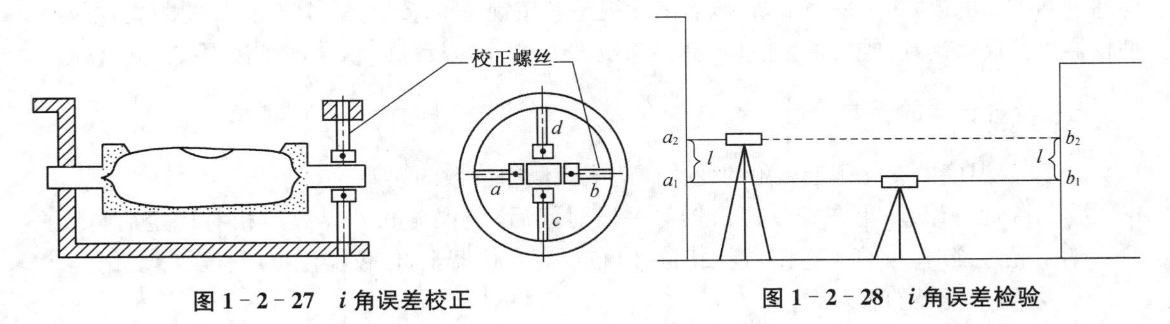

图 1－2－27　i 角误差校正　　图 1－2－28　i 角误差检验

如 1－2－28 所示，在两面墙（电杆）中间安置水准仪。精确调平后分别在两面墙上十字丝横丝瞄准处画一横线 a_1 和 b_1。把仪器搬距其中一面墙前约 3 m 处，同样在墙上画出一横线 a_2，量取 a_1，a_2 间距 l，在另一面墙上从 b_1 量取 l 得 b_2 横线（与 a_2 方向一致）。精确调平后照准 b_2 横线，若能瞄准 b_2，说明两轴平行；否则两轴不平行，当差值大于 ±3 mm 时就应校正。

水准管轴平行于视准轴的检验应定期进行。

第 6 节　水准测量误差来源与影响分析

水准测量的误差来源很多，但主要来自三个方面，即仪器及工具的误差、观测误差和外界因素的影响。

一、仪器及使用工具的误差

1. 水准管轴和视准轴不完全平行引起的误差

这项误差是水准测量的主要误差，虽然在水准仪的检验与校正中已得到检验和校正，但不可能将 i 角完全消除，还会有残余的误差。观测时虽然尽量使前后视距相等，尽可能地减小 i 角对读数的影响，但也难以完全消除。所以观测中还要避免阳光直射仪器，以防引起 i 角的变化。精度要求高时，利用不同时间段进行往返观测，以消除因 i 角变化而引起的误差。

2. 水准标尺误差

水准标尺刻划不准确和尺身变形的尺子，不能使用。对于尺底的零点差，采用在每测段设置偶数站的方法来消除。

二、观测误差

1. 观测误差

水准仪观测时视线必须水平，水平视线是依据水准管气泡是否居中来判断的。为消除此项误差，每次在读数之前，一定要使水准管气泡严格居中，读后检查。

2. 标尺与水平面不垂直引起的读数误差

标尺与水平面不垂直，读数总是偏大，特别是观测路线总是上坡或下坡时读数更会偏大，其误差是系统性的。为了消除此项误差，可在水准标尺上安置经过校正的圆水准器，当气泡居中，标尺即与水平面垂直。

3. 读数误差

读数误差一是源于视差的影响，二是源于读取中丝毫米数时的估读不准确的影响。为了消除这两方面的误差,可采用重新调焦,消除视差和按规范要求设置测站与标尺的距离,不要使仪器离标尺太远,造成尺子影像和刻划在望远镜中太小,以致读mm 数时估读误差过大。

三、外界因素的影响

1. 外界温度的变化引起 i 角的变化而造成观测中读数的误差

为消除此项误差,可在安置好仪器等一段时间后,使仪器和外界温度相对稳定后再观测。如阳光过强时,可打伞遮阳,迁站时用白布罩套在仪器上,使仪器温度不会骤然变化。

2. 仪器和标尺的沉降误差

读完后视读数而未读前视读数时,由于尺垫没有踩实或土质松软,仪器和标尺下沉,造成读数误差。消除此误差的办法:一是操作读数要准确而迅速,二是选择坚实地面设站和立尺,并踩实三脚架及尺垫。

3. 大气折光的影响

大气的垂直折光作用引起观测时的视线弯曲,造成读数误差。消减此项误差的办法:一是选择有利时间来观测,尽量减小折光的影响;二是视线距地面不能太近,要有一定的高度,一般视线高度离地面要在 0.3 m 以上;三是使前、后视距相等。

上述各项误差的来源和消除方法,都是采用单独影响的原则进行分析的,而实际作业时受到的影响是综合性的,只要在作业中注意上述的消除方法,特别是迅速、准确地读数会使各项误差大大地减弱,达到满意的精度要求。如有条件使用自动安平水准仪,它可自行地提供水平视线,不需要手动微倾螺旋整平、居中气泡,使观测速度大大地提高,有效地消减一些误差,保证水准路线的测量精度。

第 7 节　自动安平水准仪和激光扫平仪简介

一、自动安平水准仪

水准仪进行测量时,根据仪器上的水准管的气泡居中后获得水平视线,再读取水准标尺的中丝读数,通过计算得出两点的高差。为了获得水平视线,每次读数前必须转动微倾螺旋,使水准管气泡居中,这一必须实施的操作步骤给水准测量的速度和精度都带来了一定的影响。为了省略这一操作步骤,加快观测速度,提高测量的精度,在 20 世纪 40 年代就研制出一种可以自动精确整平的水准仪,这种水准仪只需经观测员概略整平(圆水准器气泡居中)即可自动地进一步精确整平,获得水平视线读取标尺读数,这种水准仪称为自动安平水准仪。如图 1 - 2 - 29 所示,为国产 DSZ_3 型自动安平水准仪的外观。

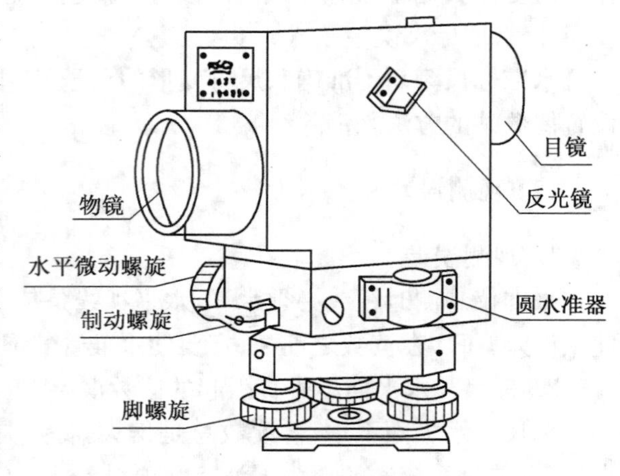

图 1 - 2 - 29　国产 DSZ_3 型自动安平水准仪

（一）自动安平的原理

如图1-2-30所示，在水准仪的望远镜中设置一个补偿装置，当视准轴不水平，有一斜度不大的倾角时，通过物镜光心的水平光线经补偿器后仍能通过十字丝的交点，以获得水平视线，达到自动安平的目的。

解决自动安平的办法是设置一个因重力作用的“摆”，为了使这个“摆”能迅速地静止下来，以达到迅速读数的目的，必须安装一个“阻尼器”，目前大多采用空气阻尼器，也有采用磁阻尼器的。

将活塞置于一个汽缸中，并与摆动杆相连接，当活塞在汽缸中摆动时，为使其迅速静止下来，在汽缸两端各设一个小孔，使缸内气体排放速度减慢，即存在汽缸中空气的阻力，可以迅速停摆。实际的装置中，两个气孔已用螺钉堵死，检修时才放开，汽缸中的空气是在缸侧的窄缝中吸入和排出的。

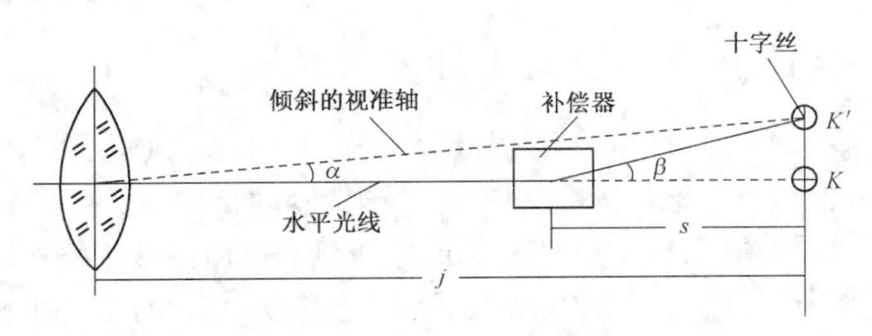

图1-2-30　自动安平原理

（二）自动安平水准仪的使用方法

自动安平水准仪的使用非常简便，在观测时，只需用脚螺旋将圆水准器气泡调至居中，打开补偿器开关照准标尺即可读取读数。搬站时或观测后应关上补偿器开关。

自动安平水准仪使用前也要按照本章第5节的检验及校正的方法进行检验与校正，同时，还要检验补偿器的性能，其方法是先在水准尺上读数，然后少许转动物镜或目镜下面的一个脚螺旋，人为地使视线倾斜，再次读数。若两次读数相等说明补偿器性能良好；否则，需专业人员修理。

二、激光扫平仪

图1-2-31　激光扫平仪

激光扫平仪是一种新型的平面定位仪器，如图1-2-31所示，它采用金属吊丝补偿器，使仪器具有自动安平功能，即使处于震动干扰下，也能保持作业精度，不需人员监视、维护。这种仪器采用激光二极管作为激光光源，出射光为可见红光。在室内作业时，激光平面与墙壁相交，可以得到显眼的扫描光迹，从而形成一个可见的激光水平面，使测量更为直观、简便。仪器还可设有补偿器自动报警装置，当仪器倾斜超出补偿器工作范围时，激光停止扫描，补偿器报警灯闪亮；当调整仪器至补偿器工作范围内时，仪器自动恢复工作。

目前国内常用激光扫平仪依据工作原理以及是否增加补偿机构和采用补偿机构不同，可分成三类，即水泡式激光扫平仪、自动安平激光扫平仪和电子自动安平扫平仪。

第 8 节　精密水准仪和电子水准仪简介

一、精密水准仪

精密水准仪与一般水准仪基本结构相同。因为精密水准仪用于国家二等水准测量和较高精度的工程测量(如沉降观测,大型设备安装测量等)。所以,它与一般水准仪所不同的是:望远镜的放大倍率高,一般为 40 倍以上;水准管轴与视准轴平行的程度要求也高,所以水准管的灵敏度也高,分划值小,一般为 6″～10″/2 mm,自动安平精密水准仪的安平精度要求不低于 0.2″。另外还要求望远镜亮度好,仪器结构稳定,受温度变化影响小等。为提高读数精度,精密水准仪上设有专门读取 mm 以下读数的光学测微器。同时还配有与仪器相应的精密水准尺。

(一) 读数装置

如图 1 - 2 - 32 所示,为国产的 DS_1 型微倾式精密水准仪。该仪器为了提高读数精度,方便准确地读取 mm 以下的标尺读数,设有光学测微器,如图 1 - 2 - 33 所示,它主要由平行玻璃板、测微分划尺、传动杆、测微轮和物镜组成,其倾斜度由测微轮控制。测微轮与测微分划尺连接。当转动测微轮时,水平光线就上下平行地移动,移动的距离在测微分划尺反映出来,通过测微读数窗就可读出。测微分划尺刻有 100 个分划,当视线上下移动 5 mm 时,测微分划尺恰好移动 100 格,即测微尺移动一格,视线移动 0.05 mm。

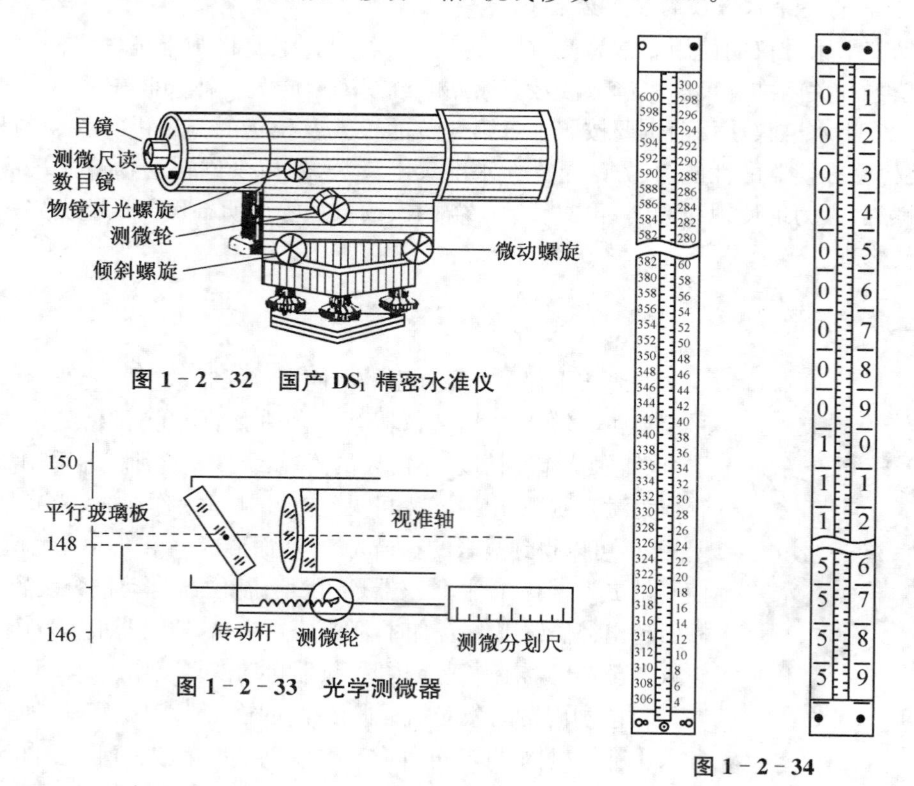

图 1 - 2 - 32　国产 DS_1 精密水准仪

图 1 - 2 - 33　光学测微器

图 1 - 2 - 34

精密水准标尺(如图 1 - 2 - 34),也称线条式因瓦水准标尺。这种水准标尺一般都是在木质尺身槽内，张拉一根因瓦合金带。下端与尺身固定在一起，上端用规定拉力的弹簧拉在尺身上，以保证尺带的平直，不受木制尺身的变形而伸缩。带尺上有左右两排分划，在木制尺身上注记。其分划值有 1 cm 和 0.5 cm 两种。威特 N_3 水准仪的精密水准标尺分划值为 1 cm，水准尺全长约 3.2 m。因瓦合金带上有两排分划，右边一排的注记数字自 0 cm 至 300 cm，称为基本分划；左边一排记数自 300 cm 至 600 cm，称为辅助分划。基本分划和辅助分划有一差数 K，K 为 3.015 50 m，称为基辅差。德国产芬奈・克赛尔精密水准标尺为 0.5 cm 记刻划，全长约3.2 m，因瓦合金带上右边为基本分划，从 0 cm 至 600 cm，左边辅助分划，从 590 cm 到1 190 cm，基辅差 K 为 5.925 00 m。国产 DS_1 精密水准仪，相应的水准尺如图 1-2-35 所示。该尺为 0.5 cm 分划，只有基本分划而无辅助分划，左面一排分划为奇数值，右面一排分划为偶数值，右边注记为m 数，左边注记为dm 数。小三角形表示半dm 处，长三角表示dm 的起始线。每厘米分划的实际间隔为 5 mm，就与测微分划尺的分划值相同。尺面值为实际长度的两倍，所以，用 0.5 cm 分划的水准标尺观测高差时，须除以 2 才是实际高差。

（二）读数方法

如图 1-2-35 所示，是在精密水准仪中看到的标尺影像，其读数方法如下：

1. 安置仪器，并概略整平，用微倾螺旋精确调平仪器，若采用自动安平精密水准仪只进行概略整平后即可读数。

2. 读数前转动测微轮，视线上下移动，使十字丝一侧的楔形丝夹住尺上的某条整分划线（只能夹住其中的一条），并读取该分划线的读数图，图 1-2-35 中标尺读数为 197。

3. 然后在目镜右下方的测微读数窗内读取测微分划尺读数为 150（测微分划尺读数可估读至 0.1 格）。

4. 第 2 和 3 步的读数相加即为完整的标尺读数 1 971.50，标尺的实际读数应除以 2，即 985.75 mm。

5. 在实际观测中，并不是将每个读数除以 2，算出标尺的真读数，而是用观测中的直接读数计算高差，最后将高差值除以 2，得出实际的高差值。

对于 1 cm 的分划的标尺，以仪器中读出的读数为实际读数，不需要除以 2。如图 1-2-36 所示，为 N_3 水准仪的视场图，楔形丝夹住的读数为 1.48 m，测微分划尺读数为 6.50 mm，全部读为 1.486 50 m 或 1 486.50 mm。

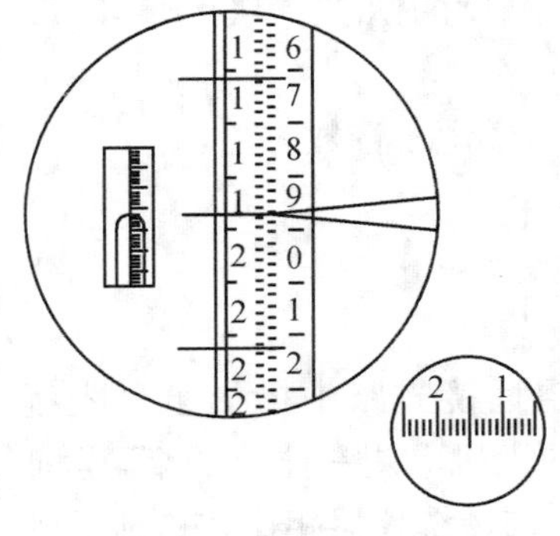

图 1-2-35　精密水准尺读数

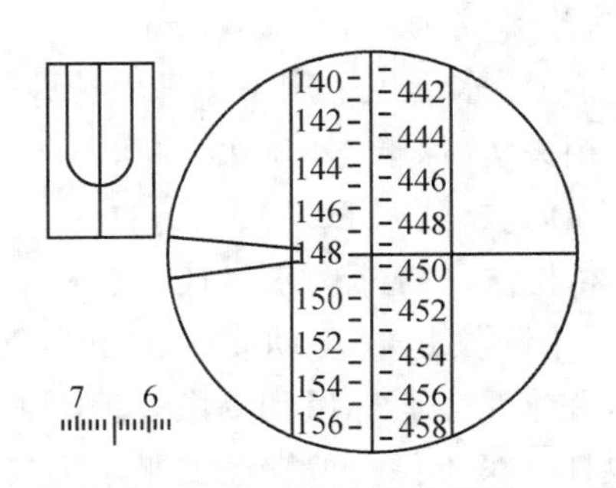

图 1-2-36　测微分划尺

对于有基辅分划的标尺按上述方法读出基本分划读数后，转动微动螺旋照准辅助分划，以相同的方法读出辅助分划读数，两者之差与基辅差常数 K 比较，其差值不应超过允许值；否则重测。

二、电子水准仪

电子水准仪又称为数字水准仪，是在自动水准仪的基础上发展起来的，如图 1－2－37 所示。它采用条码标尺，如图 1－2－38 所示，各厂家标尺编码的条码图案不相同，不能互换使用。目前照准标尺和调焦仍需目视进行。人工完成照准和调焦之后，标尺条码一方面被成像在望远镜分化板上，供目视观测，另一方面通过望远镜的分光镜，标尺条码又被成像在光电传感器（又称探测器）上，即线阵 CCD 器件上，供电子读数。因此，如果使用传统水准标尺，电子水准仪又可以像普通自动安平水准仪一样使用。不过这时的测量精度低于电子测量的精度。特别是精密电子水准仪，由于没有光学测微器，当成普通自动安平水准仪使用时，其精度更低。

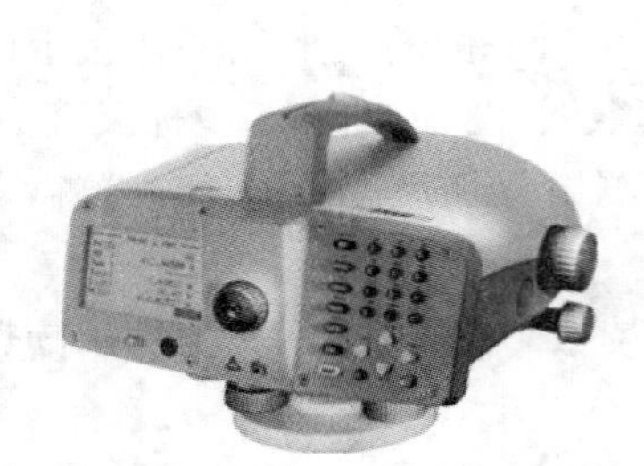

图 1－2－37　电子水准仪

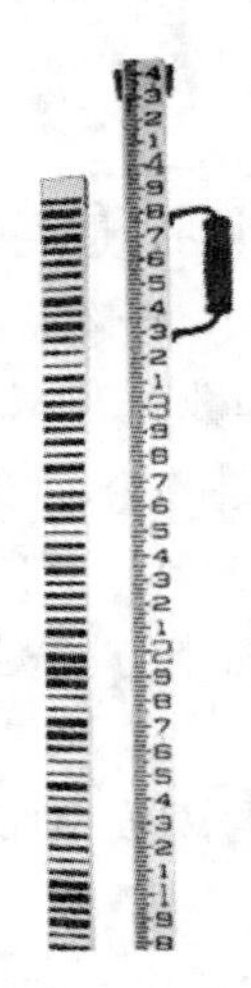

图 1－2－38　条码尺

电子水准仪具有测量速度快、读数客观、能减轻作业劳动强度、精度高、测量数据便于输入计算机和容易实现水准测量内外业一体化的特点，因此它投放市场后很快受到用户青睐。国外的低精度高程测量盛行使用各种类型的激光定线仪和激光扫平仪。电子水准仪定位在中精度和高精度水准测量范围分为两个精度等级，中精度的标准差为 1.0～1.5 mm/km，高精度的标准差约为 0.3～0.4 mm/km。

当前电子水准仪采用了原理上相差较大的三种自动电子读数方法：

1. 相关法（徕卡 NA3002/3003）；
2. 几何法（蔡司 DiNi10/20）；
3. 相位法（拓普康 DL101C/102C）。

电子水准仪是以自动安平水准仪为基础，在望远镜光路中增加了分光镜和探测器（CCD），并采用条码标尺和图像处理电子系统构成的光机电测一体化的高科技产品。采用普通标尺时，又可像一般自动安平水准仪一样使用。与传统仪器相比，它有以下特点：

1. 读数客观。不存在误读、误记问题，没有人为读数误差。
2. 精度高。视线高和视距读数都是采用大量条码分划图像经处理后取平均得出来的，因此削弱了标尺分划误差的影响。多数仪器都有进行多次读数取平均的功能，可以削弱外界条件影响。不熟练的作业人员也能进行高精度测量。

3. 速度快。由于省去了报数、听记、现场计算的时间以及人为出错的重测数量，测量时间与传统仪器相比可以节省1/3左右。

4. 效率高。只需调焦和按键就可以自动读数，减轻了劳动强度。视距还能自动记录、检核、处理，并能输入电子计算机进行后处理，可实现内外业一体化。

习题2

1. 什么叫水准点、转点、视准轴、圆水准器轴、水准管轴、水准管分划值？

2. 水准仪有哪些螺旋？各起什么作用？

3. 怎样使圆水准器气泡居中？圆水准器气泡居中后是否水准管气泡就一定居中？为什么？

4. 什么叫视差？如何消除视差？

5. 根据表1-2-3计算高差及高程，并校核，绘图说明其施测情况，各点的尺读数亦请在图中注明。

表1-2-3 水准测量记录表

测 点	后视读数 a/m	前视读数 b/m	高差/m		高程/m	备注
			+	−		
BM_1	0.157				24.450	已知
TP_1	0.964	2.370				
TP_2	0.305	3.907				
A	1.432	1.043				
TP_3	3.387	0.417				
TP_4	2.679	1.824				
B		0.264				
检核						

6. 水准测量有哪几种路线？请按图1-2-39中所给数据，计算出各点高程。

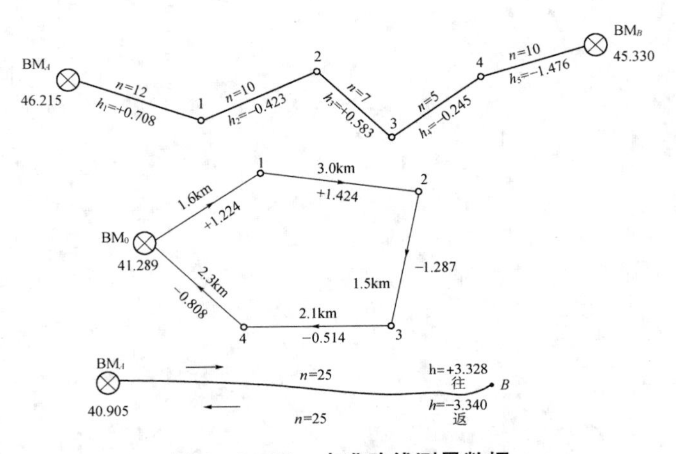

图1-2-39 水准路线测量数据

7. 简要叙述水准测量的基本方法。

8. 安置水准仪时，为什么要尽量安置在前后视距相等处？

9. 在水准测量过程中，如遇到原水准点有变异，转点挪动，或者仪器未支稳，甚至被碰动等情况，应当怎么办？

10. 水准测量中的主要误差有哪些？如何消除？

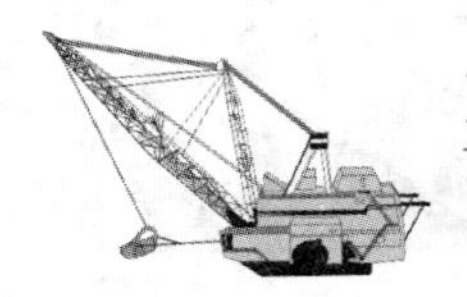

第3章
角度测量和经纬仪

扫一扫可见
本章电子资源

角度测量是确定地面点位的三项基本测量工作之一。光学经纬仪是常用的角度测量仪器，它既能测量水平角，又能测量垂直角。水平角用于计算地面点的坐标和两点间的坐标方位角，垂直角用于计算高差或将倾斜距离换算成水平距离。

第1节　角度测量原理

一、水平角测量原理

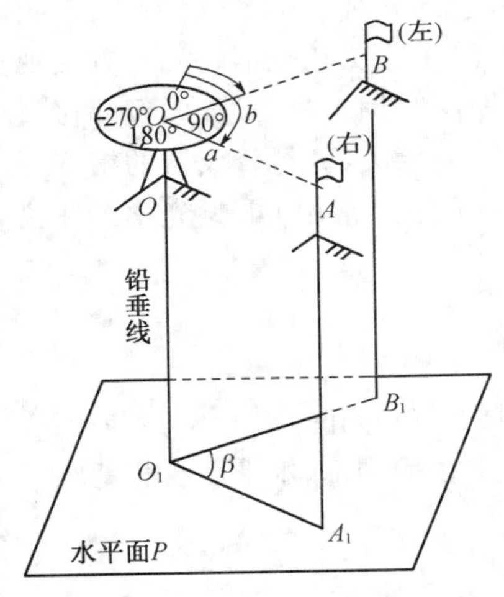

图1-3-1　水平角测量原理

地面上某点到两目标的方向线铅垂投影在水平面上所成的角称为水平角，其取值范围为 0°～360°。如图1-3-1所示，A,O,B 为地面上高程不同的三个点，沿铅垂线方向投影到水平面 P 上得到相应 A_1,O_1,B_1 点，则水平投影线 O_1A_1 与 O_1B_1 构成的夹角 β 称为 OA 与 OB 两地面方向线间的水平角。

为了测定水平角的大小，设想在 O 点铅垂线上任一处 O_1 点水平安置一个带有顺时针均匀刻划的水平度盘，通过右方向 OA 和左方向 OB 各作一铅垂面与水平度盘平面相交，在度盘上截取相应的读数为 a 和 b，如图1-3-1所示，则水平角 β 为右方向读数 a 减去左方向读数 b，即 $\beta=a-b$。

二、垂直角测量原理

在同一竖直面内，地面某点至目标的方向线与水平视线间的夹角称为垂直角。图1-3-2所示，目标的方向线在水平视线的上方，垂直角为正（$+\alpha$），称为仰角；目标的方向线在水平视线的下方，垂直角为负（$-\alpha$），称为俯角。垂直角的取值范围是$-90°$～$+90°$。

同水平角一样，垂直角的角值也是垂直安置并带有均匀刻划的竖直度盘上的两个方向的读数之差，所不同的是其中一个方向是水平视线方向。对某一光学经纬仪而言，水平视线方向的竖直度盘读数应为90°的整倍数。因此测量垂直角时，只要瞄准目标，读取竖直度盘读数，就可以计算出垂直角。

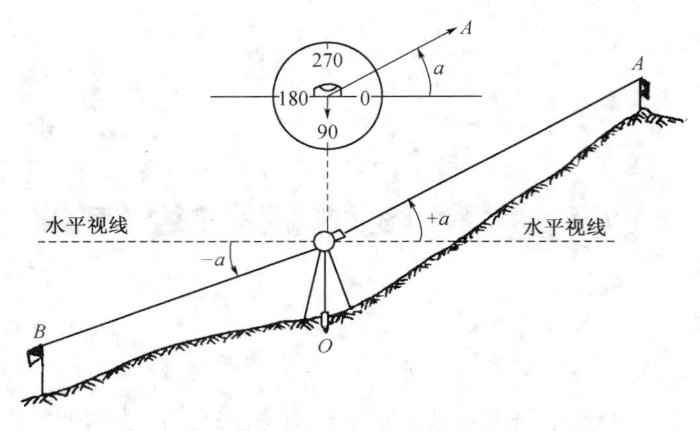

图 1-3-2 竖直角测量原理

常用的光学经纬仪就是根据上述测角原理及其要求制成的一种测角仪器。

第 2 节 经纬仪的构造与使用

我国光学经纬仪按其精度等级划分有 DJ_{07}，DJ_1，DJ_2，DJ_6 等几种，D，J 分别为“大地测量”和“经纬仪”的汉字拼音第一个字母，其下标数字 07，1，2，6 分别为该仪器一测回方向观测中误差的秒数。DJ_{07}，DJ_1 及 DJ_2 型光学经纬仪属于精密光学经纬仪，DJ_6 型光学经纬仪属于普通光学经纬仪。在建筑工程中，常用的是 DJ_2，DJ_6 型光学经纬仪。尽管仪器的精度等级或生产厂家不同，但它们的基本构造是大致相同的。本节介绍最常用 DJ_6 型光学经纬仪的基本构造及其操作。

一、DJ_6 型光学经纬仪的基本构造

各种型号的 DJ_6 型（简称 J_6 型）光学经纬仪的基本构造是大致相同的，图 1-3-3 为国产 J_6 型光学经纬仪外貌图，其外部构件名称如图上所注，它主要由照准部、水平度盘和基座三部分组成。

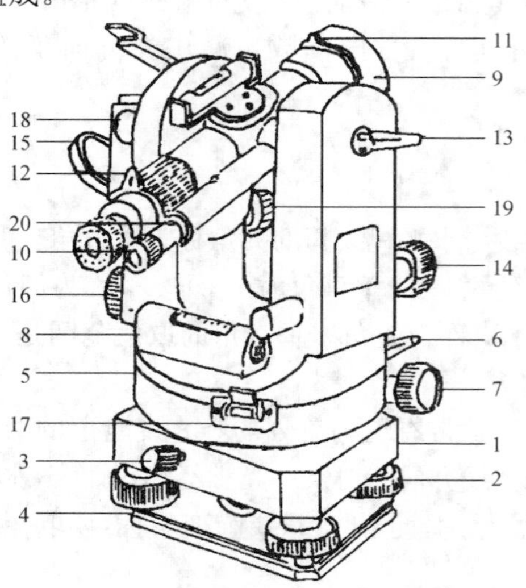

1—基座；2—脚螺旋；3—轴套固定螺旋；4—脚螺旋压板；5—水平度盘外罩；6—水平方向制动螺旋；7—水平方向微动螺旋；8—照准部水准管；9—物镜；10—目镜调焦螺旋；11—瞄准用的准星；12—物镜调焦螺旋；13—望远镜制动螺旋；14—望远镜微动螺旋；15—反光照明镜；16—度盘读数测微轮；17—复测机钮；18—竖直度盘水准管；19—竖直度盘水准管微动螺旋；20—度盘读数显微镜

图 1-3-3 国产 DJ_6 型光学经纬仪

1. 照准部

照准部主要由望远镜、竖直度盘、照准部水准管、读数设备及支架等组成。望远镜由物镜、目镜、十字丝分划板及调焦透镜组成，其作用与水准仪的望远镜相同。望远镜的旋转轴称为横轴。望远镜通过横轴安装在支架上，通过调节望远镜制动螺旋和微动螺旋使它绕横轴在竖直面内上下转动。

竖直度盘固定在横轴的一端，随望远镜一起转动，与竖盘配套的有竖盘水准管和竖盘水准管微动螺旋。

照准部水准管用来精确整平仪器，使水平度盘处于水平位置，同时也使仪器竖轴铅垂。有的仪器，除照准部水准管外，还装有圆水准器，可用来粗略整平仪器。

照准部的旋转轴称为竖轴，竖轴插入基座内的竖轴套中，照准部的旋转是其绕竖轴在水平方向上旋转，为了控制照准部的旋转，其下部设有照准部水平制动螺旋和微动螺旋。

2. 水平度盘

水平度盘是由光学玻璃制成的圆环，圆环上刻有从0°至360°的等间隔分划线，并按顺时针方向加以注记，有的经纬仪在度盘两刻度线正中间加刻一短分划线。两相邻分划线间的弧长所对圆心角称为度盘分划值，通常为1°或30′。

水平度盘通过外轴装在基座中心的套轴内，并用轴套固定螺旋使之固紧。

当照准部转动时，水平度盘并不随之转动。若需要将水平度盘安置在某一读数的位置，可拨动专门的机构，J_6型光学经纬仪变动（配置）水平度盘位置的机构有以下两种形式：

（1）度盘变换手轮：先按下度盘变换手轮下的保险手柄，将手轮推压进去并转动，就可将水平度盘转到需要的读数位置上。此时，将手松开手轮退出，应注意把保险手柄倒回。有的经纬仪装有一小轮（叫位置轮）与水平度盘相连，使用时先打开位置轮护盖，转动位置轮，度盘也随之转动（照准部不动），转到需要的水平度盘读数位置为止，最后盖上护盖。

（2）复测机钮（扳手）：如图1-3-3中的17所示，当复测机钮扳下时，水平度盘与照准部结合在一起，两者一起转动，此时照准部转动时度盘读数不变。不需要一起转动时，将复测机钮扳上，水平度盘就与照准部脱开。例如，要求经纬仪望远镜瞄准某一已知点时水平度盘读数应为0°00′00″，此时先把复测机钮扳上，转动照准部，使水平度盘读数为0°00′00″，然后把复测机钮扳下，转动照准部，将望远镜瞄准某一已知点，其水平度盘读数就是0°00′00″，观测开始时，复测机钮应扳上。

3. 基座

基座是支承整个仪器的底座，并借助基座的中心螺母和三脚架上的中心连接螺旋，将仪器与三脚架固连在一起。基座上有三个脚螺旋，用来整平仪器。水平度盘的旋转轴套套在竖轴轴套外面，拧紧轴套固定螺旋，可将仪器固定在基座上，松开该固定螺旋，可将仪器从基座中提出，便于置换照准标牌，但平时或作业时务必将基座上的固定螺旋拧紧，不得随意松动。

二、读数设备及方法

DJ_6型光学经纬仪的读数设备包括度盘、光路系统及测微器。光线通过一组棱镜和透镜作用后，将光学玻璃度盘上的分划成像放大，反映到望远镜旁的读数显微镜内，利用光学测微器进行读数。各种DJ_6型光学经纬仪的读数装置不完全相同，其相应读数方法也有所不同，但可以大致归纳为两大类。

1. 分微尺读数装置及其读数方法

分微尺读数装置是显微镜读数窗与物镜上设置一个带有分微尺的分划板，度盘上的分划线经读数显微镜水平物镜放大后成像于分微尺上。分微尺 1°的分划间隔长度正好等于度盘的一格，即 1°的宽度。如图 1-3-4 所示是读数显微镜内看到的度盘和分微尺的影像，上面注有"水平"（或 H）的窗口为水平度盘读数窗，下面注有"竖直"（或 V）的窗口为竖直度盘读数窗，其中长线和大号数字为度盘上分划线影像及其注记，短线和小号数字为分微尺上的分划线及其注记。

每个读数窗内的分微尺分成 60 小格，每小格代表 1′，每 10 小格注有小号数字，表示 10′的倍数。因此，分微尺可直接读到 1′，估读到 0.1′。

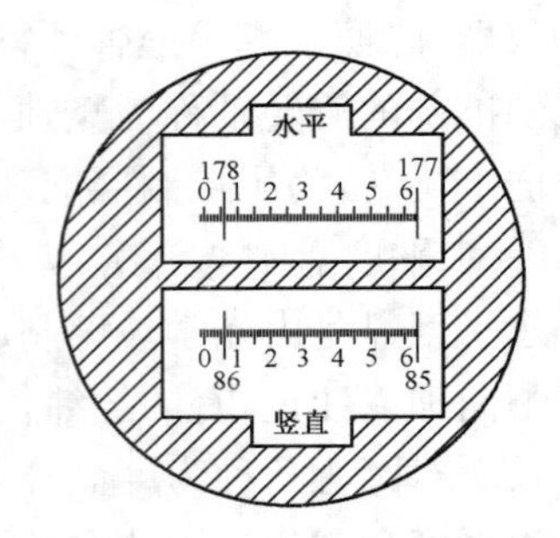

图 1-3-4　DJ_6型经纬仪读数窗

分微尺上的 0 分划线是读数指标线，它所指的度盘上的位置就是应该读数的地方。例如，图 1-3-4 水平度盘读数窗中，分微尺上的 0 分划线已过 178°，此时水平度盘的读数肯定比 178°多一点，所多的数值要看 0 分划线到度盘 178°分划线之间有多少个小格来确定，显然由图 1-3-4 看出，所多的数值为 06.0′（估读至 0.1′）。因此，水平度盘整个读数为 178°+06.0′=178°06.0′（记录及计算时可写作：178°06′00″）。

同理，图 1-3-4 中竖直度盘整个读数为 86°+06.3′=86°06.3′（记录及计算时可写作 86°06′18″）。

在读数时，只要看哪根度盘分划线位于分微尺刻划线内，则读数中的度数就是此度盘分划线的注记数，读数中的分数就是这根分划线所指的分微尺上的数值。由此可见，分微尺读数装置的作用就是读出小于度盘最小分划值（例如 1°）的尾数值，它的读数精度受显微镜放大率与分微尺长度的限制。南京 1002 厂生产的 DJ_6 型光学经纬仪和德国蔡司厂生产的 Zeiss030 型光学经纬仪均属此类读数装置。

2. 单平板玻璃测微器装置及其读数方法

单平板玻璃测微器装置主要由平板玻璃、测微尺、测微轮及传动装置组成。单平板玻璃与测微尺用金属机构连在一起，当转动测微轮时，单平板玻璃与测微尺一起绕同一轴转动。从读数显微镜中看到，当平板玻璃转动时，度盘分划线的影像也随之移动，当读数窗上的双指标线精确地夹准度盘某分划线像时，其分划线移动的角值可在测微尺上根据单指标读出。

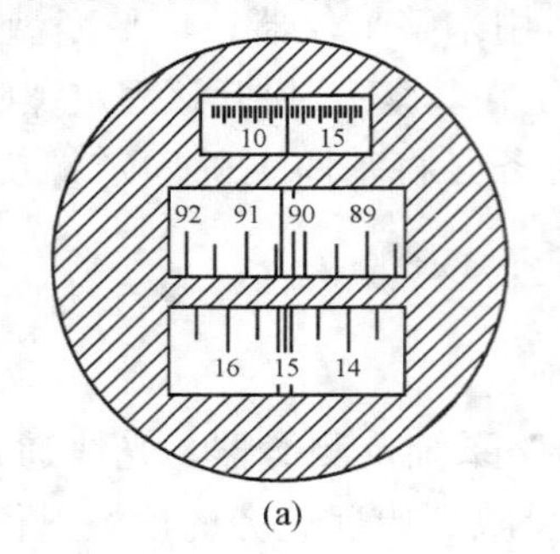

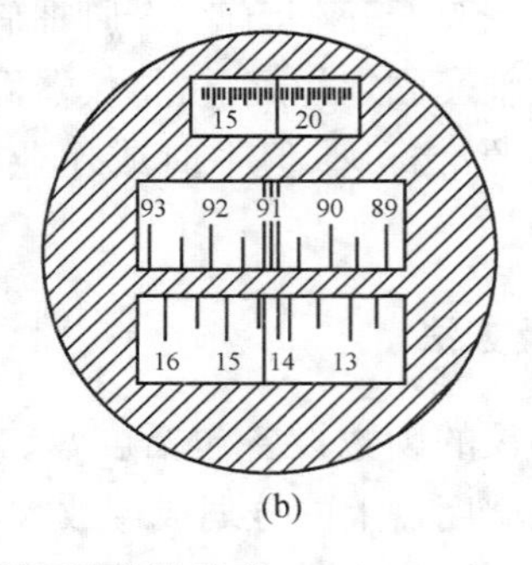

图 1-3-5　DJ_6型经纬仪读数窗

如图1-3-5所示的读数窗，上部窗为测微尺像，中部窗为竖直度盘分划像，下部窗为水平度盘分划像。读数窗中单指标线为测微器指标线，双指标线为度盘指标线。度盘最小分划值为30′，测微尺共有30大格，一大格分划值为1′，一大格又分为3小分格，则一小格分划值为20″。

读数前，应先转动测微轮（如图1-3-3中的16所示），使度盘双指标线夹准（平分）某一度盘分划线像，读出度数和30′的整分数。如在图1-3-5(a)中，双指标线夹准水平度盘15°00′分划线像，读出15°00′，再读出测微尺窗中单指标线所指出的测微尺上的读数为12′00″，两者合起来就是整个水平度盘读数，为15°00′+12′00″=15°12′00″。同理，在图1-3-5(b)中，读出竖直度盘读数为91°00′+18′06″=91°18′06″。北京光学仪器厂生产的红旗Ⅱ型和瑞士威特厂生产的WILD T_1型光学经纬仪均属此类读数装置。

三、DJ_6型光学经纬仪的基本操作

1. 经纬仪安置

经纬仪安置包括对中和整平。对中的目的是使仪器的中心与测站点（标志中心）处于同一铅垂线上；整平的目的是使仪器的竖轴竖直，使水平度盘处于水平位置。具体操作方法如下：

(1) 对中

先打开三脚架，安在测站点上，使架头大致水平，架头的中心大致对准测站标志，并注意脚架高度适中。然后踩紧三脚架，装上仪器，旋紧中心连接螺旋，挂上垂球。若垂球尖偏离测站标志，就稍松动中心螺旋，在架头上移动仪器，使垂球尖精确对中标志，再旋紧中心螺旋。若在架头上移动仪器无法精确对中，则要调整三脚架的脚位，此时应注意先旋紧中心螺旋，以防仪器摔下。用垂球进行对中的误差一般可控制在3 mm以内。

若仪器上有光学对中器装置，可利用光学对中器进行对中。首先使架头大致水平和用垂球（或目估）初步对中；然后转动（拉出）对中器目镜，使测站标志的影像清晰；转动脚螺旋，使标志影像位于对中器小圆圈（或十字分划线）中心，此时仪器圆水准气泡偏离，伸缩脚架使圆气泡居中，但须注意脚架尖位置不得移动，再转动脚螺旋使水准管气泡精确居中。最后还要检查一下标志是否仍位于小圆圈中心，若有很小偏差可稍松中心连接螺旋，在架头上移动仪器，使其精确对中。用光学对中器对中的误差可控制在1 mm以内。由于此法对中的误差小且不受风力等影响，常用于建筑施工测量和导线测量中。

(2) 整平

先松开照准部水平制动螺旋，使照准部水准管大致平行于基座上任意两个脚螺旋连线方向，如图1-3-6(a)所示，两手同时转动这两个脚螺旋，使水准管气泡居中（注意水准管气泡移动方向与左手大拇指移动方向一致）。然后将照准部转动90°，如图1-3-6(b)所示，此时只能转动第三个脚螺旋，使水准管气泡居中。如果水准管位置正确，一般按上述操作方法重复1～2次就能达到整平的目的。当仪器精确整平后，照准部转到任何位置，水准管气泡总是居中的（可允许水准管气泡偏离零点不超过1格）。

2. 瞄准目标

角度测量时瞄准的目标一般是竖立在地面点上的测钎、花杆、觇牌等，测水平角时，要用望远镜十字丝分划板的竖丝对准它，操作程序如下：

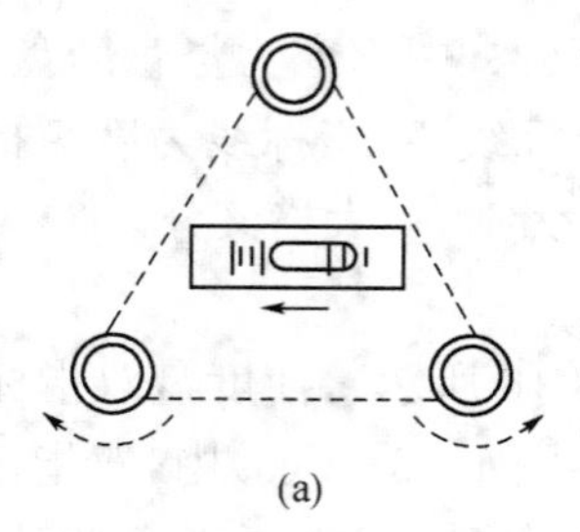
(a)

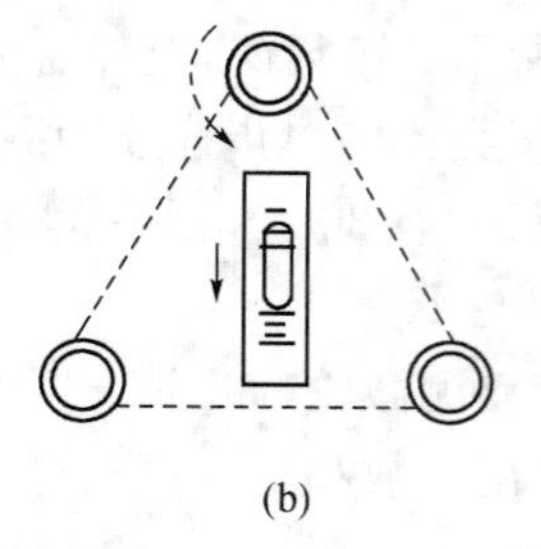
(b)

图 1-3-6　仪器整平

(1) 松开望远镜和照准部的制动螺旋，将望远镜对向明亮背景，进行目镜调焦，使十字丝清晰；

(2) 通过望远镜镜筒上方的缺口和准星粗略对准目标，拧紧制动螺旋；

(3) 进行物镜调焦，在望远镜内能最清晰地看清目标，注意消除视差，如图 1-3-7(a)所示；

(4) 转动望远镜和照准部的微动螺旋，使十字丝分划板的竖丝精确地瞄准(夹准)目标，如图 1-3-7(b)所示。要尽可能瞄准目标的下部。

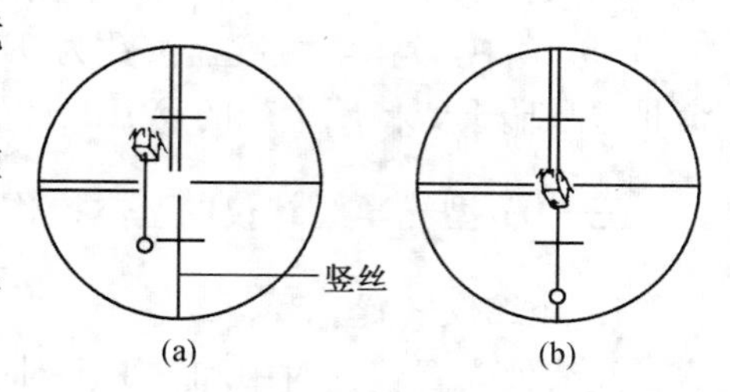

图 1-3-7　瞄准目标

3. 读数

读数前，先将反光照明镜张开到适当位置，调节镜面朝向光源，使读数窗亮度均匀，调节读数显微镜目镜对光螺旋，使读数窗内分划线清晰，然后按前述的 DJ_6 型光学经纬仪读数方法进行读数。

第3节　水平角观测

水平角观测的方法一般根据目标的多少和精度要求而定。常用的水平角观测方法有测回法和方向观测法。

一、测回法

测回法是测角的基本方法，常用于观测方向不多于 3 个时的水平角观测。

如图 1-3-8，设 O 为测站点，A，B 为观测目标，用测回法观测 OA 与 OB 两个方向之间的水平角 β，具体步骤如下：

图 1-3-8　水平角观测(测回法)

1. 安置仪器于测站 O 点，对中、整平，在 A、B 两点设置目标标志(如竖立测钎或花杆)。

2. 将竖直度盘位于观测者左侧(称为盘左位置，或称正镜)，先瞄准左目标 A，水平度盘读数为 L_A($L_A = 0°02'24''$)，记入表 1-3-1 相应栏内，接着松开照准部水平制动螺旋，顺时针旋转照准部瞄准右目标 B，水平度盘读数为 L_B($L_B = 36°42'36''$)，记入记录表相应栏内。

以上称为上半测回，其盘左位置角值 $\beta_{左}$ 为

$$\beta_{左} = L_B - L_A\ (\beta_{左} = 36°40'12'') \tag{1-3-1}$$

(3) 纵转望远镜，使竖直度盘位于观测者右侧(称为盘右位置，或称倒镜)，先瞄准右目标 B，水平度盘读数为 R_B($R_B = 216°42'54''$)，记入表 1-3-1 相应栏内；接着松开照准部水平制动螺旋，转动照准部，同法瞄准左目标 A，水平度盘读数为 R_A($R_A = 180°02'36''$)，记入记录表相应栏内。以上称为下半测回，其盘右位置角值 $\beta_{右}$ 为

$$\beta_{右} = R_B - R_A (\beta_{右} = 36°40'18'') \tag{1-3-2}$$

上半测回和下半测回构成一测回。

(4) 对于 DJ_6 型光学经纬仪，若两个半测回角值之差不超出 $\pm 40''$ (即 $|\beta_{左} - \beta_{右}| \leqslant 400$)，认为观测合格。此时可取两个半测回角值的平均值作为一测回的角值 β，即

$$\beta = \frac{\beta_{左} + \beta_{右}}{2} \tag{1-3-3}$$

表 1-3-1 为测回法观测水平角记录，在记录和计算中应注意：由于水平度盘是顺时针刻划和注记，故计算水平角总是以右目标的读数减去左目标的读数，如遇到不够减，则应在右目标的读数上加上 360°，再减去左目标的读数，决不可倒过来减。

当测角精度要求较高，需要对一个角度观测若干个测回时，为了减弱度盘分划不均匀误差的影响，在各测回之间，应使用度盘变换手轮或复测机钮，按测回数 m，将水平度盘位置依次变换 $180°/m$。例如，某角要求观测两个测回，第一测回起始方向(左目标)的水平度盘位置应配置在 0°00′或稍大于 0°处，第二测回起始方向的水平度盘位置应配置在 180°/2＝90°00′或稍大于 90°处。

测回法采用盘左、盘右两个位置观测水平角取平均值，可以消除仪器误差(如视准轴误差、横轴不水平误差)对测角的影响，提高测角精度，同时也可作为观测中有无错误的检核。

表 1-3-1　测回法观测水平角记录手簿

时　间________　天　气________　仪器型号________
观测者________　记录者________　测　站________

测站	目标	竖盘位置	水平度盘读数 ° ′ ″	半测回角值 ° ′ ″	一测回平均角值 ° ′ ″	备注
O	A	左	0 02 24	36 40 12	36 40 15	A β B 读数估读至 0.1′， 记录时可写作秒数
	B		36 42 36			
	A	右	180 02 36	36 40 18		
	B		216 42 54			

二、方向观测法

1. 方向观测法操作步骤

方向观测法又称全圆测回法，常用于观测方向数多于 3 个时的水平角观测。如图 1-3-9 所示，设 O 为测站点，A,B,C,D 为观测目标，用方向观测法观测各方向间的水平

角，其操作步骤如下：

(1) 将经纬仪安置于测站 O 点，对中、整平，在 A,B,C,D 等观测目标处竖立标志。

(2) 盘左位置：先将水平度盘读数配置在稍大于 0°00′00″处，选取远近合适、目标清晰的方向作为起始方向(称为零方向，本例选取 A 方向作为零方向)。瞄准零方向 A，水平度盘读数为 0°02′06″，记入表1-3-2 方向观测法记录手簿第 4 栏。松开照准部水平制动螺旋，按顺时针旋转照准部，依次照准 B、C、D 各目标，分别读取水平度盘读数，记入表 1-3-2 第 4 栏。为了检查观测过程中度盘位置有无变动，最后再观测零方向 A，称为上半测回归零，其水平度盘读数为 0°02′18″，记入表1-3-2 第 4 栏，以上称为上半测回。

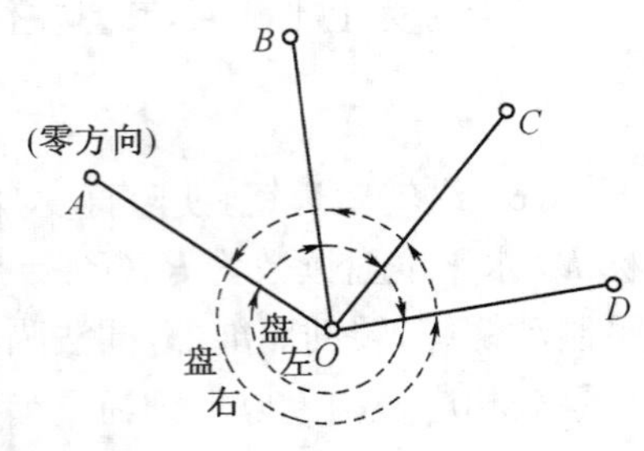

图 1-3-9　方向观测法

(3) 盘右位置：先照准零方向 A，读取水平度盘读数为 180°02′06″，接着旋转照准部，按逆时针方向依次照准 D,C,B 各目标，分别读取水平度盘读数，由下向上记入表 1-3-2 第 5 栏。同样最后再照准零方向 A，称为下半测回归零，其水平度盘读数为180°02′12″，记入表 1-3-2 第 5 栏，此为下半测回。

上、下半测回合称一测回。为了提高精度，有时需要观测 m 个测回，则各测回间起始方向(零方向)水平度盘读数应变换 180°/ m。

2. 方向观测法的计算

现通过表 1-3-2 来说明方向观测法记录计算及其限差：

(1) 计算上下半测回归零差(即两次瞄准零方向 A 的读数之差)

如表 1-3-2 第 1 测回上、下半测回归零差分别为 12″和－6″，对于用 DJ_6 型仪器观测，通常归零的限差为±18″，本例归零差均满足限差要求。

(2) 计算两倍视准轴误差 $2c$ 值，即

$$2c = L - (R \pm 180°) \tag{1-3-4}$$

式中，L 为盘左读数，R 为盘右读数。当盘右读数大于 180°时取“－”号，反之取“＋”号。$2c$ 值的变化范围(同测回各方向的 $2c$ 最大值与最小值之差)是衡量观测质量的一个重要指标。如表 3-3-2 第 1 测回 B 方向 $2c = 31°47'18'' - (211°47'06'' - 180°) = +12''$，第 2 测回 C 方向 $2c = 182°28'24'' - (2°28'18'' + 180°) = +6''$ 等。由此可以计算各测回内各方向 $2c$ 值的变化范围，如第 1 测回 $2c$ 值变化范围为 $12'' - (-6)'' = 18''$，第 2 测回 $2c$ 值变化范围为 $12'' - 6'' = +6''$。对于用 DJ_6 型仪器观测，对 $2c$ 值的变化范围不作规定，但对于用 DJ_2 型以上仪器精密测角时，$2c$ 值的变化范围均有相应的限差。

(3) 计算各方向的平均读数

$$平均读数 = [盘左读数 + (盘右读数 \pm 180°)]/2 = [L + (R \pm 180°)]/2 \tag{1-3-5}$$

由于零方向 A 有两个平均读数，故应再取平均值，填入表 1-3-2 第 7 栏上方小括号内，如第 1 测回括号内数值 0°02′10″=(0°02′09″+0°02′12″)/2。各方向的平均读数填入第 7 栏。

表 1－3－2　方向观测法记录手簿

时　间________　天　气________　仪器型号________

观测者________　记录者________　测　站________

测站	测回	目标	水平度盘读数		2c＝左－(右±180)	平均读数＝[左＋(右±180)]/2	归零后的方向值	各测回归零方向值平均值	简图与角值
			盘左(L)	盘右(R)					
			° ′ ″	° ′ ″	″	° ′ ″	° ′ ″	° ′ ″	
1	2	3	4	5	6	7	8	9	10
0	1	*A*	0 02 06	180 02 12	－6	(0 02 10) 0 02 09	0 00 00	0 00 00	A, B, C, D, O 31°45′04″ 60°40′54″ 52°51′32″ 读数估读至0.1′，记录时可写作秒数
		B	31 47 18	211 47 06	＋12	31 47 12	31 45 02	31 45 04	
		C	92 28 12	272 28 06	＋6	92 28 09	92 25 59	92 25 58	
		D	145 19 42	325 19 36	＋6	145 19 39	145 17 29	145 17 30	
		A	0 02 18	180 02 06	＋12	0 02 12			
	2	*A*	90 02 30	270 02 24	＋6	(90 02 24) 90 02 27	0 00 00		
		B	121 47 36	301 47 24	＋12	121 47 30	31 45 06		
		C	182 28 24	2 28 18	＋6	182 28 21	92 25 57		
		D	235 20 00	55 19 48	＋12	235 19 54	145 17 30		
		A	90 02 24	270 02 18	＋6	90 02 21			

(4) 计算各方面归零后的方向值

将各方向的平均读数减去零方向最后平均值(括号内数值)，即得各方向归零后的方向值，填入表 1－3－2 第 8 栏，注意零方向归零后的方向值为 0°00′00″。

(5) 计算各测回归零方向值的平均值

本例表 1－3－2 记录了两个测回的测角数据，故取两个测回归零后方向值的平均值作为各方向最后成果，填入表 1－3－2 第 9 栏。在填入此栏之前应先计算各测回同方向的归零后方向值之差，称为各测回方向差。对于用 DJ_6 型仪器观测，各测回方向差的限差为 ±24″。本例两测回方向差均满足限差要求。

为了查用角值方便，在表 1－3－2 第 10 栏绘出方向观测简图，并注出两方向间的角度值。

第 4 节　竖直角观测

一、竖直度盘及读数系统

图 1－3－10 为 DJ_6 型光学经纬仪竖直度盘的构造示意图，各个部件如图上所注，它固定在望远镜横轴的一端，望远镜在铅直面内转动而带动竖直度盘一起转动。竖直度盘指标是同竖盘水准管联结在一起，不随望远镜转动而转动，只有通过调节竖盘水准管微动螺旋，才能使竖盘指标与竖盘水准管(气泡)一起作微小移动。正常情况下，当竖盘水准管气泡居

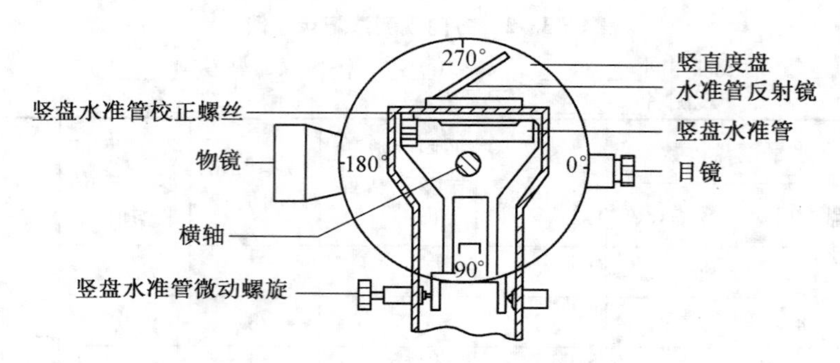

图 1-3-10　竖直度盘的构造

中时，竖盘指标就处于正确的位置。所以每次竖盘读数前，都应先调节竖盘水准管使之气泡居中。

竖直度盘也是玻璃圆盘，分划与水平度盘相似，但其注记形式较多，对于 DJ_6 型光学经纬仪，竖盘刻度通常有 0°～360°顺时针和逆时针注记两种形式，如图 1-3-11(a)、(b)所示。当视线水平（视准轴水平），竖盘水准管气泡居中时，竖盘盘左位置竖盘指标正确读数为 90°；同理，当视线水平且竖盘水准管气泡居中时，竖盘盘右位置竖盘指标正确读数为 270°。

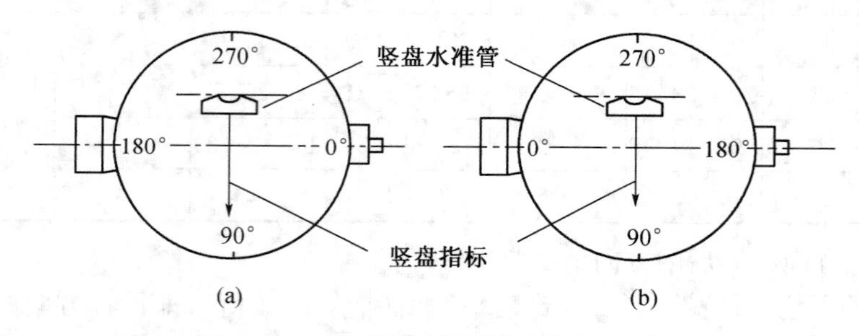

图 1-3-11　竖盘刻度注记（盘左位置）

有些 DJ_6 型光学经纬仪当视线水平且竖盘水准管气泡居中时，盘左位置竖盘指标正确读数为 0°，盘右位置竖盘指标正确读数为 180°。因此，在使用前应仔细阅读仪器使用说明书。

目前，新型的光学经纬仪多采用自动归零装置取代竖盘水准管结构与功能，它能自动调整光路，使竖盘及其指标满足正确关系，仪器整平后照准目标可立即读取竖盘读数。

二、垂直角计算

竖盘注记形式不同，根据竖盘读数计算垂直角的公式也不同。本节仅以图 1-3-11(a)所示的顺时针注记的竖盘形式为例，加以说明。

由图 1-3-12 看出，盘左位置时，望远镜视线向上（仰角）瞄准目标，竖盘水准管气泡居中，其竖盘正确读数为 L，根据垂直角测量原理，则盘左位置时垂直角为

$$\alpha_{左} = 90° - L \tag{1-3-6}$$

同理，盘右位置时，竖盘水准管气泡居中，竖盘正确读数为 R，则盘右位置时垂直角为

$$\alpha_{右} = R - 270° \tag{1-3-7}$$

将盘左、盘右位置的两个垂直角取平均，即得垂直角 α 计算公式为

$$\alpha=\frac{1}{2}(\alpha_{左}+\alpha_{右})=\frac{1}{2}[(R-L)-180^\circ] \tag{1-3-8}$$

竖盘位置	视线水平	视线向上(仰角)
盘左		$\alpha_{左}=90^\circ-L$
盘右		$\alpha_{右}=R-270^\circ$

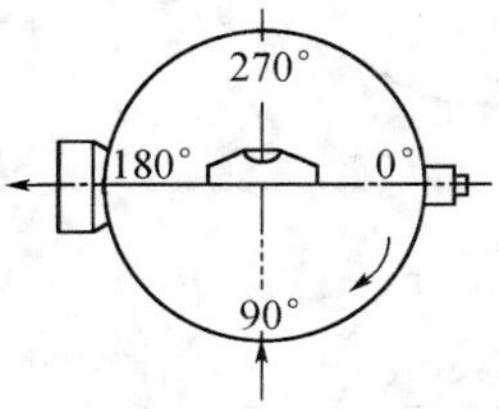

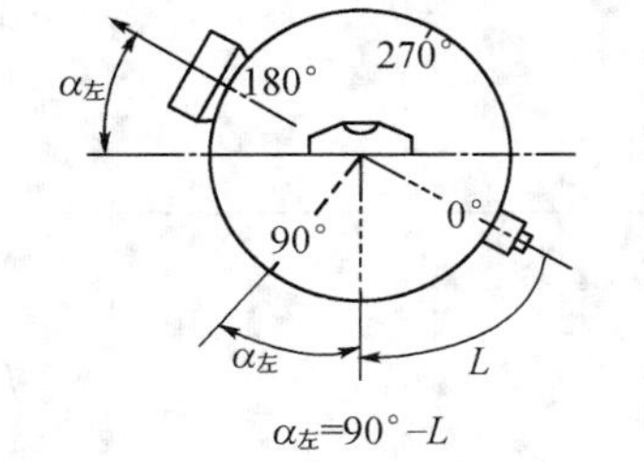

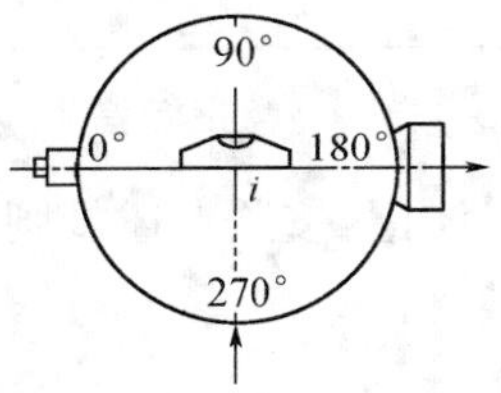

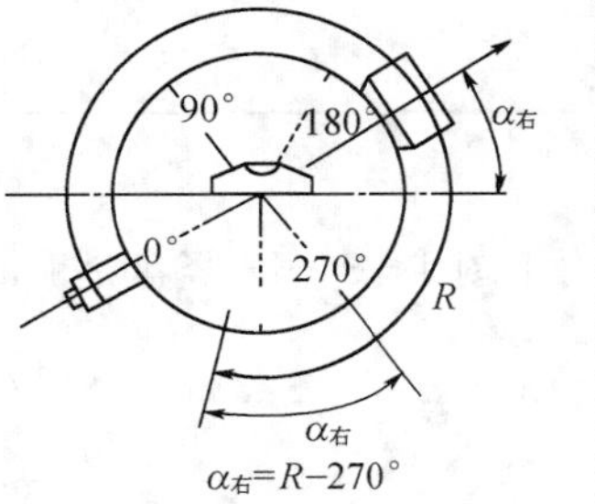

图 1-3-12　竖盘读数与垂直角计算

(1-3-6)式、(1-3-7)式和(1-3-8)式同样适用于视线向下时(俯角)的情况，此时 α 为负。

在实际测量工作中，可以按照以下两条规则确定任何一种竖盘注记形式(盘左或盘右)的垂直角计算公式：

(1) 若抬高望远镜时，竖盘读数增加，则垂直角为

$$\alpha = \text{瞄准目标竖盘读数} - \text{视线水平时竖盘读数}$$

(2) 若抬高望远镜时，竖盘读数减少，则垂直角为

$$\alpha = \text{视线水平时竖盘读数} - \text{瞄准目标竖盘读数}$$

三、竖盘指标差

由上述讨论可知，望远镜视线水平且竖盘水准管气泡居中时，竖盘指标的正确读数应是90°的整倍数。但是由于竖盘水准管与竖盘读数指标的关系难以完全正确，当视线水平且竖盘水准管气泡居中时的竖盘读数与应有的竖盘指标正确读数(即90°的整倍数)有一个小的角度差 i，这个角度差称为竖盘指标差，即竖盘指标偏离正确位置引起的差值。竖盘指标差 i 本身有正负号，一般规定当竖盘读数指标偏移方向与竖盘注记方向一致时，i 取正号；反之，i 取负号。

如图 1－3－13 所示的竖盘注记与指标偏移方向一致，竖盘指标差 i 取正号。

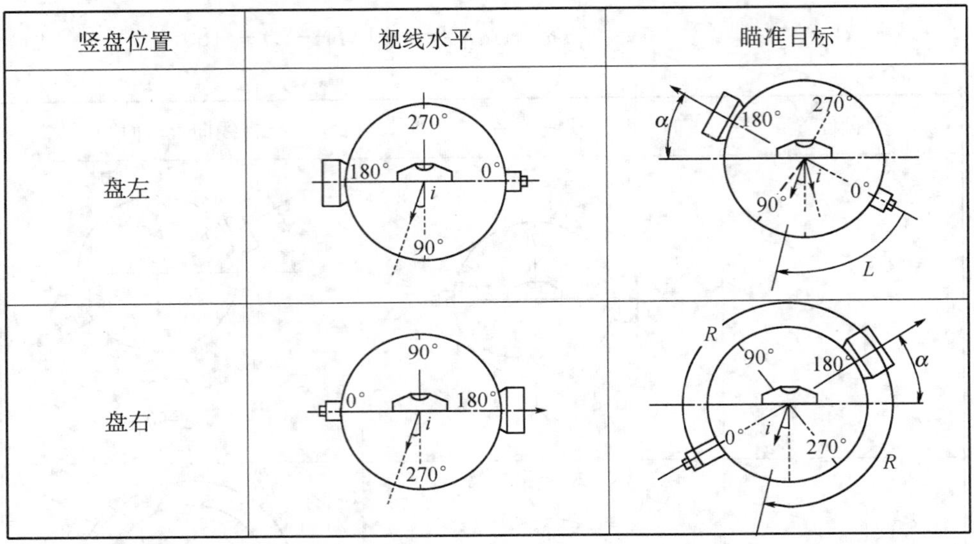

竖盘位置	视线水平	瞄准目标
盘左		
盘右		

图 1－3－13　竖盘指标差

由于图 1－3－13 竖盘是顺时针方向注记，按照上述规则并顾及竖盘指标差 i，得到

$$\alpha_{左} = 90° - L + i \tag{1-3-9}$$

$$\alpha_{右} = R - 270° - i \tag{1-3-10}$$

两者取平均得垂直角 α 为

$$\alpha = \frac{1}{2}(\alpha_{左} + \alpha_{右}) = \frac{1}{2}[(R - L) - 180°] \tag{1-3-11}$$

可见，(1－3－8)式与(1－3－11)式计算垂直角 α 的公式相同，这说明采用盘左、盘右位置观测取平均计算得垂直角时其角值不受竖盘指标差的影响。

若将(1－3－9)式减去(1－3－10)式，则得

$$i = \frac{1}{2}[(L + R) - 360°] \tag{1-3-12}$$

(1－3－12)式为图 1－3－11(a)竖盘注记形式的竖盘指标差计算公式。

四、垂直角观测的方法

垂直角观测方法有中丝法和三丝法。DJ_6 型光学经纬仪常用中丝法观测垂直角，其方法如下：

1. 在测站点 P 安置仪器，对中，整平。

2. 盘左位置：用望远镜十字丝的中丝切于目标 A 某一位置(如测钎或花杆顶部，或水准尺某一分划)，转动竖盘水准管微动螺旋使竖盘水准管气泡居中，读取竖盘读数 L ($L = 85°43'42''$)，记入表 1－3－3 垂直角观测记录表第 4 栏。

3. 盘右位置：方法同第 2 步，读取竖盘读数 R ($R = 274°15'48''$)，记入表 1－3－3 第 4 栏。

4. 根据竖盘注记形式，确定垂直角和指标差的计算公式。本例竖盘注记形式如图1-3-11(a)所示，应按上述(1-3-6)式、(1-3-7)式及(1-3-8)式计算垂盘角α，按(1-3-12)式计算竖盘指标差i。将结果填入表1-3-3第5、6栏和第7栏。

表1-3-3 垂直角观测记录手簿(中丝法)

时 间________ 天 气________ 仪器型号________
观测者________ 记录者________ 测 站________

测站	目标	竖盘位置	竖盘读数 ° ′ ″	竖直角		竖盘指标差 ″	备注
				半测回 ° ′ ″	一测回 ° ′ ″		
1	2	3	4	5	6	7	8
P	A	左	85 43 42	4 16 18	4 16 03	−15	270° 180° 0° 90° (盘左注记) 读数估数至0.1′记录时写作秒数
		右	274 15 48	4 15 48			
	B	左	96 23 36	−6 23 36	−6 23 54	−18	
		右	263 35 48	−6 24 12			

竖盘指标i值对同一台仪器在某一段时间内连续观测的变化应该很少，可以视为定值。但仪器误差、观测误差及外界条件的影响会使计算出的竖盘指标差发生变化。通常规范规定了指标差变化的容许范围，如城市测量规范规定DJ_6型仪器观测垂直角垂盘指标差变化范围的容许值为25″，同方向垂直角各测回互差的限差为25″；若超限，则应重测。

第5节 经纬仪的检验与校正

如图1-3-14所示，经纬仪各部件主要轴线有：竖轴VV、横轴HH、望远镜视准轴CC和照准部水准管轴LL。

根据角度测量原理和保证角度观测的精度，经纬仪的主要轴线之间应满足以下条件：照准部水准管轴LL应垂直于竖轴VV；十字丝竖丝应垂直于横轴HH；视准轴CC应垂直于横轴HH；横轴HH应垂直于竖轴VV；竖盘指标差应为零。

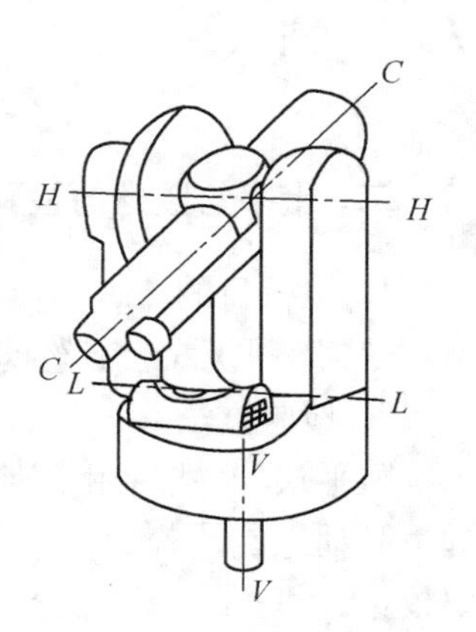

图1-3-14 经纬仪的轴线

在使用光经纬仪测量角度前需查明仪器各部件主要轴线之间是否满足上述条件，此项工作称为检验。如果检验不满足这些条件，则需要进行校正。

本节仅就DJ_6光学经纬仪的检验校正分述如下。

一、照准部水准管的检验校正

1. 检校目的

使水准管轴垂直于竖轴，即$LL \perp VV$。

2. 检验方法

先整平仪器，再转动照准部使水准管大致平行于任意两个脚螺旋，相对地旋转这两个脚螺旋，使水准管气泡居中，然后将照准部旋转 180°，如气泡仍居中，说明水准管轴垂直于竖轴；如气泡偏离中心（可允许在一格以内），则说明水准管轴不垂直于竖轴，需要校正。

3. 校正方法

在上述位置相对地旋转这两个脚螺旋，使气泡向中心移动偏离值的一半，然后用校正针拨动水准管一端的校正螺丝，使气泡居中（即校正偏离值的另一半）。此项检验校正需反复进行，直至气泡居中，转动照准部 180°时，气泡的偏离在一格以内。如经纬仪照准部上装有圆水准器时，可用已校正好的水准管将仪器严格整平后观察圆气泡是否居中，若不居中，可直接调节圆水准器底部校正螺丝使圆气泡居中。

4. 检校原理

如图 1－3－15(a)所示，若水准管轴与竖轴不垂直，倾斜了 α 角，当气泡居中时竖轴就倾斜了 α 角。照准部绕竖轴旋转 180°后，竖轴方向不变而水准管轴与水平方向相差 2α 角，表现为气泡偏离中心的格数（偏离值），如图 1－3－15(b)所示。

当用两个脚螺旋调整气泡偏离值一半时，竖轴已处于竖直位置，但水准管轴尚未与竖轴垂直，如图 1－3－15(c)所示。当用校正针拨动水准管一端校正螺丝使气泡居中时，则水准管轴处于水平位置，如图 1－3－15(d)所示，这就达到了校正的目的。

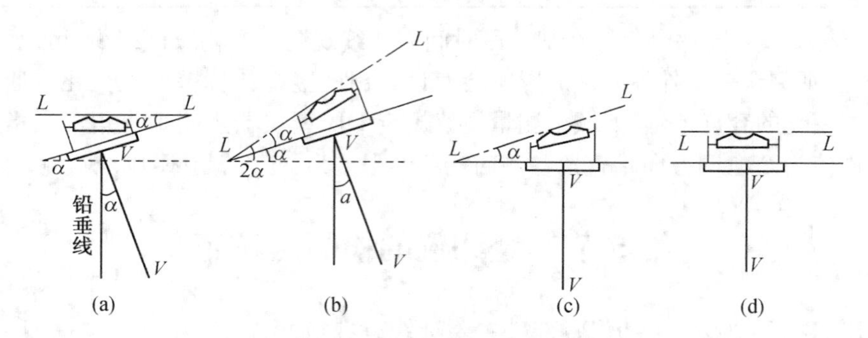

图 1－3－15　水准管的检校原理

二、十字丝竖丝的检验校正

1. 检校目的

仪器整平后，十字丝竖丝在铅垂面内，横丝水平。

2. 检验方法

整平仪器，然后用十字丝交点照准一明显的点状目标 P，固定照准部和望远镜，旋转望远镜微动螺旋。若 P 点状目标始终沿着竖丝移动，则满足要求；若 P 点明显偏离横丝，则需要校正。

3. 校正方法

卸下十字丝环护盖，松开十字丝环的四个固定螺丝，微微转动十字丝环，直至望远镜微动螺旋微动时，P 点始终在竖丝上移动，最后旋紧固定螺丝，如图 1－3－16 所示。

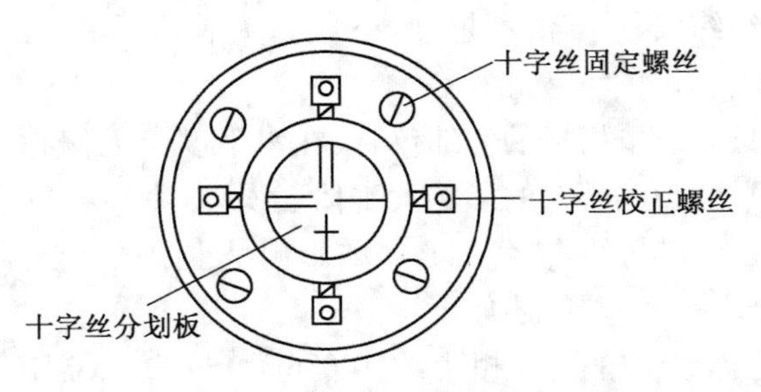

图1-3-16　竖丝的校正

三、视准轴的检验校正

1. 检校目的

使视准轴垂直于横轴，即 $CC \perp HH$，从而使视准面成为平面，而不是圆锥面。

2. 检验方法

望远镜视准轴是等效物镜光心与十字丝交点的连线。望远镜物镜光心是固定的，而十字丝交点的位置是可以变动的。所以，视准轴是否垂直于横轴，取决于十字丝交点是否处于正确位置。当十字丝交点不在正确位置时，视准轴不与横轴垂直，偏离一个小角度 c，这个角度称为视准轴误差。视准轴误差将使视准面不是一个平面，而是一个锥面，这样对于同一视准面内的不同倾角的视线，其水平度盘的读数将不同，带来了测角误差，所以这项检验工作十分重要。现介绍两种检验方法：

(1) 盘左盘右读数法

实地安置仪器并认真整平，选择一水平方向的目标 A，用盘左、盘右位置观测。盘左位置时水平度盘读数为 L'，盘右位置时水平度盘读数为 R'，如图1-3-17所示。

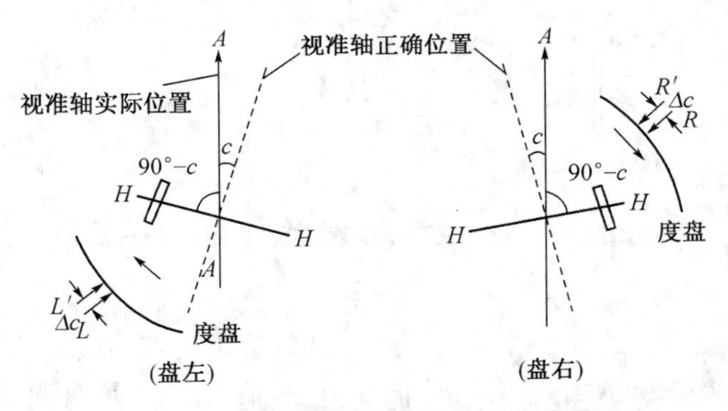

图1-3-17　视准轴误差的检校(盘左盘右读数法)

设视准轴误差为 c(若 c 为正号)，则盘左、盘右的正确读数 L,R 分别为

$$L = L' - \Delta c,\ R = R' - \Delta c \qquad (1-3-13)$$

式中，$\Delta c = c/\cos\alpha$ 为视准轴误差 c 对目标 A 水平方向值的影响。由于目标 A 为水平目标，故 $\Delta c = c$，考虑到 $2c = L - R \pm 180°$，故

$$c = \frac{1}{2}[L' - R' \pm 180°] \qquad (1-3-14)$$

对于 DJ_6 型光学经纬仪，若 c 值不超过 $\pm 60''$，认为满足要求；否则，需要校正。

(2) 四分之一法

盘左盘右读数法只对于单指标的经纬仪，仅在水平度盘无偏心或偏心差的影响小于估读误差时见效。若水平度盘偏心差的影响大于估读误差，则(1-3-14)式计算得到的视准轴误差 c 值可能是偏心差引起的，或者偏心差的影响是主要的，这样检验将得不到正确的结果。此时，宜选用四分之一法，现简述如下：

在一平坦场地，选择 A、B 两点(相距约 100 m)。安置仪器于 AB 连线中点 O，如图 1-3-18所示，在 A 点竖立一照准标志，在 B 点横置一根刻有毫米分划的直尺，使其垂直于视线 OB，并使 B 点直尺与仪器大致同高。先在盘左位置瞄准 A 点标志，固定照准部，然后纵转望远镜，在 B 点直尺上读得 B_1，如图 1-3-18(a)所示；接着在盘右位置再瞄准 A 点标志，固定照准部，再纵转望远镜，在 B 点直尺上读得 B_2，如图 1-3-18(b)所示。如果 B_1 与 B_2 两点重合，说明视准轴垂直于横轴；否则，需要校正。

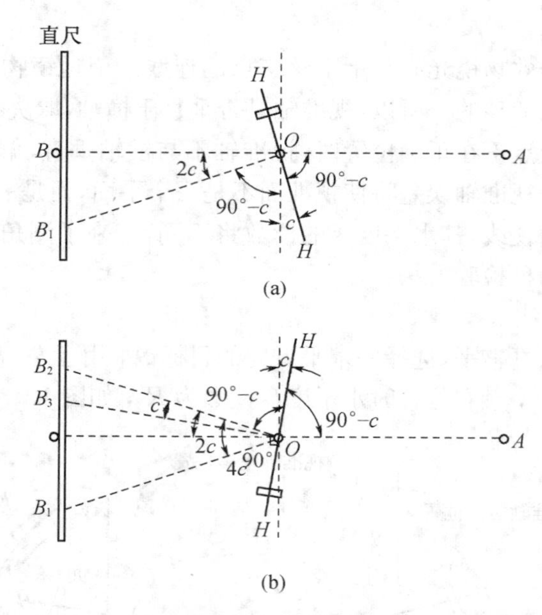

图 1-3-18 视准轴误差的检校(四分之一法)

3. 校正方法

(1) 盘左盘右读数法的校正：按(1-3-14)式计算得视准轴误差 c，由此求得盘右位置时正确水平度盘读数 $R=R'+c$，转动照准部微动螺旋，使水平度盘读数为 R 值。此时十字丝的交点必定偏离目标 A，卸下十字丝环护盖，略放松十字丝上、下两校正螺丝，将左、右两校正螺丝一松一紧地移动十字丝环，使十字丝交点对准目标 A 点。校正结束后应将上、下校正螺丝上紧。然后变动度盘位置重复上述检校，直至视准轴误差 c 满足规定要求。

(2) 四分之一法的校正，在直尺上由 B_2 点向 B_1 点方向量取 $\overline{B_2B_3}=\overline{B_1B_2}/4$，标定出 B_3 点，此时 OB_3 视线便垂直于横轴 HH。用校正针拨动十字丝环的左、右两校正螺丝(上、下校正螺丝先略松动)，一松一紧地使十字丝交点与 B_3 点重合。这项检校也要重复多次，直至 $\overline{B_1B_2}$ 长度小于 1 cm(相当于视准轴误差 $c\leqslant 10''$)。

四、横轴的检验校正

1. 检校目的

使横轴垂直于竖轴，即 $HH \perp VV$。

2. 检验方法

在离墙面 20 m 左右处安置经纬仪，整平仪器后，用盘左位置瞄准墙面高处的一点 P（其仰角宜在 30°左右），固定照准部，然后大致放平望远镜，在墙面上标出一点 A，如图 1-3-19 所示。同样再用盘右位置瞄准 P 点，放平望远镜，在墙面上又标出一点 B，如果 A 点与 B 点重合，则表示横轴垂直于竖轴；否则，应进行校正。

3. 校正方法

如图 1-3-19 所示，取 AB 连线的中点 M，仍以盘右位置瞄准 M 点，抬高望远镜，此时视线必然偏离高处的 P 点而在 P' 的位置。由于这项检校时竖轴已铅垂，视准轴也与横轴垂直，但横轴不水平，所以用校正工具拨动横轴支架上的偏心轴承，使横轴左端（右端）降低（升高），直至使十字丝交点对准 P 点，此时横轴就处于与竖轴相垂直的位置。由于光学经纬仪的横轴是密封的，仪器出厂时一般能满足横轴垂直于竖轴的正确关系，如发现经检验此项要求不满足，应将仪器送到专门检修部门校正。

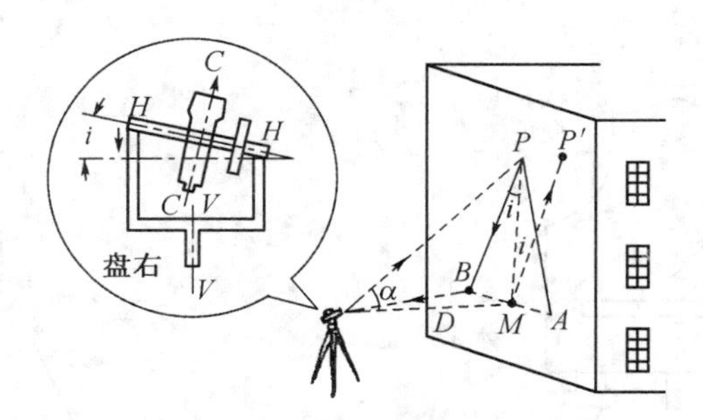

图 1-3-19　横轴误差的检校

由图 1-3-19 看出，若 A 点与 B 点不重合，其长度 AB 与横轴不水平（倾斜）误差 i 角之间存在一定关系，设经纬仪距墙面平距为 D，墙面上高处 P 点垂直角为 α，ρ''为弧度的秒值（$\rho''=206\ 265''$），则

$$i=\frac{BM}{PM}\cdot\rho''=\frac{1}{2}\times\frac{AB}{D\cdot\tan\alpha}\cdot\rho''=\frac{1}{2}\times\frac{AB\cdot\cot\alpha}{D}\cdot\rho'' \qquad (1-3-15)$$

对于 DJ_6 型经纬仪，i 角不超过$\pm 20''$可不校正。例如本例检校时，已知 $D=20$ m，$\alpha=30°$，当要求 $i\leqslant\pm 20''$ 时，求得 $AB\leqslant 2.2$ mm，表明 A 点与 B 点相距小于 2.2 mm 时可不校正。（1-3-15）式可用来计算横轴不水平误差。

五、竖盘指标差的检验校正

1. 检校目的

使竖盘指标差为零。

2. 检验方法

仪器整平后，以盘左、盘右位置分别用十字丝交点瞄准同一水平的明显目标，当竖盘水准管气泡居中时读取竖盘读数 L,R，按竖盘指标差计算公式求得指标差 i。一般要观测另一水平的明显目标验证上述求得指标差 i 是否正确，若两者相差甚微或相同，表明检验无误。对于 DJ_6 型经纬仪，竖盘指标差 i 值不超过 $\pm 60''$ 可不校正；否则，应进行校正。

3. 校正方法

校正时一般以盘右位置进行，如图 1－3－13 所示，照准目标后获得盘右读数 R 及计算得竖盘指标差 i，则盘右位置竖盘正确读数为 $R_{正} = R - i$。转动竖盘水准管微动螺旋，使竖盘读数为 $R_{正}$，这时竖盘水准管气泡肯定不再居中，用校正针拨动竖盘水准管校正螺丝，使气泡居中。此项检校需反复进行，直至竖盘指标差 i 为零或在限差要求以内。

具有自动归零装置的仪器，竖盘指标差的检验方法与上述相同，但校正宜送仪器专门检修部门进行。

六、光学对中器的检验校正

光学对中器由物镜、分划板和目镜等组成，如图 1－3－20 所示。分划板刻划中心与物镜光学中心的连线是光学对中器的视准轴。光学对中器的视准轴经转向棱镜折射 90°后应与仪器的竖轴重合，否则将产生对中误差，影响测角精度。

1. 检校目的

使视准轴与竖轴重合。

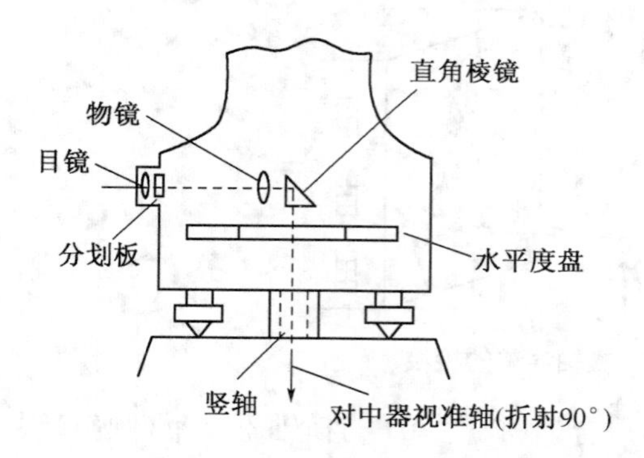

图 1－3－20　光学对中器示意图

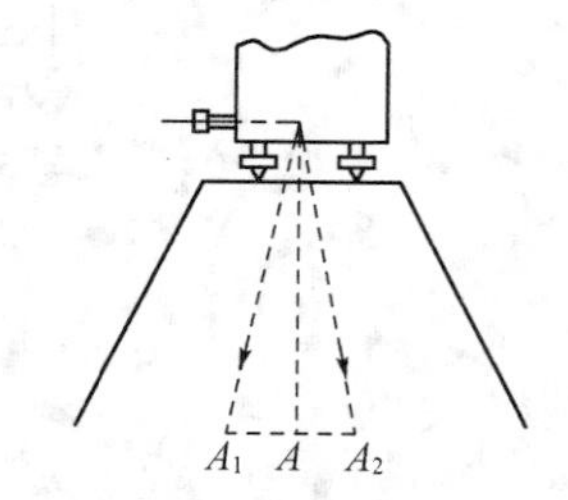

图 1－3－21　光学对中器检校

2. 检验方法

如图 1－3－21 所示，安置仪器于平坦地面，严格整平仪器，在脚架中央的地面上固定一张白纸板，调节对中器目镜，使分划成像清晰，然后伸拉调节筒身看清地面上白纸板。根据分划圈中心在白纸板上标记 A_1 点，转动照准部 180°，按分划圈中心又在白纸板上标记 A_2 点。若 A_1 与 A_2 两点重合，说明光学对中器的视准轴与竖轴重合；否则，应进行校正。

3. 校正方法

在白纸板上定出 A_1,A_2 两点连线的中点 A，调节对中器校正螺丝使分划圈中心对准 A 点。校正时应注意光学对中器上的校正螺丝随仪器类型而异，有些仪器是校正直角棱镜位置，有些仪器是校正分划板。光学对中器本身安装部位也有不同(基座或照准部)，其校正方法也有所不同(详见仪器使用说明书)，图 1－3－21 光学对中器是安装在照准部上的。

第6节　角度测量误差来源与影响分析

仪器误差、观测误差及外界影响都会对角度测量的精度带来影响。为了得到符合规定要求的角度测量成果，必须分析这些误差的影响，采取相应的措施，将其消除或控制在容许的范围以内。

一、角度测量误差来源与影响

1. 仪器误差的影响

仪器误差主要包括两个方面：一是由于仪器的几何轴线检校不完善(残余误差)而引起的误差，如视准轴不垂直于横轴的误差(视准轴误差)，横轴不垂直于竖轴的误差(横轴不水平误差)等；二是由于仪器制造与加工不完善而引起的误差，如照准部偏心差、度盘刻划不均匀误差等。这些误差影响可以通过适当的观测方法和相应的措施加以消除或减弱。

(1) 视准轴误差的影响

如图1-3-22所示，设视准轴OM垂直于横轴HH，由于存在视准轴误差c，视准轴实际瞄准了M'，其垂直角为α，此时M,M'两点同高。m,m'为M,M'点在水平位置上的投影，则$\angle mOm'=\Delta c$，即为视准轴误差c对目标M的水平方向观测值的影响。

利用三角函数关系，不难推出视准轴误差c对水平方向的影响Δc为

$$\Delta c=\frac{c}{\cos\alpha} \tag{1-3-16}$$

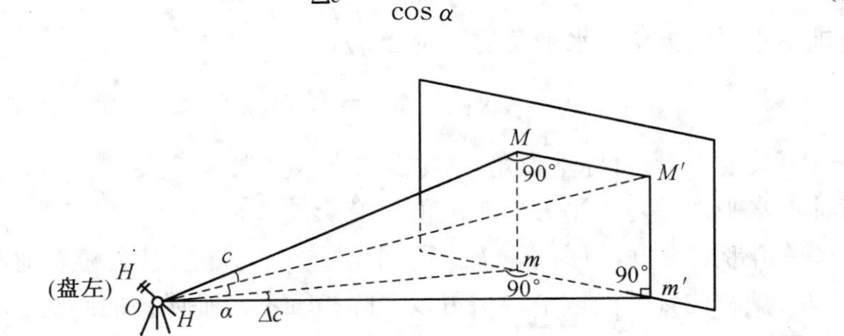

图1-3-22　视准轴误差对水平方向的影响

由于水平角是两个方向观测值之差，故视准轴误差c对水平角的影响$\Delta\beta$为

$$\Delta\beta=\Delta c_2-\Delta c_1=c\left(\frac{1}{\cos\alpha_2}-\frac{1}{\cos\alpha_1}\right) \tag{1-3-17}$$

(1-3-16)式和(1-3-17)式中：α为目标的垂直角，c为视准轴误差。

由(1-3-16)式看出，Δc随垂直角α的增大而增大，当$\alpha=0°$时，$\Delta c=c$，此时视准轴误差c对水平方向观测值影响最小。由(1-3-17)式看出，视准轴误差c也对水平角带来影响，但由于视准轴误差c在盘左、盘右位置时符号相反而数值相等，故用盘左、盘右位置观测取其平均值就可以消除视准轴误差的影响。

(2) 横轴不水平误差的影响

如图1-3-23所示，当横轴HH水平时，则视准面为OMm。当横轴HH不水平而倾

斜了 i 角处于 $H'H'$ 位置时，则视准面 OMm 也倾斜了一个 i 角，成为倾斜面 $OM'm$，此时对水平方向观测值的影响为 Δi。同样由于 i 和 Δi 均为小角，所以

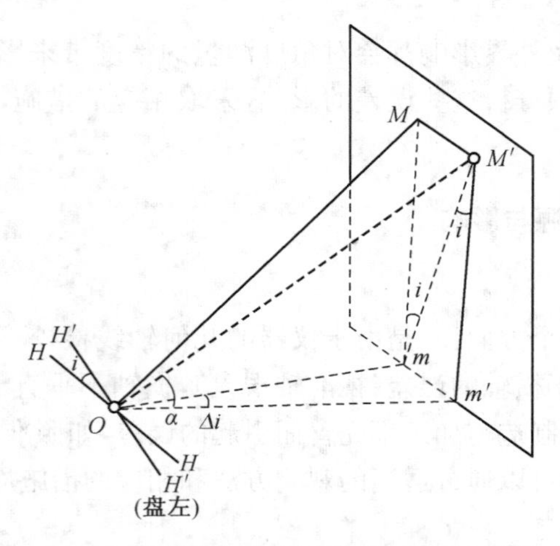

图 1-3-23　横轴不水平误差对水平方向的影响

$$i = \tan i = \frac{MM'}{mM}\rho'', \Delta i = \sin \Delta i = \frac{mm'}{Om'}\rho''$$

因 $mm' = MM'$，$Om' = mM'/\tan\alpha$，$m'M' = mM$，则对水平方向的影响 Δi 为

$$\Delta i = i \cdot \tan\alpha \tag{1-3-18}$$

同样横轴不水平误差 i 对水平角的影响 $\Delta\beta$ 为

$$\Delta\beta = \Delta i_2 - \Delta i_1 = i(\tan\alpha_2 - \tan\alpha_1) \tag{1-3-19}$$

(1-3-18)式中，α 为目标垂直角，i 为横轴不水平误差，当 $\alpha = 0°$时，$\Delta i = 0$，此时在视线水平时横轴不水平误差对水平方向观测值没有影响。由(1-3-19)式看出，横轴不水平误差 i 也对水平角带来影响，但由于横轴不水平误差 i 在盘左、盘右位置时符号相反而数值相等，故用盘左、盘右位置观测取平均值可以消除横轴不水平误差的影响。

(3) 照准部偏心差的影响

照准部旋转中心应该与水平度盘刻划中心重合。如图 1-3-24 所示，设 O 为水平度盘刻划中心，O_1 为照准部旋转中心，两个中心不重合，称为照准部偏心差。此时仪器瞄准目标 A 和 B 的实际读数为 M'_1 和 N'_1。由图可知，M'_1 和 N'_1 比正确读数 M_1 和 N_1 分别多出 δ_a 和 δ_b，δ_a 和 δ_b 称为因照准部偏心差引起的偏心读数误差。显然，在度盘的不同位置上读数，其偏心读数误差是不相同的。

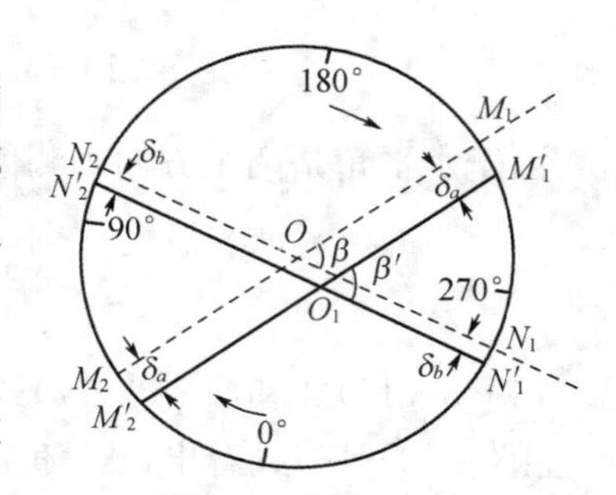

图 1-3-24　照准部偏心差的影响

瞄准目标 A 和 B 的正确水平方向读数应为

$$M_1 = M'_1 - \delta_a, N_1 = N'_1 - \delta_b$$

相应的，正确水平角应为

$$\begin{aligned}\beta &= N_1 - M_1 \\ &= (N_1' - \delta_b) - (M_1' - \delta_a) \\ &= (N_1' - M_1') + (\delta_a - \delta_b) \\ &= \beta' + (\delta_a - \delta_b)\end{aligned}$$

式中，$(\delta_a - \delta_b)$ 为照准部偏心差对水平角的影响。

由图 1-3-24 可以看出，在水平度盘对径方向上的读数其偏心误差影响恰好大小相等而符号相反，如目标 A 对径方向两个读数为 $M_1 = M'_1 - \delta_a$，$M_2 = M'_2 + \delta_a$。

因此，采用对径方向两个读数取其平均值就可以消除照准部偏心差对读数的影响。对于单指标读数的 DJ_6 型光学经纬仪取同一方向盘左、盘右位置读数的平均值，相当于同一方向在水平度盘上对径方向两个读数取平均，因此也可以基本消除偏心差的影响。

(4) 其他仪器误差的影响

度盘刻划不均匀误差属仪器制造误差，一般此项误差的影响很小。在水平角观测中，采取测回之间变换度盘位置的方法可以减弱此项误差的影响。

竖盘指标差经检校后的残余误差对垂直角的影响可以采取盘左、盘右位置观测取平均值的方法加以消除。

对于无法用观测方法消除的竖轴倾斜误差，可以采取在观测前仔细进行照准部水准管的检校，安置仪器时认真进行整平来减小误差；对于较精密的角度测量，还可以采取在各测回之间重新整平仪器以及施加竖轴倾斜改正数等办法减弱其影响。

2. 仪器对中误差的影响

如图 1-3-25 所示，O 为测站中心，O' 为仪器中心，由于对中不准确，使 OO' 不在同一铅垂线上。设 $OO' = e$（偏心距），θ 为偏心角，即观测方向与偏心距 e 方向的夹角。

由图 1-3-25 可知

$$\beta = \beta' - (\delta_1 + \delta_2) \tag{1-3-20}$$

式中，β 为正确的角值；β' 为有对中误差时观测的角值；δ_1，δ_2 分别为 A、B 两目标方向的改正值。

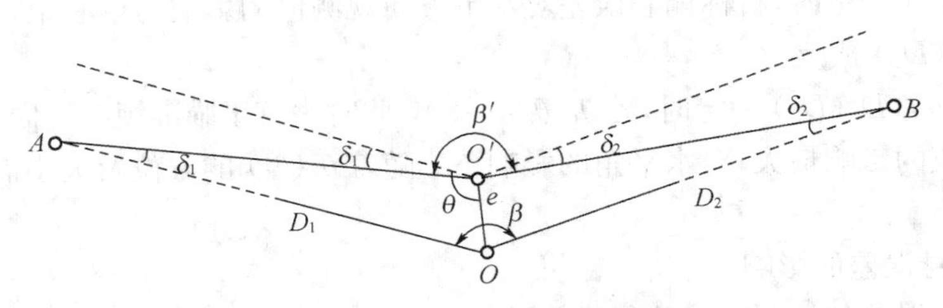

图 1-3-25　仪器对中误差影响

在 $\Delta AOO'$ 和 $\Delta BOO'$ 中，因为 δ_1，δ_2 为小角度，则

$$\delta_1 = \frac{e\sin\theta}{D_1}\rho'' \qquad \delta_2 = -\frac{e\sin(\beta' + \theta)}{D_2}\rho''$$

式中，θ 及 $(\beta' + \theta)$ 等角值均自 $O'O$ 方向按顺时针方向计。因此，仪器对中误差对水平角的影响 $\Delta\beta$ 为

$$\Delta\beta=\beta'-\beta=\delta_1+\delta_2=e\rho''\left[\frac{\sin\theta}{D_1}-\frac{\sin(\beta'+\theta)}{D_2}\right] \tag{1-3-21}$$

由(1－3－21)式可知：

(1) 当β'和θ一定时，δ_1,δ_2与偏心距e成正比，即偏心距愈大，则$\Delta\beta$亦愈大；

(2) 当e和θ一定时，$\Delta\beta$与所测角的边长D_1,D_2成反比，即边长愈短，$\Delta\beta$愈大，表明对短边测角必须十分注意仪器的对中。

仪器对中误差对垂直角观测的影响较小，可忽略不计。

3. 目标偏心误差的影响

目标偏心误差的影响是由于目标照准点上所竖立的标志(如测钎、花杆)与地面点的标志中心不在同一铅垂线上所引起的测角误差。如图 1－3－26 所示，O为测站点，A,B为照准点的标志实际中心，A',B'为目标照准点的中心，e_1,e_2为目标的偏心距，θ_1,θ_2为观测方向与偏心距方向的夹角(称为偏心角)，β为正确角度，β'为有目标偏心误差时观测的角度(假设测站无对中误差)，则目标偏心对方向观测值的影响分别为

$$\delta_1=\frac{e_1\sin\theta_1}{D_1}\rho'' \qquad \delta_2=\frac{e_2\sin\theta_2}{D_2}\rho'' \tag{1-3-22}$$

故目标偏心误差对水平角的影响$\Delta\beta'$为

$$\Delta\beta'=\beta'-\beta=\delta_1-\delta_2=\rho''\left(\frac{e_1\sin\theta_1}{D_1}-\frac{e_2\sin\theta_2}{D_2}\right) \tag{1-3-23}$$

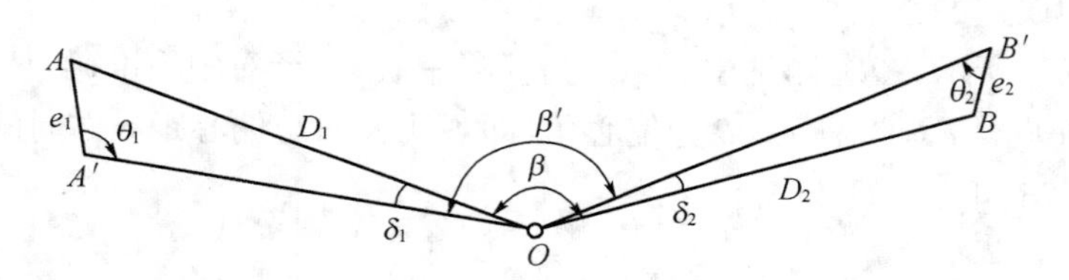

图 1－3－26 目标偏心误差影响

由(1－3－22)式和(1－3－23)式看出：

(1) 当$\theta_1(\theta_2)$一定时，目标偏心误差对水平方向观测值的影响与偏心距$e_1(e_2)$成正比，与相应边长$D_1(D_2)$成反比。

(2) 当$e_1(e_2)$,$D_1(D_2)$一定时，若$\theta_1(\theta_2)=90°$，此时垂直于瞄准视线方向的目标偏心对水平方向观测值的影响最大；对水平角的影响$\Delta\beta'$随着$\theta_1(\theta_2)$的方位及大小而定，但与β的大小无关。

4. 观测本身误差的影响

观测本身的误差包括照准误差和读数误差。影响照准精度的因素很多，如望远镜的放大率、目标和照准标志的形状及大小、目标影像的亮度和清晰度以及人眼的判断能力等。所以，尽管观测者认真仔细地照准目标，还是不可避免地存在照准误差，故此项误差无法消除，只能注意改善影响照准精度的多项因素，仔细完成照准操作，减小此项误差的影响。

读数误差主要取决于仪器的读数设备。对于DJ_6型光学经纬仪其估读的误差，一般不超过测微器最小格值的 1/10。例如，分微尺测微器读数装置的读数误差为±0.1′(±6″)，单平板玻璃测微器的读数误差(综合影响)也大致为±6″，为使读数误差控制在上述范围内，观测

中必须仔细操作，照明亮度均匀，读数显微镜仔细调焦，准确估读，否则读数误差将会较大。

5. 外界条件的影响

外界条件的影响因素很多，也比较复杂。外界条件对测角的主要影响有：

(1) 温度变化会影响仪器（如视准轴位置）的正常状态；

(2) 大风会影响仪器和目标的稳定；

(3) 大气折光会导致视线改变方向；

(4) 大气透明度（如雾气）会影响照准精度；

(5) 地面的坚实与否、车辆的震动等会影响仪器的稳定。

这些因素都会给测角的精度带来影响。要完全避免这些影响是不可能的，但选择有利的观测时间和避开不利的外界条件，并采取相应的措施，可以使这些外界条件的影响降低到较小的程度。

二、角度测量的注意事项

为了保证测角的精度，观测时必须注意下列事项：

1. 观测前应先检验仪器，如不符合要求应进行校正。

2. 安置仪器要稳定，脚架应踩实，应仔细对中和整平。尤其对短边观测时应特别注意仪器对中，在地形起伏较大地区观测时，应严格整平。一测回内不得重新对中，整平。

3. 目标应竖直，仔细对准地上标志中心，根据远近选择不同粗细的标杆，尽可能瞄准标杆底部，最好直接瞄准地面上标志中心。

4. 严格遵守各项操作规定和限差要求。采用盘左、盘右位置观测取平均的观测方法。照准时应消除视差，一测回内观测避免碰动度盘。垂直角观测时，应先使竖盘指标水准管气泡居中后，才能读取竖盘读数。

5. 当对一水平角进行 m 个测回（次）观测时，各测回间应变换度盘起始位置，每测回观测度盘起始读数变动值为 $180°/m$（m 为测回数），这样便于减小度盘刻划不均匀误差。

6. 水平角观测时，应以十字丝交点附近的竖丝仔细瞄准目标底部；垂直角观测时，应以十字丝交点附近的横丝照准目标的顶部（或某一标志）。

7. 读数应果断、准确，特别注意估读数。观测结果应及时记录在正规的记录手簿上，当场计算。当各项限差满足规定要求后，方能搬站。如有超限或错误，应立即重测。

8. 选择有利的观测时间，注意打伞。

第 7 节　DJ_2 型光学经纬仪、电子经纬仪简介

一、DJ_2 型光学经纬仪

DJ_2 型光学经纬仪的精度较高，常用于精密工程测量。图 1－3－27 是苏州第一光学仪器厂生产的 DJ_2 型光学经纬仪的外形，其各部件的名称如图所注。与 DJ_6 型光学经纬仪相比，在结构上除望远镜的放大倍数较大，照准部水准管的灵敏度较高，度盘格值较小外，主要表现在读数设备的不同。

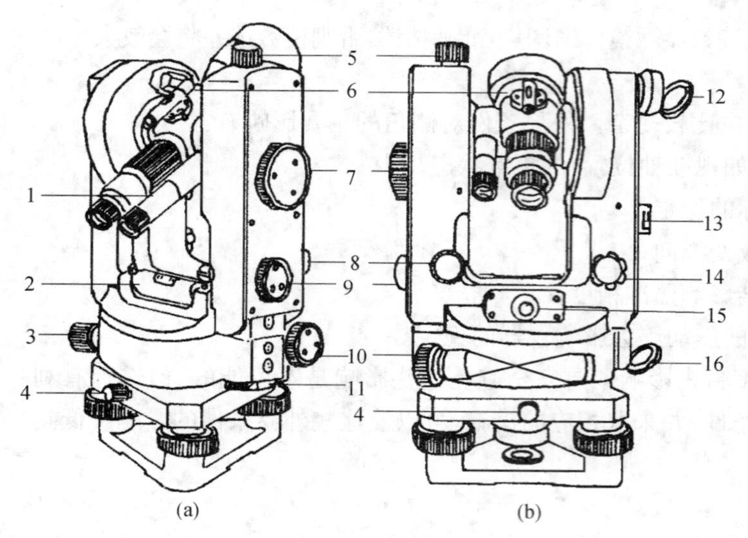

1—读数显微镜；2—照准部水准管；3—水平制动螺旋；4—轴座连接螺旋；5—望远镜制动螺旋；6—瞄准器；7—测微轮；8—望远镜微动螺旋；9—换像手轮；10—水平微动螺旋；11—水平度盘变换手轮；12—竖盘照明反光镜；13—竖盘指标水准管；14—竖盘指标水准管微动螺旋；15—光学对点器；16—水平度盘照明反光镜

图 1-3-27　DJ_2 型光学经纬仪

近年来生产的 DJ_2 型光学经纬仪，都采用了数字化读数装置。如图 1-3-28 所示，右下方为分划重合窗；上方读数窗中上面的数字为整度数，凸出的小方框中所注数字为整 10′；左下方为测微尺读数窗。

测微尺刻划有 600 小格，每小格为 1″，可估读至 0.1″，全程测微范围为 10′。测微尺读数窗左边注记数字为分，右边注记为 10″。读数方法如下：

(1) 转动测微轮，使分划重合窗中上、下分划线重合，如图 1-3-28(b)所示；

(2) 在上方读数窗中读出度的数值，再在凸出的小方框中读出整 10′数；然后在测微尺读数窗中读出分、秒数。

以上读数相加即为度盘读数。图 1-3-28(b)中的读数为 96°37′14.7″。

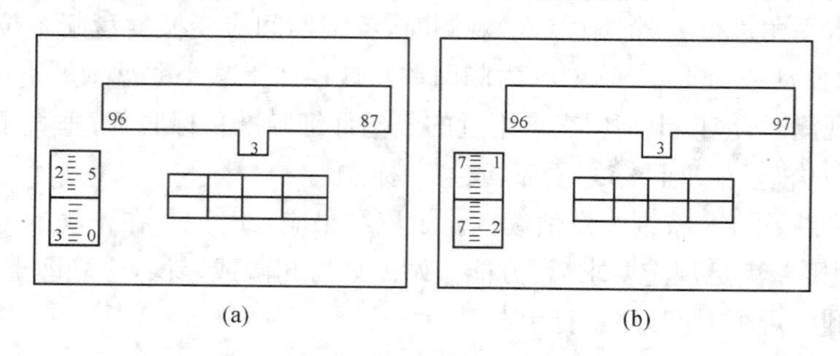

图 1-3-28　DJ_2 型光学经纬仪读数窗

在 DJ_2 型光学经纬仪的读数窗中，只能看到水平度盘或竖直度盘中的一种影像，如果需要读另一度盘影像时，必须转动换像手轮。

二、电子经纬仪

电子经纬仪是在光学经纬仪的基础上发展起来的新一代测角仪器，故仍然保留着许多经纬仪的特点。电子经纬仪的主要特点是：

(1) 采用电子测角系统，实现了电子测角自动化、数字化，能将测量结果自动显示出来，减轻了劳动强度，提高了工作效率。

(2) 采用积木式结构，可与光电测距仪组合成全站型电子速测仪，配合适当的接口，可将电子手簿记录的数据输入计算机，实现数据处理和绘图自动化。

电子测角仪器仍然是采用度盘来进行测角的。与光学测角仪器不同的是，电子测角是从度盘上取得电信号，根据电信号再转换成角度，并自动以数字方式输出，显示在显示器上，并记入贮存器。电子测角度盘根据取得信号的方式不同，可分为光栅度盘测角、编码度盘测角和电栅度盘测角等。

图1-3-29为北京拓普康仪器有限公司推出的DJD_2级电子经纬仪，该仪器采用光栅度盘测角，水平、竖直角度显示读数分辨率为1″，测角精度可达2″。图1-3-30为液晶显示窗和操作键盘，键盘上有6个键，可发出不同指令。液晶显示窗中可同时显示提示内容、竖直度盘读数(V)和水平度盘读数(H_L或H_R)。

在DJD_2电子经纬仪支架上可以加装红外测距仪，与电子手簿相结合，可组成组合式电子速测仪。能同时显示和记录水平角、竖直角、水平距离、斜距、高差、点的坐标数值等。

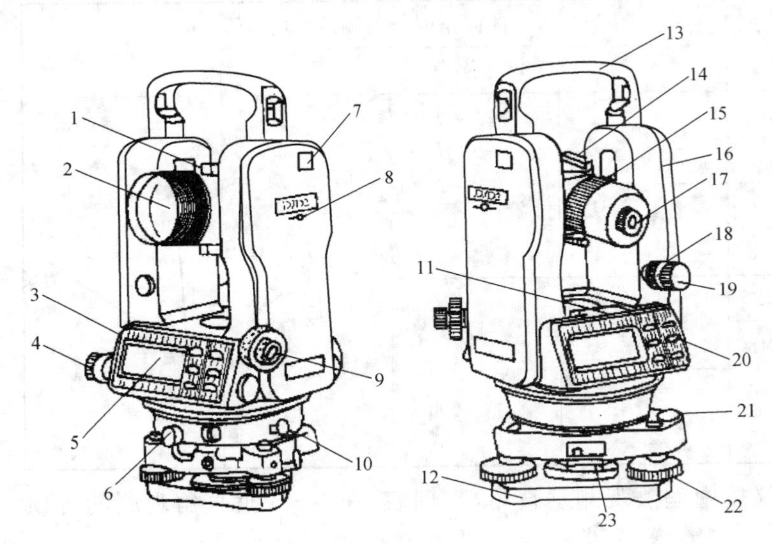

1—瞄准器；2—物镜；3—水平制动螺旋；4—水平微动螺旋；5—液晶显示器；6—下水平制动螺旋；7—通信接口(与红外测距仪连接)；8—仪器中心标记；9—光学对点器目镜；10—RS—232C通信接口；11—水准管；12—底板；13—手提把；14—粗瞄准器；15—物镜调焦螺旋；16—电池；17—望远镜目镜；18—望远镜制动螺旋；19—望远镜微动螺旋；20—操作键；21—圆水准器；22—脚螺旋；23基座固定扳把

图1-3-29　电子经纬仪

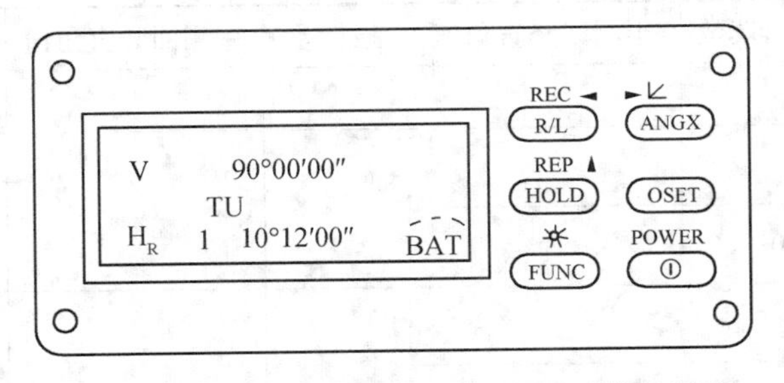

图1-3-30　电子经纬仪液晶显示窗和操作键盘

习题3

1. 何谓水平角？何谓垂直角？它们的取值范围是什么？
2. DJ_6型光学经纬仪由哪几个部分组成？

3. 经纬仪安置包括哪两个内容？怎样进行？目的何在？

4. 试述测回法操作步骤、记录计算及限差规定。

5. 测量垂直角时，每次竖直度盘读数前为什么应使竖盘水准管气泡居中后再读数？

6. 测量水平角时，为什么要用盘左、盘右两个位置观测？

7. 经纬仪有哪几条主要轴线？它们应满足什么条件？为什么？

8. 角度观测有哪些误差影响？如何消除或减弱这些误差的影响？

9. 用经纬仪瞄准同一竖直面内不同高度的两点，水平度盘上的读数是否相同？在竖直度盘上的两读数差是否就是垂直角？为什么？

10. 用 DJ_6 型光学经纬仪按测回法观测水平角，整理表 1－3－4 中水平角观测的各项计算。

表 1－3－4　水平角观测记录

测站	竖盘位置	目标	水平度盘读数	半测回角值	一测回角值	各测回平均角值	备注
			° ′ ″	° ′ ″	° ′ ″	° ′ ″	
O	左	A	0　02　24				A, B, β, O
		B	58　48　54				
	右	A	180　02　54				
		B	238　49　18				
	左	A	90　02　12				
		B	148　48　48				
	右	A	270　02　36				
		B	328　49　18				

11. 用 DJ_6 型光学经纬仪按中丝法观测垂直角，整理表 1－3－5 垂直角观测的各项计算。

表 1－3－5　垂直角观测记录

测站	目标	竖盘位置	水平度盘读数	半测回竖直角值	指标差	一测回竖直角值	备注
			° ′ ″	° ′ ″	° ′ ″	° ′ ″	
O	A	左	79　20　24				270°, 180°, 0°, 90° (盘左注记)
		右	280　40　00				
	B	左	98　32　18				
		右	261　27　54				

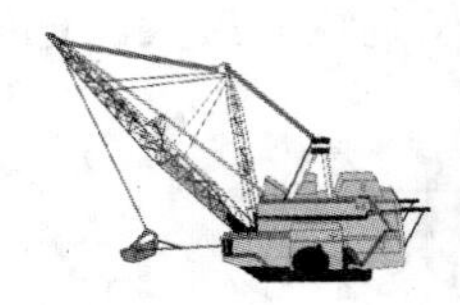

第4章 距离测量与直线定向

扫一扫可见
本章电子资源

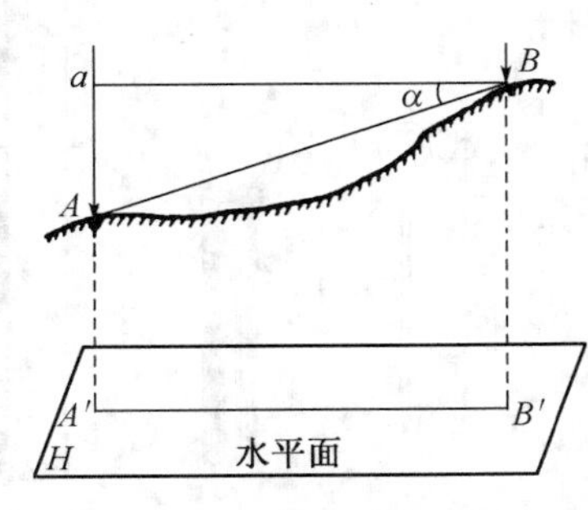

图1-4-1　两点间的水平距离

距离测量是确定地面点位的三项基本测量工作之一。测量中常需测量两点间的水平距离，所谓水平距离是指地面上两点垂直投影到水平面上的直线距离。实际工作中，需要测定距离的两点一般不在同一水平面上，沿地面直接测量所得距离往往是倾斜距离，需将其换算为水平距离，如图1-4-1所示。测定距离的方法有钢尺量距、视距测量、光电测距等。为了确定地面上两点间的相对位置关系，还要测量两点连线的方向。本章主要介绍钢尺量距、视距测量和光电测距的基本方法及直线定向和用罗盘仪测定磁方位角和坐标测量等内容。

第1节　钢尺量距

钢尺量距就是利用具有标准长度的钢尺直接量测两点间的距离。按丈量方法的不同可分为一般量距和精密量距。一般量距读数至cm，精度可达1/3 000左右；精密量距读数至亚毫米，精度可达1/3万(钢卷带尺)及1/100万(因瓦线尺)。由于光电测距的普及，在现今的测量工作中已很少使用钢尺量距，只是在精密的短距测量中偶尔用到。下面仅就一般量距的有关问题作简要介绍。

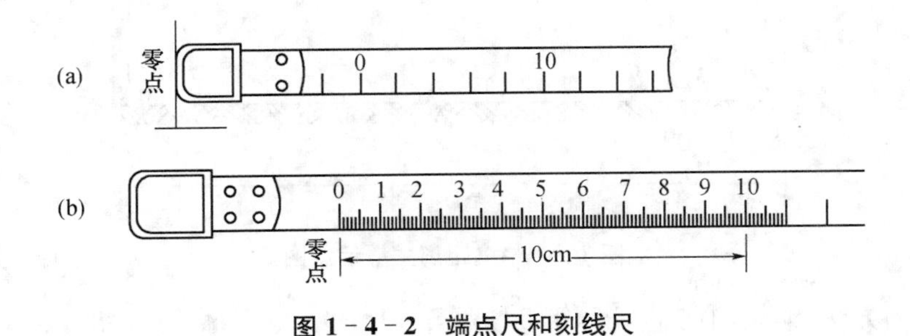

图1-4-2　端点尺和刻线尺

普通钢卷带尺，尺宽10～15 mm，长度有20 m，30 m和50 m几种，卷放在圆形盒或金属架上，钢尺的分划有几种，有以cm为基本分划的，适用于一般量距；有的则在尺端第一dm内刻有mm分划；也有将整尺都刻出毫米分划的，后两种适用于精密量距。由于零点的点位不同，有端点尺和刻线尺的区分。端点尺是以尺的最外端点作为尺的零点，如图1-4-2(a)所示，当从建筑物墙边开始丈量时，较为方便。刻线尺是以尺身前端的一分划线作为尺的零点，如图 1－4－2(b)所示，在丈量之前，必须查看尺的零点、分划及注记，以防出现差错。较精密的钢尺，制造时有规定的温度及拉力，如在尺端刻有“30 m，20℃，100 N”字样，它表示在检定该钢尺时的温度为 20 ℃，拉力为 100 N，30 m 为钢尺刻线的最大注记值，通常称之为名义长度。

因瓦线尺是用镍铁合金制成的，尺线直径为 1.5 mm，长度为24 m，尺身无分划和注记，在尺两端各连一个三棱形的分划尺，长 8 cm，其上最小分划为 1 mm。因瓦线尺全套由 4 根主尺、1 根 8 m(或 4 m)长的辅尺组成。不用时卷放在尺箱内。

钢尺量距的辅助工具有测钎、花杆、垂球、弹簧秤和温度计，如图 1－4－3 所示。

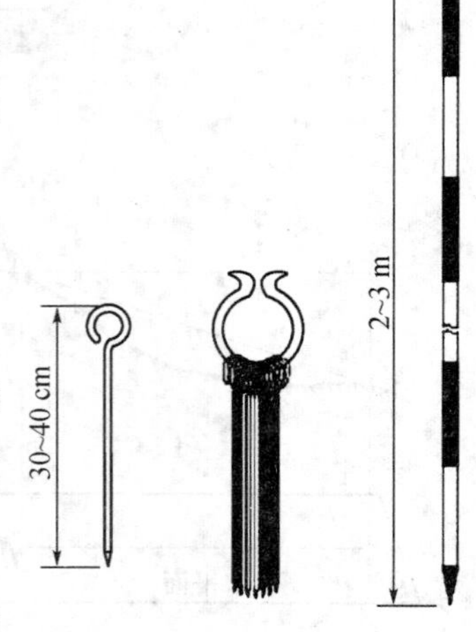

图 1－4－3　辅助工具

花杆用木料或合金材料制成，直径约 3 cm，全长有 2 m，2.5 m 及 3 m 等几种。杆上油漆成红、白相间的 20 cm 色段，花杆下端装有尖头铁脚，以便插入地面，作为照准标志。合金材料制成的花杆重量轻且可以收缩，携带方便。

测钎用钢筋制成，上部弯成小圈，下部尖形，直径 3～6 mm，长度 30～40 cm。钎上可用油漆涂成红、白相间的色段。量距时，将测钎插入地面，用以标定尺段端点的位置，也可作为照准标志。

垂球在量距时用于投点、对点用。

1. 在平坦地面上丈量

要丈量平坦地面上 A、B 两点间的距离，其做法是：先在标定好的 A、B 两点立标杆，进行直线定线，如图 1－4－4 所示，丈量时后尺手拿尺的零端，前尺手拿尺的末端，两尺手蹲下，后尺手把零点对准 A 点，喊“预备”，前尺手把尺边近靠定线标志钎，两人同时拉紧尺子，当尺拉稳后，后尺手喊“好”，前尺手对准尺的终点刻划将一测钎竖直插在地面上，这样就量完了第一尺段。

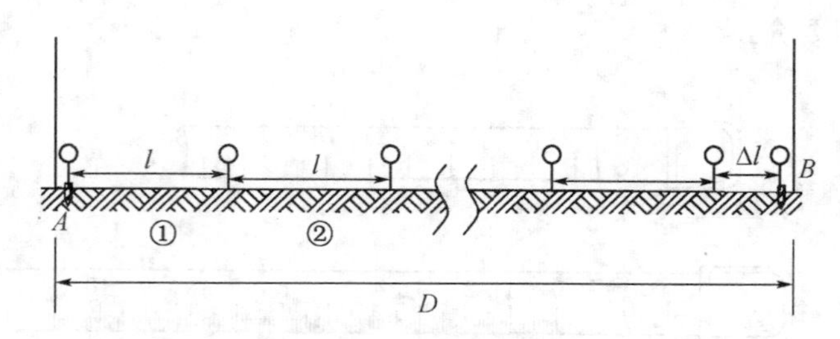

图 1－4－4　距离丈量示意图

用同样的方法，继续向前量第 2，第 3，…，第 n 尺段。量完每一尺段时，后尺手必须将插在地面上的测钎拔出收好，用来计算量过的整尺段数。最后量不足一整尺段的距离，如图 1－4－4所示，当丈量到 B 点时，由前尺手用尺上某整刻划线对准终点 B，后尺手在尺的零端读数至 mm，量出零尺段长度 Δl。

上述过程称为往测，往测的距离用下式计算：

$$D = nl + \Delta l \tag{1-4-1}$$

式中，l 为整尺段的长度，n 为丈量的整尺段数，Δl 为零尺段长度。

接着再调转尺头用以上方法，从 B 至 A 进行返测，直至 A 点。然后再依据(1-4-1)式计算出返测的距离。一般往返各丈量一次称为一测回，在符合精度要求时，取往返距离的平均值作为丈量结果。

2. 在倾斜地面上丈量

当地面稍有倾斜时，可把尺一端稍许抬高，就能按整尺段依次水平丈量，如图1-4-5(a)所示，分段量取水平距离，最后计算总长。若地面倾斜较大，则使尺子一端靠高点桩顶，对准端点位置，尺子另一端用垂球线紧靠尺子的某分划，将尺拉紧且水平。放开垂球线，使它自由下坠，垂球尖端位置，即为低点桩顶。然后量出两点的水平距离，如图1-4-5(b)所示。

在倾斜地面上丈量，仍需往返进行。在符合精度要求时，取其平均值作为丈量结果。

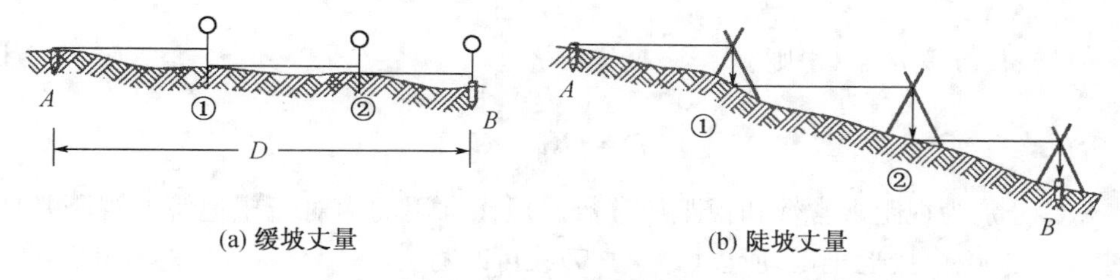

图1-4-5　平坦地区与倾斜地面丈量示意图

第2节　视距测量

视距测量是用望远镜内视距丝装置，如图1-4-6所示。根据几何光学原理同时测定距离和高差的一种方法，这种方法操作方便，速度快，不受地面高低起伏限制。虽然精度较低，但能满足测定碎部点位置的精度要求，因此，在光电测距还没普及的年代，被广泛应用于碎部测量中。现在，视距测量仅主要应用于三、四等水准测量中测量测站至前、后尺的距离。

视距测量的主要仪器工具是经纬仪和视距尺。

一、视距测量原理

1. 视线水平时的距离与高差公式

如图1-4-7所示，欲测定 A，B 两点间的水平距离 D 及高差 h，可在 A 点安置经纬仪，B 点立视距尺，设望远镜视线水平，瞄准 B 点视距尺，此时视线与视距尺垂直。

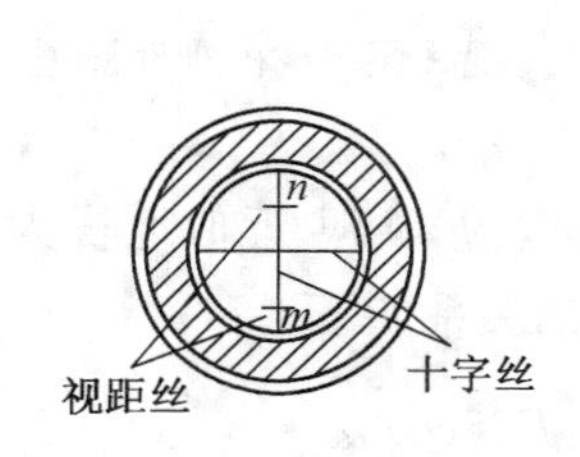

图1-4-6　望远镜视距丝

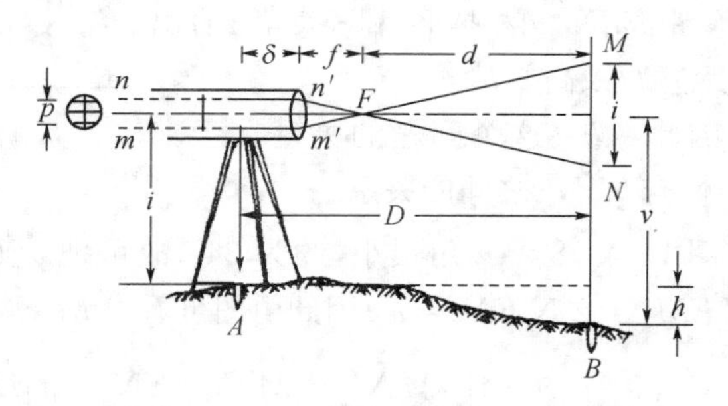

图1-4-7　视线水平时的视距测量

若尺上 M,N 点分别成像在十字丝分划板上的两根视距丝 m,n 处，那么尺上 MN 的长度可由上、下视距丝读数之差求得。上、下丝读数之差称为视距间隔或尺间隔。

图 1-4-7 中 l 为视距间隔，p 为上、下视距丝的间距，f 为物镜焦距，δ 为物镜至仪器中心的距离。

由相似三角形 $m'n'F$ 与 MNF 可得

$$\frac{d}{f}=\frac{l}{p},d=\frac{f}{p}l \tag{1-4-2}$$

由图看出

$$D=d+f+\delta \tag{1-4-3}$$

则 A,B 两点间的水平距离为

$$D=\frac{f}{p}l+f+\delta \tag{1-4-4}$$

令 $\frac{f}{p}=K,f+\delta=C$，则

$$D=Kl+C \tag{1-4-5}$$

式中，K,C 分别为视距乘常数和视距加常数。现代常用的内对光望远镜的视距常数，设计时已使 $K=100$，C 接近于零，所以(1-4-5)式可改写为

$$D=Kl \tag{1-4-6}$$

同时，由图 1-4-7 可以看出 A、B 的高差

$$h=i-v \tag{1-4-7}$$

式中，i 为仪器高，是桩顶到仪器横轴中心的高度；v 为瞄准高，是十字丝中丝在尺上的读数。

2. 视线倾斜时的距离与高差公式

在地面起伏较大的地区进行视距测量时，必须使视线倾斜才能读取视距间隔，如图 1-4-8 所示。由于视线不垂直于视距尺，故不能直接应用上述公式。如果能将视距间隔 MN 换算为与视线垂直的视距间隔 $M'N'$，这样就可按(1-4-6)式计算倾斜距离 D'，再根据 D' 和竖直角 α 算出水平距离 D 及高差 h。

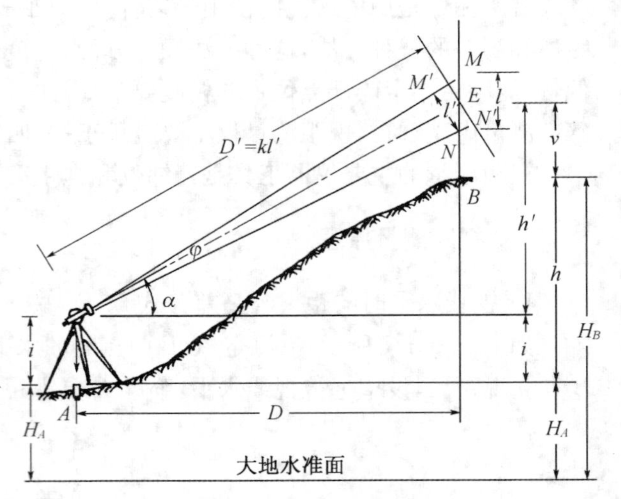

图 1-4-8 视线倾斜时的视距测量

因此，解决这个问题的关键在于求出 MN 与 $M'N'$ 之间的关系。

图 1-4-8 中 φ 角很小，约为 34′，故可把 $\angle EM'M$ 和 $\angle EN'N$ 近似地视为直角，而 $\angle M'EM=\angle N'EN=\alpha$，因此由图可看出 MN 与 $M'N'$ 的关系如下

$$\begin{aligned}M'N'&=M'E+EN'=ME\cos\alpha+EN\cos\alpha\\&=(ME+EN)\cos\alpha=MN\cos\alpha\end{aligned}$$

设 MN 为 l，$M'N'$ 为 l'，则　　$l' = l\cos\alpha$

根据(1-4-6)式得倾斜距离　　$D' = Kl' = Kl\cos\alpha$

所以 A，B 的水平距离

$$D = D'\cos\alpha = Kl\cos^2\alpha \tag{1-4-8}$$

由图中看出，A，B 的高差 h 为

$$h = h' + i - v$$

式中，h' 为中丝读数处与横轴之间的高差。可按下式计算：

$$h' = D'\sin\alpha = Kl\cos\alpha\sin\alpha = \frac{1}{2}Kl\sin 2\alpha \tag{1-4-9}$$

所以

$$h = \frac{1}{2}Kl\sin 2\alpha + i - v \tag{1-4-10}$$

根据(1-4-8)式计算出 A，B 间的水平距离 D 后，高差 h 也可按下式计算：

$$h = D\tan\alpha + i - v \tag{1-4-11}$$

在实际工作中，应尽可能使瞄准高 v 等于仪器高 i，以简化高差 h 的计算。

二、视距测量的观测与计算

施测时，如图1-4-8所示，安置仪器于 A 点，量出仪器高 i，转动照准部瞄准 B 点视距尺，分别读取上、下、中三丝的读数 M，N，V，计算视距间隔 $l = M - N$。再使竖盘指标水准管气泡居中(如为竖盘指标自动补偿装置的经纬仪则无此项操作)，读取竖盘读数，并计算竖直角 α。然后按(1-4-8)式和(1-4-11)式计算出水平距离和高差。

三、视距测量误差及注意事项

视距测量的精度较低，在较好的条件下，测距精度约为1/200～1/300。

1. 视距测量的误差

读数误差：用视距丝在视距尺上读数的误差。与尺子最小分划的宽度、水平距离的远近和望远镜放大倍率等因素有关。因此，读数误差的大小视使用的仪器、作业条件而定。

垂直折光影响：视距尺不同部分的光线是通过不同密度的空气层到达望远镜的，越接近地面的光线受折光影响越显著。经验证明，当视线接近地面在视距尺上读数时，垂直折光引起的误差较大，并且这种误差与距离的平方成比例地增加。

视距尺倾斜所引起的误差：视距尺倾斜误差的影响与竖直角有关，竖直角越大，尺身倾斜对视距精度的影响越大。

此外，视距乘常数 K 的误差、视距尺分划的误差、竖直角观测的误差以及风力使尺子抖动引起的误差等都将影响视距测量的精度。

2. 注意事项

(1) 为减少垂直折光的影响，观测时应尽可能使视线离地面1 m以上；

(2) 作业时，要将视距尺竖直，并尽量采用带有水准器的视距尺；

(3) 要严格测定视距常数,K 值应在 100 ± 0.1 之内,否则应加以改正;

(4) 视距尺一般应是 cm 刻划的整体尺。如果使用塔尺,应注意检查各节尺的接头是否准确;

(5) 要在成像稳定的情况下进行观测。

第3节 直线定向与坐标计算

确定地面上两点之间的相对位置,仅知道两点之间的水平距离是不够的,还必须确定此直线与标准方向之间的关系。确定直线与标准方向之间的关系(水平角度)称为直线定向。

一、标准方向的种类

1. 真子午线方向

通过地球表面某点的真子午面的切线方向称为该点真子午线方向。真子午线方向是用天文测量方法或用陀螺经纬仪测定的。

2. 磁子午线方向

磁子午线方向是在地球磁场的作用下磁针自由静止时其轴线所指的方向。磁子午线方向可用罗盘仪测定。

3. 坐标纵轴方向

我国采用高斯平面直角坐标系,每 6°带或 3°带内都以该带的中央子午线的投影作为坐标纵轴。因此,该带内直线定向,就用该带的坐标纵轴方向作为标准方向。如采用假定坐标系,则用假定的坐标纵轴(X 轴)作为标准方向。

二、表示直线方向的方法

测量工作中,常采用方位角来表示直线的方向。由标准方向的北端起,顺时针方向量到某直线的夹角称为该直线的方位角。角值范围是 0°～360°。

如图 1-4-9 所示,若标准方向 ON 为真子午线,并用 A 表示真方位角,则 A_1,A_2,A_3,A_4 分别为直线 O_1,O_2,O_3,O_4 的真方位角。若 ON 为磁子午线方向,则各角分别为相应直线的磁方位角。磁方位角用 A_m 表示。若 ON 为坐标纵轴方向,则各角分别为相应直线的坐标方位角,用 α 来表示之。

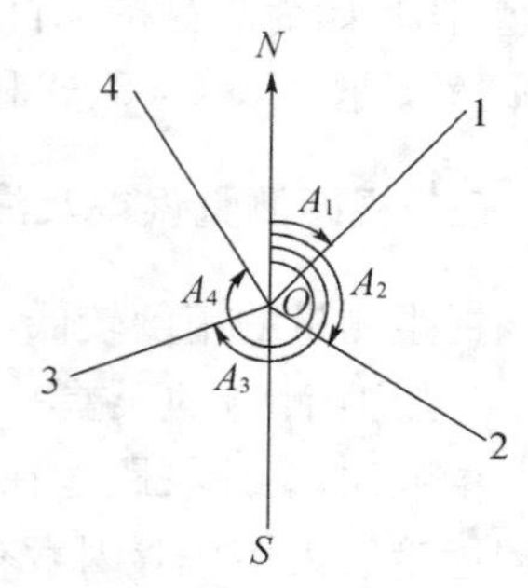

图 1-4-9 直线方位表示方法

三、几种方位角之间的关系

1. 真方位角与磁方位角之间的关系

由于地磁南北极与地球的南北极并不重合,因此,过地面上某点的真子午线方向与磁子午线方向常不重合,两者之间的夹角称为磁偏角,如图 1-4-10 中的 δ。磁针北端偏于真子午线以东称东偏,偏于真子午线以西称西偏。直线的真方位角与磁方位角之间可用下式进行换算:

$$A = A_m + \delta \tag{1-4-12}$$

式中，δ 值东偏取正值，西偏取负值。

我国磁偏角的变化大约在 $+6°$ 到 $-10°$ 之间。

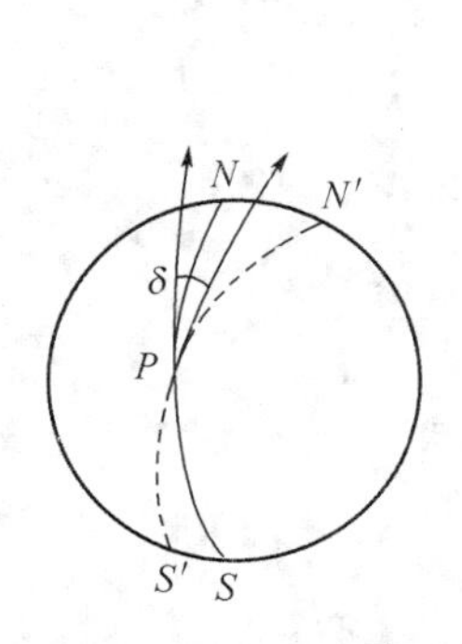

图 1-4-10　磁偏角 δ

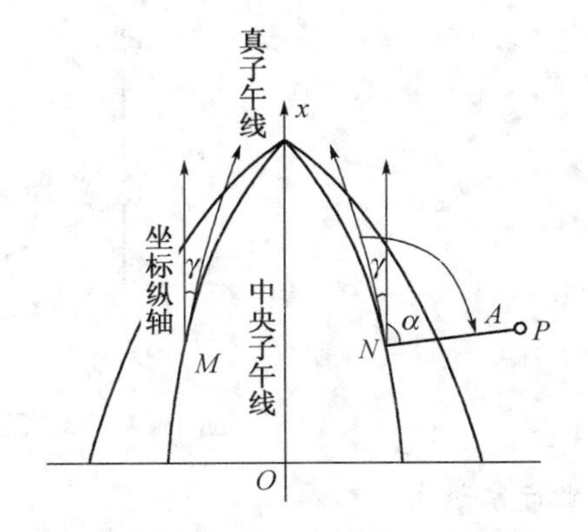

图 1-4-11　子午线收敛角

2. 真方位角与坐标方位角之间的关系

中央子午线在高斯投影平面上是一条直线，作为该带的坐标纵轴，而其他子午线投影后为收敛于两极的曲线，如图 1-4-11 所示。地面点 M,N 等点的真子午线方向与中央子午线之间的角度称为子午线收敛角，用 γ 表示。γ 有正有负。在中央子午线以东地区，各点的坐标纵轴偏在真子午线的东边，γ 为正值；在中央子午线以西地区，γ 为负值。某点的子午线收敛角 γ，可有该点的高斯平面直角坐标为引数，在测量计算用表中查到。

也可用下式计算：

$$\gamma = (L - L_0)\sin B$$

式中，L_0 为中央子午线的经度；L,B 分别为计算点的经、纬度。

真方位角 A 与坐标方位角之间的关系，可用下式进行换算：

$$A = \alpha + \gamma \tag{1-4-13}$$

3. 坐标方位角与磁方位角之间的关系

若已知某点的磁偏角 δ 与子午线收敛角 γ，则坐标方位角与磁方位角之间的换算式为

$$\alpha = A_m + \delta - \gamma \tag{1-4-14}$$

四、正、反坐标方位角

（一）正、反坐标方位角

测量工作中的直线都是具有一定方向的。如图 1-4-12 所示，直线 AB 的点 A 是起点，点 B 是终点；通过起点 A 的坐标纵轴方向与直线 AB 所夹的坐标方位角 α_{12}，称为直线 AB 的正坐标方位角，过终点 B 的坐标纵轴方向与直线 BA 所夹的坐标方位角 α_{BA}，称为直线 AB 的反坐标方位角（是直线 BA 的正坐标方位角）。正、反坐标方位角相差 180°，即

$$\alpha_{BA} = \alpha_{AB} \pm 180° \tag{1-4-15}$$

由于地面各点的真（或磁）子午线收敛于两极，并不互相平行，致使直线的反真（或磁）方

位角不与正真(或磁)方位角相差 180°,给测量计算带来不便,故测量工作中采用坐标方位角进行直线定向。

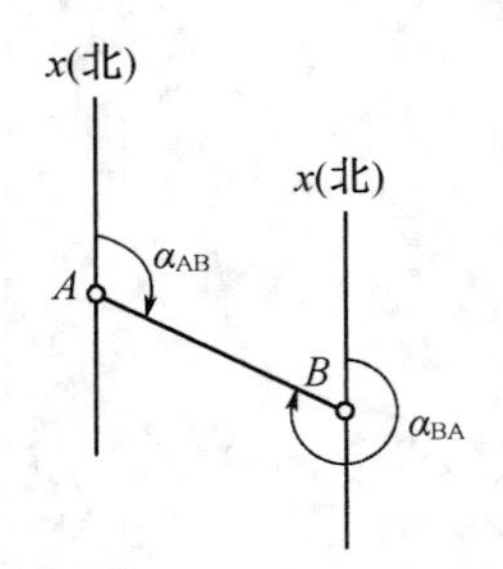

图 1-4-12 正反坐标方位角

(二) 坐标象限角

由坐标纵轴的北端或南端起顺时针或逆时针转至某直线的水平角度(0°~90°),称为坐标象限角,用"R"表示,如图 1-4-13 所示。

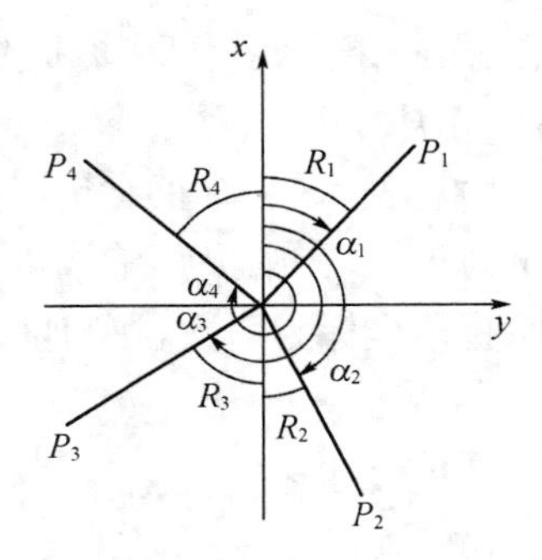

图 1-4-13 坐标象限角

坐标象限角与坐标方位角的换算关系见表 1-4-1。

表 1-4-1 象限角与坐标方位角的换算关系表

象限	由坐标方位角换算坐标象限角	由坐标象限角换算坐标方位角
Ⅰ(北东)	$R_1=\alpha_1$	$\alpha_1=R_1$
Ⅱ(南东)	$R_2=180°—\alpha_2$	$\alpha_2=180°-R_2$
Ⅲ(南西)	$R_3=\alpha_3—180°$	$\alpha_3=180°+R_3$
Ⅳ(北西)	$R_4=360°—\alpha_4$	$\alpha_4=360°-R_4$

五、坐标计算

坐标计算包括坐标正算与坐标反算。如图 1-4-14 所示,在平面直角坐标系中,有 A,B 两点,假如 A 点坐标 x_A,y_A,边长 D_{AB} 及方位角 α_{AB} 为已知,求 B 点的坐标 x_B,y_B,这就是坐标正算。从图中可知,A 点到 B 点的坐标增量为 Δx_{AB},Δy_{AB},即

$$\left.\begin{aligned}x_B&=x_A+\Delta x_{AB}\\y_B&=y_A+\Delta y_{AB}\end{aligned}\right\}\qquad(1-4-16)$$

又从图中的直角三角形可知

$$\left.\begin{aligned}\Delta x_{AB}=x_B-x_A=D_{AB}\cos\alpha_{AB}\\ \Delta y_{AB}=y_B-y_A=D_{AB}\sin\alpha_{AB}\end{aligned}\right\}\qquad(1-4-17)$$

在图1-4-14中，α_{AB}是第一象限，$\sin\alpha_{AB}$和$\cos\alpha_{AB}$均为正值，所以Δx_{AB}和Δy_{AB}也均为正值。随着方位角α_{AB}的增大，它可能在第Ⅱ，Ⅲ，Ⅳ象限，它的正、余弦随着象限的不同而会出现正值与负值，这样坐标增量也会随之而变为正值与负值(如图1-4-15)所示。用计算器计算时正确输入方位角，坐标增量应为负值时会自动显示出来。

相反，如图1-4-14所，在平面直角坐标系中有A，B两点为已知，即知x_A，y_A，x_B，y_B，要反过来求这两点间的距离D_{AB}和直线AB的坐标方位角α_{AB}即为坐标反算。由图1-4-15可知，A，B两点之间的坐标增量Δx_{AB}，Δy_{AB}可从已知坐标求得，由直角三角形的关系可得

$$D_{AB}=\sqrt{\Delta x_{AB}^2+\Delta y_{AB}^2}\qquad(1-4-18)$$

或

$$\alpha_{AB}=\mathrm{tg}^{-1}\frac{\Delta y_{AB}}{\Delta x_{AB}}\qquad(1-4-19)$$

$$D_{AB}=\frac{\Delta y_{AB}}{\sin\alpha_{AB}}=\frac{\Delta x_{AB}}{\cos\alpha_{AB}}\qquad(1-4-20)$$

因为反三角函数只能求得角度的主值，用(1-4-18)式求得的值即为AB直线的象限角，到底在哪一象限还须用坐标增量的“+”“-”来判断。再由象限角与坐标方位角的换算关系，才能求出坐标方位角值。

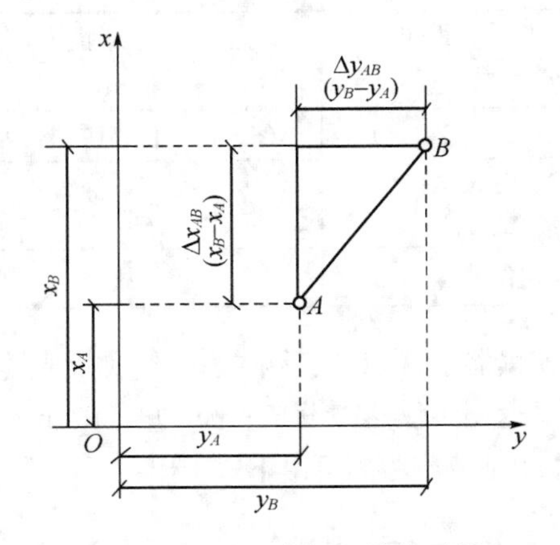

图1-4-14　坐标正算与反算

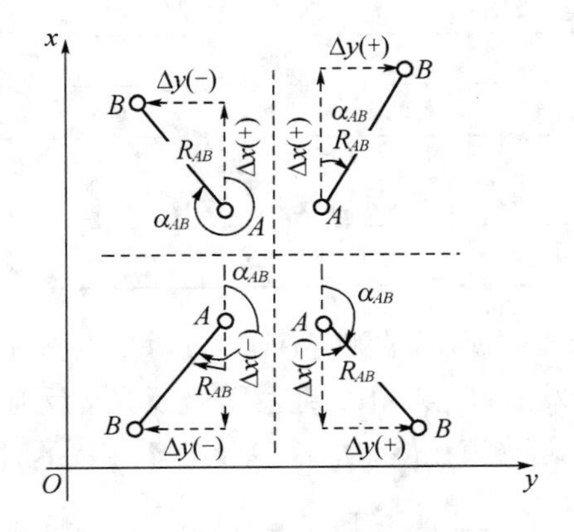

图1-4-15　坐标增量的正负值

六、用罗盘仪测定磁方位角

1. 罗盘仪的构造

罗盘仪的种类很多，其构造大同小异，主要部件有磁针、刻度盘和瞄准设备等，如图1-4-16所示。

图1-4-16　罗盘仪

2. 用罗盘仪测定直线的磁方位角

观测时，先将罗盘仪安置在直线的起点，对中，整平(罗盘盒内一般均设有水准器)，旋松顶针螺旋，放下磁针，然后转动仪器，通过瞄准设备去瞄

准直线另一端的标杆。待磁针静止后，读出磁针北端所指的读数，即为该直线的磁方位角。

目前，有些经纬仪配有罗针，用来测定磁方位角。罗针的构造与罗盘仪相似。观测时，先安置经纬仪于直线起点上，然后将罗针安置在经纬仪支架上。先利用罗针找到磁北方向，并拨动水平度盘位置变换轮，使经纬仪的水平度盘读数为零，然后瞄准直线另一端的标杆，此时，经纬仪的水平度盘读数，即为该直线的磁方位角。

在使用罗盘仪时，不要使铁质物体接近罗盘，以免影响磁针位置的正确性。在铁路附近及高压线铁塔下观测时，磁针读数会受很大影响，应该注意避免。测量结束后，必须旋紧顶针螺旋，将磁针升起，避免顶针磨损，以保护磁针的灵敏性。

第4节　光电测距

钢尺量距劳动强度大，且精度与工作效率较低，尤其在山区或沼泽区，丈量工作更是困难。20世纪60年代以来，随着激光技术、电子技术的飞跃发展，光电测距方法得到了广泛的应用。它具有测程远、精度高、作业速度快等优点。光电测距是一种物理测距的方法，通过测定光波在两点间传播的时间计算距离，按此原理制作的以光波为载波的测距仪称为光电测距仪。按测定传播时间的方式不同，测距仪分为相位式测距仪和脉冲式测距仪；按测程大小可分为远程、中程和短程测距仪三种，如表1-4-1所示。目前工程测量中使用较多的是相位式短程光电测距仪。

表1-4-2　光电测距仪的种类

仪器种类	短程光电测距仪	中程光电测距仪	远程光电测距仪
测程	<3 km	3～15 km	>15 km
精度	$\pm(5\ \text{mm}+5\times10^{-6}\times D)$	$\pm(5\ \text{mm}+2\times10^{-6}\times D)$	$\pm(5\ \text{mm}+1\times10^{-6}\times D)$
光源	红外光源 (CaAs发光二极管)	1. CaAs发光二极管 2. 激光管	He-Ne激光器
测距原理	相位式	相位式	相位式

如图1-4-17所示，欲测定A、B两点间的距离D，安仪器于A点，安反射棱镜(简称反光镜)于B点。仪器发出的光束由A到达B，经反光镜反射后又返回到仪器。设光速c(约3×10^8 m/s)为已知，如果知道光束在待测距离D'上往返传播的时间t，则待测距离可由下式求出：

$$D'=\frac{1}{2}ct \qquad (1-4-21)$$

由(1-4-21)式可知，测定距离的精度，主要取决于测定时间t的精度，例如要保证±10 cm的测距精度，时间要求准确到6.7×10^{-11} s，这实际上是很难做到的。为了进一步提高光电测距的精度，必须采用间接测时手段——相位测时法，即把距离和时间的关系改化为距离和相位的关系，通过测定相位来求得距离，即所谓的相位式测距。

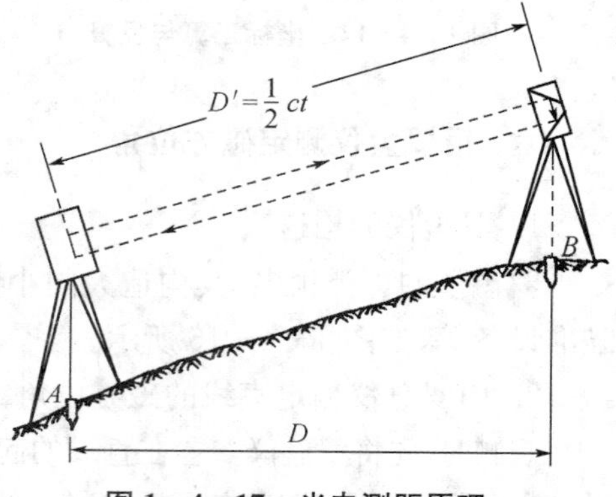

图1-4-17　光电测距原理

相位式光电测距的原理为：采用周期为T的高

频电振荡对测距仪的发射光源进行连续的振幅调制，使光强随电振荡的频率而周期性地明暗变化（每周期相位 φ 的变化为 $0\sim2\pi$）。调制光波（调制信号）在待测距离上往返传播，使同一瞬间发射光与接收光产生相位移（相位差）$\Delta\varphi$，如图1-4-18所示。根据相位差间接计算出传播时间，从而计算距离。

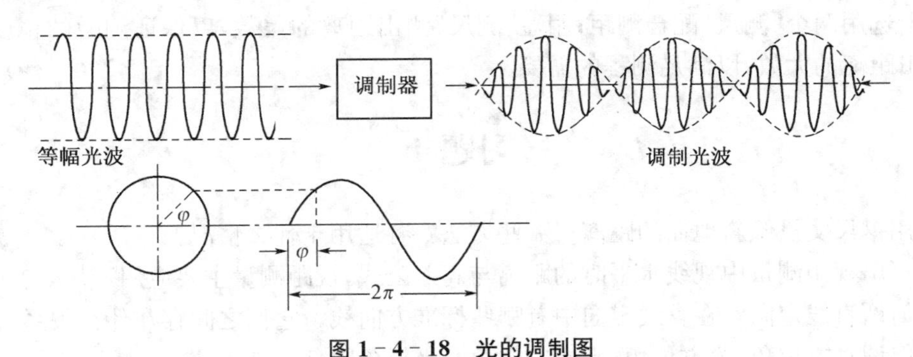

图1-4-18　光的调制图

图1-4-19中调制光的波长为 λ_s，光强变化一周期的相位差为 2π，调制光在两倍距离上传播的时间为 t，光强变化的频率为 f，并可表示为 $f=c/\lambda_s$。

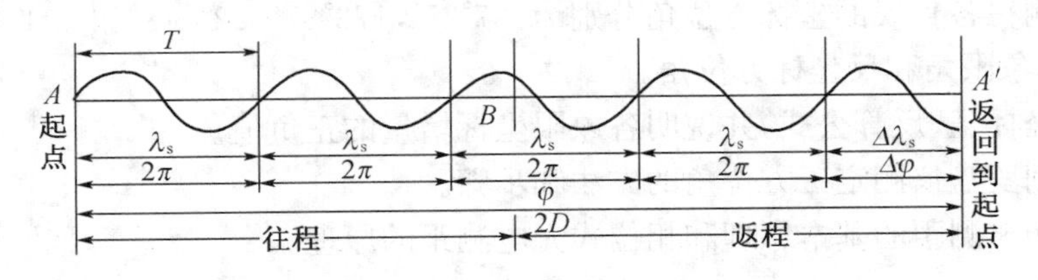

图1-4-19　相位式光电测距原理

由图1-4-18可以看出，将接收时的相位与发射时的相位比较，它延迟了 φ 角，又知

$$\varphi=\omega t=2\pi ft$$

则

$$t=\frac{\varphi}{2\pi f}$$

代人（1-4-21）式得

$$D'=\frac{c}{2f}\cdot\frac{\varphi}{2\pi} \tag{1-4-22}$$

由图1-4-19可知，相位差 φ 又可表示为 $\varphi=2\pi\cdot N+\Delta\varphi$

代人（1-4-22）式得

$$D'=\frac{c}{2f}\left(N+\frac{\Delta\varphi}{2\pi}\right)=\frac{\lambda_s}{2}(N+\Delta N) \tag{1-4-23}$$

式中，N 为整周期数；ΔN 为不足一个周期的比例数。

（1-4-23）式为相位法测距的基本公式。由该式可以看出，c，f 为已知值，只要知道相位差的整周期数 N 和不足一个整周期的相位差 $\Delta\varphi$，即可求得距离（斜距）。将（1-4-23）式与钢尺量距相比，我们可以把半波长 $\lambda_s/2$ 当作“测尺”的长度，则距离 D' 也像钢尺量距一样，成为 N 个整测尺长度与不足一个整尺长度之和。

仪器上的测相装置(相位计),只能分辨出 $0\sim2\pi$ 的相位变化,故只能测出不足 2π 的相位差 $\Delta\varphi$,相当于不足整“测尺”的距离值。例如,“测尺”为 10 m,则可测出小于 10 m 的距离值。同理,若采用 1 km 的“测尺”,则可测出小于 1 km 的距离值。由于仪器测相系统的测相精度一般为 1/1 000,测尺越长,测距误差则越大。因此,为了兼顾测程与精度两个方面,测距仪上选用两个“测尺”配合测距;用短“测尺”测出距离的尾数,以保证测距的精度;用长测尺测出距离的大数,以满足测程的需要。

习题 4

1. 用钢尺丈量倾斜地面的距离有哪些方法?各适用于什么情况?
2. 写出视距测量中视线水平时的距离与高差公式,视距测量主要应用于何处?
3. 何谓直线定向?在直线定向中有哪些标准方向线?它们之间存在什么关系?
4. 何谓真方位角、磁方位角、坐标方位角及坐标象限角?
5. 已知 A 点的磁角为西偏 $21'$,通过 A 点的真子午线与中央子午线之间的收敛角为 $+3'$,直线 AB 的坐标方位角 $\alpha=64°20'$,求 AB 直线的真方位角与磁方位角,并绘图说明。
6. 设已测得各直线的坐标方位角分别为:$37°25'$,$173°37'$,$226°18'$和 $334°48'$,试分别求出它们的坐标象限角和反坐标方位角。
7. 写出坐标正、反算公式,并说明各象限坐标增量的正负值。
8. 试述用罗盘仪测定磁方位角的方法和步骤。
9. 简述光电测距的基本原理和相位式光电测距的原理。

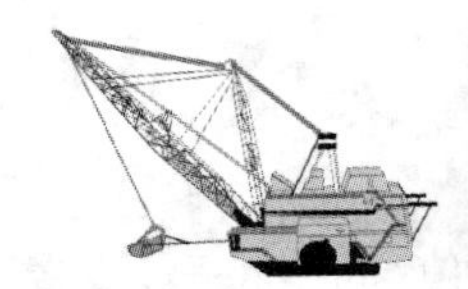

第5章 测量误差的基本知识

第1节　测量误差概述

测量数据或观测数据是指用一定的仪器、工具、传感器或其他手段获取的反映地球与其他实体的空间分布有关信息的数据。测量和观测在此是同义词，将交替使用。观测数据是直接测量的结果，也可以是经过某种变换后的结果。任何观测数据总是包含信息和干扰两部分，采集数据就是为了获取有用的信息。干扰也称误差，这是现代定义，是除了有用信息以外的部分，测量中要设法予以排除或减弱其影响。

对某一未知量在相同条件下进行若干次观测，每次所得结果往往不相同。在测量中对一段距离、一个角度或两点的高差在相同条件下进行多次重复观测都会出现这种情况。但是只要不出现错误，每次观测的结果是非常接近的，它们的值与所观测的量的真值或应有值相差无几。我们把观测值与真值或应有值之间的差异称为误差，这是经典定义。本章讨论的对象与目的就是通过对误差的研究求得所观测量的最可靠值(最或是值)，评定观测的可靠程度(精度)。为保证测量结果满足规范与施工精度的要求，保证质量，可以在未施测之前选用相应的仪器类型和方法。

在测量过程中，也会因各种原因出现某些错误。错误是不属于误差范围的另一类问题。错误是由于粗心大意或操作错误所致，与观测值无任何内在关系。尽管错误难以完全杜绝，但通过观测与计算中的步步校核，可以把它从成果中剔除掉，从而保证成果的正确可靠。

一、误差的来源

误差产生的原因是多种多样的，归纳起来大致有以下三个方面。

1. 仪器工具的影响

测量仪器在制造时要求十分严格，但无论怎样它不会是十全十美，精度不可能无限制地提高，总有一定的缺陷。虽然在使用仪器之前也进行了仔细的检验与校正，但仍有一些残余误差存在，这一切都会给测量成果带来一定的影响。

2. 人的因素

人的感觉器官有一定的限度，特别是人的眼睛有局限的分辨能力，在仪器的安置、对中、整平、照准、读数等方面都会给测量成果带来误差。在观测过程中，操作的熟练程度、习惯都有可能对测量成果带来误差。

3. 外界条件的影响

各种观测都在一定的自然环境下进行，外界条件，如阳光、温度、风力、气压、湿度等都是随时变化的，这些因素都会影响测量的结果，带来一定的误差。

二、误差的分类

测量误差按其特性可分为系统误差和偶然误差两大类。

1. 系统误差

在相同的条件下，作一系列观测，其误差常保持同一数值、同一符号，或者随观测条件的不同，其误差按照一定的规律变化，这种误差称为系统误差。例如，有一根长度（名义长度）为 50 m 的钢尺，实际长度为 49.995 5 m，用这根钢尺每量取一整尺就会比实际距离多出 4.5 mm，所丈量的距离越长，比实际长度多出的限值就越多；另外，用钢尺量距时气温的升降会使尺子相应地伸缩，所量的长度就会比实际长度偏小或偏大。再如，水准仪的水准管轴不平行视准轴，进行水准测量时，水准尺距仪器的距离越大，其误差也会越大。所以系统误差有积累的特性，符号与数值大小有一定的规律。系统误差的产生主要是仪器工具本身的误差和外界条件变化引起的。观测者的习惯也能带来系统误差，而这种误差通常是难以发现的。对于系统误差可采用两种办法加以消除或抵消。第一种方法是通过计算改正加以消除，如在用钢尺量距时进行尺长、温度和倾斜的改正；第二种方法是在观测时采取适当措施加以抵消，如经纬仪观测时用正倒镜取平均值可以抵消视准轴不垂直于横轴和横轴不能垂直于竖轴的误差，在水准测量中前后视距相等可以抵消水准轴管不完全平行于视准轴的误差，同时也可以抵消地球曲率和大气折光的影响。

尽管系统误差对测量成果影响很大，但通过计算或在观测时采取适当措施可以消除或抵消。所以，系统误差不是本章讨论的重点。

2. 偶然误差

在相同的观测条件下对某一量进行一系列观测，误差出现的符号、大小从表面看没有一定的规律，表现为偶然性。从单个误差来看它的符号与大小在观测之前是不可知的，但随着观测次数的不断增加，从大量误差总体来看则有一定的统计规律，这种误差称为偶然误差。

偶然误差产生的原因是多种多样的，且偶然误差与系统误差是同时发生的。如前所述，系统误差通过计算和在观测时采取相应措施加以消除或抵消，当然不可能完全为零，但却大大地减弱了。系统误差与偶然误差相对而言处在次要的地位，起主导作用的是偶然误差。所以，本章讨论的主要对象就是偶然误差以及在一系列带有偶然误差的观测值中，如何确定未知量的最可靠值及评定观测量的精度（质量）。

三、偶然误差的特性

研究偶然误差的性质必须通过大量的观测结果来讨论，先看下例。

在相同的观测条件下观测了 217 个三角形的全部内角。由于观测结果中存在着偶然误差，三角形内角之和不等于三角形内角和理论值（也称真值，即 180°）。设三角形内角和的真值为 X，三角形内角和的观测值为 L_i，则三角形内角和的真误差 Δ_i 为：

$$\Delta_i = X - L_i (i = 1, 2, \cdots, n) \tag{1-5-1}$$

现将 217 个真误差按绝对值大小及正、负号列于表 1－5－1 中。

从表中可以得出如下 3 点结论：(1) 绝对值小误差的个数比绝对值大误差的个数多；

(2) 绝对值相等的正负误差的个数大致相等；(3) 最大误差不超过一定的限度(本例为 27″)。

同样的规律，在无数测量结果中都可以表现出来。在大量实践中，通过研究分析、统计计算，可以得出偶然误差的 4 个特性。

(1) 在一定观测条件下，偶然误差的绝对值有一定的限度，或者说超出某一定限值的误差出现的概率为零；

(2) 绝对值较小的误差比绝对值较大的误差出现的概率大；

(3) 绝对值相等的正、负误差出现的概率几乎相同；

(4) 同一量的等精度观测，其偶然误差的算术平均值，随着观测次数 n 趋于无穷而趋于零，即

$$\lim_{n \to \infty} \frac{[\Delta]}{n} = 0 \tag{1-5-2}$$

上述第 4 个特性是由第 3 个特性导出来的。从第 3 个特性可知，在大量的偶然误差中，正误差与负误差出现的机会相同，因此求全部误差总和 $\Delta_1 + \Delta_2 + \cdots + \Delta_n = [\Delta]$ 时，正误差与负误差有抵消的可能，当误差个数 n 无限增加时，$[\Delta]$ 为零。

表 1-5-1　三角形内角和真误差分布统计

误差大小区间	正的误差		负的误差		总　计	
	个数(n)	百分比/%	个数(n)	百分比/%	个数(n)	百分比/%
0″～3″	30	14	29	13	59	27
3″～6″	21	10	20	9	41	19
6″～9″	15	7	18	8	33	15
9″～12″	14	6	16	7	30	13
12″～15″	12	6	10	5	22	11
15″～18″	8	4	8	4	16	8
18″～21″	5	2	6	3	11	5
21″～24″	2	1	2	1	4	2
24″～27″	1	0	0	0	1	0
27″以上	0	0	0	0	0	0
合　计	108	50	109	50	217	100

第 2 节　衡量精度的标准

测量的任务不仅是对同一量进行多次观测还要求得它的最后结果，同时也必须对测量结果的质量即精度进行评定。衡量精度的标准通常有以下几种。

一、平均误差

设某一量的真值为 X，对它进行了 n 次观测，每次观测值为 $L_1, L_2, \cdots, L_n$，这样可以得到每次观测值的真误差为 $\Delta_1, \Delta_2, \cdots, \Delta_n$，平均误差就是取一组观测值的真误差之绝对值的算术平均值来衡量精度。即

$$g=\pm\frac{[|\Delta|]}{n} \tag{1-5-3}$$

例 1　对某一三角形之内角用不同精度进行两组观测，每组分别观测十次，两组分别求得每次观测所得三角形内角和真误差为

第一组：$+3''$，$-2''$，$-4''$，$+2''$，$0''$，$-4''$，$+3''$，$+2''$，$-3''$，$-1''$；

第二组：$0''$，$-1''$，$-7''$，$+2''$，$+1''$，$+1''$，$-8''$，$0''$，$+3''$，$-1''$；

求它们的平均误差。

解　根据(1-5-2)式可以分别求得两组观测的平均误差，即

$$g_1=\pm\frac{|+3|+|-2|+|-4|+|+2|+0+|-4|+|+3|+|+2|+|-3|+|-1|}{10}$$

$$=\pm 2.4''$$

$$g_2=\pm\frac{0+|-1|+|-7|+|+2|+|+1|+|+1|+|-8|+0+|+3|+|-1|}{10}$$

$$=\pm 2.4''$$

二、中误差

从计算结果可以看出例 1 的两组观测平均误差是一样的，按平均误差来衡量，对于个别较大的误差不易反映出来，如第二组中$-7''$和$-8''$这两个绝对值较大的误差在结果中未能得到反映。因此，为了明显地反映观测值中较大误差的影响，通常是以各个真误差的平方和的平均值再开方作为每一组观测值的精度标准，称为中误差或均方根误差，即

$$m=\pm\sqrt{\frac{[\Delta\Delta]}{n}} \tag{1-5-4}$$

用这个公式求例 1 两组观测值的中误差为

$$m_1=\pm\sqrt{\frac{3^2+2^2+4^2+2^2+0^2+4^2+3^2+2^2+3^2+1^2}{10}}=\pm 2.7''$$

$$m_2=\pm\sqrt{\frac{0^2+1^2+7^2+2^2+1^2+1^2+8^2+0^2+3^2+1^2}{10}}=\pm 3.6''$$

显然，第一组的中误差比第二组的数值要小，第一组的精度高于第二组。

在测量中，有时我们并不知道所观测量的真值，而只能用观测值求得它的算术平均值，然后再求每个观测值的改正数 v。如果观测次数为 n，改正数也有 n 个，用改正数求中误差的公式为

$$m=\pm\sqrt{\frac{[vv]}{n-1}} \tag{1-5-5}$$

这个公式的来源下节再讨论。中误差所代表的是某一组观测值的精度，而不是这一组观测中某一次的观测精度。

三、限差

偶然误差特性的第 1 条指出，在相同观测条件下，偶然误差的值不会超过一定的限度。

为了保证测量成果的正确可靠，就必须对观测值的误差进行一定的限制，某一观测值的误差超过一定的限度，就认为是超限，其成果应舍去，这个限度就是限差，也称允许误差。

对大量的同精度观测进行分析研究以及统计计算可以得出如下的结论：在一组同精度观测的误差中，其误差的绝对值超过1倍中误差的机会为32%；误差的绝对值超过2倍中误差的机会为5%；误差的绝对值超过3倍中误差的机会仅为0.3%。上述误差均对偶然误差而言。误差的绝对值超过3倍中误差的机会很小，所以在观测次数有限的情况下，可以认为大于3倍中误差的偶然误差实际上是不会出现的，所以一般情况下将3倍中误差认为是偶然误差的限差。即

$$\Delta_{限} = 3m$$

在实际中，为了提高精度，在有些规范中也规定偶然误差的限差为2倍中误差，即

$$\Delta_{限} = 2m$$

四、相对误差

在距离丈量中，只依据中误差并不能完全说明测量的精度，而必须引入相对误差的概念。相对误差是距离丈量的中误差与该段距离之比，且化为分子是1的形式，用$\frac{1}{M}$表示。分母M值越大，这段距离的丈量精度越高。

例2　用钢尺丈量了两段距离，第一段长度为120.324 m，第二段为180.738 m，两段距离的中误差相等$m_1 = m_2 = m = \pm 20$ mm，求它们的相对误差。

解　相对误差用K表示，即

$$K_1 = \frac{20\ \text{mm}}{120.324\ \text{m}} \approx \frac{1}{6\,000}$$

$$K_2 = \frac{20\ \text{mm}}{180.738\ \text{m}} \approx \frac{1}{9\,000}$$

从结果可以看出，虽然中误差是一样的，但第二段距离较长，所以它的相对误差较小，精度就高。①

第3节　算术平均值及其中误差

一、算术平均值

设相同条件下对某一量进行观测，共n次，观测值为$L_1, L_2, \cdots, L_n$，所观测的真值为X，每次观测值的真误差$\Delta_1, \Delta_2, \cdots, \Delta_n$，则有下列公式：

---

① 注：在求相对误差时，分母M顶多有两位有效数字，其余用“0”补齐；
在往返丈量时，采用往返丈量结果之差与平均值之比表示相对误差，参见第四章相关内容。

$$\left.\begin{aligned}\Delta_1 &= X - L_1\\ \Delta_2 &= X - L_2\\ &\cdots\\ \Delta_n &= X - L_n\end{aligned}\right\} \tag{1-5-6}$$

将上式两边相加再除以 n，得

$$\frac{[\Delta]}{n} = X - \frac{[L]}{n}$$

根据偶然误差第 4 个特性，则有

$$\lim_{n\to\infty}\frac{[\Delta]}{n} = 0$$

由此可知，

$$X = \lim_{n\to\infty}\frac{[L]}{n}$$

但在实际工作中，观测次数都是有限的，不可能无限制地增加，所以就将算术平均值作为所观测量的最或是值（最可靠值），并用 x 表示，即

$$x = \frac{[L]}{n} \tag{1-5-7}$$

二、用观测值的改正数计算中误差

用算术平均值可以求得每次观测值的改正数 $v_i(i=1,2,\cdots,n)$，即

$$\left.\begin{aligned}v_1 &= x - L_1\\ v_2 &= x - L_2\\ &\cdots\\ v_n &= x - L_n\end{aligned}\right\} \tag{1-5-8}$$

上式等号两边相加，得

$$[v] = nx - [L]$$

将 $x = \frac{[L]}{n}$ 代入上式，得

$$[v] = 0$$

由此可知，对任何一未知量进行一组等精度观测，改正数的总和应为零。

(1-5-6)式是表示真误差的公式，在计算算术平均值中我们不知道真误差，只能求得改正数，将(1-5-8)式与(1-5-6)式相减再整理，得

$$\left.\begin{aligned}\Delta_1 &= v_1 + (X - x)\\ \Delta_2 &= v_2 + (X - x)\\ &\cdots\\ \Delta_n &= v_n + (X - x)\end{aligned}\right\} \tag{1-5-9}$$

令
$$\delta=(X-x)$$

将上式两边同时平方相加再除以 n 得

$$\frac{[\Delta\Delta]}{n}=\frac{vv}{n}+\delta^2+\frac{2}{n}[v]\delta$$

因为 $[v]=0$，上式即为

$$\frac{[\Delta\Delta]}{n}=\frac{[vv]}{n}+\delta^2 \tag{1-5-10}$$

又因为 $\delta=X-x, x=\frac{[L]}{n}$，所以

$$\begin{aligned}\delta^2&=(X-x)^2=\left(X-\frac{[L]}{n}\right)^2\\&=\frac{1}{n^2}(X-L_1+X-L_2+\cdots+X-L_n)^2\\&=\frac{1}{n^2}(\Delta_1^2+\Delta_2^2+\cdots+\Delta_n^2+2\Delta_1\Delta_2+2\Delta_2\Delta_3+\cdots+2\Delta_{n-1}\Delta_n)\\&=\frac{[\Delta\Delta]}{n^2}+\frac{2}{n^2}(\Delta_1\Delta_2+\Delta_2\Delta_3+\cdots+\Delta_{n-1}\Delta_n)\end{aligned}$$

由于 $\Delta_1,\Delta_2,\cdots,\Delta_n$ 为真误差，所以 $\Delta_1\Delta_2+\Delta_2\Delta_3+\cdots+\Delta_{n-1}\Delta_n$ 也具有偶然误差的特性。根据偶然误差第 4 个特性，当 n 趋于无穷时它们的总和也趋于零；当 n 为较大数值时，其值与 $[\Delta\Delta]$ 比较要小得多，因而可以忽略不计，故(1-5-10)式可写为

$$\frac{[\Delta\Delta]}{n}=\frac{[vv]}{n}+\frac{[\Delta\Delta]}{n^2} \tag{1-5-11}$$

根据中误差的定义 $m=\pm\sqrt{\frac{[\Delta\Delta]}{n}}$，上式可变为

$$m^2=\frac{[vv]}{n}+\frac{m^2}{n}$$

即

$$m=\pm\sqrt{\frac{[vv]}{n-1}}$$

这就是(1-5-5)式，即用改正数求中误差的公式。

三、算术平均值的中误差

根据下一节的证明，求算术平均值的中误差的公式为

$$M=\pm\sqrt{\frac{[vv]}{n(n-1)}} \tag{1-5-12}$$

例 3　某一段距离共丈量了六次，结果如表 1-5-2 所示，求算术平均值、观测中误差、算术平均值的中误差及相对误差。

表 1-5-2　距离丈量结果计算

次序	观测值/m	v/mm	vv/mm²	计算
1	148.643	−15	225	$m=\pm\sqrt{\frac{[vv]}{(n-1)}}$ $=\pm\sqrt{\frac{3\,046}{(6-1)}}$ $=\pm 24.7\text{mm}$
2	148.590	+38	1 444	
3	148.610	+18	324	
4	148.624	+4	16	
5	148.654	−26	676	
6	148.647	−19	361	
	$L=148.628$	$[v]=0$	$[vv]=3\,046$	

解　根据计算公式：

算术平均值 $L=148.628\text{ m}$

观测值中误差 $m=\pm 24.7\text{ mm}$

算术平均值中误差$M=\pm\sqrt{\frac{[vv]}{n(n-1)}}=\pm\sqrt{\frac{3\,046}{6(6-1)}}=\pm 10.1\text{ mm}$

相对误差$K=\frac{10.1\text{ mm}}{148.628\text{ m}}\approx\frac{1}{15\,000}$

注：利用(1-5-4)式、(1-5-5)式、(1-5-7)式计算中误差和算术平均值可利用具有一般函数功能的计算器在“SD”或“STAT”状态下进行，十分方便，可不列表进行。

第 4 节　观测值函数的中误差

在测量中，不是所有的量都是能直接观测的，很多量是通过直接观测的结果，借助与观测结果有一定关系计算出来的。对于直接观测结果的中误差及精度在上几节中已经讨论过了，现在我们再来讨论与直接观测结果有关的其他量的中误差和精度。例如，在水准测量中两个立尺点的高差是用后尺读数减去前尺读数得来的，高差是由直接观测的前后尺读数求得的。前后尺读数的误差必须会影响高差，使它也有误差。当然，还有其他更为复杂的关系。

下面介绍几种常见的观测值函数的中误差。

一、倍数函数的中误差

设倍数函数的关系式为

$$Z=Kx \tag{1-5-13}$$

式中，K 为常数；x 为未知量的直接观测值；Z 为 x 的函数。当观测值 x 有误差 Δx 时，函数为 Z 的误差为 ΔZ，即

$$Z+\Delta Z=K(x+\Delta x) \tag{1-5-14}$$

(1-5-14)式减去(1-5-13)式，得

$$\Delta Z = K\Delta x$$

对 x 进行 n 次观测，则有

$$\Delta Z_1 = K\Delta x_1$$

$$\Delta Z_2 = K\Delta x_2$$

$$\cdots$$

$$\Delta Z_n = K\Delta x_n$$

公式两边平方相加再除以 n，则

$$\frac{[\Delta Z\Delta Z]}{n} = K^2 \frac{[\Delta x\Delta x]}{n}$$

根据中误差定义可得

$$m_Z^2 = K^2 m_x^2$$

$$m_Z = K m_x \qquad (1-5-15)$$

即倍数函数的中误差等于倍数与观测值中误差的乘积。

例 4　在 1∶500 的地形图上测量两点之间的距离，图上的距离 d=42.3 mm，在地形图上量距误差 m_d=±0.2 mm，求实地的距离及 m_D。

解　　$D = Md$（M 为地形图比例尺分母）

$$D = 500 \times d$$
$$= 500 \times 42.3 = 21\,150\ \text{mm}$$

$$m_D = M \cdot m_d = 500 \times (\pm 0.2) = \pm 100\ \text{mm}$$

二、和或差函数的中误差

设某一量 Z 是两个独立观测值 x 和 y 的和或差，则有关系式

$$Z = x \pm y \qquad (1-5-16)$$

当 x 与 y 分别含有真误差 Δx 与 Δy 时，则函数 Z 也会产生真误差 ΔZ，由上式可得

$$Z + \Delta Z = (x + \Delta x) \pm (y + \Delta y) \qquad (1-5-17)$$

(1-5-17)式减去(1-5-16)式，得

$$\Delta Z = \Delta x \pm \Delta y$$

设 x 与 y 都观测了 n 次，则有

$$\Delta Z_1 = \Delta x_1 \pm \Delta y_1$$

$$\Delta Z_2 = \Delta x_2 \pm \Delta y_2$$

$$\cdots$$

$$\Delta Z_n = \Delta x_n \pm \Delta y_n$$

公式两边平方相加再除以 n，得

$$\frac{[\Delta Z \Delta Z]}{n} = \frac{[\Delta x \Delta x]}{n} + \frac{[\Delta y \Delta y]}{n} \pm \frac{2[\Delta x \Delta y]}{n}$$

因为 Δx 与 Δy 是偶然误差，根据偶然误差的第 4 个特性，当 n 相当大时，$[\Delta x \Delta y]=0$，故上式为

$$\frac{[\Delta Z \Delta Z]}{n} = \frac{[\Delta x \Delta x]}{n} + \frac{[\Delta y \Delta y]}{n}$$

换成中误差，则

$$m_Z^2 = m_x^2 + m_y^2 \qquad (1-5-18)$$

把(1－5－18)式推而广之，设函数 $Z = x_1 + x_2 + \cdots + x_n$，$x_1, x_2, \cdots, x_n$ 为独立观测值，它们的中误差为 $m_1, m_2, \cdots, m_n$，则函数 Z 的中误差 m_Z 为

$$m_Z = \pm \sqrt{m_1^2 + m_2^2 + \cdots + m_n^2} \qquad (1-5-19)$$

由上式可知，和或差函数的中误差等于各个观测值中误差平方之和再开方。假设上式中

$$m_1 = m_2 = \cdots = m_n = m$$

则

$$m_Z = \pm \sqrt{n} \cdot m \qquad (1-5-20)$$

例 5　对一个三角形内角都进行独立观测，每个角的观测中误差为 m_a，求三角形内角和及闭合差的中误差。

解　三角形内角和是独立观测的三个内角之和，闭合差为内角和减去 180°，180°为理论值，没有误差，故根据(1－5－20)式可求得三角形内角和及闭合差中误差 m 为

$$m = \pm \sqrt{3} m_a$$

三、线性函数的中误差

设独立观测值为 $L_1, L_2, \cdots, L_n$，常数 $K_1, K_2, \cdots, K_n$，线性函数 Z 的关系为

$$Z = K_1 L_1 + K_2 L_2 + \cdots + K_n L_n \qquad (1-5-21)$$

再设 $x_1 = K_1 L_1, x_2 = K_2 L_2, \cdots, x_n = K_n L_n$，则(1－5－21)式可变为

$$Z = x_1 + x_2 + \cdots + x_n$$

设 L_i 观测值的中误差为 m_i，则 x_i 的中误差 $m_{xi}^2 = k_i^2 m_{L_i}^2$，函数 Z 的中误差为

$$m_x^2 = k_1^2 m_{L_1}^2 + k_2^2 m_{L_2}^2 + \cdots + k_n^2 m_{Ln}^2 \qquad (1-5-22)$$

这个公式的推导过程是先将线性函数简化为和或差的函数，再把每个变量化为倍数函数。

由(1-5-22)式可知线性函数中误差的平方等于各常数项平方与相应观测值中误差平方乘积之和。

由(1-5-7)式可求得同精度观测值的算术平均值，即

$$x=\frac{[L]}{n}$$

设 $k_1=k_2=\cdots=k_n=\frac{1}{n}$，则上式为

$$\begin{aligned}x&=k_1L_1+k_2L_2+\cdots+k_nL_n\\&=\frac{1}{n}L_1+\frac{1}{n}L_2+\cdots+\frac{1}{n}L_n\end{aligned}$$

设算术平均值的中误差为 M，观测值中误差为 m，根据线性函数中误差数公式可知

$$\begin{aligned}M^2&=\frac{1}{n^2}m^2+\frac{1}{n^2}m^2+\cdots+\frac{1}{n^2}m^2\\&=\frac{1}{n}m^2\end{aligned}$$

而

$$m=\pm\sqrt{\frac{[vv]}{n-1}}$$

故

$$M=\pm\sqrt{\frac{[vv]}{n(n-1)}}$$

这就是(1-5-12)式的证明。

由上式可知，适当增加观测次数，可以提高算术平均值的精度。但是当 n 超过 10 以后，每增加一次观测，算术平均值的精度提高就越不明显了，所以不能只依靠增加观测次数来提高精度，想方设法提高观测本身的精度，才是解决问题的根本方法。

在例 3 中已经介绍了计算算术平均值中误差的方法，不再赘述。

四、一般函数的中误差

设有一函数

$$Z=f(x_1,x_2,\cdots,x_n) \tag{1-5-23}$$

式中，$x_1,x_2,\cdots,x_n$ 为未知量的直接观测值，它们的中误差为 $m_1,m_2,\cdots,m_n$；f 为关系式。

$$\mathrm{d}Z=\frac{\partial f}{\partial x_1}\mathrm{d}x_1+\frac{\partial f}{\partial x_2}\mathrm{d}x_2+\cdots+\frac{\partial f}{\partial x_n}\mathrm{d}x_n \tag{1-5-24}$$

式中，$\frac{\partial f}{\partial x_1},\frac{\partial f}{\partial x_2},\cdots,\frac{\partial f}{\partial x_n}$ 为函数分别对 $x_1,x_2,\cdots,x_n$ 求偏导数，且 $\mathrm{d}Z,\mathrm{d}x_1,\mathrm{d}x_2,\cdots,\mathrm{d}x_n$ 都可以用 $\Delta Z,\Delta x_1,\Delta x_2,\cdots,\Delta x_n$，这些微小的量来代替，同时令

$$k_1=\frac{\partial f}{\partial x_1},k_2=\frac{\partial f}{\partial x_2},\cdots,k_n=\frac{\partial f}{\partial x_n}$$

(1-5-24) 式为

$$\Delta Z=k_1\Delta x_1+k_2\Delta x_2+\cdots+k_n\Delta x_n$$

显然上式是一线性函数的关系式。用公式(1-5-22) 可得

$$m_Z^2=\left(\frac{\partial f}{\partial x_1}\right)^2 m_1^2+\left(\frac{\partial f}{\partial x_2}\right)^2 m_2^2+\cdots+\left(\frac{\partial f}{\partial x_n}\right)^2 m_n^2 \qquad (1-5-25)$$

利用(1-5-24)式可以求得观测值任何函数的中误差,(1-5-25)式也称为误差传播定律的一般公式。

例6 如图1-5-1所示,在地面有矩形 $ABCD$, $AB=40.38\ \text{m}\pm0.03\ \text{m}$, $BC=33.42\ \text{m}\pm0.02\ \text{m}$,求面积及其中误差。

解 设 $AB=a=40.38\ \text{m}$, $m_a=\pm0.03\ \text{m}$, $BC=b=33.42\ \text{m}$, $m_b=\pm0.02\ \text{m}$,面积 $s=a\cdot b$,求 m_s。

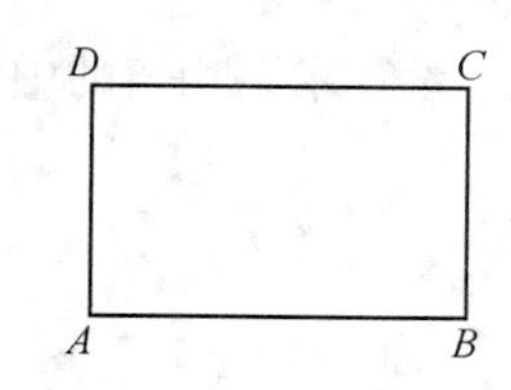

图1-5-1 矩形 *ABCD*

关系式 $s=a\cdot b$

$$\mathrm{d}s=\frac{\partial s}{\partial a}\cdot \mathrm{d}a+\frac{\partial s}{\partial b}\cdot \mathrm{d}b=b\cdot \mathrm{d}a+a\cdot \mathrm{d}b$$

将上式换成中误差公式的形式,即

$$m_s^2=a^2m_b^2+b^2m_a^2$$

$$\begin{aligned}m_s&=\pm\sqrt{a^2m_b^2+b^2m_a^2}\\&=\pm\sqrt{a^2m_b^2+b^2m_a^2}\\&=\pm\sqrt{(40.38)^2\times(0.02)^2+(33.42)^2\times(0.03)^2}\\&=\pm1.29\ \text{m}^2\end{aligned}$$

$$s=a\cdot b=40.38\times33.42=1\,349.50\ \text{m}^2$$

例7 由已知点求未知点坐标时,须测得已知点到未知点的方位角 α 及边长 D,再求得坐标增量 Δx、Δy,最后求得未知点的坐标 x 和 y。现在测得某一边长 $D=167.245\ \text{m}\pm0.016\ \text{m}$,方位角 $\alpha=67°48'30''\pm20''$,求未知点的点位精度。

解 由边长及方位角求坐标增量的公式为

$$\begin{cases}\Delta x=D\cdot\cos\alpha\\\Delta y=D\cdot\sin\alpha\end{cases}$$

然后,未知点坐标为已知点坐标加上坐标增量即可,而已知点坐标认为没有误差,故未知点坐标中误差 m_x 和 m_y 就是坐标增量 Δx 与 Δy 的中误差。

先将 $\Delta x=D\cdot\cos\alpha$ 式进行全微分,换成中误差的形式 $\mathrm{d}\Delta x=\cos\alpha\cdot\mathrm{d}D+D(-\sin\alpha)\mathrm{d}\alpha$。因为 m_α 为秒值必须换成弧度的形式,m_α 要除以一弧度的秒值 ρ'' ($\rho''=206\,265''\approx2''\times10^5$),故上式变为

$$m_x^2=\cos^2 a\cdot m_D^2+D^2(\sin\alpha)^2\left(\frac{m_\alpha}{\rho''}\right)^2$$

代入数值

$$m_x^2 = (\cos 67°48'30'')^2 \times (0.016)^2 + (167.245)^2 \times (\sin 67°48'30'')^2 \times \left(\frac{20}{2\times 10^5}\right)^2$$
$$= 0.000\,276\ \text{m}^2$$

同理可得

$$m_y^2 = (\sin 67°48'30'')^2 \times (0.016)^2 + (167.245)^2 \times (\cos 67°48'30'')^2 \times \left(\frac{20}{2\times 10^5}\right)^2$$
$$= 0.000\,259\ \text{m}^2$$

所测点的点位中误差M是由纵、横坐标中误差m_x与m_y共同影响的结果。依据平行四边形法则，可得

$$\begin{aligned} M &= \pm\sqrt{m_x^2 + m_y^2} \\ &= \pm\sqrt{0.000\,276 + 0.000\,259} \\ &= \pm 0.023\ \text{m} \\ &= \pm 23\ \text{mm} \end{aligned}$$

其实，在分析点中误差时无须求m_x与m_y，将$M^2 = m_x^2 + m_y^2$，顾及$\sin^2\alpha + \cos^2\alpha = 1$，即可得到

$$M^2 = m_D^2 + D^2\left(\frac{m_\alpha}{\rho''}\right)^2 \tag{1-5-26}$$

将$D = 167.245$ m，$m_D = \pm 16$ mm，$m_\alpha = \pm 20''$，$\rho'' = 2''\times 10^5$代入上式，即可得到$M = \pm 23$ mm的结果。(1-5-26)式即为用极坐标法测量点位的精度公式。从公式可以看出，用极坐标测量点的坐标，点位的精度与边长、量边精度及测角精度有关，而与所测边的方位角大小无关。

五、应用实例

(一) 水准测量的精度

1. 每测站高差限差

每测站高差$h = a - b$，DS_3水准仪读数时估读mm的误差不超过± 3 mm，即$m_a = m_b = \pm 3$ mm。由公式(1-5-18)可得

$$m_h^2 = m_a^2 + m_b^2$$

即$m_h = \sqrt{2}m_a = \pm\sqrt{2}\times 3 = \pm 4.2\ \text{mm} \approx \pm 5\ \text{mm}$，故规定$DS_3$水准仪每测站两次高差之差范围不大于$\pm 5$ mm。

2. 水准路线精度分析

设在A、B两点用水准仪测了n个测站，其中第i个测站测得的高差为h_i，则A、B两点的高差h为

$$h = h_1 + h_2 + \cdots + h_n$$

设各测站观测的高差是等精度的独立测值，其中误差均为 $m_{站}$，即

$$m_1 = m_2 = \cdots = m_{站}$$

由(1－5－20)式得

$$m_h = \sqrt{n} m_{站} \quad (1-5-27)$$

若水准路线是在地形平坦的地区进行的，前后两立尺间的距离 l 大致相等。设 A，B 的距离为 L，即两点测站数 $n = \frac{L}{l}$，代入上式，得

$$m_h = \sqrt{\frac{L}{l}} m_{站}$$

若 $L = 1$ km，l 以 km 为单位，代入上式后，即得 1 km 路线长的高差中误差 m_{km} 为：

$$m_{km} = \sqrt{\frac{1}{l}} m_{站}$$

当 A，B 的距离为 L km 时，A，B 两点的高差中误差 m_h 为：

$$m_h = \sqrt{L} m_{km} \quad (1-5-28)$$

若水准测量进行了往、返观测，最后观测结果为往返测高差值取中数 $\bar{h}$，则

$$m_{\bar{h}} = \frac{m_h}{\sqrt{2}} = \sqrt{L} \frac{m_{km}}{\sqrt{2}}$$

设 $\frac{m_h}{\sqrt{2}} = \bar{m}_{km}$，称为 1 km 往、返高差中数的中误差，则

$$m_{\bar{h}} = \sqrt{L}\, \bar{m}_{km} \quad (1-5-29)$$

由以上分析可看出，根据(1－5－27)式，当各测站高差的观测精度相同时，水准测量高差中误差与测站数的平方根成正比；由(1－5－28)式可知，当各测站距离大致相等时，水准测量高差中误差与距离的平方根成正比。

（二）水平角测量的精度

1. DJ_6 型光学经纬仪测角中误差

DJ_6 型光学经纬仪一测回方向中误差为±6″，而一测回角值为两个方向值之差，故一测回角值的中误差为

$$m_\beta = \pm\sqrt{2} \times 6'' = \pm 8.5''$$

2. 测回之间较差的限差

测回法测角时，各测回之间的较差的中误差应为其差值的中误差，即其差值中误差为

$$m_{\Delta\beta} = \sqrt{2} m_\beta$$

若以 3 倍中误差为限差，则有

$$\Delta_{限} = 3\sqrt{2}\mid m_\beta \mid = 3\sqrt{2} \times 8.5'' = 35.7'' \approx \pm 40''$$

故规定，DJ_6型光学经纬仪用测回法测角时，各测回角值之差不得大于$\pm 40''$。

习题 5

1. 说明测量误差的来源。在测量中如何对待错误(粗差)和误差？

2. 什么是系统误差？什么是偶然误差？偶然误差有什么重要的特性？

3. 什么是平均误差、中误差、限差和相对误差？

4. 为什么等精度观测的算术平均值是最可靠值？

5. 用等精度对 16 个独立的三角形进行观测，其三角形闭合差分别为$+4''$，$+16''$，$-14''$，$+10''$，$+9''$，$+2''$，$-15''$，$+8''$，$+3''$，$-22''$，$-13''$，$+4''$，$-5''$，$+24''$，$-7''$，$-4''$，求三角形闭合差的中误差和观测角的中误差。

6. 用钢尺丈量 A，B 两点间距离，共量 6 次，观测值分别为：187.337 m，187.342 m，187.332 m，187.339 m，187.344 m 及 187.338 m，求算术平均值 D，观测值中误差 m，算术平均值中误差 M 及相对中误差 K。

7. 在$\triangle ABC$中，C 点不易到达，测量$\angle A = 74°32'15'' \pm 20''$，$\angle B = 42°38'50'' \pm 30''$，求$\angle C$值及中误差。

8. 在一直线上依次有 A，B，C 三点，用钢尺丈量得 $AB = 87.245\ \text{m} \pm 10\ \text{mm}$，$BC = 125.347\ \text{m} \pm 15\ \text{mm}$，求 AC 的长度及中误差。在这 3 段距离中，哪段的精度高？

9. DJ_6型光学经纬仪一测回的方向中误差 $m_{方} = \pm 6''$，求用该仪器观测角度，一测回的测角中误差是多少？如果要求某角度的算术平均值的中误差 $M_{角} = \pm 5''$，用这种仪器需要观测几个测回？

10. 沿一倾斜平面量得 A，B 两点的倾斜距离 $l = 25.000\ \text{m}$，中误差 $m_l = \pm 5\ \text{mm}$，A，B 两点间的高差 $h = 2.42\ \text{m}$，中误差 $m_h = \pm 50\ \text{mm}$，用勾股定理可求得 A，B 两点间的水平距离 D，求 D 值及中误差 M_D。

11. 在三角形 ABC 中，已知 $AB = c = 148.278\ \text{m} \pm 20\ \text{mm}$，$\angle A = 58°40'52'' \pm 20''$，$\angle B = 53°33'20'' \pm 20''$，求 $BC = a$，$AC = b$ 的边长及其中误差。

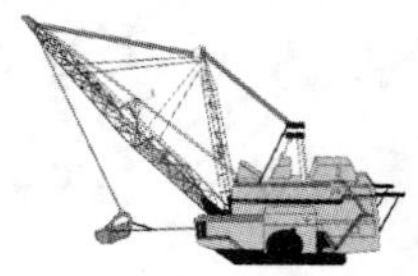

第 6 章 电子全站仪与 GPS 定位系统

扫一扫可见
本章电子资源

第 1 节 电子全站仪

一、全站仪的概述

随着电子测距技术的出现，大大地推动了速测仪的发展。用光电测距仪代替光学视距经纬仪，使得测程更大、测量时间更短、精度更高。人们将距离由光电测距仪测定的速测仪笼统地称之为“电子速测仪”(Electronic Tachymeter)。然而，随着电子测角技术的出现。这一“电子速测仪”的概念又相应地发生了变化，根据测角方法的不同分为半站型电子速测仪和全站型电子速测仪。半站型电子速测仪是指用光学方法测角的电子速测仪，也有称之为“测距经纬仪”。这种速测仪出现较早，并且进行了不断的改进，可将光学角度读数通过键盘输入到测距仪，对斜距进行改算，最后得出平距、高差、方向角和坐标差，这些结果都可自动地传输到外部存储器中。由于电子测距仪、电子经纬仪及微处理器的产生与性能不断完善，在 20 世纪 60 年代末，出现了把电子测距、电子测角和微处理机结合成一个整体，能自动记录、存储，具备某些固定计算程序，并能与外围设备交换信息的电子速测仪。因该仪器在一个测站点能快速进行电子测角、电子测距、电子计算和数据储存单元等组成的三维坐标测量系统，测量结果能自动显示三维坐标测量、定位和自动数据采集、处理、存储等工作，较完善地实现了测量和数据处理过程的电子化和一体化，所以成为“全站型电子速测仪”，通常称为“电子全站仪”或者简称“全站仪”(Total Station)。

全站仪的种类很多，精度、价格不一。衡量全站仪的精度主要包含测角精度和测距精度两部分：一测回方向中误差从 0.5″到 5″不等，测边精度从($1+1\times10^{-6}$) mm 到($10+2\times10^{-6}$) mm 不等。目前全站仪由于其良好的性能、简易的操作已被广泛应用于控制测量、地形测量、线路工程测量、建筑工程测量、变形观测、工业测量及近海定位、面积测量、悬高测量，而且在大型工业生产设备和构件的安装调试、船体设计与施工、大桥水坝的变形观测、地质灾害监测及体育竞技等领域都得到了广泛应用。面对多层次、多领域的需求，各种精度等级、各种功能类型的全站仪也纷纷面世。

全站仪的厂家也很多，主要的厂家及相应生产的全站仪系列有：瑞士徕卡(Leica)公司生产的 TC 系列全站仪；日本拓普康(Topcon)公司生产的 GTS 系列；索佳(Sokkia)公司生产的 SET 系列；宾得(Pentax)公司生产的 PCS 系列；尼康(Nikon)公司生产的 DMT 系列及瑞典捷创力公司生产的GDM系列全站仪。国内有苏州一光仪器有限公司、北京博飞仪器股份有限公司、常州大地测距仪厂、南方测绘仪器有限公司、中翰仪器有限公司、励精科技有限公司、广州三鼎光电仪器有限公司、常州大地仪器有限公司等。

全站仪的工作特点：

1）能同时测角、测距并自动记录测量数据；

2）有各种野外应用程序，能在测量现场得到归算结果；

3）能实现数据流。

二、全站仪的组成与结构

全站仪是融光、机、电、磁、微电脑等技术于一体，汇集现代科技最新成果于一身，具有小型、便捷、高精度、多功能和电脑化等特点的新一代综合性勘察测绘仪器。它本身就是一个带有特殊功能的计算机控制系统，其微机处理装置由微处理器、存储器、输入部分和输出部分组成。由微处理器对获取的倾斜距离、水平角、竖直角、垂直轴倾斜误差、视准轴误差、垂直度盘指标差、棱镜常数、气温、气压等信息加以处理，从而获得各项改正后的观测数据和计算数据。在仪器的只读存储器中固化了测量程序，测量过程由程序完成。从总体上看，全站仪有下列两大部分组成：① 为采集数据而设置的专用设备：主要有电子测角系统、电子测距系统、数据存储系统，还有自动补偿设备等；② 过程控制机：主要用于有序地实现上述每一专用设备的功能。过程控制机包括与测量数据相连接的外围设备及进行计算、产生指令的微处理机。只有上面两大部分有机结合，才能真正地体现“全站”功能，即既要自动完成数据采集，又要自动处理数据和控制整个测量过程。

全站仪的基本组成部分包括光电测距仪、电子经纬仪、微处理器等。其基本结构如图1-6-1(a)、(b)所示（以生产中较为常用的SET530系列全站仪为例）。

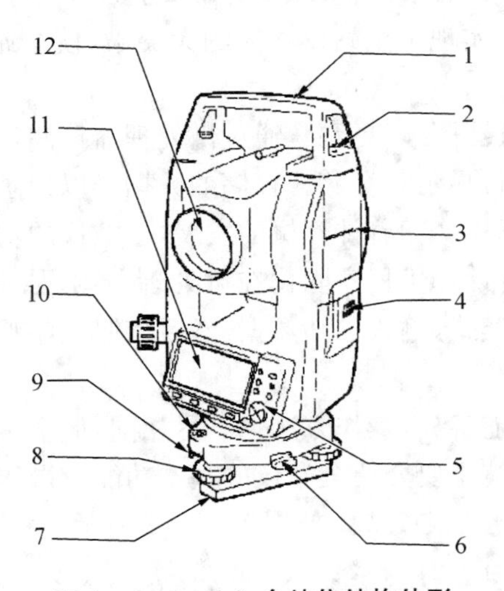

图1-6-1 (a) 全站仪结构外形

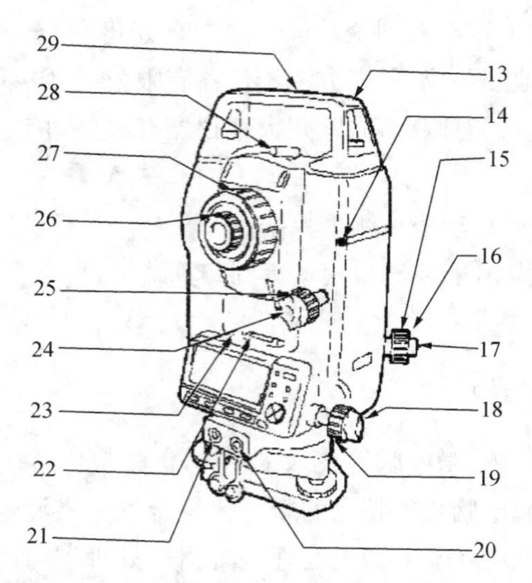

1—提柄；2— 提柄固定螺丝；3— 仪器高标志；4—电池；5—键盘；6—三角基座制动控制杆；7—底板；8—脚螺旋；9—圆水准器校正螺丝；10—圆水准器；11—显示窗；12—物镜；13—笔式罗盘扦口；14—无线电遥控接收点；15—光学对中器调焦环；16—光学对中器分划板护盖；17—光学对点器目镜；18—水平制动钮；19—水平微动手轮；20—数据输出扦口；21—外接电源扦口；22—照准部水准器；23—照准部水准器校正螺丝；24—垂直制动钮；25—垂直微动手轮；26—望远镜目镜；27—望远镜调焦环；28—粗瞄准器；29—仪器中心标志

图 1-6-1 (b)全站仪结构外形

三、全站仪基本功能及操作

全站仪自问世以来，经历了二十几年的发展，全站仪的结构几乎没有什么变化，但全站仪的功能不断增强，早期的全站仪，仅能进行边、角的数字测量。后来，全站仪有了放样、坐标测量等功能。现在的全站仪有了内存、磁卡存储，有了 DOS 操作系统，目前，有的全站仪在 WINDOWS 系统支持下，实现了全站仪功能的大突破，使全站仪实现了电脑化、自动化、信息化、网络化。

全站仪的基本功能是仪器照准目标后，通过微处理器控制，自动完成测距、水平角、竖直角的测量，并将测量结果进行显示与存储。存储的数据可以记录在内存中或磁卡上，利用专用软件或读卡器传输到计算机。随着计算机的发展，全站仪的功能也在不断扩展，生产厂家将一些规模较小但很实用的计算机程序固化在微处理器内，如坐标计算、导线测量、后方交会等，只要进入相应的测量模式，输入已知数据，然后依照程序观测所需的观测值，即可随时显示站点的坐标。

全站仪的种类很多，功能各异，操作方法也不尽相同，但全站仪的测角、测距及测定高差等基本功能却大同小异，本节主要介绍全站仪的基本功能及操作使用方法。

1. 模式图：SET530R 全站仪模式图如图 1-6-2 所示。

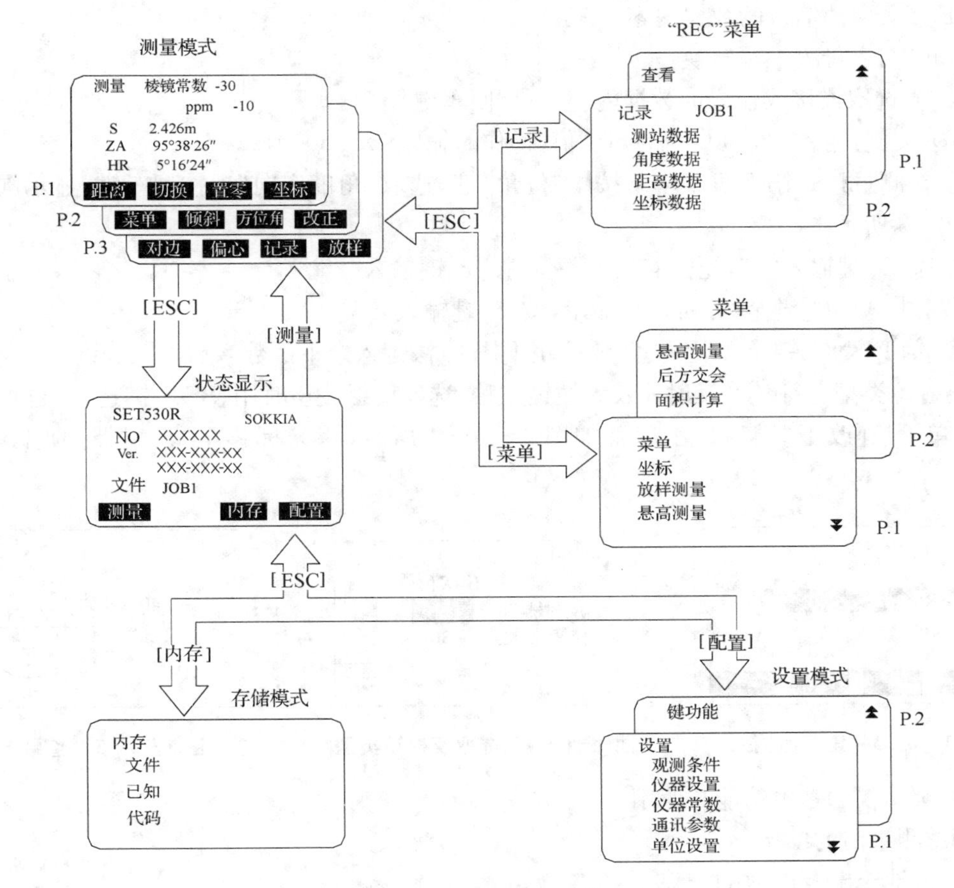

图1-6-2　SET530R全站仪模式图

2. SET530R全站仪基本操作

(1) 开机和关机

开机:按[ON]键。

关机:同时按住[ON]键和[☼]键数秒钟。

(2) 显示照明窗口

打开或关闭按[☼]键。

(3) 软键(功能键)操作

显示窗底行显示出各软键功能:

[F1]~[F4]:选取软键对应功能;

[FUNC]:改变测量模式菜单页。

(4) 字母数字输入

[F1]~[F4]:输入软键对应的字母或数字。

[FUNC]:转至下一页字母或数字显示。

(5) 其他

[FUNC]:(按住片刻)返回上一页字母或数字显示。

[BS]:删除光标左边的一个字符。

[ESC]:取消输入的数据内容。

[SFT]:字母大小写转换。

[↙]:选取或接收输入的数据内容(下称回车键)。

(6) 实例:输入 125°30′00″的角度值(操作时输入 125.3000)。

① 在测量模式第 2 页菜单下按[方位角]键,选取“角度定向”后按回车键,显示屏幕如图 1-6-3 所示。

② 按[1]键输入“1”,光标移至下一位,按[2]键输入“2”。

③ 按[FUNC]键至“5”所在页显示,按[5]键输入“5”。

④ 按[FUNC]键至[.]所在页显示,用同样方法键入余下的数字后按[↙]键。

反射镜类型有:棱镜、反射片及无棱镜三种,选取反射棱镜时用[SFT]键选取,也可在第 2 页菜单下按[改正]键后显示屏幕如图 1-6-4 所示,将光标移至“反射器”项上,进行选取。

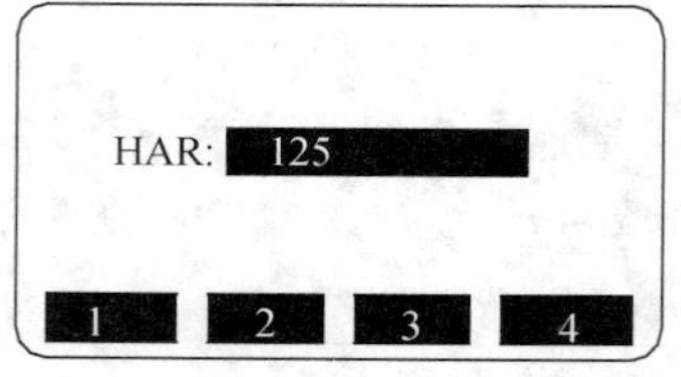

图 1-6-3　角度值输入

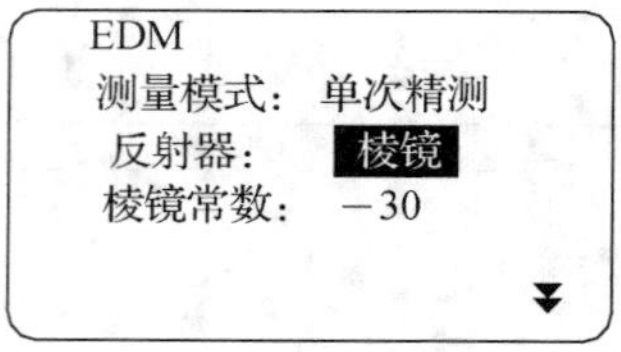

EDM
测量模式:　单次精测
反射器:　棱镜
棱镜常数:　−30

图 1-6-4　选取反射镜类型

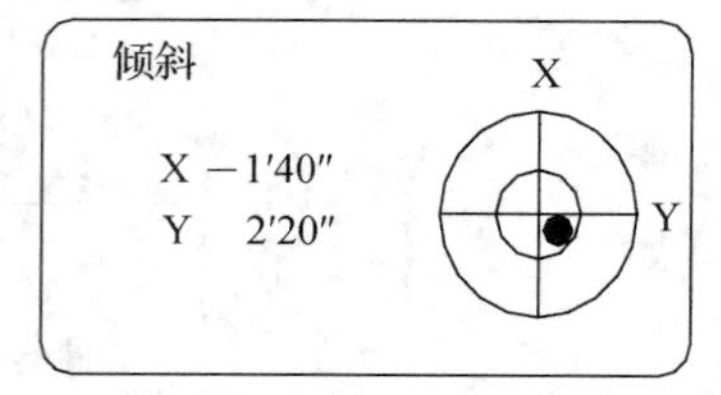

图 1-6-5　整平

3. 全站仪的基本功能与使用

(1) 测量前的准备工作

① 电池充电及电池的安装;

② 仪器的对中、整平;

整平时可在测量模式第 2 页菜单下按[倾斜]键,显示屏幕如图 1-6-5 所示,旋转脚螺旋使气泡居中(尽可能使 $X=0,Y=0$),按[ESC]键返回测量模式。

(2) 水平角测量

① 在测站安置全站仪,开机后照准目标点 1。

② 在测量模式第 1 页菜单下按[置零],在[置零]闪动时再次按下该键,此时目标点 1 方向值已设置为零。

③ 照准目标点 2,所显示的水平角“HAR”即为两目标间的水平夹角。也可利用水平角设置功能可将起始照准方向值设置成所需的值,然后进行角度测量。

(3) 距离测量

在距离测量前必须先进行以下四项设置:测距模式、反射镜类型、棱镜常数值、气象改正值。

① 在第 2 页菜单下按[改正]键进入设置屏幕(1 页)如图 1-6-6(a)所示,如按[▲]和[▼]键选定测距模式选项,按[▶] 键和[◀]键选定所需的“测距模式”,测距模式有:单次精测、跟踪测量、重复精测。同样方法可选定“反射器”(反射器选项有:棱镜、反射片、无棱镜 3 种)及输入棱镜常数。

② 按[▼]键进入设置屏幕 2 页如图 1-6-6(b)所示,依次输入温度及气压值。距离测

量参数设置完毕按回车键确认，按[ESC]键返回测量模式。

EDM
测量模式：单次精测
反射器：棱镜
棱镜常数：－30

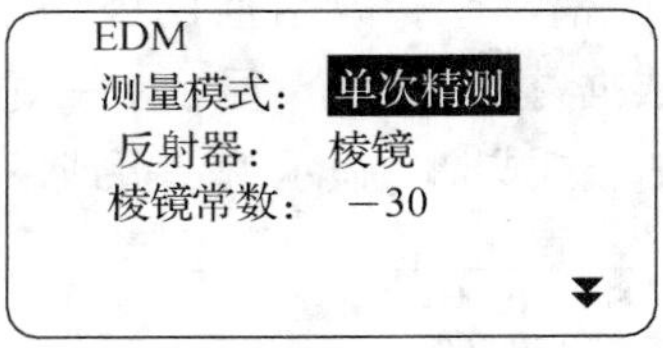

图 1－6－6　(a) 选定测距模式

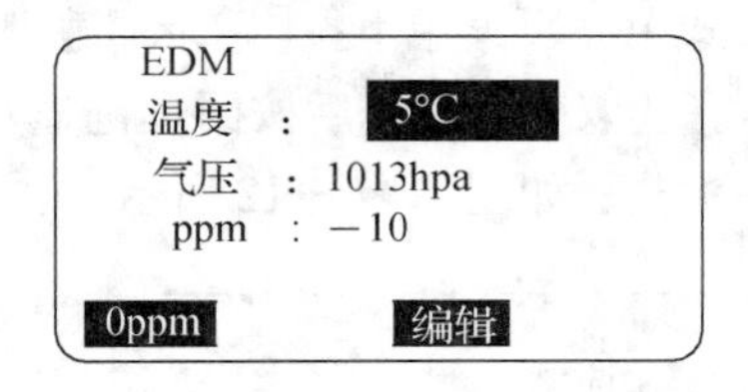

图 1－6－6　(b) 输入温度及气压值

③ 距离测量：瞄准目标点反射器后，在第 1 页菜单下按[距离]键，即完成距离测量，如图 1－6－7 所示，按[切换]键可显示平距(H)，高差(V)。

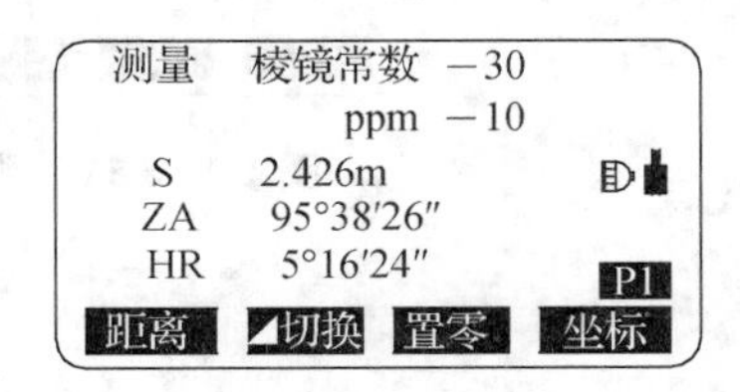

图 1－6－7　距离测量

(4) 坐标测量

在输入测站点坐标、仪器高、目标高和后视坐标(或方位角)后，用坐标测量功能可以测定目标点的三维坐标。其步骤为：

① 选取工作文件

在内存模式下选取“文件”(内存/文件/文件选取)，按[▶]和[◀]键选取“文件”，如选定“文件”及“JOB3”后按回车键，按[ESC]键返回测量模式。

② 测站坐标的输入

在第 1 页菜单下按[坐标]键，进入“坐标测量”，选定“测站定向”后按回车键，选取“测站坐标”后，显示如图 1－6－8 所示，按[编辑]键输入测站坐标、仪器高和目标高后按[OK]键完成输入。(调用预先输入内存中的已知坐标数据，按[取 DATA]键。)

③ 设置后视坐标方位角

选取[坐标测量]→[测站定向]→[后视定向]→[角度定向]直接输入角度，或选取“后视”后显示屏幕如图 1－6－9 所示，按[编辑]键输入后视点坐标(需调用内存中坐标数据时按[取 DATA]键)，按[OK]键屏幕上显示出后视点坐标，再按[OK]键设置后视点坐标，瞄准目标后接着按[Yes]键进行后视方位角设置，回车即完成后视定向。

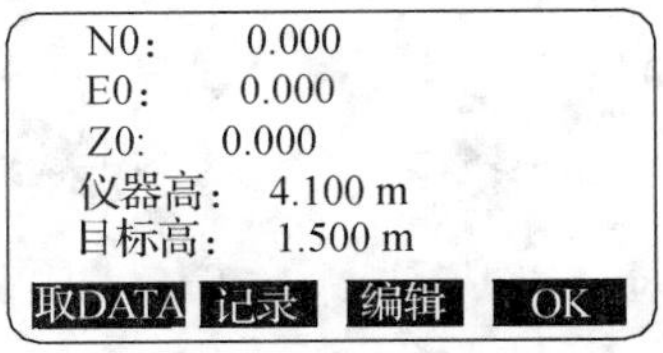

N0：0.000
E0：0.000
Z0：0.000
仪器高：4.100 m
目标高：1.500 m
取DATA　记录　编辑　OK

图 1－6－8　测站坐标的输入

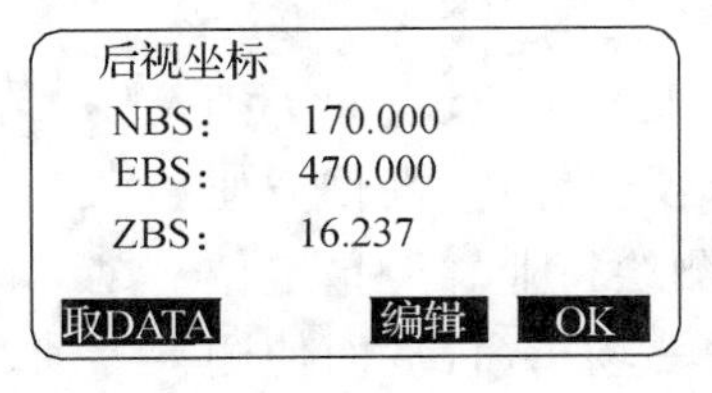

图 1－6－9　后视坐标的输入

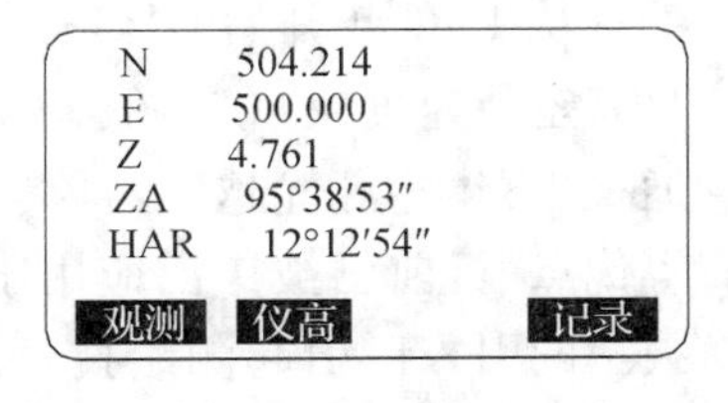

图 1－6－10　坐标测量

④ 照准后视点后按[Yes]键，完成后视点坐标方位角设置。

⑤ 照准目标点棱镜，在“坐标测量”屏幕下选取“测量”，开始坐标测量，在屏幕上显示出所测目标点的三维坐标值，如图 1－6－10 所示。

⑥ 按[记录]键，输入目标点的点号及代码后按[OK]键。

⑦ 瞄准下一目标后按[观测]键，继续进行测量。

(5) 调阅工作文件数据

在测量模式第 3 页菜单下按[记录] 键进入“记录”屏幕,选取“数据查找”显示点表,如图 1-6-11所示。选取所需点号后按回车键显示相应的数据,按[上一个]显示上一记录,按[下一个]显示下一记录,如图 1-6-12 所示;按[↑↓]后按[▲]或[▼]显示上一页或下一页。

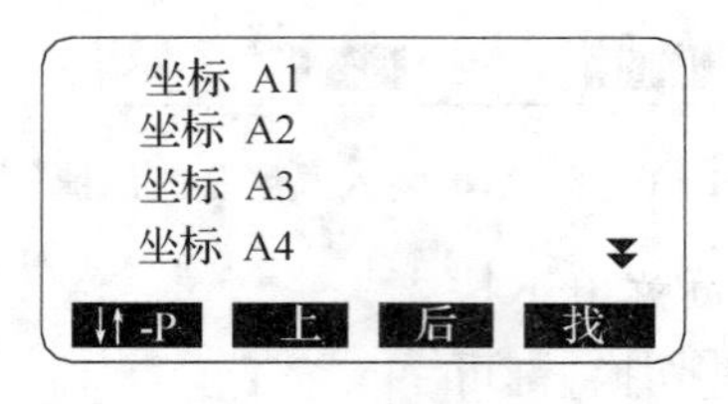

图 1-6-11　数据调阅

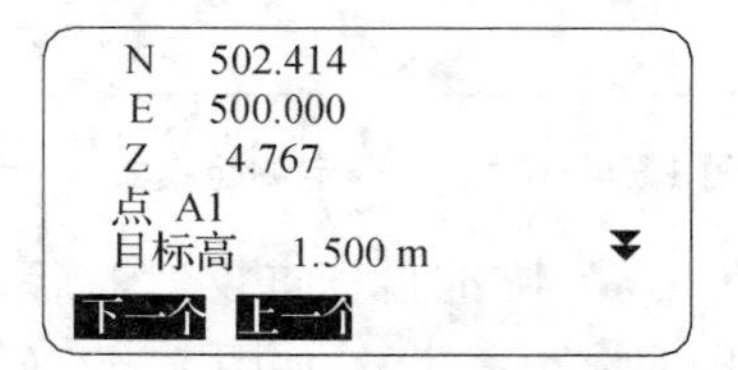

图 1-6-12　显示调阅数据

第 2 节　GPS 定位系统

一、GPS 定位系统概述

GPS 定位系统是“授时、测距、导航系统/全球定位系统(navigation system timing and ranging/global positioning system)”的简称。该系统是由美国国防部于 1973 年组织研制,历经 20 年,耗资 300 亿美元,于 1993 年建设成功,主要为军事导航与定位服务的系统。GPS 利用卫星发射的无线电信号进行导航、定位,具有全球性、全天候、高精度、快速实时的三维导航、定位、测速和授时功能,以及良好的保密性和抗干扰性。它已成为美国导航技术现代化的重要标志,被称为 20 世纪继阿波罗登月、航天飞机之后第三大航天技术。

GPS 导航定位系统不但可以用于军事上各种兵种和武器的导航定位,而且在民用上也发挥重大作用。如智能交通系统中的车辆导航、车辆管理和救援,民用飞机和船只导航及姿态测量,大气参数测试,电力和通信系统中的时间控制,地震和地球板块运动监测,地球动力学研究等。特别是在大地测量、城市和矿山控制测量、建筑物变形测量、水下地形测量等方面得到广泛的应用。

从 1986 年开始 GPS 被引入我国测绘界。GPS 具有定位速度快、成本低、不受天气影响、点间无须通视、不建标等优越性,且具有仪器轻巧、操作方便等优点,目前已被广泛应用于测绘行业。卫星定位技术的引入已引起测绘技术的一场革命,从而使测绘领域步入一个崭新的时代。

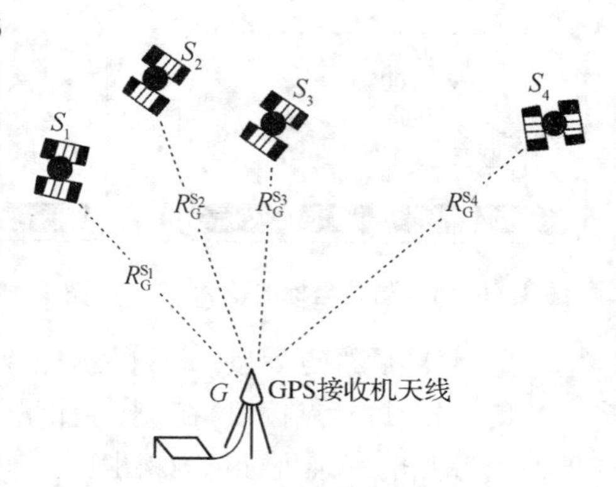

图 1-6-13　GPS 距离交会定位

GPS 利用空间测距交会定点原理定位。如图 1-6-13 所示,假设地面有三个无线电信号发射台 S_1,S_2,S_3,其坐标 X_{Si},Y_{Si},Z_{Si} 已知。当用户接收机 G 在某一时刻同时测定接收机天线至三个发射台的距离 $R_G^{S_1}$,$R_G^{S_2}$,$R_G^{S_3}$,只需以三个发射台为球心,以所测距离为半径,即可交会出用户接收机天线的空间位置。其数学模型为:

$$R_G^{Si}=\sqrt{(X_{Si}-X_G)^2+(Y_{Si}-Y_G)^2+(Z_{Si}-Z_G)^2} \quad (1-6-1)$$

式中：X_G,Y_G,Z_G——待测点的三维坐标。

GPS卫星定位是将三个无线电信号发射台放到卫星上，所以需要知道某时刻卫星的空间位置，并同时测定该时刻的卫星至接收机天线间的距离，即可定位。这里卫星空间位置是由卫星发射的导航电文给出，而卫星至接收机天线的距离是通过接收卫星测距信号并与接收机内时钟进行相关处理求定。由于一般卫星接收机采用石英晶体振荡器，精度低；加之卫星从2万千米高空向地面传输，空中经过电离层、对流层，会产生时延，所以接收机测的距离含有误差。通常将此距离称为伪距，用 ρ_G^{Si} 表示。经改正后可得：

$$\rho_G^{Si}=\rho-\delta_{\rho I}-\delta_{\rho T}+c\delta_t^S-c\delta_{tG} \quad (1-6-2)$$

式中：ρ 为空间几何距离，其中 $\rho=ct$；c 为光速；$\delta_{\rho I}$ 为电离层延迟改正；$\delta_{\rho T}$ 为对流层延迟改正；δ_t^S 为卫星钟差改正；δ_{tG} 为接收机钟差改正。

这些误差中 $\delta_{\rho I}$，$\delta_{\rho T}$ 可以用模型修正，δ_t^S 可用卫星星历文件中提供的卫星钟修正参数修正。δ_{tG} 为未知数，因而由式(1-6-1)、式(1-6-2)中可见，共有四个未知数：X_G，Y_G，Z_G，δ_{tG}。所以GPS三维定位至少需要四颗卫星，建立四个方程式才能解算。当地面高程已知时也可用三颗卫星定位。卫星向地面发射的含有卫星空间位置的导航电文是由GPS卫星地面监控站测定，并由地面注入站天线送入GPS卫星。

二、GPS系统组成

GPS定位系统主要由三部分组成：由GPS卫星组成的空间部分，由若干地面站组成的控制部分和以接收机为主体的广大用户部分，如图1-6-14所示。

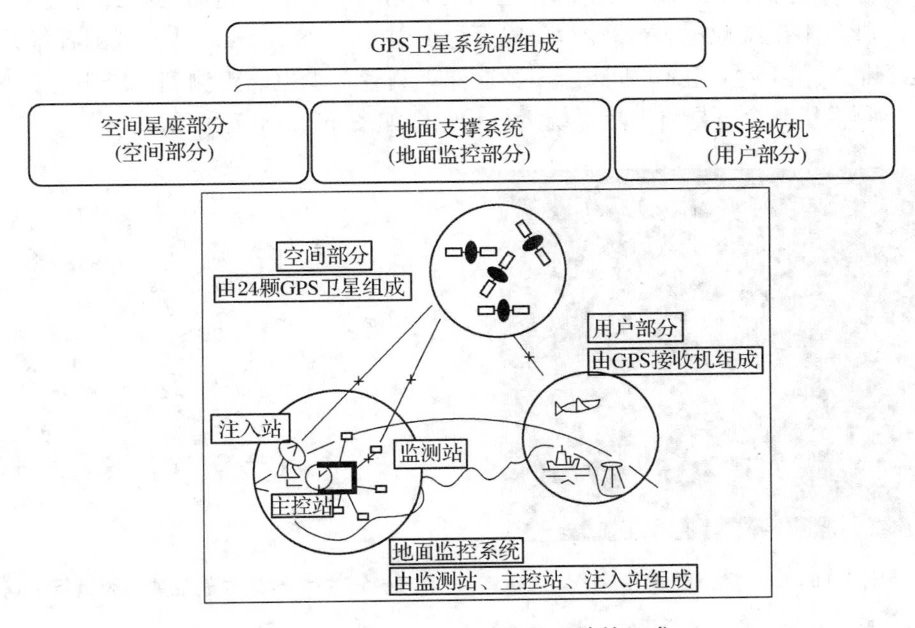

图1-6-14　GPS全球定位系统的组成

1. 空间星座部分

(1) GPS 卫星

GPS 卫星主体呈圆柱形,直径约为 1.5 m,重约为 845 kg,两侧设有 2 块双叶太阳能板,能自动对日定向,以保证卫星正常工作用电,如图 1-6-15 所示。

图 1-6-15 GPS 卫星

(2) GPS 卫星星座

由 21 颗工作卫星和 3 颗在轨备用卫星所组成的 GPS 卫星星座,如图 1-6-16 所示:24 颗卫星均分布在 6 个轨道平面内,每个轨道平面内有 4 颗卫星运行,距地面的平均高度为 20 200 km。6 个轨道平面相对于地球赤道面的倾角为 55°,各轨道面之间交角为 60°。当地球自转 360°时,卫星绕地球运行 2 圈,环球运行 1 周为 11 h 58 min,地面观测者每天将提前 4 min 见到同一颗卫星,可见时间约 5 h。这样观测者至少也能观测到 4 颗卫星,最多还可观测到 11 颗卫星。全球导航卫星系统运行示意图如图 1-6-17 所示。

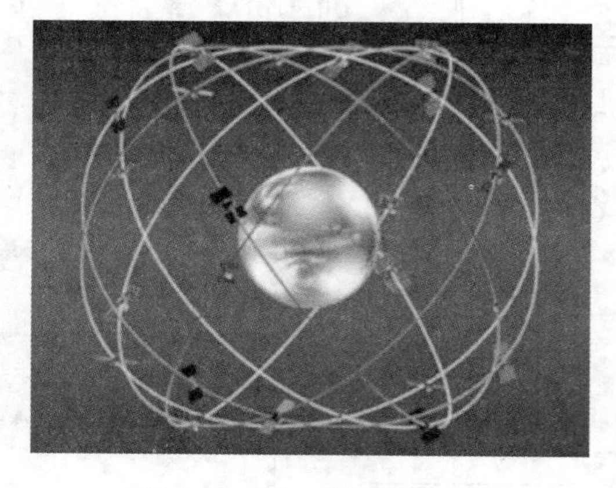

图 1-6-16 GPS 卫星星座

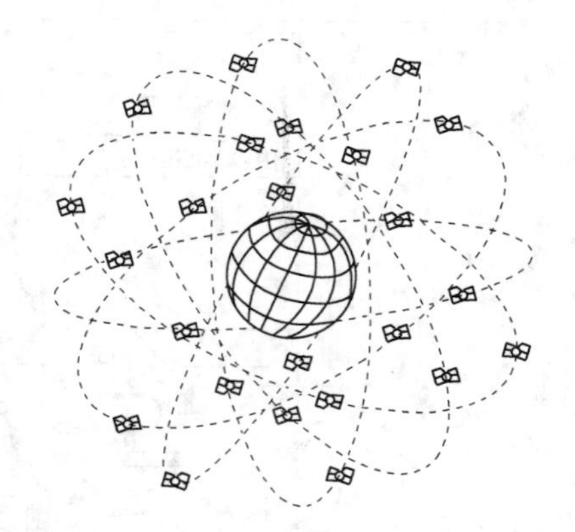

图 1-6-17 全球导航卫星系统运行示意图

2. 地面控制部分

地面监控系统包括 1 个主控站、3 个注入站、5 个监测站,卫星广播星历包含描述卫星运动及其轨道的参数，每颗卫星广播星历由地面监控系统提供。如图1-6-18所示。

图1-6-18　GPS地面监控系统

(1) 监测站(5个)

主控站控制下的数据自动采集中心有双频GPS接收机、高精度原子钟、气象参数测试仪、计算机等设备完成对GPS卫星信号连续观测，搜集当地气象数据，观测数据经计算机处理后传送到主控站。

(2) 主控站(1个)

主控站协调和管理所有地面监控系统工作。

① 根据观测数据，推算编制各卫星星历、卫星钟差大气层修正参数，数据传送到注入站。

② 提供时间基准。各监测站和GPS卫星原子钟应与主控站原子钟同步，或测量出其间钟差，将钟差信息编入导航电文，送到注入站。

③ 调整偏离轨道的卫星，使之沿预定的轨道运行。

④ 启动备用卫星，以代替失效的工作卫星。

(3) 注入站(3个)

在主控站控制下将主控站推算和编制的卫星星历、钟差、导航电文和其他控制指令注入相应的卫星存储器，并监测注入信息的正确性。除主控站，整个地面监控系统无人值守。

3. 用户设备部分

用户设备部分包括GPS接收机和数据处理软件两部分。

GPS接收机一般由主机、天线和电源三部分组成，它是用户设备部分的核心，接收设备的主要功能就是接收、跟踪、变换和测量GPS信号，获取必要的信息和观测量，经过数据处理完成定位任务。如图1-6-19所示。

GPS接收机根据接收的卫星信号频率，分为单频接收机和双频接收机两种。

单频接收机只能接收L_1载波信号，单频接收机适用于10 km左右或更短距离的相对定位测量工作。

双频接收机可以同时接收L_1和L_2载波信号，利用双频技术可以有效地减弱电离层折射对观测量的影响，所以定位精度较高，距离不受限制；同时，双频接收机数据解算时间较短，约为单频机的一半。但其结构复杂，价格昂贵。

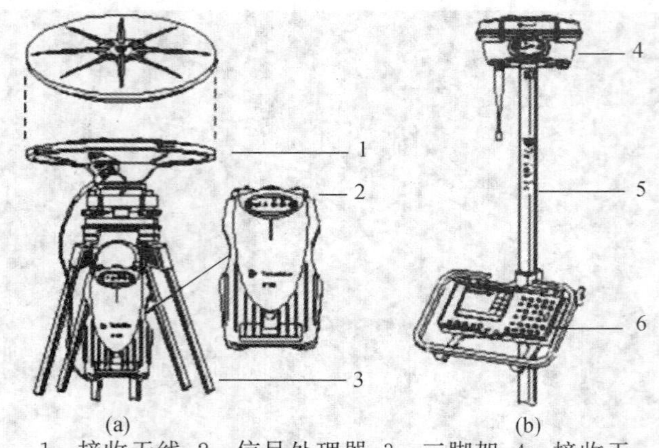

1—接收天线；2—信号处理器；3—三脚架；4—接收天线和信号处理器；5—可伸缩标杆；6—控制器

图 1-6-19　全球导航卫星系统的地面接收机

图 1-6-20　南方测绘 NGS9600 机测地型单频静态 GPS 接收机

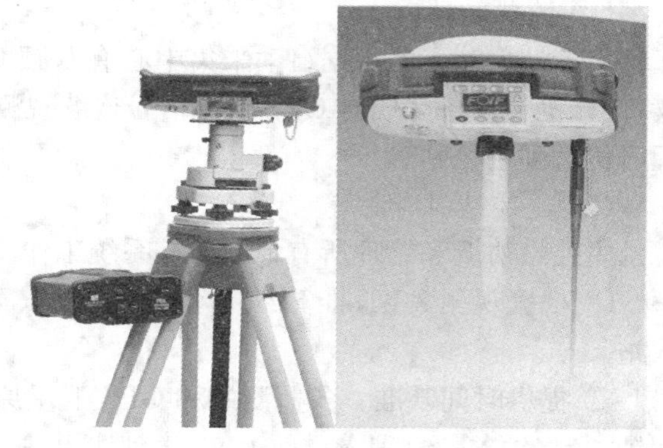

图 1-6-21　苏州光学仪器厂 A20 GPS，GLONASS 接收机

三、GPS 定位原理

GPS 定位原理包括伪距测量、载波相位测量、GPS 差分定位。

1. GPS 卫星信号

GPS 卫星信号包括载波、测距码（C/A 码、P 码）、数据码（导航电文或称 D 码），由同一原子钟频率 f_0＝10.23 MHz 下产生。GPS 卫星向地面发射的信号是经过二次调制的组合信息，它是由铷钟和铯钟提供的基准信号，经过分频或倍频产生 D(t)码（50 Hz）、C/A 码（1.023 MHz、波长 293 m）、P 码（10.23 MHz、波长 29.3 m）、L1 载波和 L2 载波。各 GPS 信号见图 1-6-22 所示。C/A 码和 P 码参数见表 1-6-1 所示。

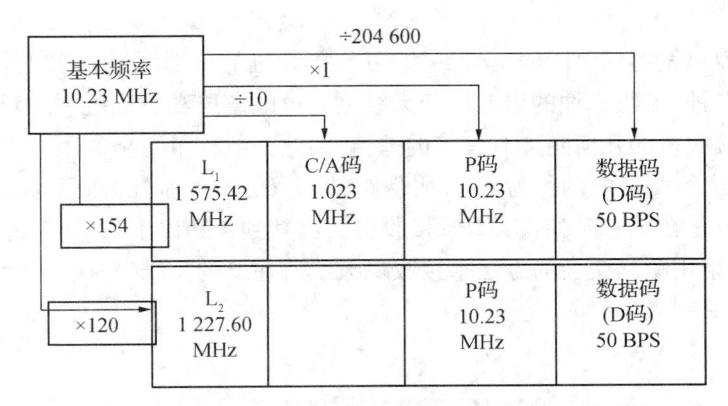

图 1-6-22　同一基本频率控制下的 GPS 信号

表 1-6-1　C/A 码和 P 码参数

参　数	C/A 码	P 码
码长(bit)	1 023	2.35×10^{14}
频率 f(MHz)	1.023	10.23
码元宽度 $t_u=1/f$(μs)	0.977 52	0.097 752 2
码元宽度时间传播的距离 ct_u(m)	293.1	29.3
周期 $T_u=N_ut_u$	1 ms	265
数码率 P_u(bit/s)	1.023	10.23

2. GPS 测量常用坐标系

WGS-84 坐标系是目前 GPS 所采用的第一手坐标系统，GPS 所发布的星历参数就是基于此坐标系统的。WGS-84 坐标系统的全称是 World Geodical System-84(世界大地坐标系-84)，是一个地心地固坐标系统。WGS-84 坐标系的坐标原点位于地球的质心，Z 轴指向 BIH 1984.0 定义的协议地球极方向，X 轴指向 BIH1984.0 的起始子午面和赤道的交点，Y 轴与 X 轴和 Z 轴构成右手系。如图 1-6-23 所示。

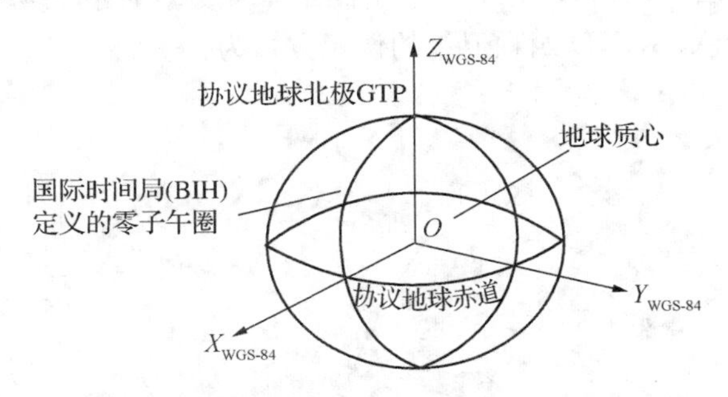

图 1-6-23　WGS-84 世界大地坐标系

WGS-84 世界大地坐标系与 1954 北京坐标系、1980 西安大地坐标系之间可以相互转换，应用时可根据需要选择坐标。

3. 伪距测量

伪距是由卫星发射的测距码信号到达 GPS 接收机的传播时间乘以光速所得出的量测距离。由于卫星钟、接收机钟的误差以及无线电通过电离层和对流层中的延迟，实际测出的距离与卫星到接收机的几何距离有一定的差值，因此一般称量测出的距离为伪距。

用 C/A 码进行测量的伪距为 C/A 码伪距；用 P 码进行测量的伪距为 P 码伪距。

伪距法定位是在某一时刻，由 GPS 接收机测出其到 4 颗以上 GPS 卫星的伪距，根据已知的卫星位置，采用距离交会的方法求接收机天线所在点的三维坐标。

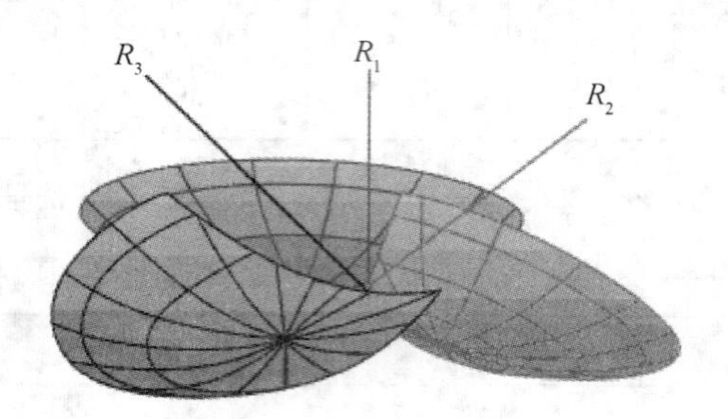

图 1-6-24 伪距定位

如图 1-6-24 所示，由 3 颗卫星测出 3 个伪距，到此 3 颗卫星的距离形成 3 个球面轨迹，3 个球面相交成一个点(另一点不在地球上)，3 个距离段可以确定纬度、经度和高程，点的空间位置被确定。

设测距时刻为 t_i，接收卫星 S_i 广播星历解算出 S_i 在 WGS-84 坐标系的三维坐标 (x_i, y_i, z_i)，则 S_i 卫星到 P 点的空间距离为：

$$R_P^i = \sqrt{(x_P - x_i)^2 + (y_P - y_i)^2 + (z_P - z_i)^2} \tag{1-6-3}$$

伪距观测方程为：

$$\tilde{\rho}_P^i = c\Delta t_{iP} + c(v_t^i - v_T) = R_P^i = \sqrt{(x_P - x_i)^2 + (y_P - y_i)^2 + (z_P - z_i)^2} \tag{1-6-4}$$

有 x_P, y_P, z_P, v_T 四个未知数，为了解算这四个未知数，应同时锁定 4 颗卫星观测，如图 1-6-25 所示。观测 A,B,C,D 四颗卫星的伪距方程为：

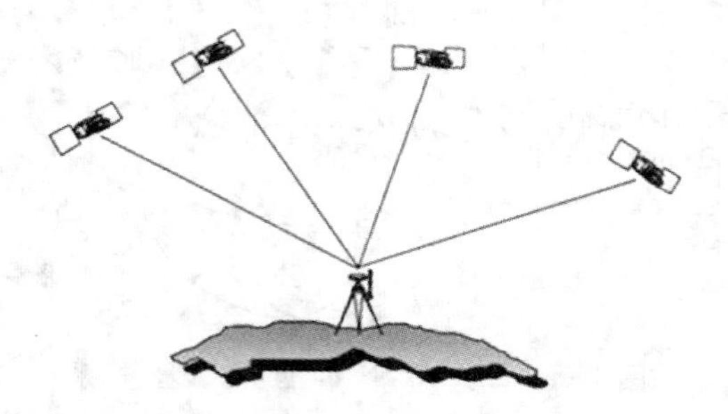

图 1-6-25 四颗以上卫星对接收机定位

$$\begin{cases}\tilde{\rho}_P^A = c\Delta t_{AP} + c(v_t^A - v_T) = \sqrt{(x_P - x_A)^2 + (y_P - y_A)^2 + (z_P - z_A)^2} \\ \tilde{\rho}_P^B = c\Delta t_{BP} + c(v_t^B - v_T) = \sqrt{(x_P - x_B)^2 + (y_P - y_B)^2 + (z_P - z_B)^2} \\ \tilde{\rho}_P^C = c\Delta t_{CP} + c(v_t^C - v_T) = \sqrt{(x_P - x_C)^2 + (y_P - y_C)^2 + (z_P - z_C)^2} \\ \tilde{\rho}_P^D = c\Delta t_{DP} + c(v_t^D - v_T) = \sqrt{(x_P - x_D)^2 + (y_P - y_D)^2 + (z_P - z_D)^2}\end{cases} \quad (1-6-5)$$

解方程算出 P 点坐标——(x_P, y_P, z_P)。

4. 载波相位测量

(1) 载波相位测量概念

载波相位测量(carrier phase measurement)又称 RTK 技术,是利用接收机测定载波相位观测值或其差分观测值,经基线向量解算以获得两个同步观测站之间的基线向量坐标差的技术和方法。

由接收机在某一指定历元产生的基准信号的相位与此时接收到的卫星载波信号的相位之差(亦称瞬时载波相位差),将此值按测站、卫星、观测历元 3 个要素对其进行差分处理而得到的间接观测值(称载波相位的差分观测值)。按求差分的次数,可分为一次差、二次差、三次差观测值。此两观测值中包含卫星至接收机的距离信息,而它连同卫地距的时间变化,均为卫星与接收机位置的函数,故可用其进行接收机定位和卫星定轨。此种测量可用于较精密的绝对定位,尤适于高精度的相对定位。

载波相位测量属于非码信号测量系统。L_1 载波信号的波长为 19.03 cm,L_2 载波信号的波长为 24.42 cm。

其优点是把载波作为量测信号,对载波进行相位测量,可以达到很高的精度,目前可达到 1～2 mm。缺点是载波信号是一种周期性的正弦信号,相位测量只能测定不足一个波长的小数部分,无法测定其整波长个数。因而存在着整周数的不确定性问题,使解算过程比较复杂。

由于载波的波长远小于码的波长,所以在分辨率相同的情况下,载波相位的观测精度远较码相位的观测精度为高。例如,对载波 L_1 而言,其波长为 19cm,所以相应的距离观测误差约为 2 mm;而对载波 L_2 的相应误差约为 2.5 mm。载波相位观测是目前最精确的观测方法,它对精密定位来说具有极为重要的意义。但载波信号是一种周期性的正弦信号,而相位测量又只能测定其不足一个波长的部分,因而存在着整周不确定性问题,使解算过程比较复杂。

(2) 重建载波

由于 GPS 信号已用相位调制的方法在载波上调制了测距码和导航电文,所以收到的载波的相位已不再连续(凡是调制信号从 0 变 1 或从 1 变 0 时,载波的相位均要变化 1 800)。所以在进行载波相位测量以前,首先要进行解调工作,设法将调制在载波上的测距码和卫星电文去掉,重新获取载波。这一工作称为重建载波。

恢复载波一般可采用两种方法:码相关法和平方法。采用码相关法恢复载波信号时用户还可同时提取测距信号和卫星电文。但采用这种方法时用户必须知道测距码的结构(即接收机必须能产生结构完全相同的测距码)。采用平方法,用户无须掌握测距码的码结构,但在自乘的过程中只能获得载波信号(严格地说是载波的二次谐波,其频率比原载波频率增加了一倍)，而无法获得测距码和卫星电文。

(3) 相位测量原理

若卫星 S 发出一载波信号，该信号向各处传播。设某一瞬间，该信号在接收机 R 处的相位为 φ_R，在卫星 S 处的相位为 φ_S，φ_R 和 φ_S 为从某一起点开始计算的包括整周数在内的载波相位，为方便计算，均以周数为单位。若载波的波长为 λ，则卫星 S 至接收机 R 间的距离为 $\rho=\lambda(\varphi_S-\varphi_R)$，但我们无法测量出卫星上的相位 φ_S。如果接收机的振荡器能产生一个频率与初相和卫星载波信号完全相同的基准信号，问题便迎刃而解，因为任何一个瞬间在接收机处的基准信号的相位就等于卫星处载波信号的相位。因此 $(\varphi_S-\varphi_R)$ 就等于接收机产生的基准信号的相位 $\varphi_k(T_k)$ 和接收到的来自卫星的载波信号相位 $\varphi_k^j(T_k)$ 之差：

$$\Phi_k^j(T_k)=\varphi_k^j(T_k)-\varphi_k(T_k) \tag{1-6-6}$$

某一瞬间的载波相位测量值(观测量)就是该瞬间接收机所产生的基准信号的相位 $\varphi_k(T_k)$ 和接收到的来自卫星的载波信号的相位 $\varphi_k^j(T_k)$ 之差。因此根据某一瞬间的载波相位测量值就可求出该瞬间从卫星到接收机的距离。

但接收机只能测得一周内的相位差，代表卫星到测站距离的相位差还应包括传播已经完成的整周数 N_k^j，故：

$$\Phi_k^j(T_k)=N_k^j+\varphi_k^j(T_k)-\varphi_k(T_k) \tag{1-6-7}$$

假如在初始时刻 t_0 观测得出载波相位观测量为：

$$\Phi_k^j(t_0)_k=N_k^j+\varphi_k^j(t_0)-\varphi_k(t_0) \tag{1-6-8}$$

N_k^j 为第一次观测时相位差的整周数，也叫整周模糊度。

从此接收机开始由一计数器连续记录从 t_0 时刻开始计算的整周数 $\mathrm{INT}(\varphi)$，在 t_i 时刻观测的相位观测值为：

$$\Phi_k^j(t_i)=N_k^j+\mathrm{INT}(\varphi_i)+\varphi_k^j(t_i)-\varphi_k(t_i) \tag{1-6-9}$$

显然，对于不同的接收机、不同的卫星，其模糊参数是不同的。此外，一旦观测中断(例如卫星不可见或信号中断)，因不能进行连续的整周计数，即使是同一接收机观测同一卫星也不能使用同一模糊度。那么同一接收机同一卫星的不同时段观测(不连续)也不能使用同一模糊度。

如果由于某种原因(例如卫星信号被障碍物挡住而暂时中断)使计数器无法连续计数，那么当信号被重新跟踪后，整周计数中将丢失某一量而变得不正确。而不足一整周的部分(接收机的观测量)是一个瞬时量测值，因而仍是正确的。这种现象叫作整周跳变(简称周跳)或丢失整周(简称失周)。周跳是数据处理时必须加以改正的。周跳的检测与修复将以后介绍，如果修复不了，就会在重新观测到同一颗卫星时刻起有存在一个新的模糊度。

5. GPS 差分定位

(1) 差分定位概念

差分定位也叫差分 GPS 技术，即将一台 GPS 接收机安置在基准站上进行观测。根据基准站已知精密坐标，计算出基准站到卫星的距离改正数，并由基准站实时将这一数据发送出去。用户接收机在进行 GPS 观测的同时，也接收到基准站发出的改正数，并对其定位结果进行改正，从而提高定位精度。

差分定位(Differential positioning)，也叫相对定位，是根据两台以上接收机的观测数据来确定观测点之间的相对位置的方法，它既可采用伪距观测量也可采用相位观测量，大地测量或工程测量均应采用相位观测值进行相对定位。

可以简单地理解为在已知坐标的点上安置一台GPS接收机(称为基准站)，利用已知坐标和卫星星历计算出观测值的校正值，并通过无线电设备(称数据链)将校正值发送给运动中的GPS接收机(称为流动站)，流动站应用接收到的校正值对自己的GPS观测值进行改正，以消除卫星钟差钟差、接收机钟差、大气电离层和对流层折射误差的影响。

(2) 差分定位分类

根据差分GPS基准站发送的信息方式可将差分GPS定位分为三类，即：位置差分、伪距差分和相位差分。这三类差分方式的工作原理是相同的，即都是由基准站发送改正数，由用户站接收并对其测量结果进行改正，以获得精确的定位结果。所不同的是，发送改正数的具体内容不一样，其差分定位精度也不同。

① 位置差分原理

这是一种最简单的差分方法，任何一种GPS接收机均可改装和组成这种差分系统。

安装在基准站上的GPS接收机观测4颗卫星后便可进行三维定位，解算出基准站的坐标。由于存在着轨道误差、时钟误差、SA影响、大气影响、多径效应以及其他误差，解算出的坐标与基准站的已知坐标是不一样的，存在误差。基准站利用数据链将此改正数发送出去，由用户站接收，并且对其解算的用户站坐标进行改正。

最后得到的改正后的用户坐标已消去了基准站和用户站的共同误差，例如卫星轨道误差、SA影响、大气影响等，提高了定位精度。以上先决条件是基准站和用户站观测同一组卫星的情况。位置差分法适用于用户与基准站间距离在100km以内的情况。

② 伪距差分原理

伪距差分是目前用途最广的一种技术。几乎所有的商用差分GPS接收机均采用这种技术。国际海事无线电委员会推荐的RTCM SC-104也采用了这种技术。

在基准站上的接收机要求得它至可见卫星的距离，并将此计算出的距离与含有误差的测量值加以比较。利用一个$\alpha-\beta$滤波器将此差值滤波并求出其偏差。然后将所有卫星的测距误差传输给用户，用户利用此测距误差来改正测量的伪距。最后，用户利用改正后的伪距来解出本身的位置，就可消去公共误差，提高定位精度。

与位置差分相似，伪距差分能将两站公共误差抵消，但随着用户到基准站距离的增加又出现了系统误差，这种误差用任何差分法都是不能消除的。用户和基准站之间的距离对精度有决定性影响。

③ 载波相位差分原理

测地型接收机利用GPS卫星载波相位进行的静态基线测量获得了很高的精度。但为了可靠地求解出相位模糊度，要求静止观测一两个小时或更长时间。这样就限制了在工程作业中的应用。于是探求快速测量的方法应运而生。例如，采用整周模糊度快速逼近技术(FARA)使基线观测时间缩短到5分钟，采用准动态(stop and go)，往返重复设站(re-occupation)和动态(kinematic)来提高GPS作业效率。这些技术的应用对推动精密GPS测量起了促进作用。但是，上述这些作业方式都是事后进行数据处理，不能实时提交成果和实时评定成果质量,很难避免出现事后检查不合格造成的返工现象。

差分 GPS 的出现,能实时给定载体的位置,精度为米级,满足了引航、水下测量等工程的要求。位置差分、伪距差分、伪距差分相位平滑等技术已成功地用于各种作业中。随之而来的是更加精密的测量技术——载波相位差分技术。

载波相位差分技术又称为 RTK 技术(real time kinematic),是建立在实时处理两个测站的载波相位基础上的。它能实时提供观测点的三维坐标,并达到厘米级的高精度。

与伪距差分原理相同,由基准站通过数据链实时将其载波观测量及站坐标信息一同传送给用户站。用户站接收 GPS 卫星的载波相位与来自基准站的载波相位,并组成相位差分观测值进行实时处理,能实时给出厘米级的定位结果。

实现载波相位差分 GPS 的方法分为两类:修正法和差分法。前者与伪距差分相同,基准站将载波相位修正量发送给用户站,以改正其载波相位,然后求解坐标。后者将基准站采集的载波相位发送给用户台进行求差解算坐标。前者为准 RTK 技术,后者为真正的 RTK 技术。

四、GPS 的定位方式

GPS 的定位方式较多,在工程测量中用户可根据不同的用途和要求采用不同的定位方法,GPS 的定位方式可依据不同的标准进行分类。

根据采用定位信号的不同分为伪距定位(测距码)和载波相位定位(信号为载波);根据定位所需接收机台数可分为单点定位和相对定位;根据待定点的位置变化与定位误差相比是否明显分为静态定位和动态定位;根据获取定位结果的时间分为实时定位和后处理定位。

1. 绝对定位和相对定位

(1) 绝对定位

它是利用一台接收机观测卫星,独立地确定出自身在 WGS-84 地心坐标系的绝对位置。

这一位置在 WGS-84 坐标系中是唯一的,所以称为绝对定位。因为利用一台接收机能完成定位工作,又称为单点定位。

绝对定位的优点是只需一台接收机即可独立定位,外业观测的组织和实施比较方便,数据处理比较简单;缺点是定位精度低,受各种误差的影响比较大,只能达到米级。

(2) 相对定位

它是利用不同地点的接收机同步跟踪相同的 GPS 卫星信号,确定若干台接收机之间的相对位置。

相对定位测量是相对于某一已知点的位置,而不是在 WGS-84 坐标系中的绝对位置。它精确测定出两点之间的坐标分量和边长。至少要应用两台精密测地型 GPS 接收机。

由于同步观测相同的卫星,卫星的轨道误差,卫星的钟差,接收机的钟差以及电离层、对流层的折射误差等对观测量具有一定的相关性,因此利用这些观测量不同组合,进行相对定位,可以有效地削弱上述误差的影响,从而提高定位精度。

载波相位相对定位有单差法和双差法。

① 单差法

单差法在基线两端点安置两台 GPS 接收机,对同一颗卫星同步观测。如图 1-6-26 所示。

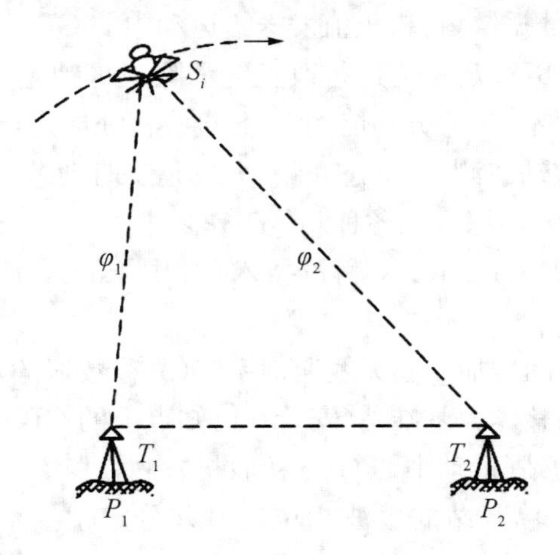

图 1-6-26　单差法定位

② 双差法

双差法用两台 GPS 接收机安置在基线端点上同时对两颗卫星进行同步观测。如图 1-6-27所示。

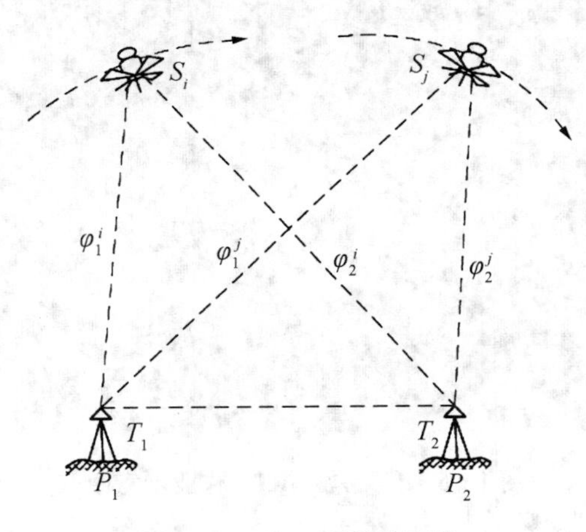

图 1-6-27　双差法定位

2. 实时定位和后处理定位

对 GPS 信号的处理,从时间上可划分为实时处理及后处理。实时处理就是一边接收卫星信号,一边进行计算。后处理是指把卫星信号记录在一定的介质上,回到室内统一进行数据处理以进行定位的方法。

3. 静态定位和动态定位

所谓静态定位,就是待定点的位置在观测过程中固定不变。所谓动态定位,就是待定点在运动载体上,在观测过程中是变化的。动态定位的特点是可以测定一个动态点的实时位置,多余观测量少,定位精度较低。

静态相对定位的精度一般在几毫米到几厘米范围内,动态相对定位的精度一般在几厘米到几米范围内。

4. 实时差分定位

已知点安置一台 GPS 接收机——基准站，已知坐标和卫星星历算出观测值的校正值，通过无线电通信设备——数据链，将校正值发送给运动中的 GPS 接收机——移动站。移动站用收到的校正值对自身 GPS 观测值进行改正。消除卫星钟差、接收机钟差、大气电离层和对流层折射误差。应用带实时差分功能的 GPS 接收机才能进行。

随着快速静态测量、准动态测量、动态测量，尤其是实时动态定位测量工作方式的出现，GPS 在测绘领域中的应用开始深入到各种测量工作之中。

实时动态定位测量，即 GPS RTK 测量技术(其中 RTK 为实时动态的意思，英文是 Real Time Kinematic)。

在两台 GPS 接收机之间增加一套无线通信系统(又称数据链)，将两台或多台相对独立的 GPS 接收机联成有机的整体。基准站(安置在已知点上的 GPS 接收机)通过电台将观测信息、测站数据传输给流动站(运动中的 GPS 接收机)。

常规 RTK 是一种基于单基站的载波相位实时差分定位技术。其作业如图 1-6-28 所示。

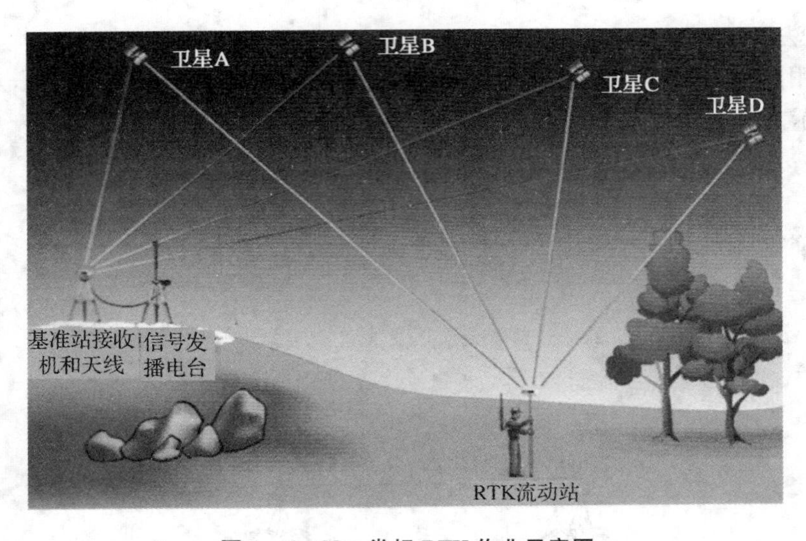

图 1-6-28 常规 RTK 作业示意图

习题 6

1. 全站仪的概念含义是什么？
2. 全站仪的基本组成是什么？
3. 全站仪的基本功能是什么？扩展功能有哪些？
4. GPS 定位系统主要由哪三部分组成？
5. 简要说明 GPS 定位原理。
6. GPS 定位方式的分类有哪些？

第7章 小地区控制测量

扫一扫可见
本章电子资源

第1节 控制测量概述

在地形图的测绘和各种工程的放样中，必须用各种测量方法确定地面点的坐标和高程。任何测量均不可避免地带有一定的误差，为了防止误差的积累，保证测图和放样的精度，就必须遵守"从整体到局部""先控制，后碎部"的原则。首先建立控制网，进行控制测量，然后根据控制网点再进行碎部测量和测设。控制测量就是在测区内选择若干有控制意义的点（称为控制点），构成一定的几何图形（称为控制网），用精密的仪器工具和精确的方法观测并计算出各控制点的坐标和高程。控制测量分为平面控制测量和高程控制测量两种，平面控制测量就是求得各控制点的平面坐标(x,y)，高程控制测量是求得各控制点的高程H。

我国幅员辽阔，全国性的平面控制测量采取分等级布置的办法，才能既符合精度要求又合乎经济的原则。国家控制网按精度分为一、二、三、四等，精度由高级到低级逐步建立。国家控制网是以一等三角锁（网）为骨干，再加密二等三角网，依次再加密三等、四等三角网，如图1-7-1所示。建立国家平面控制网主要采用三角测量的方法。

国家高程控制网也分为一、二、三、四等，一等水准网是国家高程控制的骨干，二等水准网布设于一等水准环内，是国家高程控制网的全面基础，三、四等水准网是国家控制网的进一步加密，如图1-7-2所示。国家一、二等高程控制网建立是采用精密水准测量的方法。

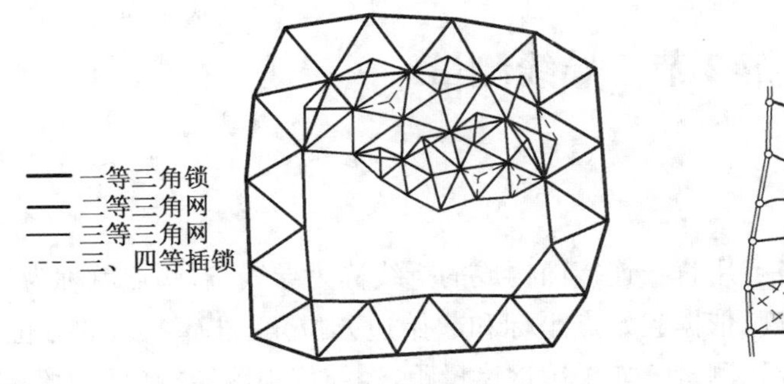

图1-7-1　国家平面控制网

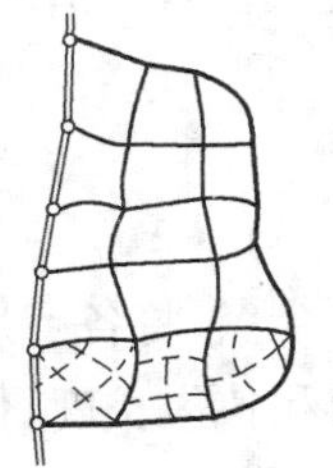

图1-7-2　国家高程控制网

国家的平面与高程控制网是研究地球形状与大小的依据，也是测绘各种地形图和国民经济建设的依据。在城市和厂矿地区，应在国家控网的基础上，根据测区大小和施工测量的要求，布设不同等级的平面与高程控制网，供测图和施工放样使用。

在小地区（面积在15 km^{2}以下）为满足测图和施工放样，进行的平面和高程控制测量称为小地区控制测量。它主要包括导线测量、小三角测量,三、四等水准测量和三角高程测量等。

小地区平面控制测量,根据测区面积的大小应分级建立测区的首级控制和图根控制,其关系如表1-7-1所示。

表1-7-1 首级控制和图根控制的关系

测区面积/km^2	首级控制	图根控制
2～15	一级小三角或一级导线	两级图根
0.5～2	二级小三角或二级导线	两级图根
0.5以下	图根控制	

直接供测绘地形图使用的控制点称为图根控制点,简称图根点。测量图根点位置的工作称为图根控制测量。图根点的密度(包括高级点)取决于测图比例尺大小、地物、地貌的复杂程度。在平坦开阔的地区,图根点的密度可参考表1-7-2的规定。在困难地区、山区图根点数适当增多。

表1-7-2 一般地区三类解析图根点的密度

测图比例尺	1∶500	1∶1 000	1∶2 000	1∶5 000
图幅面积/cm	50×50	50×50	50×50	40×40
解析控制点(点)	8	12	15	30

小地区高程控制网也应根据测区面积大小和工程要求采用分级的方法建立。一般在国家(或城市)级水准控制点的基础上,在测区建立三、四等水准控制网(点),再以此测量图根点的高程。

本章主要介绍小地区控制网建立的有关内容,即导线测量、GPS控制测量建立平面控制网和三、四等水准测量,三角高程测量建立高程控制网。

第2节 导线测量

一、导线测量概述

在测区内选择若干个点,将各点用直线连接而构成的折线称为导线,这些点就称为导线点。顺次观测各转折角和各边长度,依据起始点坐标和起始边方位角,推算各边的方位角,从而求得各导线点的坐标,称为导线测量。如果用钢尺量距,经纬仪观测转折角称为经纬仪导线。若用光电测距仪测量边长,经纬仪观测转折角,则称为光电测距导线。

导线测量作为平面控制的一种方法,适用于地形复杂、建筑物较多、隐蔽的狭长地区。导线根据测区地形特点和已有控制点的情况,布设成闭合导线、附合导线和支导线三种形式。

1. 闭合导线:从一个已知点和已知方向起,经过各导线点,再闭合到原来的起始点和起始方向,称为闭合导线。如图 1-7-3 所示,已知方向为 AB,已知点为 B,依次经过 1,2,3,4 点,再闭合到 B 点和 AB 方向。

2. 附合导线:从一个已知方向和一个已知点起,经过各导线点,附合到另一个已知方向和一个已知点,称为附合导线。如图 1-7-4 所示,起始已知方向为 AB,已知点为 B,依次经过 1,2,3 点,附合到另一已知方向 CD 和已知点 C。

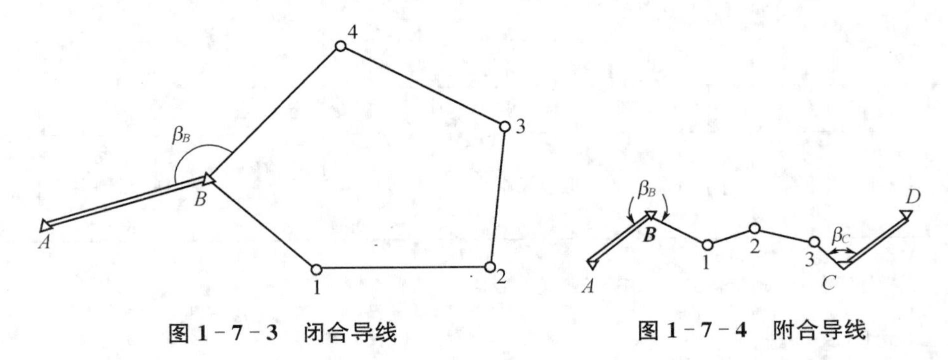

图 1-7-3　闭合导线　　　　图 1-7-4　附合导线

3. 支导线:从一个已知方向和一个已知点起,经过几个导线点,导线既不闭合在起始点和起始方向,又不附合到另一已知方向和已知点上,称为支导线,如图 1-7-5 所示,已知方向为 AB,已知点为 B,导线点只有 1、2 两点。

从图 1-7-3、图 1-7-4、图 1-7-5 可以看出,闭合导线起始方向和起始点与终止方向和终止点同为一个,如果起始方位角和坐标有错,通过导线本身是无法检查出来的,所以对闭合导线的起始数据须反复检核无误后,才能确保导线点的计算坐标正确可靠。附合导线起讫方向和已知点分别都是两个,外业观测及计算有误能通过导线本身检查,同时还能校核起始数据是否正确。支导线无论观测还是起始数据的错误均不能校核。

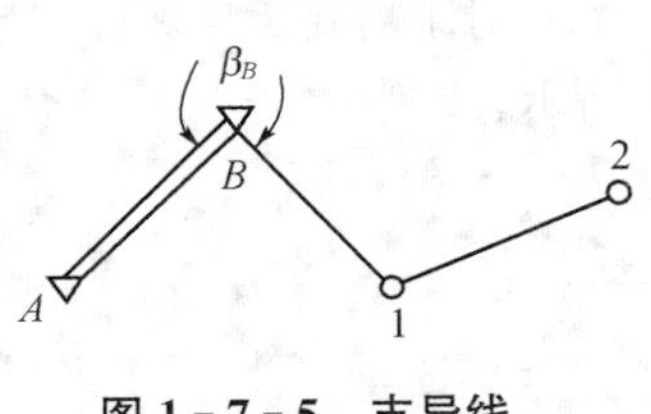

图 1-7-5　支导线

综合上述,在选择导线形式时尽量采取附合导线,不是十分必要的情况下不选取闭合导线,在万不得已的情况下才可选用支导线,但在观测时要采取一定的措施,保证观测的正确,导线不应过长,导线点一般不超过 2 个。

二、导线测量的外业工作

1. 踏勘选点

首先应收集测区及相邻测区已有的测量资料,包括各种控制点的位置、数量、坐标和高程以及已有的各种比例尺地形图。然后根据总体设计和方案,根据测图与施工的要求,在图上制定导线初步方案,最后到实地依据现场具体情况选定点位。导线分为一级、二级、三级和图根导线几种,各级技术要求见表 1-7-3,导线选点时应注意以下几点:

(1) 相邻点间通视应良好,地势应平坦,便于测角和量距;

(2) 点位应选在土质坚实、便于安置仪器观测且能长期保存的地方;

(3) 点位周围地势开阔,便于施测碎部或进行施工放样;

(4) 导线长度及平均边长度应符合表 1-7-3 的规定,各边长应大致相等,除闭合导线外,导线应尽量布设成直伸形;

（5）导线点的密度合理，应满足测图或施工测量的需要。

表 1－7－3　导线测量的主要技术要求

<table>
<tr><th rowspan="2">等级</th><th rowspan="2">附合导线长度/km</th><th rowspan="2">平均边长/m</th><th rowspan="2">往返丈量较差相对误差</th><th rowspan="2" colspan="2">测角中误差/″</th><th colspan="2">测回数</th><th rowspan="2" colspan="2">方位角闭合差/″</th><th rowspan="2">导线全长相对闭合差</th></tr>
<tr><th>DJ₂</th><th>DJ₆</th></tr>
<tr><td>一级</td><td>4</td><td>400</td><td>1/30 000</td><td colspan="2">±5</td><td>2</td><td>4</td><td colspan="2">$\pm 10\sqrt{n}$</td><td>1/15 000</td></tr>
<tr><td>二级</td><td>2.4</td><td>200</td><td>1/14 000</td><td colspan="2">±8</td><td>1</td><td>3</td><td colspan="2">$\pm 16\sqrt{n}$</td><td>1/10 000</td></tr>
<tr><td>三级</td><td>1.2</td><td>100</td><td>1/7 000</td><td colspan="2">±12</td><td>1</td><td>2</td><td colspan="2">$\pm 24\sqrt{n}$</td><td>1/3 000</td></tr>
<tr><td>图根</td><td>1.0M</td><td>不大于测图视距的1.5倍</td><td>1/3 000</td><td>取±30</td><td>首级±20</td><td></td><td>1</td><td>一般$\pm 60\sqrt{n}$</td><td>首级$\pm 40\sqrt{n}$</td><td>1/2 000</td></tr>
</table>

注：① M 为测图比例尺分母。

② 图根导线在困难地区全长相对闭合差不大于 1/1 000。

2. 标志的设置

导线点选定后，根据性质及用途埋设临时性或永久性标志。

图根点一般只作为临时标志，可在地面钉一木桩，木桩周围浇上混凝土，顶上钉一铁钉，如图 1－7－6 所示。也可在水泥地面用红油漆画一圆圈，圆圈内钉一水泥钉或点一小点。

对于需要长期保存的导线点可以埋设混凝土桩或石桩，桩顶埋设金属标志，如图 1－7－7 所示，或刻一"＋"字作标记，也可以将标志嵌入石中或直接刻在岩石上，作为永久标志。

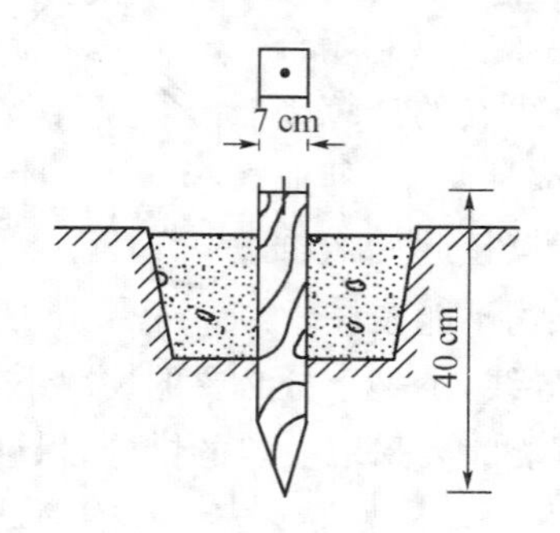

图 1－7－6　临时标志

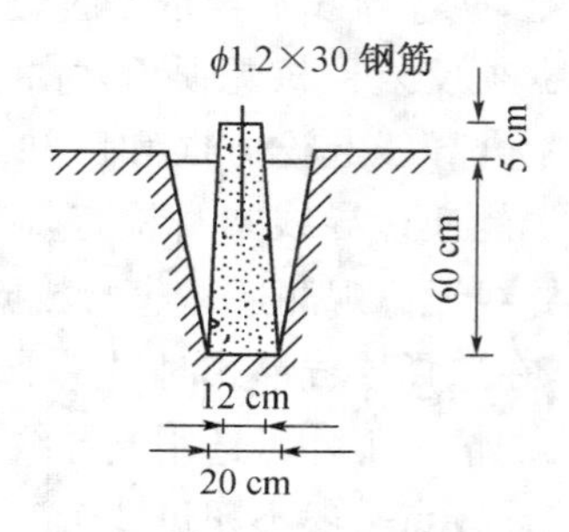

图 1－7－7　永久性标志

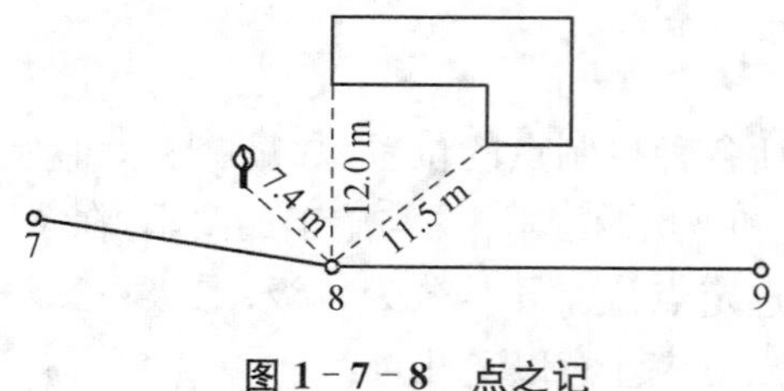

图 1－7－8　点之记

导线点应根据等级及顺序编号，为便于寻找，应建立"点之记"表格（内含示意图），即将导线点至附近明显地物的距离、方向标明在图上，如图 1－7－8 所示。

3. 距离测量

对于图根导线的边长采用合格的钢尺直接丈量。往返各丈量一次，相对精度不低于表 1－7－3 中的规定。特殊困难地区允许为 1/1 000，若量的是斜距，还应改为水平距离。

对于等级导线应采用检定过的钢尺丈量边长。为了满足表 1－7－3 中的规定，可参考表 1－7－4 中的具体要求。丈量的距离要进行尺长、温度与倾斜改正。

表 1－7－4　普通钢尺量距的技术要求

边长丈量较差相对误差	作业尺数	丈量总次数	定线最大偏差/mm	尺段高差较差/mm	读数次数	估读/mm	温度读至/℃	同尺各次或同段各尺的较差/mm	丈量方法
1/30 000	2	4	50	5	3	0.5	0.5	2	根据钢尺检定及地形条件而定
1/20 000	1～2	2	50	10	3	0.5	0.5	2	
1/10 000	1～2	2	10	10	2	0.5	0.5	2	

表 1－7－5　电磁波测距技术要求

等级	仪器等级	观测次数		总测回数	一测回较差/mm	单程测回间较差/mm	往返较差
		往	返				
一级	Ⅱ	1		2	10	15	
	Ⅲ			4	20	30	
二、三级	Ⅱ	1		1～2	10	15	
	Ⅲ			2	20	30	

注：① 测回的含义是照准目标(反光镜)一次，读数 2～4 次(可根据读数的离散程度确定)。
② 根据具体情况，测边可采取不同时间段观测代替往返观测。

各级导线边长可以用光电测距仪进行观测，技术要求应满足表 1－7－5 的规定。边长计算的气象改正按所给定的公式计算，加、乘常数的改正应按仪器检定结果进行，水平距离按下式计算：

$$D = \sqrt{S^2 - h^2} \qquad (1-7-1)$$

式中，D 为水平距离；S 为倾斜距离；h 为仪器至棱镜的高差。

光电测距应选择成像清晰、气象条件稳定的时间观测。精度要求较高时，宜在日出后 1 h 或日落前 1 h 左右的时间内进行，启动仪器 3 min 后开始观测。

导线边跨越河流、池塘等障碍不能直接量距时，可采用间接量距的办法。如图 1－7－9 中导线边 2—3 跨过一河流不能直接量距，可在河岸一边选一 K 点，量 2—K 的距离 D，用经纬仪观测 α, β, γ 三个角，先求出三角形闭合差 $f_\alpha = \alpha + \beta + \gamma - 180°$，将闭合差 f 反号平均分配在所观测的三个角度上，利用三角形正弦定理即可求得 $D_{2,3}$ 的长度。

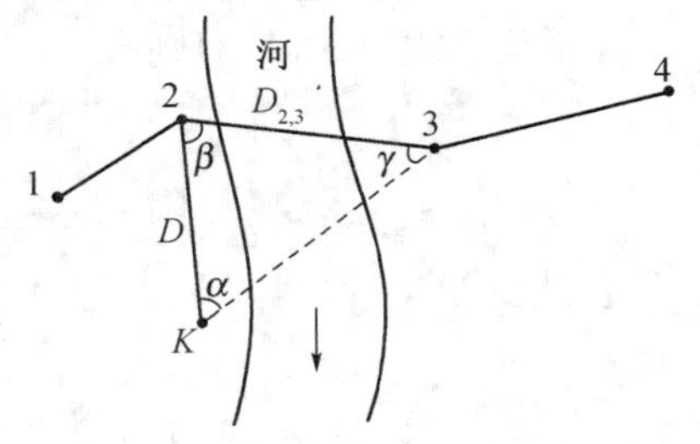

图 1－7－9　间接量距法

$$D_{2,3} = D\frac{\sin\alpha}{\sin\gamma} \qquad (1-7-2)$$

在布置间接量距的三角形时，三角形内角不应小于 30°，所量距离 D 的长度不应小于所要求边长 $D_{2,3}$ 的一半。

4. 角度观测

用 DJ_2 或 DJ_6 型经纬仪在导线点上观测每个转折角。闭合导线观测内角，附合导线观测左角，支导线左角和右角都必须观测，以便校核。为了使闭合导线内角也是左角，闭合导线点按逆时针方向编号。

5. 连接测量

导线起始边、终止边与已知边的夹角称为连接角，如图 1－7－3、图 1－7－4、图 1－7－5 中的 β_B，β_C。观测连接角的工作称为连接测量。

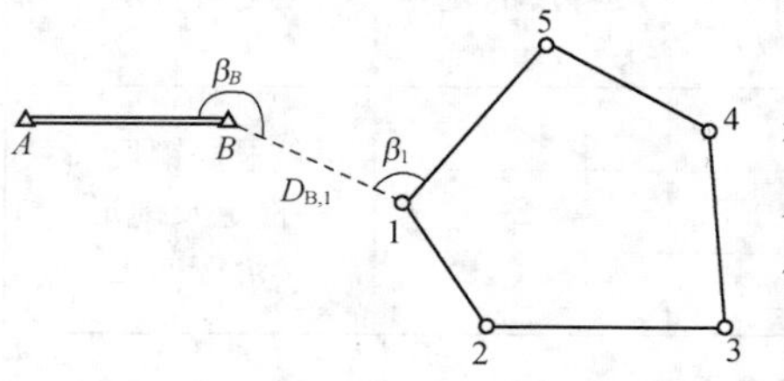

图 1－7－10　导线连测

如果已知控制点在测区附近，且相距不太远，应进行导线的连测。如图 1－7－10 所示，观测 β_B，β_1 量取 $D_{B,1}$ 的长度，可将控制点坐标传递至 1 点上，将已知方位角传递至边 1—5 上。

在测区内或附近如果没有已知的控制点，可用罗盘测定导线起始边的磁方位角，并假定起始点的坐标，作为导线的起始数据。

三、导线测量的内业计算

导线内业计算的最终目的就是根据起始点坐标，起始边的坐标方位角和外业观测各转折角、边长，求得各导线点的坐标值。

在计算中，边长与坐标值取至 0.001 m，角度与方位角取至 1″。图根导线在计算中边长与坐标取至 0.001 m，角度与方位角可取至 6″或 10″，最后采用的坐标值可取至 0.01 m。

内业计算之前，首先要检查外业观测资料，角度观测、边长丈量是否正确、符合精度要求，有无遗漏，起始数据是否正确、完整；然后绘出导线的观测略图，对应地注上所测角度与边长，如图 1－7－12 所示，列表进行计算。

四、坐标方位角推算

在导线计算中需要从已知边坐标方位角和所测定的转折角逐边推算各边的坐标方位角。如图 1－7－11 所示，AB 的方位角 α_{AB} 为已知，测出 B 点的左角 $\beta_{左}$（或右角 $\beta_{右}$），求 BC 的方位角 α_{BC}。从图中可知 α_{BA} 为 α_{AB} 的反方位角，一条直线的正反方位角相差 180°，即

$$\alpha_{BA}=\alpha_{AB}\pm180^\circ \qquad (1-7-3)$$

而 BC 的方位角则等于 α_{BA} 加上左角 $\beta_{左}$ 或减去右角 $\beta_{右}$。按照一般规律 α_{AB} 为 $\alpha_{后}$，α_{BC} 为 $\alpha_{前}$，顾及公式（1－7－3）则有

$$\alpha_{前}=\alpha_{后}\pm180^\circ{}^{+\beta_{左}}_{-\beta_{右}} \qquad (1-7-4)$$

若 $\alpha_{前}>360^\circ$，就减去 360°；若 $\alpha_{前}<0$ 就加上 360°。（1－7－4）式就是推算方位角的一般公式。

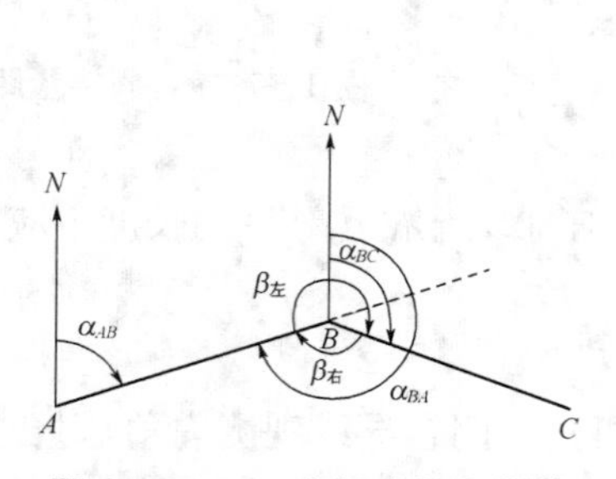

图 1－7－11　坐标方位角推算

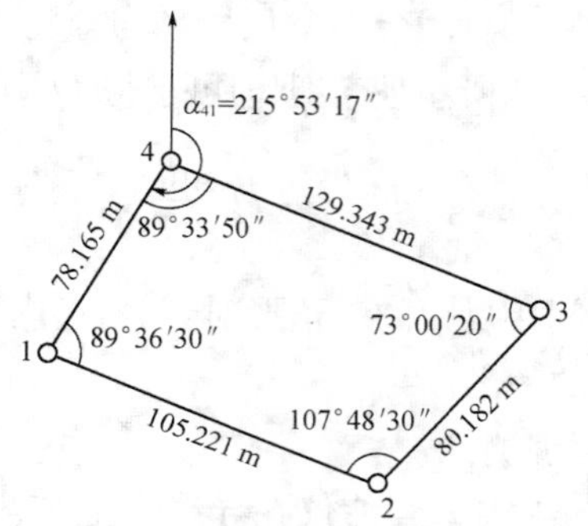

图 1－7－12　闭合导线的观测略图

五、闭合导线计算

图1-7-12为一图根闭合导线的观测略图，已将外业观测数据注在图中的相应位置。已知起始边方位角 $\alpha_{41}=215°53'17''$，1点的坐标 $x_1=500.000\ \text{m}$，$y_1=500.000\ \text{m}$。现用表1-7-6的形式进行计算，先将已知数据，观测数据填入表1-7-6相应的栏中。

1. 角度闭合差的计算及调整

图1-7-12为一闭合导线，闭合导线是一多边形，多边形内角之和理论上应为 $180°\times(n-2)$，n 为多边形的边数，故

$$\sum\beta_{理}=180°\times(n-2) \qquad (1-7-5)$$

由于观测角度的误差，所以观测的各内角之和与理论值不相等。观测的内角之和与内角和的理论值之差值即为角度闭合差 f_β，即

$$f_\beta=\sum\beta_{测}-180°\times(n-2) \qquad (1-7-6)$$

不同精度等级的导线有不同的角度闭合差容许值，本例为图根导线，故角度闭合差的容许值为

$$f_{\beta容}=\pm 60''\sqrt{n}$$

式中，n 为测角的个数。

当 $f_\beta\leqslant f_{\beta容}$ 时，认为测角符合要求，将闭合差反号平均分配在各观测角上，即

$$\beta=\beta_{测}-\frac{f_\beta}{n} \qquad (1-7-7)$$

否则，应重新检查计算，甚至重新测角。

本例中，n 为4，$\sum\beta_{测}=359°59'10''$，$f_{\beta容}=\pm120''$，$f_\beta=-50''<f_{\beta容}$，说明测角精度合格。将角度改正数 $-\frac{f_\beta}{n}$ 填入表1-7-6的第3栏中，求各角度改正后的角值 β 填入4栏中，并校核 $\sum\beta_{测}=180°\times(n-2)=360°00'00''$，说明计算无误。

2. 各边方位角的计算

利用改正后的角值 β，根据起始边的方位角，采用(1-7-4)式计算导线各条边的方位角，填入表中的5栏内。如

$$\alpha_{12}=\alpha_{41}+180°+\beta_1=215°53'17''+180°+89°36'43''=125°30'00''$$
$$\alpha_{23}=\alpha_{12}+180°+\beta_2=125°30'00''+180°+107°48'42''=53°18'42''$$
$$\alpha_{34}=\alpha_{23}+180°+\beta_3=53°18'42''+180°+73°00'32''=306°19'14''$$

为了校核，还必须再求出起始方位角，与原来数值一致时，即

$$\alpha_{41}=\alpha_{34}+180°+\beta_4=306°19'14''+180°+89°34'02''=215°53'17''$$

说明计算正确无误。

3. 坐标增量闭合差的计算及调整

(1) 坐标增量计算

用函数计算器坐标正算的固定程序进行计算，将结果填入表中的第7栏和第8栏。如

无固定程序，可用(1－4－17)式进行计算，不论用何种方法计算，计算器都会直接显示 Δx 和 Δy 的符号。

(2) 坐标增量闭合差的计算及调整

闭合导线为一多边形，它的起点与终点是同一个点位，由平面几何知识可知

$$\left.\begin{aligned}\sum \Delta x = 0\\ \sum \Delta y = 0\end{aligned}\right\} \tag{1-7-8}$$

由于测量不可避免带有误差，闭合差为观测值与理论值的差值，因理论值为零，故纵、横坐标增量的闭合差 f_x和 f_y为

$$\left.\begin{aligned}f_x = \sum \Delta x_{测}\\ f_y = \sum \Delta y_{测}\end{aligned}\right\} \tag{1-7-9}$$

由表1－7－6的第7,8栏的总和即为闭合差，$f_x = 0.088\ \text{m}$，$f_y = -0.075\ \text{m}$。

用 f_x，f_y可求得导线全长闭合差 f 为

$$f = \sqrt{f_x^2 + f_y^2} \tag{1-7-10}$$

在本例中

$$f = \pm \sqrt{(0.088)^2 + (-0.075)^2} = \pm 0.116\ \text{m}$$

通过 f 及导线总长 $\sum D$，可求得导线全长相对闭合差 K，K 为分子是1的一个分数，即

$$K = \frac{f}{\sum D} = \frac{1}{\sum D / f} \tag{1-7-11}$$

在本例中

$$K = \frac{0.116}{392.911} = \frac{1}{3\,390}$$

因为是图根导线，$K_{容} = \dfrac{1}{2\,000}$，$K < K_{容}$，说明导线精度合格。

当导线全长相对闭合差合格后，将坐标增量闭合差反号，按与边长成正比例的原则分配在各坐标增量上，即

$$\left.\begin{aligned}v_{x_i} = -\frac{f_x}{\sum D} \cdot D_i\\ v_{y_i} = -\frac{f_y}{\sum D} \cdot D_i\end{aligned}\right\} \tag{1-7-12}$$

式中，v_{x_i}，v_{y_i}分别为第 i 边的横、纵坐标增量改正数；D_i为第 i 边的边长；$\sum D$ 为边长总和。

将各段坐标增量改正数写在表中第7,8栏内相应坐标增量的上方，再将改正后的坐标增量 Δx 和 Δy 写在表中第9,10栏内。填好以后还要求得 $\sum \Delta x$ 与 $\sum \Delta y$ 值，看是否为零进行校核。因为改正数是在精度合格的情况下将闭合差用数学的方法人为地“分配”掉，使坐标增量的总和满足理论要求，所以改正数的总和应与闭合差绝对值相等而符号相反。即

$$\left.\begin{aligned}\sum v_{x_i} &= -f_x\\ \sum v_{y_i} &= -f_y\end{aligned}\right. \tag{1-7-13}$$

利用(1－7－13)式可以校核改正数计算是否正确。

4. 导线点坐标计算

依据已知点坐标值及改正后的坐标增量，用公式

$$\left.\begin{aligned}x_i &= x_{i-1} + \Delta x_i\\ y_i &= y_{i-1} + \Delta y_i\end{aligned}\right\}(i=1,2,3,\cdots) \tag{1-7-14}$$

逐点计算导线点的坐标，填入表 1－7－6 的第 11 和 12 栏内，最后再求至起始点的坐标校核计算是否正确。

表 1－7－6　闭合导线坐标计算表

点号	观测角(左角) °′″	角度改正数 /″	改正后角值 °′″	坐标方位角 °′″	边长 D /m	坐标增量 Δx /m	坐标增量 Δy /m	改正后坐标增量 x /m	改正后坐标增量 y /m	坐标 x /m	坐标 y /m	点号
1	2	3	4=2+3	5	6	7	8	9	10	11	12	13
4												4
				215 53 17								
1	89 36 30	+13	89 36 43							500.000	500.000	1
				125 30 00	105.221	−24 −61.102	+20 +85.662	−61.126	+85.682			
2	107 48 30	+12	107 48 42							438.874	585.682	2
				53 18 42	80.182	−18 +47.906	+15 +64.298	+47.888	+64.313			
3	73 00 20	+12	73 00 32							486.762	649.995	3
				306 19 14	129.343	−29 +76.610	+25 −104.214	+76.581	−104.189			
4	89 33 50	+13	89 34 03							563.343	545.806	4
				215 53 17	78.165	−17 −63.326	+15 −45.821	−63.343	−45.806			
1										500.000	500.000	1
∑	359 59 10	+50	360 00 00		392.911	(−0.088) +0.088	(+0.075) −0.075	0.000	0.000			
校核计算	$\sum\beta_{测}=359°59'10''$ $-)\sum\beta_{理}=360$ $f_\beta=-\ \ 50''$ $f_{\beta容}=\pm60''\sqrt{4}=\pm120''$			$f_x=\sum\Delta x=0.088\quad f_y=\sum\Delta y=-0.075$ 导线全长闭合差 $f=\pm\sqrt{f_x^2+f_y^2}=\pm0.116$ m 相对闭合差 $K=\dfrac{f}{\sum D}=\dfrac{1}{3\,390}$ 容许相对闭合差 $K_{容}=\dfrac{1}{2\,000}$						4 α_{41} β_4 1 β_1 β_3 3 β_2 2		

六、附合导线计算

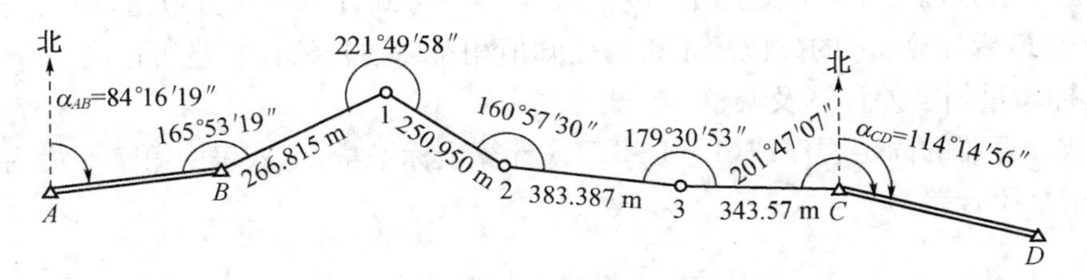

图 1－7－13　光电测距导线观测略图

图 1－7－13 为一级光电测距导线观测略图，A,B,C,D 为高级已知控制点，α_{AB} 和 α_{CD} 为已知方位角，B 点和 C 点分别为起点和终点，坐标已知，将已知数据及观测数据已填入表 1－7－7的相应栏内。

1. 方位角闭合差计算及调整

根据(1－7－4)式可知

$$\alpha_{B1} = \alpha_{AB} \pm 180^\circ + \beta_B$$

$$\begin{aligned}\alpha_{12} &= \alpha_{B1} \pm 180^\circ + \beta_1 \\ &= \alpha_{AB} + \beta_1 + \beta_B \pm 2 \times 180^\circ\end{aligned}$$

依用此法一直求下去，即得到 CD 边的观测方位角

$$\alpha'_{CD} = \alpha_{AB} + \sum \beta_i \pm n \times 180^\circ$$

在本例中，观测角一共为 5 个，故 $n = 5$。而 α_{CD} 方位角为已知值，故闭合差 f 为

$$f = \alpha'_{CD} - \alpha_{CD} = \alpha_{AB} + \sum \beta_i \pm n \times 180^\circ - \alpha_{CD}$$

将上式整理，可得

$$f = \sum \beta_i \pm n \times 180^\circ - (\alpha_{CD} - \alpha_{AB}) \qquad (1-7-15)$$

(1－7－15)式就是符合导线方位角闭合差的计算公式。

由表 1－7－7 可知

$$\sum \beta_i = 929^\circ 58' 47''$$

$$\alpha_{CD} - \alpha_{AB} = 114^\circ 14' 56'' - 84^\circ 16' 19'' = 29^\circ 58' 37''$$

$$\begin{aligned}f_\beta &= \sum \beta_i \pm n \times 180^\circ - (\alpha_{CD} - \alpha_{AB}) \\ &= 929^\circ 58' 47'' \pm 5 \times 180^\circ - 29^\circ 58' 37'' \\ &= +10''\end{aligned}$$

一级导线 $f_{\beta容} = \pm 10'' \sqrt{n} = \pm 22'' > f_\beta$，说明精度合格。

按(1－7－7)式将闭合差反号平均分配在各观测角上，计算改正后角值，分别填入表 1－7－7 中第 3，4 栏内。

2. 计算各边方位角

利用起始边方位角 α_{AB} 和改正后角度 β 用(1－7－4)式计算各边方位角，填入表 1－7－7 中第 5 栏内，最后计算 α_{CD} 的方位角是否与已知值相符以便校核计算是否正确。

3. 坐标增量闭合差计算及调整

用函数计算器的固定程序或(1－4－17)式计算坐标增量，填入表中第 7，8 栏内。

坐标增量闭合差为

$$\begin{aligned}f_x &= \sum \Delta x_i - (x_C - x_B) \\ f_y &= \sum \Delta y_i - (y_C - y_B)\end{aligned} \qquad (1-7-16)$$

例中，$f_x=+15$ mm，$f_y=-23$ mm。

导线全长闭合差

$$f=\sqrt{f_x^2+f_y^2}\approx\pm 27\text{ mm}$$

相对闭合差

$$K=\frac{f}{\sum D}=\frac{0.027}{1\,235.709}=\frac{1}{45\,000}$$

一级导线 $K_{容}=\dfrac{1}{15\,000}>K$，说明精度合格。

将坐标增量闭合差反号按与边长成正比例分配在各纵、横坐标增量上，按(1－7－12)式和(1－7－13)式计算改正后的坐标增量，填入表 1－7－7 中第 9，10 栏内。改正数的总和与坐标增量闭合差绝对值相等而符号相反，用来校核改正数的计算正确与否。

4. 计算导线点坐标

用(1－7－14)式逐点由已知点坐标及改正后坐标增量计算导线各点坐标，填入表 1－7－7 中第 11，12 栏内。最后计算至终点 C 的坐标应与已知值相等，以资校核。

表 1－7－7　附合导线坐标计算表

点号	观测角(左角) °′″	改正数 ″	改正后角值 °′″	坐标方位角 °′″	边长 D /m	坐标增量 Δx /m	坐标增量 Δy /m	改正后坐标增量 x /m	改正后坐标增量 y /m	坐标 x /m	坐标 y /m	点号
1	2	3	4=2+3	5	6	7	8	9	10	11	12	13
A												A
				84 16 19								
B	165 53 19	−2	165 53 17							2 293.735	4 479.548	B
				70 09 36	266.815	−3 +90.556	+5 +250.978	+90.553	+250.983			
1	221 49 58	−2	221 49 56							2 384.288	4 730.531	1
				111 59 32	250.950	−3 −93.976	+5 232.690	−93.979	+232.695			
2	160 57 30	−2	160 57 28							2 290.309	4 963.226	2
				92 57 00	383.387	−5 −19.731	+7 +382.879	−19.736	+382.886			
3	179 30 53	−2	179 30 51							2 270.573	5 346.112	3
				92 27 51	343.570	−4 −14.772	+6 +343.252	−14.776	+343.258			
C	201 47 07	−2	201 47 05							2 255.797	5 689.370	C
				114 14 56								
D												D
$\sum$	929 58 47	−10	929 58 37		1244.722	−37.923	+1 209.799	−37.938	+1 209.822			
校核计算	$\alpha_{AB}=84\ 16\ 19$ +) $\sum\beta_{测}=929\ 58\ 47$ $=1\,014\ 15\ 06$ −) 5×80=900 $\alpha'_{CD}=114\ 15\ 06$ $\alpha_{CD}=114\ 14\ 56$ $f=+\ 10$ $f_{容}=\pm10''\sqrt{n}=\pm22''$			$\sum\Delta x=-37.923$ −) $x_C-x_B=-37.938$ $f_x=+0.015$ 导线全长闭合差 $f=\pm\sqrt{f_x^2+f_y^2}\approx\pm0.027$ m 相对闭合差 $K=\dfrac{0.027}{1\,244.722}=\dfrac{1}{46\,100}$ 容许相对闭合差 $K_{容}=\dfrac{1}{15\,000}$			$\sum\Delta y=+1\,209.799$ −) $y_C-y_B=+1\,209.822$ $f_y=-0.023$					

注：本例为一级导线

第3节 全站仪导线测量

全站仪作为先进的测量仪器，已在工程测量中得到了广泛的应用。全站仪具有坐标测量和高程测量的功能，在外业观测时可直接得到观测点的坐标和高程。在成果处理时，可将坐标和高程作为观测值进行平差计算。

1. 外业观测工作

以图 1－7－14 所示的附合导线为例，全站仪导线三维坐标测量的外业工作除踏勘选点及建立标志外，主要应测得导线的坐标、高程和相邻点间的边长，并以此作为观测值。其观测步骤如下：

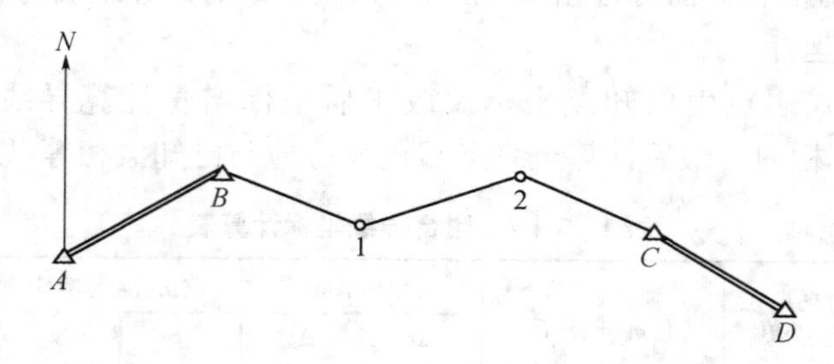

图 1－7－14 全站仪附合导线三维坐标测量

将全站仪安置于起始点 B(高级控制点)，按距离及三维坐标的测量方法测定控制点 B 与 1 点的距离 $D_{B,1}$，1 点的坐标(x'_1，y'_1)和高程 H'_1。再将仪器安置在已测坐标的 1 点上，用同样的方法测得 1，2 点间的距离 $D_{1,2}$，2 点的坐标(x'_2，y'_2)和高程 H'_2。依此方法进行观测，最后测得终点 C(高级控制点)的坐标观测值(x'_C，y'_C)。

由于 C 为高级控制点，其坐标已知。在实际测量中，由于各种因素的影响，C 点的坐标观测值一般不等于其已知值，因此，需要进行观测成果的平差计算。

2. 以坐标和高程为观测值的导线近似平差计算

在图 1－7－14 中，设 C 点坐标的已知值为(x_C，y_C)，其坐标的观测值为(x'_C，y'_C)，则纵、横坐标闭合差为

$$\left.\begin{aligned} f_x &= x'_C - x_C \\ f_y &= y'_C - y_C \end{aligned}\right\} \qquad (1-7-17)$$

由此可计算出导线全长闭合差，即

$$f_D = \sqrt{f_x^2 + f_y^2}$$

导线全长闭合差 f_D 是随着导线的长度增大而增大，所以，导线测量的精度使用导线全长相对闭合差 K(即导线全长闭合差 f_D 与导线全长 $\sum D$ 之比值)来衡量的，即

$$K=\frac{f_D}{\sum D}=\frac{1}{\sum D/f_D}$$

式中，D 为导线边长。

导线全长相对闭合差 K 通常用分子是 1 的分数形式表示，不同等级的导线全长相对闭合差的容许值 K 列于表 1－7－3 中，用时可查询。

若 $K\leqslant K_{容}$ 表明测量结果满足精度要求，则可按下式计算各点坐标的改正数：

$$\left.\begin{aligned}v_{x_i}&=-\frac{f_x}{\sum D}\cdot\sum D_i\\v_{y_i}&=-\frac{f_y}{\sum D}\cdot\sum D_i\end{aligned}\right\}$$

式中，$\sum D$ 为导线全长；$\sum D_i$ 为第 i 点之前的导线边长之和。

根据起始点的已知坐标和各点坐标的改正数，可按下列公式依次计算各导线的坐标：

$$\left.\begin{aligned}x_i&=x'_i+v_{x_i}\\y_i&=y'_i+v_{y_i}\end{aligned}\right\}$$

式中，x'_i，y'_i为第 i 点的坐标观测值。

因全站仪测量可以同时测得导线点的坐标和高程，因此高程的计算可与坐标计算一并进行，高程闭合差为

$$f_H=H'_C-H_C$$

式中，H'_C 为 C 点的高程观测值；H_C 为 C 点的已知高程。

各导线点的高程改正数为：

$$v_{H_i}=-\frac{f_H}{\sum D}\cdot\sum D_i$$

式中，$\sum D$ 为导线全长；$\sum D_i$ 为第 i 点之前的导线边长之和。

改正后的导线点的高值为

$$H_i=H'_i+v_{H_i}$$

式中，H'_i 为第 i 点的高程观测值。

以坐标和高程为观测值的导线近似平差计算全过程的算例，可见表 1－7－8。

表 1－7－8　全站仪附合导线三维坐标计算表

点号	坐标观测值/m			距离 D /m	坐标改正数/mm			坐标值/m			点号
	x_i'	y_i'	H_i'		v_{x_i}	v_{y_i}	v_{H_i}	x_i	y_i	H_i	
1	2	3	4	5	6	7	8	9	10	11	12
A								110.253	51.026		A
B				297.262				200.000	200.000	72.126	B
1	125.532	487.855	72.543	187.814	−10	+8	+4	125.522	487.863	72.547	1
2	182.808	666.741	73.233	93.403	−17	+13	+7	182.791	666.754	73.240	2
C	155.395	756.046	74.151	$\sum D=$	−20	+15	+8	155.375	756.061	74.159	C
D				578.479				86.451	841.018		D

辅助计算：

$$f_x = x'_C - x_C = +20\ \text{mm}$$
$$f_y = y'_C - y_C = -15\ \text{mm}$$
$$f_D = \sqrt{f_x^2 + f_y^2} = 25\ \text{mm}$$
$$K = \frac{f_D}{\sum D} \approx \frac{0.025}{578.479} \approx \frac{1}{23\,000}$$
$$f_H = H'_C - H_C = -8\ \text{mm}$$

第 4 节　GPS 控制测量

一、GPS 控制测量概述

GPS 控制测量，按其工作性质可分为外业和内业两大部分，外业工作主要包括：选点、建立测站标志、埋石、野外观测作业以及成果质量检核等；内业工作主要包括：技术设计、测后数据处理以及技术总结等。按照 GPS 测量实施的工作程序，大体分为几个阶段：GPS 控制网的优化设计，选点与埋石，外业观测，成果检核，数据处理，编制报告。

GPS 测量是一项技术复杂、要求严格的工作，实施的原则是，在满足用户对测量精度和可靠性等要求的情况下，尽可能地减少经费、时间和人力的消耗。因此，对其各阶段的工作，都要精心设计、组织和实施。

为了满足实际的要求，GPS 测量作业应遵守统一的规范和细则。GPS 控制测量与 GPS 定位技术的发展水平密切相关，GPS 接收机硬件与软件的不断改善，将直接影响测量工作的实施方法、观测时间、作业要求和成果的处理方法。

《全球定位系统(GPS)测量规范》将 GPS 控制网依其精度划分为 A、B、C、D、E 等不同级别，表 1－7－9、表 1－7－10 列出了它们的精度和标准。本章主要讨论其中的 C，D 和 E 级网的布设和观测。

表1-7-9　GPS网的精度标准

项目＼级别	A	B	C	D	E
固定误差/mm	⩽5	⩽8	⩽10	⩽10	⩽10
比例误差系数	⩽0.1	⩽1	⩽5	⩽10	⩽20
相邻点最小距离/km	100	15	5	2	1
相邻点最大距离/km	1000	250	40	15	10
相邻点平均距离/km	300	70	15～10	10～5	5～2

表1-7-10　GPS各等级网的基本技术要求

等级	A	B	C	D	E
平均距离/km	300	70	10～15	5～10	0.2～5
a/mm	⩽5	⩽8	⩽10	⩽10	⩽10
$b/1\times10^{-6}$	⩽0.1	⩽1	⩽5	⩽10	⩽20
接收机类型	双频/全波长	双频	双频或单频	双频或单频	双频或单频
标称精度	⩽(10 mm+2×10^{-6}×d)	⩽(10 mm+5×10^{-6}×d)	⩽(10 mm+5×10^{-6}×d)	⩽(10 mm+5×10^{-6}×d)	⩽(10 mm+5×10^{-6}×d)
观测量至少有	L_1,L_2载波相位	L_1,L_2载波相位	L_1,L_2载波相位	L_1,L_2载波相位	L_1,L_2载波相位
同步观测接收机数	⩾5	⩾4	⩾4	⩾3	⩾2
最简独立环和附和路线的边数	⩽5	⩽6	⩽6	⩽8	⩽10
卫星截至高度角/°	⩾10	⩾15	⩾15	⩾15	⩾15
有效观测卫星总数	⩾20	⩾9	⩾6	⩾4	⩾4
观测时段数	⩾6	⩾4	⩾2	⩾1.6	⩾1.6
时段长度(静态)/min	⩾540	⩾240	⩾60	⩾45	⩾40
时间采样(静态)间隔/s	30	30	10～30	10～30	10～30
时段内任一卫星有效观测时间(静态)/min	⩾15	⩾15	⩾15	⩾15	⩾15

二、GPS控制测量技术设计的内容和步骤

1. 收集和分析测区经济地理等情况以及已有的测绘成果成图资料

通过对已有控制网测设数据及成果资料的了解和分析，可获知控制网的质量情况、所设置的坐标系和高程、中央子午线位置以及起始点坐标、起始方位角等基本数据，以决定是新建还是改建、扩建控制网时的参考。踏勘已有控制点标石的完好情况以便加以利用。测区的气象、地址、交通等情况对于选点、埋石及制定观测计划也很重要，1∶1万国家基本图及大比例尺地形图对于图上设计、实地选点、野外作业时必不可少的资料。

2. 确定所采用的坐标系及起算数据

如果已有控制网所采用的坐标系基本合理，则尽量采用原有的坐标系，即三类要素要取得一致。在GPS网平差转换时予以保证，宜选取已有网的起始点位GPS网平差时的位置基准，利用已有网的起始方位角作为GPS网的方位基准。至于GPS网的尺度基准本已隐含在基线向量观测值中，但也可以由已知点间的平面边长来确定(若两类控制网的平面边长之间尺度差小于1/200 000～1/100 000时)。

3. 控制网的网形设计

控制点的位置及网形可在1∶1～1∶5万比例尺的国家基本图上进行设计。以往对三角网和测边网作图上设计是十分烦琐的，既要保证相邻点间互为通视，又要考虑图形结构良好，对每个三角形的内角大小均有限制，除了抢占制高点外，有时还须借助于建立高标。对于观测方向较多的中点多边形的中点位置更是难以确定。当然，对于面积较小、边长较短的精密边角控制网，相对说来解决通视问题就容易些。

GPS网点并不以点间通视为必要条件，点位的选定有很大的灵活性，可以先按需要选定点位，再来组织网形，为便于观测和使用，GPS点选在交通方便容易到达的地方，尽量避免在山顶和河边设点。图上设计的仅是概略的点位，在实地选点时可在图上初选点的附近选定合适的点位，以满足GPS测量对点位的要求。拟作为GPS网的位置基准及方位基准的已有控制网的起始点及起始方位角的两端点必须选作GPS点，设计的点位中应尽可能多地包括一些符合条件的已有控制网点(城市或工程控制网点及国家网点)。这样不仅可以充分利用已有的标石，更可获知GPS网与原有控制网在同名点上的坐标差异，并可借以进行坐标系之间的转换。与此同时，在选点过程中应按所需的密度来进行布点。

如确定分两级布网，须先做首级网网形设计，首级网点应布满整个测区，但可疏密有致。然后再做同期施测的次级网点的网形设计。

将各GPS点依次相连组成几何图形就能获得GPS网形。对于GPS控制网宜采用有多个多边形闭合环组成，且相邻闭合环之间依边连接的图形。在此，每条边代表两台GPS接收机在该边两端点上同步连测所得的一个独立基线向量。如果在一个测段内，同步连测的接收机多于两台(设为m台，$m>2$)，则只能获得$m-1$个独立基线向量。也就是说，在设计的GPS网中所包含的任一观测时段中的独立基线向量只能是$m-1$个，多了则加入了不应有的观测值，少了则错失了有用的观测值。为此，在安排观测纲要时，应根据设计好的网形，决定每测段中基线向量的取舍。以确定GPS网确实是由独立基线向量所组成的。

多边形中边数的多寡直接关系到网的精度、可靠性以及野外GPS观测的工作量。高精度控制网宜采用有三边形组成的网形，为增加多于观测值，甚至还需加测对角线。对于大城

市首级控制网，每个独立闭合环的边数可限制在 4～5 个，对于一般的 GPS 控制网边数也不宜超过 6 个。因为随着闭合差边数的增加，闭合差的限差随之而增大，利用闭合差来检验发现基线向量观测值中可能存在的粗差的能力就会降低，除了会降低可靠性以外，还由于多于观测值的减少而影响网的精度。

在两个已有的 GPS 控制点之间可直接布设类似于附合导线那样的连线的 GPS 基线边，而以两已知点的基线边为闭合边，边数也不得超过 6 条。

即使在形状狭长的线路 GPS 控制网中，每两个相邻异步环之间最好还是采用边连式（两环之间有两个公共点），而不宜采用点连式（两环之间一个公共点）。因为有公共边毗连的多个闭合环的网形较之仅有一个公共点连接的网形具有更高的图形强度，并且在不增加野外工作量的条件下，却能获得相同的多余观测数。

由于 GPS 观测作业方式和 GPS 基线向量的选择具有较大的灵活性，有的施测单位在技术设计中注意布点，并不统一连点成网，作业中则采用某种推进方式施测，观测后再选择非同步的 GPS 基线向量，以至构成网形不佳，往往出现点连式的若干闭合环。有的甚至不做选择地保留同步 GPS 基线向量。有时难以发现粗差，也难以给出准确的精度评定。

4. 部分 GPS 点的水准联测方案的制定

GPS 定位测量不仅能得出 GPS 点的平面位置，还能得出大地高。但是大地高是以所取的椭球面上的法线为依据的，并非是工程上所需要的水准高程（正常高）。为此需对部分 GPS 点进行水准测定其正常高，从而获得在这些点上的高程异常，以便能用曲面拟合法来推估其余 GPS 点的正常高。在 GPS 网图上先选取密度适当、分布较均匀、包围整个测区的若干个 GPS 点，再来考虑水准联测方案。当然最好是将这些 GPS 点全部联结成三、四等水准网并附合到若干国家水准点上，不过这样做工作量很大，也可利用就近的已知水准点分别予以测定，但应采用符合水准线路并同时利用两个水准点的已知高程，以免单个水准点高程有可能不可靠。在局部困难地区，对少数难以与其他点连测得 GPS 点也可以只测定这些点之间的高差。

5. 技术设计书大致内容

任务来源、任务要求、作业依据；测区概况；已有测量成果成图资料情况及对其的分析；所利用的水准点、水准联测路线等；采用的坐标系及起始数据；布网的方案的说明及论证；选点和埋石；观测精度标准（接收机标称精度、一测段的观测时间、定位方式、边长规格等）；内、外业采用的仪器设备、人工及计算软件；平差计算方案、预期精度；经费预算；各种设计图表。

三、GPS 控制网布设

1. 野外选点

选点工作开始之前应搜集测区有关资料，如地形图、行政区划图和已有的测绘成果；了解和研究测区情况，如交通、通讯、供电、气象以及原有的控制点情况。

一般来说，在图上设计的 GPS 点位与实地的点位可以不完全一致，即使偏离数百米，对网的精度和可靠性也不会产生任何影响。GPS 点的选定不以相邻点间的通视为先决条件，但应当保证能顺利接收到不受干扰的卫星信号。具体而言应符合下述要求：

① 周围便于安置接收设备和操作，视野开阔、视场内障碍物的高度角应小于 15°；

② 点位应选在地基稳固、交通方便的地方，便于保存且利于其他测量手段联测和扩展；

③ 尽量避开大面积水域,以减弱多路经误差的影响;

④ 远离大功率无线电发射源(如电视台、微波站等),远离高压输电线和通讯线以避免周围磁场对 GPS 卫星信号的干扰。

为使点位长期保存和使用,不致移位和变形,应选在土质坚硬、地质情况良好之处,在城市建筑区,常因平地上的点位难以确保其长期性而选在楼顶,此时应选择已有一定的建筑年代、不再会有沉降的较坚固的建筑物的楼顶,标石的埋设应与混凝土梁柱固连。如作为 GPS 形变监测网的基准点,则必须将点位埋在稳固、完整的基岩上。

如果在 GPS 点上与其他 GPS 点(不一定是相邻点)中的 1～2 个点通视,则有利于用常规技术加密低级网点。但对于间距较大的首级 GPS 网点,而且加密次级网仍采用 GPS 技术时,则就不必强求须有 1～2 个通视方向。

点位选定后应绘制点之记,包括点名、点号、点位及点位略图、交通情况等,作为档案等级也便于今后对控制点位的寻找和使用。

高精度 GPS 控制网以及形变监测网宜建造带有强制归心装置的观测墩,不仅能减少对中及天线高量测误差,同时也避免因观测时间较长,三脚架受风吹、日晒、人员走动就不甚稳定而产生的影响。

2. 埋石

点位选定后,按《规范》规定的规格埋设标石,并进行标记,绘制控制点点之记。

3. 布设特点

GPS 卫星定位技术布设控制网,不仅对点位图形结构没有太多限制,对点位之间的通视条件也没有严格要求。点位无须选在制高点,也无须建造觇标。这为 GPS 网的布设带来了极大的便利。GPS 控制网的主要特点如下:

(1) GPS 接收机采集的是接收天线至卫星的距离和卫星星历等数据,要求向上通视不强求点间通视。

(2) GPS 控制网淡化了"分级布网、逐级控制"的布网原则。在城镇及矿区范围布设 GPS 控制网,分为 C 级、D 级、E 级,不同等级网有不同的精度要求。

以往用常规技术测设控制网时,遵循的是分级布网、逐级控制的原则,例如城市三角网分为二、三、四等,平均边长由长到短依次为 9 km,5 km,2 km,测角中误差依次为±1″,±1.8″及±2.5″各个等级的三角网的精度指标以最弱边边长相对中误差来衡量,依次为 1/120 000,1/80 000,1/45 000 及 1/20 000,四等以下还需布设一级、二级小三角或一级、二级导线。三边网的边长规格相同,只是规定了测距精度。采用 GPS 技术布设控制网,显然不必分成那么多的等级,对于较小的城市和工程控制网,可以采用全面布设。采用长短边相结合的分级布网,既能从城市建设和地籍测量的实际要求出发,提高其"邻近精度",保证所需的密度;又能以长边为控制来限制误差的累积,提高整网的精度。对于较大的控制网,分级布网更有其必要性,先以点数较少的首级 GPS 控制网覆盖整个测区,然后就能根据经济建设的需要分期、分区地逐步加密局部的次级网。在首级网中已顾及了远期发展的需要,加密网则随用随测。从而大大降低建网初期的费用,使经费投入更加合理、富有成效。

(3) GPS 控制网对点的位置和图形结构没有过多的要求,正因为 GPS 网中各点的位置直接测定,并不是以图形逐点推算,所以点位结构、图形形状均与点的位置精度关系不大。

(4) 控制点的位置是彼此独立直接测定的,因此,有关误差的传播和积累关系发生了变化，最弱边、最弱点的概念已不重要。

就城市控制网而言，通常要求四等网中最弱相邻点的点位中误差不得超过5 cm，相邻两点的点位中误差通常是利用坐标差的微积分按协方差传播律来求出的。为了合理的评定相对点位精度，除了设定一端点不含有误差外，还应选定该点上某个方向的方位角不含误差，在此前提下来计算和评定相对点位精度。于是两点间的相对点位精度也随着所选取的参考方位不同而不同。这样做更切合实际。

5 cm的相对点位误差对于边长为2 km的四等边而言相当于1/40 000的边长相对精度，而现行规范中规定的四等三角边最弱边相对中误差须小于1/45 000的要求，相对于边长中误差为4.4 cm。若去另一个参考方位，则待评定点的相对点位中误差的方向与边长方向一般并不一致，若设纵横向方向上的中误差数值相等，于是5 cm的点位中误差所相应的边长中误差为3.5 cm，相当于最弱边边长相对精度应为1/57 000。

对于城市控制网所提出的这样的精度要求，即使用单频GPS接收机按照快速静态定位的方法也是比较容易达到的。因基线向量观测值的精度至少可达10 mm$+2\times10^{-6}$D，对于四等网，边长相对精度可达1/140 000，对于三等边及二等边则分别为1/250 000及1/320 000。当起始数据误差较小时(例如已采用GPS技术作收集控制网)，观测值经过平差后精度还会有所增益。由此可见GPS城市控制网的技术设计不应当仅仅满足于现行规范的精度要求，而应当在精度上留有一定的存储量，尤其是对边长较大的GPS网首级网点，尽量在一个测段内观测较长的时间，使首级网与次级网精度上有一定的匹配，若是首级网获得超常的高精度，则在加密网中起始数据的误差影响就小得忽略不计。

4. 布网原则

(1) 选择已有控制点资料。新布设的GPS网应尽量与原有的平面控制网相连接。

GPS所测得的三维坐标，属于WGS-84世界大地坐标系。为了将它们转换成国家或地方坐标系。至少应该联测两个已有的控制点。其中一个点作为GPS网在原有坐标系内的定位起算点，两个点之间方位和距离作为GPS网在原有网之间的转换参数，联测点最好多于两个，且要求联测点分布均匀、具有较高的点位精度。

(2) 利用已有水准点联测GPS点的高程。GPS网所确定的三维坐标中，高程属于大地高，为转化为实际应用的正常高系统，应在GPS网中施测或重合少量几何水准点，应用数值拟合法(多项式曲面拟合或多面函数拟合)拟合出测区的拟大地水准面，内查出其他GPS点的高程异常并确定出其正常高高程。

(3) 网点。GPS网内各点虽不要求通视，但应有利于常规测量方法进行加密控制时应用。

(4) 网形。GPS网应通过一个或若干同步观测环构成闭合图形，以增加检核条件，提高网的可靠性。

5. 提高GPS网可靠性的方法

(1) 增加观测期数(增加独立基线数)

在布设GPS网时，适当增加观测期数(时段数)对于提高GPS网的可靠性非常有效。因为，随着观测期数的增加，所测的独立基线数就会增加，而独立基线数的增加，对网的可靠性的提高是非常有益的。

(2) 保证一定的重复设站次数

保证一定的重复设站次数,可确保 GPS 网的可靠性。一方面,通过在同一测站上的多次观测,可有效地发现设站、对中、整平、量测天线高等人为错误;另一方面,重复设站次数的增加,也意味着观测期数的增加。不过,需要注意的事,当同一台接收机在同一测站上连续进行多个测段的观测时,各个时段间必须重新安置仪器,以更好地消除各种人为操作误差和错误。

(3) 保证每个测站至少与三条以上的独立基线相连,这样可以使得测站具有较高的可靠性。在布设 GPS 网时,各个点的可靠性与点位无直接关系,而与该点上所联测的基线数有关,点上所连接的基线数越多,点的可靠性则越高。

(4) 在布网时要使网中所有最小异步环的边数不大于 6 条。

在布设 GPS 网时,检查 GPS 观测值(基线向量)质量的最佳方法是异步环闭合差,而随着组成异步环的基线向量数的增加,其检验质量的能力将逐步下降。

6. 提高 GPS 网精度的方法

(1) 为保证 GPS 网中各相邻点具有较高的相对精度,对网中距离较近的点一定要进行同步观测,已获得它们间的直接观测基线。

(2) 为提高整个 GPS 网的精度,可以在全面网之上布设框架网,以框架网作为整个 GPS 网的骨架。

(3) 在布网时要使网中所有最小异步环的边数不大于 6 条。

(4) 在布设 GPS 网时,引入高精度激光测距边,作为观测值与 GPS 观测值(基线向量)一同进行联合平差,或将它们作为起算边长。

(5) 若要采用高程拟合的方法,测定网中各点的正常高/正高,则须在布网时,选定一定数量水准点,水准点的数量应尽可能地多,且应在网中均匀分布,还要保证有部分点分布在网中的四周,将整个网包含在其中。

(6) 为提高 GPS 网的尺度精度,可采用如下方法:增设长时间、多时段的基线向量。

7. 布设 GPS 网时起算点的选取与分布

若要求所布设的 GPS 网的成果完全与旧成果吻合最好,则起算点数量越多越好,若不要求所布设的 GPS 网的成果完全与旧成果吻合,则一般可选 3～5 个起算点,这样既可以保证新老坐标成果的一致性,也可以保证 GPS 网的原有精度。

为保证整网的点位精度均匀,起算点一般应均匀地分布在 GPS 网的周围。要避免所有的起算点分布在网中一侧的情况。

8. 布设 GPS 网时起算边长的选取与分布

在布设 GPS 网时,可以采用高精度激光测距边作为起算边长,激光测距边的数量可在 3～5 条左右,他们可设置在 GPS 网中的任意位置,但激光测距边两端点的高差不应过分悬殊。

9. 布设 GPS 网时起算方位的选取与分布

在布设 GPS 网时,可以引入起算方位,但起算方位不宜太多,起算方位可布设在 GPS

网中的任意位置。

四、GPS 控制网布设方案

GPS 控制测量全部采用相对定位方法，所以必须使用 2 台或 3 台以上接收机进行同步观测。同步观测的两点间构成同步观测边，又称基线，GPS 控制网的几何图形就是由基线相连接构成的整体图形。

1. 同步网(环)

同步网(环)就是由同步观测边所构成的几何图形，它取决于同步观测的接收机数量。在图 1-7-15 中，图(a)、图(b)、图(c)和图(d)分别是有 2 台、3 台、4 台接收机进行同步观测室的几何图形。均称同步网。

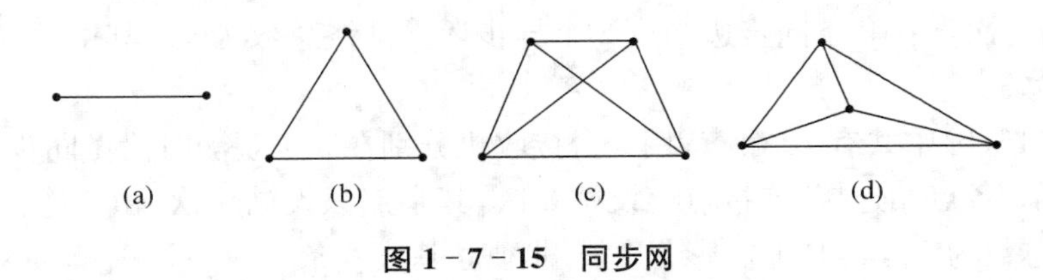

图 1-7-15　同步网

图中同步观测点的数目为 n，则网中同步边(基线)的总数为：

$$S=\frac{1}{2}n(n-1)$$

在 S 条基线中，只有 $(n-1)$ 条独立基线，其余基线为非独立基线。当 $n\geqslant 3$ 时，多条基线可以围成多边形闭合环，称为同步环，其个数为：

$$k=S-(n-1)=\frac{1}{2}(n-1)(n-2)$$

利用同步环所产生的坐标闭合差，可以评判同步网的观测质量。

2. 异步网(环)

GPS 控制点的数目多于同步观测的接收机台数时，就必须在不同时段观测多个同步网。由多个同步网相互联结的 GPS 网，称异步网。

在测站上，自开始接收卫星信号进行观测至结束观测，连续工作所连续的时间称为观测时段。同步网在一个观测时段完成观测工作，异步网则需要多个观测时段，所以异步网的网形结构和观测时段设计密切相关。

异步网的测量方案取决于投入作业的接收机数量和同步网之间的连接方式，同步网之间不同的连接方式决定了异步网不同的网形结构，异步网的多余基线(非独立基线)数量和图形结构密切相关。同步网之间通过四种连接方式组成异步网，即点连式、边连式、混连式和网连式。

(1) 点连式

多个同步网之间仅有一个点相连接的异步网称为点连式异步网。如图 1-7-16 所示。

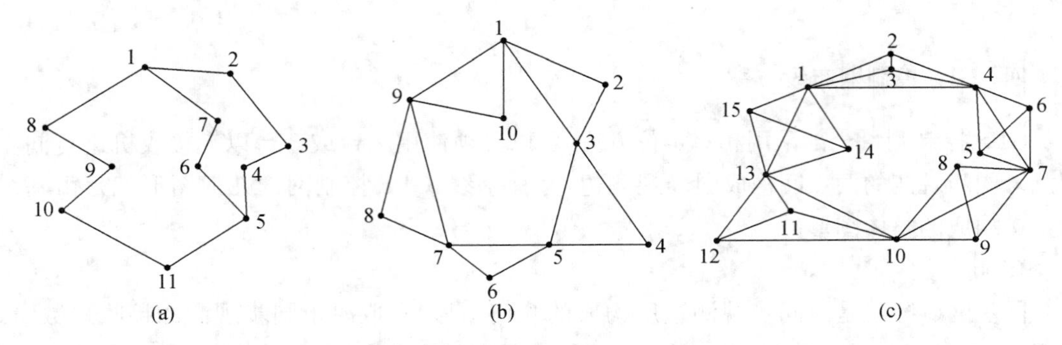

图 1-7-16　点连式异步网

图 1-7-16(a)中共有 11 个点，用 2 台接收机依次作同步观测，除 1，5 点设站 3 次外，其余点各设站 2 次，由 12 条同步边构成 2 个异步环。基线总数为 12，其中独立基线 10 条，非独立基线 2 条。

图 1-7-16(b)中共有 10 个点，用 3 台接收机分别在 5 个观测时段做同步观测，同步网间用 1，3，5，7，9 各点相连接，连接点上设站 2 次，其余点只设站 1 次，由 5 个同步环和 1 个异步环，基线总数为 15，其中独立基线 9 条，非独立基线 6 条。

图 1-7-16(c)中共有 15 个点，用 4 台接收机分别在 5 个时段作同步观测。有 5 个同步环和 1 个异步环。在 30 条基线总数中有 14 条独立基线，16 条非独立基线。

(2) 边连式

同步网之间由 1 条基线边相连接的异步网称为边连式异步网，如图 1-7-17 所示。

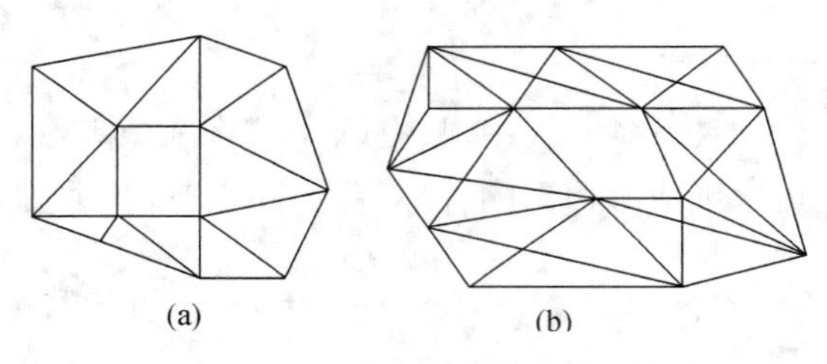

图 1-7-17　边连式异步网

图 1-7-17(a)表示用 3 台接收机分别在 11 个时段先后作同步观测，同步观测之间由 1 条公共基线连接，网中有 11 个同步环、1 个异步环、11 条重复基线。

图 1-7-17(b)表示用 4 台接收机先后在 7 个观测时段进行同步观测，网中有 7 个同步环、1 个异步环、7 条重复基线。

(3) 混连式

混连式是点连式与边连式相混合的一种连接方式，如图 1-7-18 所示。

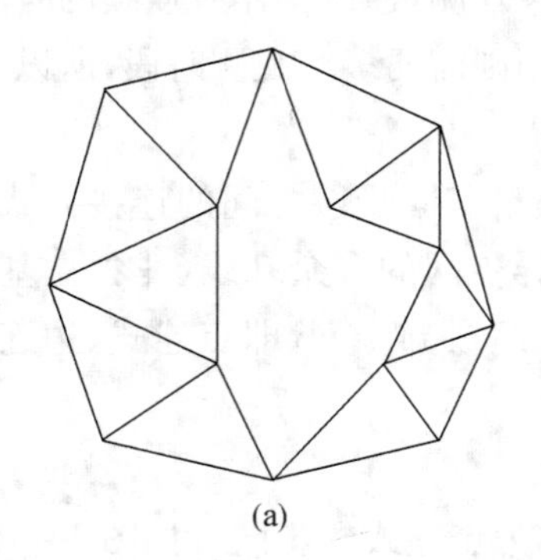

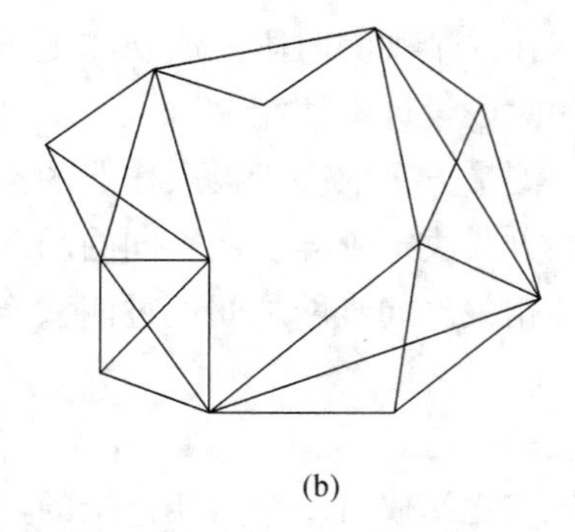

图 1-7-18　混连式异步网

(4) 网连式

在图1-7-18(a)的中部空白处用3台接收机增加2个观测时段,在图1-7-18(b)的空白处用4台接收机增加1个观测时段,就形成网连式异步网。

同步网之间的连接方式很多,不同的连接方式,工作量大小不同,检核条件也不同,在设计测量方案(观测时段)时,应考虑接收机的数量和精度、工作量大小、卫星运行状态、测区需要、车辆调度、迁站时间等多方面因素进行权衡,做出最佳选择。

五、GPS基线解算

1. GPS基线解算的观测值

基线解算一般采用差分观测值,较为常用的差分观测值为双差观测值,即由两个测站的原始观测值分别在测站和卫星间求差后所得到的观测值。

2. 基线解算(平差)

基线解算的过程实际上主要是一个平差的过程,平差所采用的观测值主要是双差观测值,在基线解算时,平差要分三个阶段进行。第一阶段进行初始平差,解算出整周未知数参数和基线向量的实数解(浮动解);在第二阶段,将整周未知数固定成整数;在第三阶段,将确定了的整周未知数作为已知值,仅将待定的测站坐标作为未知参数,再次进行平差解算,解求出基线向量的最终解——整数解(固定解)。

3. 基线解算阶段的质量控制指标

(1) 单位权方差因子

$$\delta_0=\sqrt{\frac{V^{T''}PV}{N}}$$

其中,V为观测值的残差;P为观测值的权;N为观测值的总数。

实质单位方差因子又成为参考因子。

(2) 数据剔除率

在基线解算时,如果观测值的改正数大于某一个阈值时,则认为该观测值有粗差,则需要将其剔除。被剔除观测值的数量与观测值的总数比值,就是所谓的数据剔除率。

数据剔除率从某一方面反映了GPS原始观测值的质量。数据剔除率越高,说明观测值的质量越差。

(3) RATLO

定义 $\text{RATLO}=\text{RMS}_{次最小}/\text{RMS}_{最小}$

显然,RATLO≥1.0。实质RATLO反映了所谓确定出的整周未知数参数的可靠性,这一指标取决于多种因素,既与观测值的质量有关,也与观测条件的好坏有关。

(4) RDOP

所谓RDOP值指的是在基线解算时待定参数的协因数阵的积tr(Q)的平方根,即 $\text{RDOP}=\sqrt{\text{tr}(Q)}$,RDOP值的大小与基线位置和卫星在空间中的几何分布及运行轨迹(即观测条件)有关,当基线位置确定后,RDOP值就只与观测条件有关了,而观测条件又是时间的函数,因此,实际上对于某条基线向量来讲,其RDOP值的大小与观测时间段有关。

RDOP表明了GPS卫星的状态对相对定位的影响,即取决于观测条件的好坏,它不受观测值质量好坏的影响。

(5) RMS

RMS 即观测值的均方根误差(Root Mean Square),即

$$\mathrm{RMS}=\sqrt{\frac{V^{T}V}{n-1}}$$

其中,V 为观测值的残差;n 为观测值的总数。

实质 RMS 表明了观测值的质量,观测值质量越好,RMS 越小,反之,观测值质量越差,则 RMS 越大,它不受观测条件(观测期间卫星分布图形)的好坏的影响。

依照数理统计的理念观测值误差落在 1.96 倍 RMS 的范围内的概率是 95%。

(6) 同步环闭合差

同步环闭合差是由同步观测基线所组成的闭合环的闭合差。

特点及作用:由于同步观测基线间具有一定的内在联系,从而使得同步环闭合差在理论上应总是为 0 的,如果同步环闭合差超限,则说明组成同步环的基线中至少存在一条基线向量是错误的,但反过来,如果同步环闭合差没有超限,还不能说明组成同步环的所有基线在质量上均合格。

(7) 异步环闭合差

不是完全有同步观测基线组成的闭合环称为异步环,异步环的闭合差称为异步环闭合差。

特点及作用:当异步环闭合差满足限差要求时,则表明组成异步环的基线向量的质量是合格的;当异步环闭合差不满足限差要求时,则表明组成异步环的基线向量中至少有一条基线向量的质量不合格,要确定出哪些基线向量的质量不合格,可以通过多个相邻的异步环或重复基线来进行。

(8) 重复基线较差

不同观测时段,对同一条基线的观测结果,就是所谓重复基线。这些观测结果之间的差异,就是重复基线较差。

RATIO、RDOP、RMS 和这几个质量指标只具有某种相对意义,他们数值的高低不能绝对的说明基线质量的高低。若 RMS 偏大,则说明观测值质量较差,若 RDOP 值较大,则说明观测条件较差。

4. 影响 GPS 基线解算结果的几个因素

影响基线解算结果的因素主要有以下几条:

(1) 基线解算时所设定的起点坐标不准确,会导致基线出现尺度和方向上的偏差。

(2) 少数卫星的观测时间太短,导致这些卫星的整周未知数无法准确确定,当卫星的观测时间太短时,会导致与该颗卫星有关的整周未知数无法准确确定,而对于基线解算来讲,对于参与计算的卫星,如果与其相关的整周未知数没有准确确定的话,就将影响整个观测时段里,有个别时间段里周跳太多,致使周跳修复不完善。

(3) 在观测时段内,多路径效应比较严重,观测值的改正数普遍较大。

(4) 对流层或电离层折射影响较大。

5. 影响GPS基线解算结果因素的应对措施

(1) 基线起点坐标不准确的应对方法：要解决基线起点坐标不准确的问题，可以在进行基线解算时，使用坐标准确度较高的点作为基线解算的起点，较为准确的起点坐标可以通过进行较长时间的单点定位或通过与WGS-84坐标较准确的点联测得到；也可以采用在进行整网的基线解算时，所有基线起点的坐标均有一个点坐标衍生而来，使得基线结果均具有某一系统偏差，然后，在GPS网平差处理时，引入系统参数的方法加以解决。

(2) 卫星观测时间短的应对方法：若某颗卫星的观测时间太短，则可以删除该卫星的观测数据，不让其参加基线解算，这样可以保证基线解算结果的质量。

(3) 周跳太多的应对方法：若某颗卫星的观测时间太短，则可以采用删除周跳严重的时间短段的方法，来尝试改善基线解算结果的质量；若只有个别卫星经常发生周跳，则可采用删除经常发生周跳的卫星的观测值的方法，来尝试改善基线解算结果的质量。

(4) 多路径效应严重的应对方法：由于多路径效应往往造成观测值残差较大，因此，可以通过缩小编辑因子的方法来剔出残差较大的观测值；另外，也可以采用删除多路径效应严重的时间段或卫星的方法。

(5) 对流层或电离层折射影响过大的应对方法：对于对流层或电离层折射影响过大的问题，可以提高截止高度角，剔除易受对流层或电离层影响的低高度角观测数据。但这种方法，具有一定的盲目性，因为，高度较低的信号，不一定受对流层或电离层的影响就大。可以分别采用模型对对流层或电离层延迟进行改正。

如果观测值是双频观测值，则可以使用消除了电离层折射影响的观测值来进行基线解算。

6. 基线精化处理的有力工具——残差图

在基线解算时经常要判断影响基线解算结果的质量因素，或需要确定哪颗卫星或哪段时间的观测值质量上的问题，残差图对于完成这些工作非常有用。所谓残差图就是根据观测值的残差绘制的一种图表。

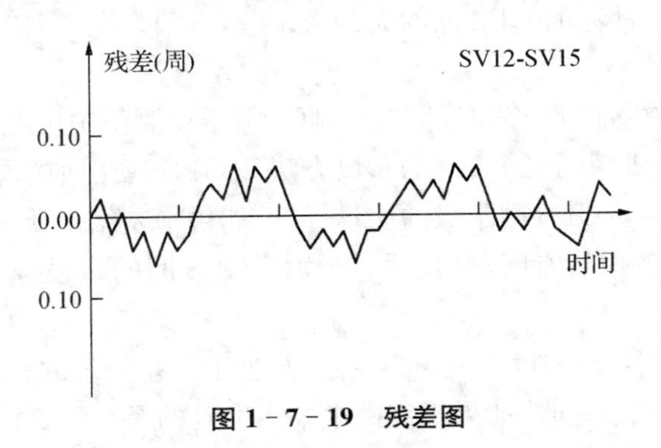

图1-7-19　残差图

上图是一种常见双差分观测值残差图的形式，它的横轴表示观测时间，纵轴表示观测值的残差，右上角的“SV12-SV15”表示此残差是SV12号卫星与SV15号卫星的差分观测值的残差，正常的残差图一般为残差绕着零轴上下摆动，振幅一般不超过0.1周。

7. GPS 基线的解算的过程

每一个厂商所生产的接收机都会配备相应的数据处理软件，它们在使用方法上都会有各自不同的特点，但是，无论是哪种软件，它们在使用步骤上都是大体相同的。GPS 基线解算的过程是：先是观测数据的读入，在进行基线解算时，首先需要读取原始的 GPS 观测值数据。一般说来，各接收机厂商随接收机一起提供的数据处理软件都可以直接处理从接收机中传输出来的 GPS 观测值数据。而由第三方所开发的数据处理软件则不一定能对各接收机的原始观测数据进行处理，要处理这些数据，首先要进行格式转换。目前，最常用的格式是 RINEX 格式，对于按此格式存储的数据，大部分的数据处理软件都能直接处理。

(1) 外业输入数据的检查与修改。在读入了 GPS 观测值数据后，就需要对观测数据进行必要的检查，检查项目包括：测站名、点号、测站坐标、天线高等。对这些项目进行检查的目的，是为了避免外业操作时的误操作。

(2) 设定基线解算的控制参数。基线解算的控制参数用以确定数据处理软件采用何种处理方法来进行基线解算，设定基线解算的控制参数是基线解算时的一个非常重要的环节，通过控制参数的设定，可以实现基线的精化处理。

(3) 基线解算。基线解算的过程一般是自动进行的，无须过多人工干预。

(4) 基线质量的检验。基线解算完毕后，基线结果并不能马上用于后续的处理，还必须对基线的质量进行检验，只有质量合格的基线才能用于后续的处理，如果不合格，则需要对基线进行重新解算或重新测量。基线的质量检验需要通过 RATIO、RDOP、RMS、同步环闭合差、异步环闭合差和重复基线较差来进行。

六、GPS 基线向量网平差

1. GPS 网平差的分类

(1) 无约束平差

GPS 网的无约束平差指的是在平差时不引入会造成 GPS 网产生由非观测量所引起的变形的外部起算数据。常见的 GPS 网的无约束平差，一般是在平差时没有起算数据或没有多余的起算数据。

① 评定 GPS 网的内部符合精度，发现和剔除 GPS 观测值中可能存在的粗差，由于三维无约束平差的结果完全取决于 GPS 网的布设方法和 GPS 观测值的质量，因此，三维无约束平差的结果就完全反映了 GPS 网本身的质量好坏，如果平差结果质量不好，则说明 GPS 网的布设或 GPS 观测值的质量有问题；反之，则说明 GPS 网的布设或 GPS 观测值的质量没有问题。

② 得到 GPS 网中各个点在 WGS－84 系下经过了平差处理的三维空间直角坐标，在进行 GPS 网的三维无约束平差时，如果指定网中某点准确的 WGS－84 坐标作为起算点，则最后可得到的 GPS 网中各个点经过了平差处理的在 WGS－84 系下的坐标。

③ 为将来可能进行高程拟合，提供经过了平差处理的大地高数据，用 GPS 水准替代常规水准测量获取各点的正高或正常高是目前 GPS 应用中一个较新的领域，现在一般采用的是利用公共点进行高程拟合的方法。在进行高程拟合之前，必须获得经过平差的大地高数据，三维无约束平差可以提供这些数据。

(2) 约束平差

GPS网的约束平差指的是平差时所采用的观测值完全是GPS观测值(即GPS基线向量),而且,在平差时引入了使得GPS网产生由非观测量所引起的变形的外部起算数据。

(3) 联合平差

GPS网的联合平差指的是平差时所采用的观测值除了GPS观测值以外,还采用了地面常规观测值,这些地面常规观测值包括边长、方向、角度等观测值等。

2. GPS网平差的过程

(1) 提取基线向量,构建GPS基线向量网

要进行GPS网平差,首先必须提取基线向量,构建GPS基线向量网。提取基线向量网时需要遵循以下几项原则:

① 必须选取相互独立的基线,若选取了不相互独立的基线,则平差结果会与真实的情况不相符合。

② 所选取的基线应构成闭合的几何图形。

③ 选取质量好的基线向量。基线质量的好坏,可以依据RMS、RDOP、RATIO、同步环闭合差、异步环闭合差和重复基线较差来判定。

④ 选取能构成边数较少的异步环的基线向量。

⑤ 选取边长较短的基线向量。

(2) 三维无约束平差

在构成了GPS基线向量网后,需要进行GPS网的三维无约束平差,通过无约束平差主要达到以下几个目的:

根据无约束平差的结果,判别在所构成的GPS网中是否有粗差基线,如发现含有粗差的基线,需要进行相应的处理,必须使得最后用于构网的所有基线向量均满足质量要求。

调整各基线向量观测值的权,使得他们相互匹配。

(3) 约束平差/联合平差

在进行完三维无约束平差后,需要进行约束平差或联合平差,平差可根据需要在三维空间或二维空间中进行。约束平差的具体步骤是:制定进行平差的基准和坐标系统;指定起算数据;检验约束条件的质量;进行平差解算。

(4) 质量分析和控制

在这一步,进行GPS网质量的评定,在评定时可以采用下面的指标:

① 基线向量的改正数。

根据基线向量的改正数的大小,可以判断出基线向量中是否含有粗差。具体判定依据是,若 $|V_i| < \delta_0 \cdot \sqrt{qi} \cdot t_{1-a/2}$,则认为基线向量中不含有粗差;反之,则含有粗差。

② 相邻点的中误差和相对中误差。

若在进行质量评定时,发现有质量问题,需要根据具体情况进行处理,如果发现构成GPS网的基线中含有粗差,则需要采用删除含有粗差的基线,重新对含有粗差的基线进行解算或重测含有粗差的基线等方法解决;如果发现个别起算数据有质量问题,则应该放弃有质量问题的起算数据。

七、GPS 控制测量技术总结

1. 技术总结的作用

在完成了 GPS 网的布设后，应该认真完成技术总结。每项 GPS 工程的技术总结不仅是工程一系列必要文档的主要组成部分，而且它还能够使各方面对工程的各个细节有完整而充分的了解，从而便于今后对成果的充分而全面利用。另一方面，通过对整个工程的总结，测量作业单位还能够总结经验，发现不足，为今后进行新的工程提供参考。

2. 技术总结的内容

(1) 项目来源：介绍项目的来源、性质。

(2) 测区概况：介绍测区的地理位置、气候、人文、经济发展状况、交通条件、通信条件等。

(3) 工程概况：介绍工程目的、作用、要求、等级(精度)、完成时间等。

(4) 技术依据：介绍作业所依据的测量规范、工程规范、行业标准等。

(5) 施测方案：介绍测量所采用的仪器、采取的布网方法等。

(6) 作业要求：介绍外业观测时的具体操作规程、技术要求等，包括仪器参数的设置(如采样率、截止高度角等)，对中精度、整平精度、天线高的量测方法及精度要求等。

(7) 观测质量控制：介绍外业观测时的质量要求，包括质量控制方法及各项限差要求等。

(8) 数据处理方案：说明详细的数据处理方案，包括基线解算方法、网平差处理方法等。

(9) 精度统计分析。

(10) 结论：对整个工程的质量及成果做出结论。

表 1-7-11　四等 GPS 控制网平差后的精度统计

最弱边相对中误差(1/10 000)			最弱点点位中误差(cm)		
一般	最　大	允　许	一般	最　大	允　许
50.5	15.2	4.5	±0.2	±0.3	±5.0

表 1-7-12　一级 GPS 控制网验算精度统计

同步环闭合差(10^{-6})		异步环闭合差(10^{-6})		复测基线长度较差(10^{-6})	
一般	最　大	允　许	一般	最　大	允　许
13.0	15.0	43.0	84.6	14.7	32.2

表 1-7-13　一级 GPS 控制网平差后的精度统计

最弱边相对中误差(1/10 000)			最弱点点位中误差(cm)		
一般	最　大	允　许	一般	最　大	允　许
10.5	5.0	2.0	0.6	± 0.8	± 5.0

第5节　高程控制测量

小地区高程控制测量主要包括三、四等水准测量，图根水准测量和三角高程测量等方法，现分别介绍如下。

一、三、四等水准测量

三、四等水准测量是对国家一、二等水准网的加密，可以作为小地区首级高程控制网。三、四等水准测量也是建筑施工测量中水准线路检测或引测水准点的主要方法。如果测区附近没有高级水准点，也可用三、四等水准测量构成闭合线路，作为测区独立系统的首级控制。三、四等水准测量的技术要求见表1－7－14。

表1－7－14　水准测量的主要技术要求

<table>
<tr><th rowspan="2">等级</th><th rowspan="2">水准仪</th><th rowspan="2">水准尺</th><th rowspan="2">附合线路长度/km</th><th rowspan="2">视线长度/m</th><th rowspan="2">视线离地面最低高度/m</th><th rowspan="2">前后视距差/m</th><th rowspan="2">前后视距累积差/m</th><th rowspan="2">基本分划辅助分划（墨红面）读数之差/mm</th><th rowspan="2">一测站所测高差之差/mm</th><th colspan="2">观测次数</th><th colspan="2">往返较差附合或环形闭合差</th></tr>
<tr><th>与已知点联测</th><th>附合或环形</th><th>平地/mm</th><th>山地/mm</th></tr>
<tr><td rowspan="2">三</td><td>DS_1</td><td>因瓦</td><td rowspan="2">50</td><td>100</td><td rowspan="2">0.3</td><td rowspan="2">3</td><td rowspan="2">6</td><td>1.0</td><td>1.5</td><td rowspan="2">往返各一次</td><td>往一次</td><td rowspan="2">$\pm 12\sqrt{L}$</td><td rowspan="2">$\pm 4\sqrt{n}$</td></tr>
<tr><td>DS_3</td><td>双面</td><td>75</td><td>2.0</td><td>3.0</td><td>往返各一次</td></tr>
<tr><td>四</td><td>DS_3</td><td>双面</td><td>16</td><td>100</td><td>0.2</td><td>5</td><td>10</td><td>3.0</td><td>5.0</td><td>往返各一次</td><td>往一次</td><td>$\pm 20\sqrt{L}$</td><td>$\pm 6\sqrt{n}$</td></tr>
<tr><td>图根</td><td>DS_{10}</td><td>单面</td><td>5</td><td>100</td><td></td><td></td><td></td><td></td><td></td><td>往返各一次</td><td>往一次</td><td>$\pm 40\sqrt{L}$</td><td>$\pm 12\sqrt{n}$</td></tr>
</table>

注：L为线路长以km为单位。

三、四等水准测量采用双面尺法或两次仪器高法在通视良好且成像清晰、稳定的情况下进行观测。在此，主要介绍双面尺法。

1. 一个测站的观测顺序

后视黑尺面：下、上、中丝读数(1)，(2)，(3)；

前视黑尺面：中、下、上丝读数(4)，(5)，(6)；

前视红尺面：中丝读数(7)；

后视红尺面：中丝读数(8)。

以上观测顺序可称为“后—前—前—后”与“黑—黑—红—红”，这种观测顺序可以有效地抵消水准尺与水准仪下沉对测量结果所造成的影响。(1)—(8)为观测记录的顺序，记录簿格式见表1－7－14。四等水准测量也可以采用“后—后—前—前”与“黑—红—黑—红”的观测顺序。

表 1－7－15　三、四等水准测量记录手簿

测自＿＿＿＿＿　天气　观测者：张国兴

测至＿＿＿＿＿　成像　记簿者：李新民

年　月　日

始：　时　分

终：　时　分

测站编号	后尺 下丝 / 上丝 后距 视距差 d	前尺 下丝 / 上丝 前距 $\sum d$	方向及尺号	标尺读数		K＋黑减一红	高差中数	备注
				黑面	红面			
	(1)	(5)	后	(3)	(8)	(10)		
	(2)	(6)	前	(4)	(7)	(9)		
	(15)	(16)	后一前	(11)	(12)	(13)	(14)	
	(17)	(18)						
1	1 571	739	后 12	1 384	6 171	0		
	1 197	363	前 13	0 551	5 239	－1		
	37.4	37.6	后一前	＋0.833	＋0.932	＋1	＋0.832 5	
	－0.2	－0.2						
2	2 121	2 196	后 13	1 934	6 621	0		
	1 747	1 821	前 12	2 008	6 796	－1		
	37.4	37.5	后一前	－0.074	－0.175	＋1	－0.074 5	
	－0.1	－0.3						
3	1 914	2 055	后 12	1 726	6 513	0		
	1 539	1 678	前 13	1 866	6 554	－1		
	37.5	37.7	后一前	－0.140	－0.041	＋1	－0.140 5	
	－0.2	－0.5						
4	1 965	2 141	后 13	1 832	6 519	0		
	1 700	1 874	前 12	2 007	6 793	＋1		
	26.5	26.7	后一前	－0.175	－0.274	－1	－0.174 5	
	－0.2	－0.7						
5	565	2 792	后 12	0 356	5 144	－1		
	127	2 356	前 13	2 574	7 261	0		
	43.8	43.6	后一前	－2.218	－2.117	－1	－2.217 5	
	0.2	－0.5						
6	1 540	2 813	后 13	1 284	5 971	0		
	1 069	2 357	前 12	2 580	7 368	－1		
	47.1	45.6	后一前	－1.296	－1.397	＋1	－1.296 5	
	＋1.5	＋1.0						
			后					
			前					
			后一前					

2. 测站上的计算与校核

(1) 高差部分

$$(11)=(3)-(4)$$

$$(12)=(8)-(7)$$

$$(14)=\frac{1}{2}\times[(11)+(12)\pm 0.100]$$

(2) 视距部分

$$(15) = (1) - (2)$$

$$(16) = (5) - (6)$$

$$(17) = (15) - (16)$$

$$(18) = (17) + \text{上站}(18)$$

(3) 校核部分

$$(9) = (4) + K - (7)$$

$$(10) = (3) + K - (8)$$

$$(13) = (10) - (9) = (11) - (12) \pm 100$$

$$(14) = (11) - \frac{1}{2} \times (13) = (12) + \frac{1}{2} \times (13) \pm 0.100 = \frac{1}{2} \times [(11) + (12) \pm 0.100]$$

式中,K 为黑红面零点的差值,$K = 4.687\ \text{m}$ 或 $K = 4.787\ \text{m}$;(11)为黑面高差,(12)为红面高差,因两个 K 值相差 0.100 m,故黑红面高差总是相差 0.100 m;(14)为高差中数;(15)为后视距离;(16)为前视距离;(17)为前后视距离差;(18)为前后距离累积差。

3. 观测后的计算与校核

(1) 高差部分

$$\sum(3) - \sum(4) = \sum(11) = h_{\text{黑}}$$

$$\sum(8) - \sum(7) = \sum(12) = h_{\text{红}} \quad h_{\text{中}} = \frac{1}{2}[h_{\text{黑}} + (h_{\text{红}} + 0.100)]$$

$$\sum(10) - \sum(9) = \sum(11) - \sum(12) = \sum(13)$$

式中,$h_{\text{黑}}$,$h_{\text{红}}$分别为一测段里黑面、红面所得高差;$h_{\text{中}}$为高差中数。上述公式只有在一测段测站数为偶数时才能成立。

(2) 视距部分

$$\text{末站}(18) = \sum(15) - \sum(16)$$

$$\text{总视距} = \sum(15) + \sum(16)$$

两次仪器高法是用单面水准尺安置两次仪器在一站观测,或用两台仪器同时观测。

三、四等水准测量每站观测只能在完成测站校核确认无误后才能迁至下一站观测;否则,该站须重测。每完成一测段后要进行线路校核,确认符合规范要求后再继续进行下一测段;否则,这一测段须重测。

二、图根水准测量

图根水准测量是为了测量图根点的高程,作为各种比例尺测图的高程控制,也可用于要求不太高的(如农田建设等)高程控制网。它的精度比三、四等水准要求低,故称为等外水准测量，观测方法、记录、计算可参见四等水准，具体技术要求见表 1－7－14。

三、三角高程测量

1. 三角高程测量原理及公式

在山区或地形起伏较大的地区测定地面点高程时，采用水准测量进行高程测量一般难以进行，故实际工作中常采用三角高程测量的方法施测。

传统的经纬仪三角高程测量的原理如图 1－7－19 所示，设 A 点高程及 A，B 两点间的距离已知，求 B 点高程。方法是，先在 A 点架设经纬仪，量取仪器高 i；在 B 点竖立觇标(标杆)，并量取觇标高 L，用经纬仪横丝瞄准其顶端，测定竖直角 δ，则 A，B 两点间的高差计算公式为：

$$h_{AB}=D\text{tg}\delta+i-L$$

故

$$H_B=H_A+h_{AB}=H_A+D\text{tg}\delta+i-L \qquad (1-7-18)$$

式中 D 为 A，B 两点间的水平距离。

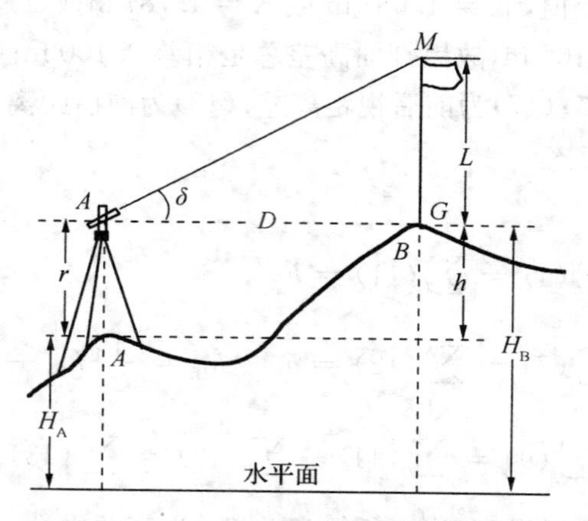

图 1－7－19　三角高程测量原理

当 A，B 两点距离大于 300 m 时，应考虑地球曲率和大气折光对高差的影响，所加的改正数简称为两差改正。

设 c 为地球曲率改正，R 为地球半径，则 c 的近似计算公式为：$c=\dfrac{D^2}{2R}$；

设 γ 为大气折光改正，则 γ 的近似计算公式为：$\gamma=0.14\dfrac{D^2}{2R}$；

因此两差改正 f 为：$f=c+\gamma=(1-0.14)\dfrac{D^2}{2R}$，$f$ 恒为正值。

采用光电三角高程测量方式，要比传统的三角高程测量精度高，因此目前生产中的三角高程测量多采用光电法。

采用光电测距仪测定两点的斜距 S，则 B 点的高程计算公式为：

$$h_{AB}=D\text{tg}\delta+i-L+f$$

$$H_B=H_A+h_{AB}=H_A+S\sin\delta+i-L+f \qquad (1-7-19)$$

为了消除一些外界误差对三角高程测量的影响，通常在两点间进行对向观测，即测定 h_{AB} 和 h_{BA}，最后取其平均值，由于 h_{AB} 和 h_{BA} 反号，因此 f 可以抵销。

实际工作中，光电三角高程测量视距长度不应超过 1 km，垂直角不得超过 15°。理论分析和实验结果都已证实，在地面坡度不超过 8°，距离在 1.5 km 以内，采取一定的措施，电磁波测距三角高程可以替代三、四等水准测量。当已知地面两点间的水平距离或采用光电三角高程测量方法时，垂直角的观测精度是影响三角高程测量的精度主要因素。

2. 光电三角高程测量方法

光电三角高程测量需要依据规范要求进行，如《公路勘测规范》中光电三角高程测量具体要求见表 1-7-16。

表 1-7-16　光电三角高程测量技术要求

等级	仪器	测距边测回数	垂直角测回数		指标差较差(″)	垂赶紧角较差(″)	对向观测高差较差(mm)	附合或闭合路线闭合差(mm)
			三丝法	中丝法				
等	l	往返各 1	—	3	≤7	≤7	$40\sqrt{D}$	$20\sqrt{D}$
等	l	1	1	2	≤10	≤10	$60\sqrt{D}$	$30\sqrt{D}$

注：表 1-7-16 中 D 为光电测距边长度。

对于单点的光电高程测量，为了提高观测精度和可靠性，一般在两个以上的已知高程点上设站对待测点进行观测，最后取高程的平均值作为所求点的高程。这种方法测量上称为独立交会光电高程测量。

光电三角高程测量也可采用路线测量方式，其布设形式同水准测量路线完全一样。

(1) 垂直角观测

垂直角观测应选择有利的观测时间进行，在日出后和日落前两小时内不宜观测。晴天观测时应给仪器打伞遮阳。垂直角观测方法有中丝法和三丝法。其中丝观测法记录和计算见表 1-7-17。

表 1-7-17　中丝法垂直角观测表

点名 泰山　　等级 四等

天气 晴　　观测 吴明

成像 清晰稳定　　仪器 Leica 702　全站仪　　记录 李平

仪器至标石面高 1.553 m　　1.554　　平均值 1.554 m　　日期 2006.3.1

照准点名	盘左	盘右	指标差	垂直角
	° ′ ″	° ′ ″	″	° ′ ″
天峰 觇标 高：5.24 m	90 06 26	269 53 32	+1	−0 06 26.0
	90 06 27	269 53 34	0	−0 06 26.5
	90 06 28	269 53 31	0	−0 06 28.5
	中 数		−0 06 27.0	

注：规范要求四等光电三角高程计算时垂直角应取至 0.1″。

(2) 四等光电三角高程测量

采用全站仪进行四等光电三角高程路线测量作业过程如下：

① 在测站上架设适当测距精度和测角精度的全站仪，在待测点上架设反光镜觇牌，四等光电三角高程需要用量杆在观测前后两次精确量取仪器高和棱镜高，取值精确到 1 mm，两次量取较差不大于 2 mm 时取平均值。

② 往、返测距和测角，垂直角观测采用 J2 级仪器，中丝法 3 个测回。测回间垂直角互差和指标差均不得大于 7″。

③ 依照式(1-7-19)计算相邻点间的往、返高差，其高差的互差(应考虑球气差的影响)不得大于$\pm 40\sqrt{D}$(mm)(D 为测距边边长，以 km 为单位)。附合路线或环形闭合差不得大于$\pm 20\sqrt{D}$(mm)。若往返高差的绝对值之差满足精度要求，就取平均数作为两点间的高差，符号以往测高差为准。

④ 依照水准路线测量平差方法进行平差计算，最后求得各待定点的高程。高程应取至 1 mm。

3. 三角高程测量内业计算

对于图根级控制测量，三角高程测量的精度一般规定为每段往返测所得的高差 f_k(经两差改正后)不应大于 $0.1D$(m)(D 为边长，以 km 为单位)，即 $f_{k容}=\pm 0.1D$(m)。由对向观测所求得的高差平均值来计算路线闭合差应不大于$\pm 0.05\sqrt{\sum D^2}$(m)。

图 1-7-20 为某一图根控制网示意图，三角高程测量观测结果列于图上，下画线数据表示往测。高差的计算和闭合差调整见表 1-7-18 和表 1-7-19。

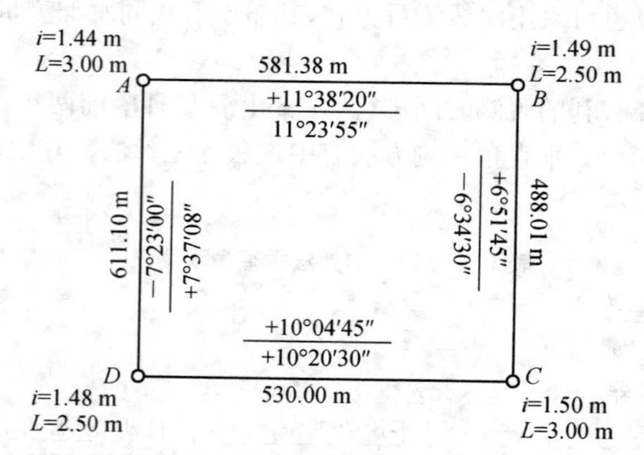

图 1-7-20　三角高程测量观测成果图

表 1-7-18　三角高程测量高差计算表

起算点	A		B	
待定点	B		C	
	往	返	往	返
水平距离 D/m	581.38	581.38	488.01	488.01
垂直角 δ	+11°38′20″	−11°23′55″	+6°51′45″	−6°34′30″
仪器高 i/m	1.44	1.49	1.49	1.50

续表

目标高 L/m	−2.50	−3.00	−3.00	−2.50
两差改正 f/m	+0.02	+0.02	+0.02	+0.02
高差/m	+118.71	−118.70	+57.24	−57.23
平均高差/m	+118.70		+57.24	
起算点	C		D	
待定点	D		A	
	往	返	往	返
水平距离 D/m	530.00	530.00	611.10	611.10
垂直角 δ	−10°04′45″	+10°20′30″	−7°23′00″	+7°37′08″
仪器高 i/m	1.50	1.48	1.48	1.44
目标高 L/m	−2.50	−3.00	−3.00	−2.50
两差改正 f/m	+0.02	+0.02	+0.02	+0.02
高差/m	−95.19	+95.22	−80.69	+80.70
平均高差/m	−95.20		−80.70	

表 1－7－19　三角高程测量路线计算表

点号	距离/m	观测高差/m	改正数 v/m	改正后高差/m	高程
A	580	+118.70	−0.01	+118.69	325.88
B	490	+57.24	−0.01	+57.23	444.57
C	530	−95.20	−0.01	−95.21	501.80
D	610	−80.70	−0.01	−80.71	406.59
A	+0.04	−0.04	325.88		
Σ					
$f_k=0.04\ \text{m}<f_{k\text{容}}=0.05\sqrt{1.23}=0.05\times1.1=0.055(\text{m})$					

习题 7

1. 控制网的作用是什么？控制网有哪几种形式？

2. 何谓平面控制测量和高程控制测量？何谓小地区控制测量？

3. 什么是导线？它有哪几种形式？在选择导线的形式时为什么首先选用附合导线？

4. 导线测量的外业和内业工作都包含哪些主要内容？导线选点应注意什么问题？

5. 图 1－7－21 为一支导线，根据图中给定的已知

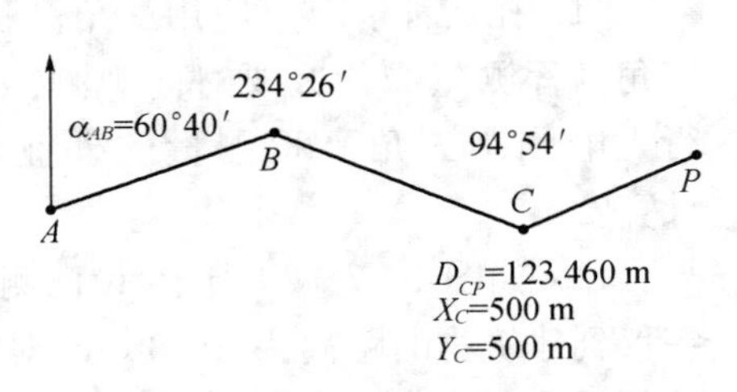

图 1－7－21　支导线

数据和观测数据，计算 P 点坐标。

6. 表 1－7－20 为图根导线，根据表中已知和观测数据求 2，3，4 点的坐标，并进行必要的校核计算（该题为闭合导线）。

表 1－7－20　闭合图根导线

点号	观测角(左) ° ′ ″	方位角 ° ′ ″	距离 /m	坐标/m		点号
				x	y	
1				25 032.70	4 537.66	1
		97　58　08	100.29			
2	82　46　29					2
			78.96			
3	91　08　23					3
			137.22			
4	60　14　02					4
			78.67			
1	125　52　04					1
2						2
$\sum$						

7. 图 1－7－22 为一附合导线，根据图中给定的已知数据和观测数据，列表计算 1，2，3 点的坐标，并进行必要的校核计算。

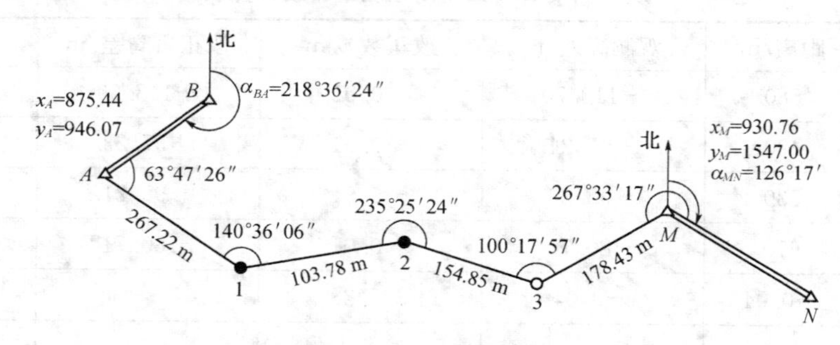

图 1－7－22　附合导线

8. 简述全站仪导线测量的外业观测工作的过程。

9. GPS 控制测量实施的工作程序分几个阶段？

10. 四等水准测量每一测站的观测和计算程序如何进行？需进行哪些校核计算？限差是多少？

11. 在何种情况下应用三角高程测量？三角高程测量为什么要对向观测？如何进行光电测距三角高程测量的外业和内业计算？

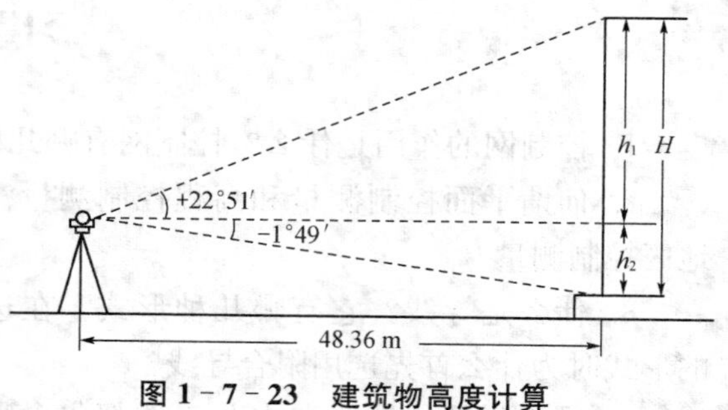

图 1－7－23　建筑物高度计算

12. 如图 1－7－23 所示，设已测得从经纬仪到建筑物的距离为 48.36 m，对建筑物顶部的仰角为＋22°51′，对建筑物底部的俯角为－1°49′，试计算建筑物的高度。

第 8 章 大比例尺地形图的知识

扫一扫可见
本章电子资源

地球表面的形状十分复杂，但总体上可分地物和地貌两大类。具有明显的轮廓、固定性的自然形成或人工构筑的各种物体统称地物，如江河、湖泊、房屋、道路等；地球表面的自然起伏、变化各异的形态统称地貌，如山地、丘陵、平原、洼地等；地物和地貌合称为地形。

将地面上地物及地面各种高低起伏形态，并经过综合取舍，按比例缩小后用规定的符号及一定的表示方法描绘在图纸上的正形投影图，称为地形图。由于地形图能客观地反映地面的实际情况，特别是大比例尺地形图，所以只有学习大比例尺地形图的基本知识，才能正确识读和使用地形图，并有助于地形图的测绘。

第 1 节　地形图比例尺

在测绘地形图时，把地面上地物和地貌的平面尺寸大幅度缩小之后画在图纸上，以便应用，这种缩小的倍数关系，即图上的直线长度 l 与地面上相应直线的水平距离 L 之比，并以分子为 1 的分数表示，称之为地形图的比例尺，即

$$\frac{1}{M}=\frac{l}{L}=\frac{1}{\frac{L}{l}}$$

一、比例尺的种类

比例尺按表示的方法不同，可分为数字、直线、复式比例尺三种。

1. 数字比例尺

用数字形式表示的比例尺称为数字比例尺。如：$\frac{1}{500}$，$\frac{1}{1\,000}$，$\frac{1}{2\,000}$分别可写成 1∶500，1∶1 000，1∶2 000。知道数字比例尺之后，图上与地面实物之间的尺寸就可以通过数字比例尺来进行互换。但是，在实际作业时，因为这种互换的计算量过繁，也容易出错，故在应用时，经常用的是三棱比例尺，即在一把尺上刻出六种比例尺。这样应用时不必经烦琐的换算，就方便多了，如图 1－8－1 所示。

地面上同一段距离画在不同比例尺的地形图上，其长度是不一样的。例如，地面上某两点间的水平距离为 100 m，则它在 1∶500 比例尺地形图上的长度为 20 cm，在 1∶2 000 比例尺地形图上的长度为 5 cm。相对而言前者长度大于后者，由此可见地面上同一物体在 1∶500 地形图上的图形比在 1∶2 000 地形图上的图形要大。因此 1∶500 比例尺比 1∶2 000比例尺大。同样在常用的几种比例尺中，$\frac{1}{10\,000}<\frac{1}{5\,000}<\frac{1}{2\,000}<\frac{1}{1\,000}<\frac{1}{500}<$

$\frac{1}{200}$。比例尺的大小由分数的比值来决定，分母愈大，比值愈小，比例尺亦愈小；反之分母愈小，比值愈大，比例尺亦愈大。地形图的比例尺愈大，图上表示的地物、地貌愈详尽。

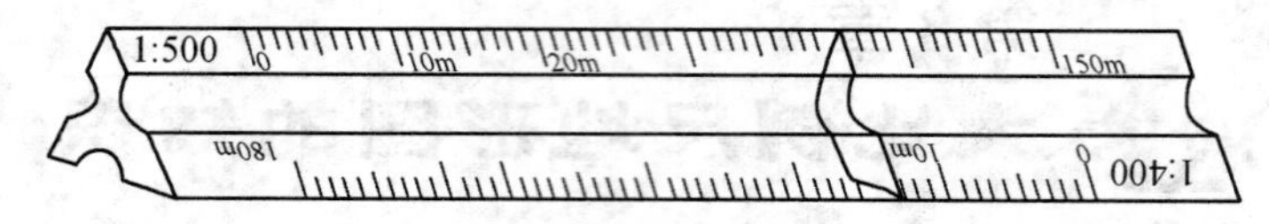

图 1-8-1　三棱比例尺

通常把 1∶500，1∶1 000，1∶2 000 和 1∶5 000 比例尺地形图称为大比例尺图，1∶1 万，1∶2.5 万，1∶5 万，1∶10 万的图称为中比例尺图；1∶20 万，1∶50 万，1∶100 万的图称为小比例尺图。大比例尺地形图传统的测绘手段是采用经纬仪和平板仪测绘成图，随着电子测量仪器与计算机的日益普及，地形测图将实现从外业数据采集到计算与内业成图一整套自动化作业。中比例尺地形图目前均用航空摄影测量方法成图。小比例尺图则由其他比例尺图编绘而成。

在城市及工程规划、设计和施工的各个阶段，将要用到 1∶1 万～1∶500 等不同比例尺的地形图，对一些特种工程，如地下建筑、大桥桥址等，有时还要测绘 1∶200 的地形图。而 1∶1 万～1∶100 万的中小比例尺地形图为国家的基本图。

2. 直线比例尺

直线比例尺又称图示比例尺。为了直接而方便地进行图上与实地相应水平距离的换算并消除由于图纸伸缩引起的误差，常在地形图图廓的下方绘制一直线比例尺，用以直接量测图内直线的实际水平距离。如图 1-8-2(a)和(b)分别表示 1∶500 和 1∶2 000 两种直线比例尺。它是在图纸上画两条间距为 2 mm 的平行直线，再以 2 cm 为基本单位，将直线等分为若干大格，然后把左端的一个基本单位分成十等份，以量取不足整数部分的数。在小格和大格的分界处注以 0，其他大格分划上注以 0 至该分划按该比例尺计算出的实地水平距离。

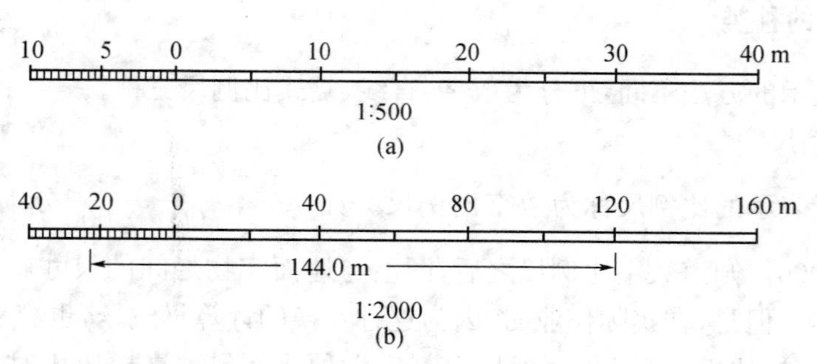

图 1-8-2　直线比例尺

测量时，先用分规在地形图上量取某线段的长度，然后将分规的右针尖对准直线比例尺 0 右边的某整分划线，使左针尖处于 0 左边的mm 分划小格之内以便读数。如图1-8-2(b)中，右针尖处于 120 m 分划处，左针尖落在 0 左边的 24.0 m 分划线上，则该线段所代表的实地水平距离为 120 m＋24.0 m＝144.0 m。

二、比例尺精度

在正常情况下，肉眼能分辨出图上两点间的最小距离为0.1 mm。因此，地面上的实物按比例尺缩小，小于图上0.1 mm时，在图上就无法辨别而表示不出来。因此，地形图上0.1 mm所代表的实地水平距离，称为比例尺精度，用ε表示，即

$$\varepsilon=0.1\ \text{mm}\times M \tag{1-8-1}$$

式中，M为比例尺分母。

根据比例尺精度，不但可以确定测图时测量碎部点间距离的精度，而且也可以按照在图上量测距离的规定精度来确定测图比例尺。例如，测绘1∶2 000比例尺的地形图时，测量碎部点距离的精度只需达到0.1 mm×2 000＝0.2 m。又如在图上能表示不大于±0.5 m精度的距离，则测图所用的比例尺应不小于0.1 mm÷0.5 m＝1∶5 000。

不同的测图比例尺，有不同的比例尺精度。比例尺愈大，所反映的地形愈详细，精度也愈高，但测图的时间、费用消耗也将随之增加。因此，用图部门可依工程需要参照《城市测量规范》(GJJ 8—85)规定的各种比例尺地形图的适用范围，如表1-8-1所示，选择测图比例尺，以免比例尺选择不当造成浪费。

表1-8-1　测图比例尺的适用范围

比例尺	用　途
1∶10 000	城市规划设计(城市总体规划、厂址选择、区域位置方案比较)等
1∶5 000	
1∶2 000	城市详细规划和工程项目的初步设计等
1∶1 000	城市详细规划、管理、地下管线和地下人防工程的竣工图、工程项目的施工图设计等
1∶500	

第2节　地形图的图名、图号和图廓

一、图名和图号

1. 地形图的图名

图名即本幅图的名称，一般以本图幅中的主要地名命名，如图1-8-3所示。如果大比例尺地形图所代表的实地面积很小，往往以拟建工程命名或编号。

2. 地形图的编号

每幅地形图的大小是一定的，当测区范围较大时，为便于测绘和使用地形图，需将地形图按一定的规则进行分幅和编号。

(1) 正方形图幅的分幅和编号

工程建设中使用的大比例尺地形图一般用正方形分幅，以1∶5 000地形图为基础按统一的直角坐标格网划分。正方形图幅的大小及尺寸如表1-8-2所列。

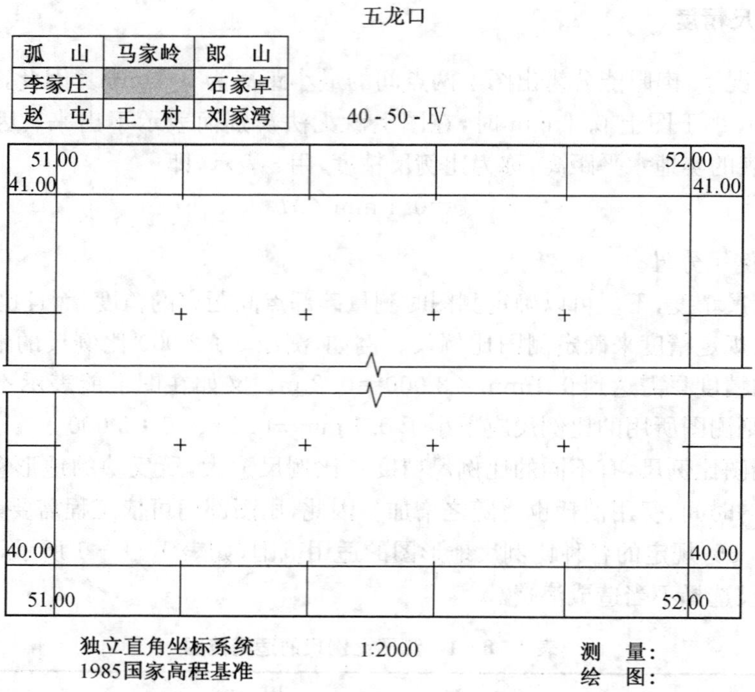

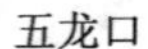

弧　山	马家岭	郎　山
李家庄		石家卓
赵　屯	王　村	刘家湾

40 - 50 - Ⅳ

51.00　52.00
41.00　41.00
40.00　40.00
51.00　52.00

独立直角坐标系统
1985国家高程基准
1:2000
测　量:
绘　图:

图 1－8－3　地形图的图名

表 1－8－2　正方形图幅大小及尺寸

比例尺	图幅大小/cm	实地面积/km²	一张 1∶5 000 图幅所包括本图幅的数目
1∶5 000	40×40	4	1
1∶2 000	50×50	1	4
1∶1 000	50×50	0.25	16
1∶500	50×50	0.0625	64

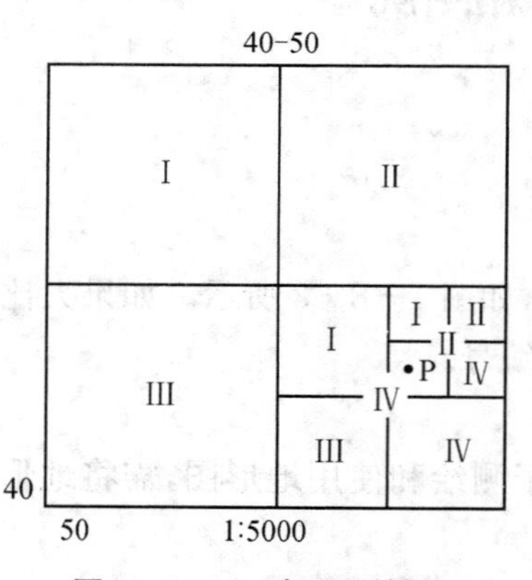

图 1－8－4　地形图的编号

具体分幅的编号如图 1－8－4 所示。

例如，某幅 1∶5 000 比例尺地形图西南角坐标值为纵坐标 $x=40.0$ km，横坐标 $y=50.0$ km，则它的图号为 40－50。

1∶2 000，1∶1 000，1∶500 比例尺地形图的编号，是在基础图号后面分别加罗马数字 Ⅰ，Ⅱ，Ⅲ，Ⅳ 组成。一幅 1∶5 000 的地形图可分成四幅 1∶2 000 的地形图，其编号分别为 40－50－Ⅰ，40－50－Ⅱ，40－50－Ⅲ，40－50－Ⅳ。同法可继续对 1∶1 000 和 1∶500 的地形图进行编号。

如图 1－8－4 中，P 点所在不同图幅的编号如表 1－8－3 所列。

表1-8-3　图幅编号

比例尺	P点所在图幅编号
1∶5 000	40-50
1∶2 000	40-50-Ⅳ
1∶1 000	40-50-Ⅳ-Ⅱ
1∶500	40-50-Ⅳ-Ⅱ-Ⅲ

(2) 数字顺序编号法

在较小区域的测图，图幅数量较少，可用这种方法编号，如图1-8-5所示。

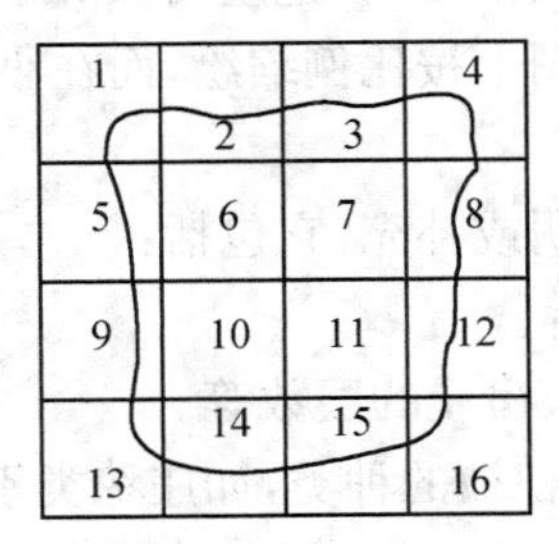

图1-8-5　数字顺序编号法

二、接合图表

为了便于查取相邻图幅，通常在图幅的左上方绘有该图幅和相邻图幅的接合图表，以表明本图幅与相邻图幅的联系，如图1-8-3所示。

三、图廓

图廓是地形图的边界线，有内、外图廓之分。如图1-8-3所示，外图廓线以粗线描绘，内图廓线以细线描绘，它也是坐标格网线。内、外图廓相距12 mm，在其四角标有以km或100 m为单位的坐标值。图廓内以"＋"表示10 cm×10 cm方格网的交点，以此可量测图上任何一点的坐标值。

第3节　地物符号与地貌符号

地面上的地物和地貌在地形图上都用简单明了、准确、易于判断实物的符号来表示，这些符号总称为地形图图式。表1-8-4是国家测绘局颁布的"1∶500　1∶1 000　1∶2 000地形图图式"中所规定的部分地物、地貌符号。

一、地物符号

地物符号表示地物的形状、大小和位置，根据地物的形状大小和描绘方法的不同，地物符号有下列几种。

1. 比例符号

把地物的平面轮廓按测图比例尺缩绘在图上的相似图形称为比例符号，它不但能反映地物的位置也能反映其大小与形状。如房屋、河流、农田等(表1-8-4中5—26项等)。

2. 线形符号

对于一些带状地物，如道路、围墙、管线等，其长度可按比例尺缩绘，但宽度不能按比例尺缩绘，这种符号称为线形符号。如表 1－8－4 中 56—64 项等，线形符号的中心线就是地物的中心线。

3. 非比例符号

当地物较小，控制点、电杆、水井等很难按测图比例尺在图上画出来，就要用规定的符号来表示，这种符号称为非比例符号。它只表示地物的中心位置，如表 1－8－4 中 1—4 项和 50—53 项等。

上述符号的使用界限不是固定不变的，这主要取决于地物本身的大小和测图的比例尺，如道路、河流，其宽度在大比例尺图上按比例缩绘，而在小比例尺图上则不能按比例缩绘。

4. 注记符号

注记符号是对地物符号的说明或补充，它包括：

(1) 文字注记：如村、镇名称等。

(2) 数字注记：如河流的深度、房屋的层数等。

(3) 符号注记：用来表示地面植被的种类，如庄稼类别、树种类等。

表 1－8－4 地形图图式(部分)

编号	符号	1∶500 1∶1 000 1∶2 000	编号	符号	1∶500 1∶1 000 1∶2 000
1	三角点 凤凰山—点名 394.468—高程	凤凰山 394.468 3.0	9	窑洞 一、地面上的 1. 住人的 2. 地面下的 二、地面下的	1 2.5 2.0 2
2	小三角点 横山—点名 95.93—高程	3.0 横山 95.93			
3	图根点： 1. 埋石的 N16—点号 84.46—高程 2. 不埋石的 25—点号 62.74—高程	2.0 N16 84.46 1.5 2.5 25 62.74	10	蒙古包 (3－6)—驻扎月份	1.8 3.6 (3-6) 1.8 3.6 (3-6)
			11	建筑物间的悬空建筑	
4	水准点 Ⅱ京石 5—点名 32.804—高程	2.0 Ⅱ京石5 32.804	12	建筑物下的通道	1.5 45°
5	坚固房屋 4—房屋层数	坚4 1.5	13	有地下室的楼房	坚5 1.0 4 1.0
6	普通房屋 2—房屋层数	2 1.5	14	街道旁走廊	3 1.0
7	简单房屋	木	15	吊楼、架空楼房	1.0
8	棚房	45° 1.5	16	破坏房屋	

（续表）

编号	符号	1:500　1:1 000　1:2 000
17	台阶	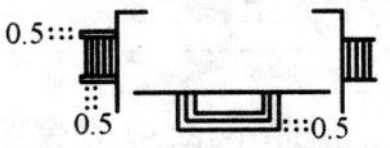 0.5　0.5　0.5
18	门廊	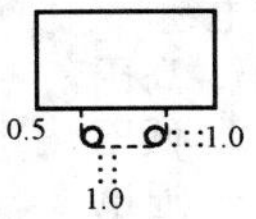 0.5　1.0　1.0
19	室外楼梯	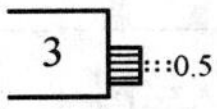 3　0.5
20	柱廊 1. 无墙壁的 2. 一边有墙壁的	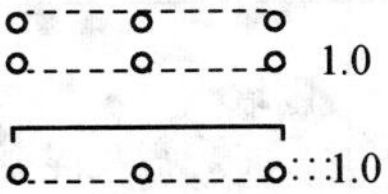 1.0 1.0
21	厕所	 厕
22	温室、菜窖、花房	 温
23	打谷场、球场	 球
24	纪念像、纪念碑	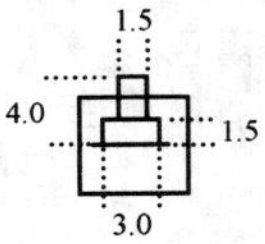 1.5　4.0　1.5　3.0
25	彩门、牌坊、牌楼	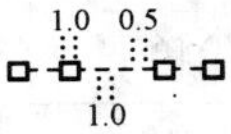 1.0　0.5　1.0
26	露天设备	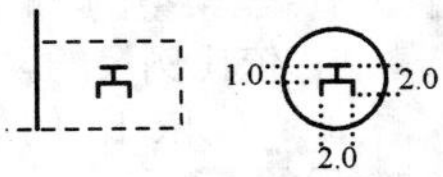 1.0　2.0　2.0
27	旗杆	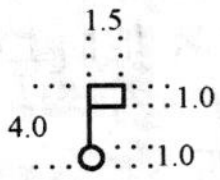 1.5　1.0　4.0　1.0
28	宣传橱窗、语录牌	 1.0　2.0
29	钻孔	 3.0　1.0
30	浅探井	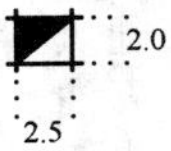 2.0　2.5
31	独立坟	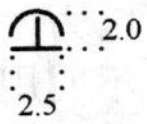 2.0　2.5
32	坟地	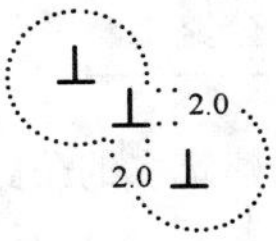 2.0　2.0
33	亭	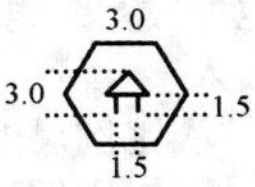 3.0　3.0　1.5　1.5
34	岗亭、岗楼 塑像	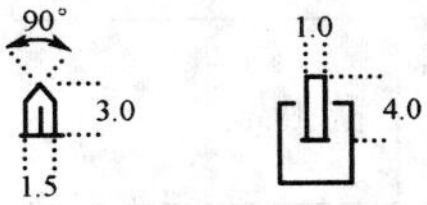 90°　3.0　1.5　1.0　4.0
35	宝塔、经塔	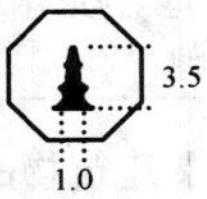 3.5　1.0
36	露天舞台、领操台、检阅台	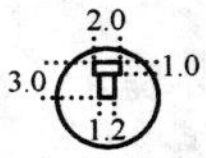 2.0　3.0　1.0　1.2
37	水塔	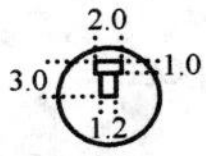 2.0　3.0　1.0　1.2
38	烟囱	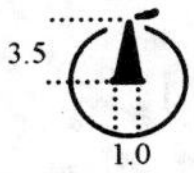 3.5　1.0
39	水塔烟囱	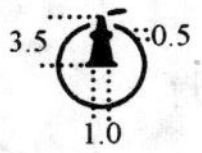 3.5　0.5　1.0
40	变电室(所) 1. 依比例尺的 2. 不依比例尺的	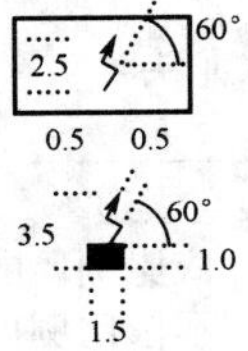 60°　2.5　0.5　0.5 3.5　60°　1.0　1.5
41	燃料库 1. 依比例尺的 2. 不依比例尺的	 油 3.0　煤气
42	窖	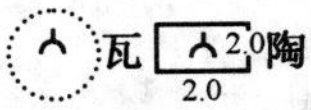 瓦　2.0　陶　2.0
43	气象站(台)	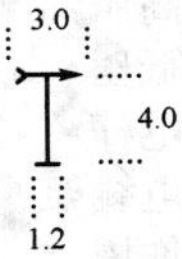 3.0　4.0　1.2
44	加油站	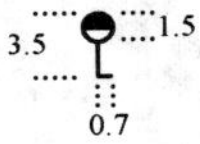 3.5　1.5　0.7

（续表）

编号	符号	1∶500 1∶1 000 1∶2 000
45	地下建筑物的地表入 1. 依比例尺的 2. 不依比例尺的	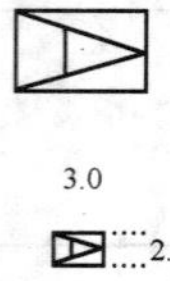 3.0 2.0
46	乱掘地	 乱掘
47	水地、喷水池、污水池	 水
48	地下建筑物的天窗	 2.5 1.5
49	污水篦子	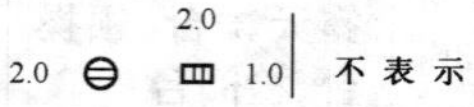 2.0 2.0 1.0 不表示
50	消火栓	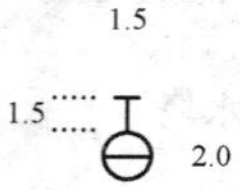 1.5 1.5 2.0
51	阀门	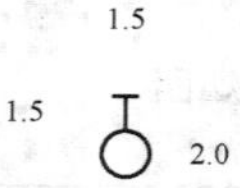 1.5 1.5 2.0
52	路灯	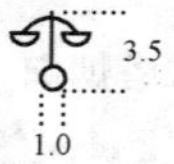 3.5 1.0
53	水龙头	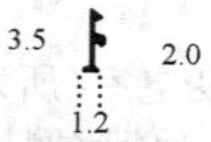 3.5 2.0 1.2
54	架空索道 1. 依比例尺的 2. 不依比例尺的	 索道 1.0 索道
55	粪池	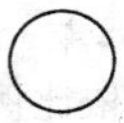
56	电力线 1. 高压 2. 低压 3. 电杆 4. 电线架 5. 铁塔 6. 电杆上的变压	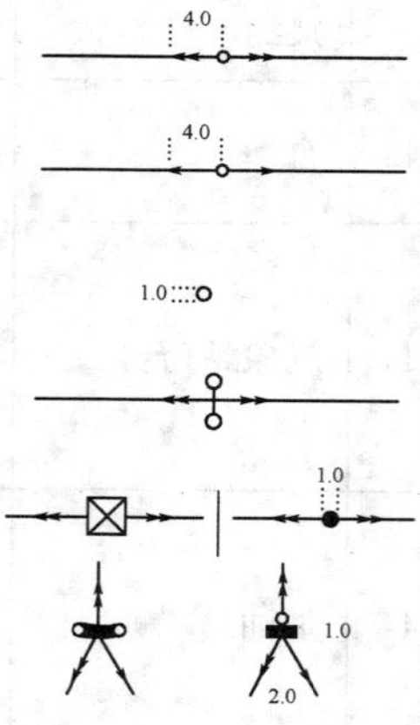 4.0 4.0 1.0 1.0 1.0 2.0
57	通讯线	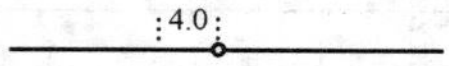 4.0
58	地下电力线及电缆 1. 高压 2. 低压 3. 通讯	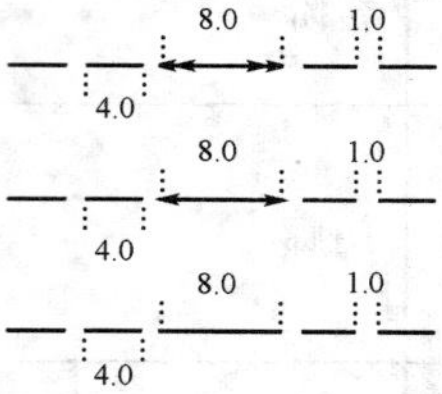 8.0 1.0 4.0 8.0 1.0 4.0 8.0 1.0 4.0
59	铁丝网	 10.0 1.0
60	围墙 1. 砖、石及混凝土墙 2. 土壤	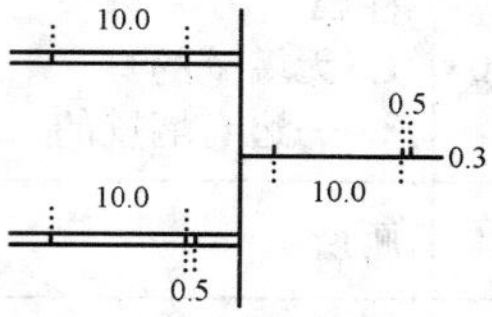 10.0 0.5 0.3 10.0 10.0 0.5
61	栅栏、栏杆	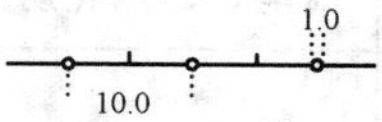 1.0 10.0
62	篱笆 活树篱笆	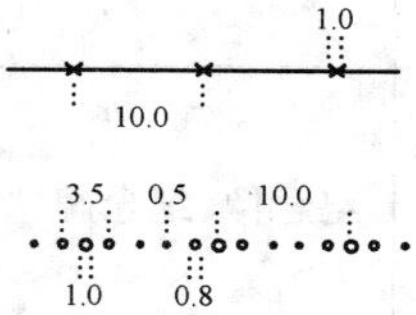 1.0 10.0 3.5 0.5 10.0 1.0 0.8
63	小路	 4.0 1.0 0.3
64	管线、架空的 1. 依比例尺的 2. 不依比例尺的 二、地面上的 三、有管堤的 四、地下下的 五、地下检修井 1. 上水 2. 下水 3. 煤气 4. 暖气 5. 通风 6. 石油 7. 电信 8. 电力 9. 不明用途	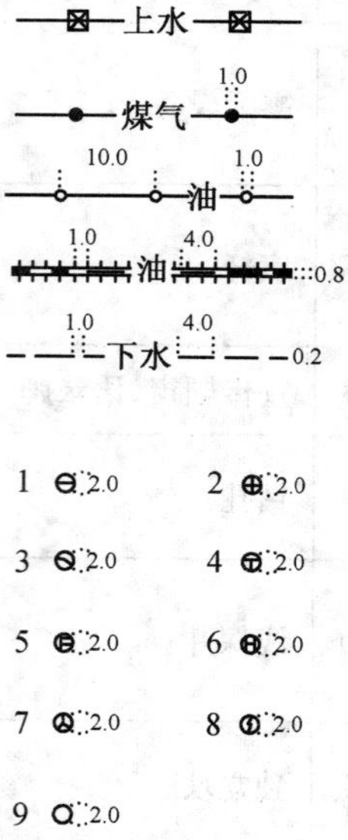 上水 1.0 煤气 10.0 1.0 油 1.0 4.0 油 0.8 1.0 4.0 下水 0.2 1 2.0 2 2.0 3 2.0 4 2.0 5 2.0 6 2.0 7 2.0 8 2.0 9 2.0
65	公路	 0.3 0.3 沥∶砾
66	建筑中的公路	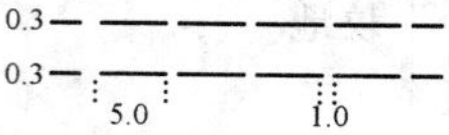 0.3 0.3 5.0 1.0

（续表）

编号	符号	1∶500 1∶1 000 1∶2 000
67	简易公路	0.15 0.3 碎石
68	建筑中的简易公路	0.15 0.3 5.0 1.0
69	大车路	8.0 2.0
70	路标 汽车站	1.5 3.0 60° 0.7 2.0 3.0 1.0 0.7
71	乡村路	4.0 1.0 8.0 0.4 2.0
72	无线电杆、塔 1. 依比例尺的 2. 不依比例尺的	电视 0.5 3.5 60° 1.0
73		
74	内部道路 阶梯路	1.0 0.5 0.5
75	沟渠 一、一般的 二、有堤岸的 三、有沟堑的	0.3
76	干沟	3.0 1.0 0.3 3.0 1.0
77	散树 行树	1.5 10.0 1.0
78	泉 水井 79.39—泉的水面高程	1.5 79.39 2.5 1.5
79	斜坡、陡坎 一、斜坡 1. 2. 二、陡坎 1. 未加固的 2. 加固的	1 3.0 2 1 1.5 2 3.0
80	土堤 1. 堤 2. 垅	3.0 0.2 1.5
81	石垄	0.8
82	土堆 4.2—比高	4.2
83	等高线及其注记 1. 首曲线 2. 计曲线 3. 间曲线	0.15 87 0.3 85 0.15 6.0 1.0
84	示坡线	0.8
85	高程点及其注记	0.5· 163.2 75.4
86	坑穴 2.8—深度	2.8 1.5
87	菜地	2.0 2.0 10.0 10.0
88	草地	1.5 0.3 10.0 10.0

（续表）

编号	符号	1∶500　1∶1 000　1∶2 000	编号	符号	1∶500　1∶1 000　1∶2 000
89	花圃	1.5　1.5　10.0　10.0	92	耕地 1. 耕地 2. 水稻田 3. 旱地	0.2　2.0　10.0　10.0 1.0　2.0　10.0　10.0
90	地类界	0.25　1.5			
91	独立树 2. 针叶 1. 阔叶 3. 果树 4. 椰子、棕榈、槟榔	1.5　3.0　0.7　3.0　0.7　3.0　0.7　3.5　1.2			

二、地貌符号——等高线

在大比例尺地形图上，用等高线和规定符号表示地貌。

1. 等高线

等高线就是将地面上高程相等的相邻点连接而成的闭合曲线。如图 1－8－6 所示，假设地面被一组高程间隔大小为 5 m 的水平面所截，得四条截线就是高程分别为 30 m，35 m，40 m，45 m 的四条等高线。将各水平面上的等高线沿铅垂方向投影到一个水平面上，并按一定的比例尺缩绘到图纸上，就得到用等高线表示的该地面的地貌图。这些等高线的形状是由地面的高低起伏状态决定的，并具有一定的立体感。

2. 等高距和等高线平距

相邻两条等高线的高差称为等高距，亦称等高线间隔，用 h 表示。同一幅地形图内，等高距是相同。等高距的大小应综合考虑测图比例尺、地面起伏情况和用图要求等因素确定。综合考虑确定的等高距亦称基本等高距。

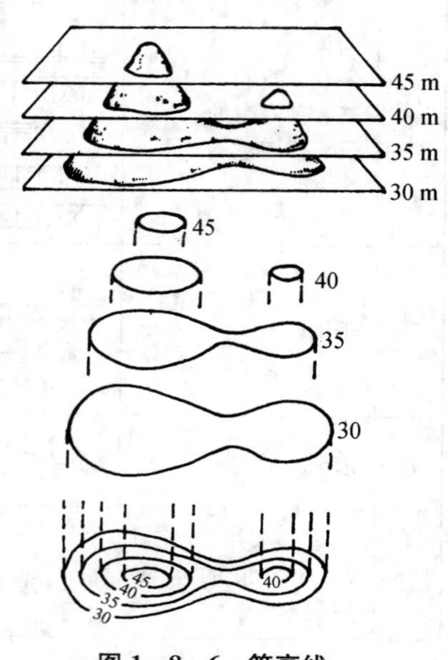

图 1－8－6　等高线

相邻等高线间的水平距离，称为等高线平距，用 d 表示。因为同一幅地形图中，等高距是相同的，所以等高线平距的大小是由地面坡度的陡缓所决定的。如图 1－8－7 所示，地面坡度越陡，等高线平距越小，等高线越密（图中 AB 段）；地面坡度越缓，等高线平距越大，等高线越稀（图中 BC 段）；坡度相同则平距相等，等高线均匀（图中 CD 段）。

3. 等高线分类

（1）首曲线

在地形图上按基本等高距勾绘的等高线称为基本等高线，亦称首曲线。首曲线用细实线描绘，如图 1－8－8 中高程为 11，12，13，14 m 的等高线。

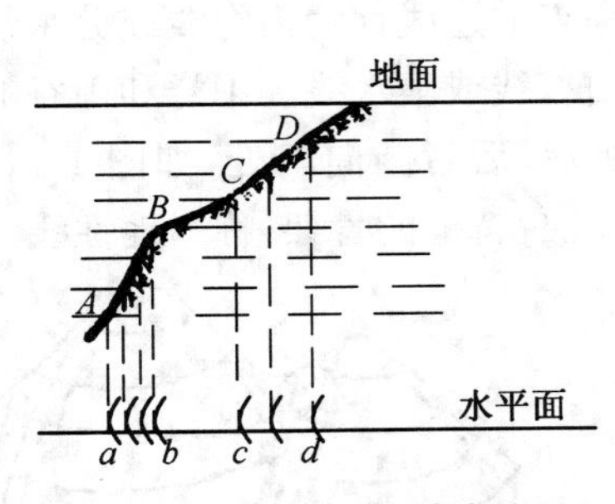

图1-8-7　等高距和等高线平距

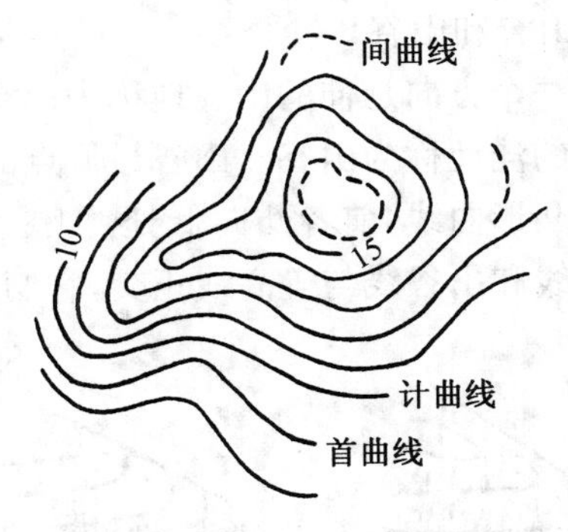

图1-8-8　等高线的分类

(2) 计曲线

为了识图方便，每隔四条首曲线加粗描绘一条等高线，称为计曲线。计曲线上必须注有高程，如图1-8-8中的10 m，15 m等高线。

(3) 间曲线、助曲线

当首曲线表示不出局部地貌形态时，则需按$\frac{1}{2}$等高距，甚至$\frac{1}{4}$等高距勾绘等高线。按$\frac{1}{2}$等高距勾绘的等高线，称为半距等高线，亦称间曲线，用长虚线表示。按$\frac{1}{4}$等高距测绘的等高线，称为辅助等高线，亦称助曲线，用短虚线表示。间曲线或助曲线表示局部地势的微小变化，所以在描绘时均可不闭合，如图1-8-8中的虚线所示。

4. 几种基本地貌的等高线

地貌形态各异，但不外乎是由山地、洼地、平原、山脊、山谷、鞍部等几种基本地貌所组成。如果掌握了这些基本地貌等高线的特点，就能比较容易地根据地形图上的等高线辨别该地区的地面起伏状态或是根据地形测绘地形图。

(1) 山地和洼地(盆地)

图1-8-9为一山地的等高线，图1-8-10为一洼地的等高线，它们都是一组闭合曲线，但等高线的高程降低方向相反。山地外圈的高程低于内圈的高程，洼地则相反，内圈高程低于外圈高程。如果等高线上没有高程注记，区分这两种地形的办法是在某些等高线的高程下降方向垂直于等高线画一些短线，来表示坡度方向，这些短线称为示坡线。

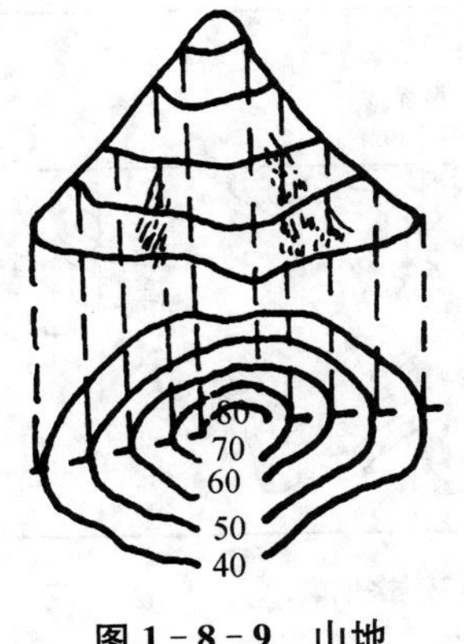

图1-8-9　山地

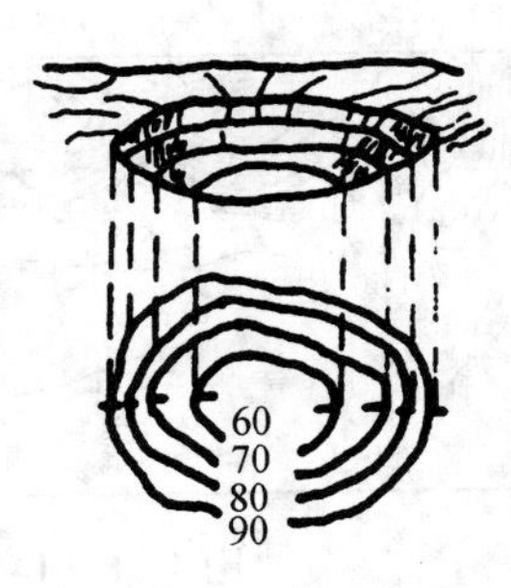

图1-8-10　洼地

(2) 山脊和山谷

沿着一个方向延伸的山脉地称为山脊。山脊最高点的连线称为山脊线或分水线。两山脊间延伸的洼地称为山谷。山谷最低点的连线称为山谷线或集水线。山脊和山谷的等高线均为一组凸形曲线,前者凸向低处,如图 1－8－11 所示,后者凸向高处,如图 1－8－12 所示。山脊线和山谷线与等高线正交,它们是反映山地地貌特征的骨架,称为地性线。

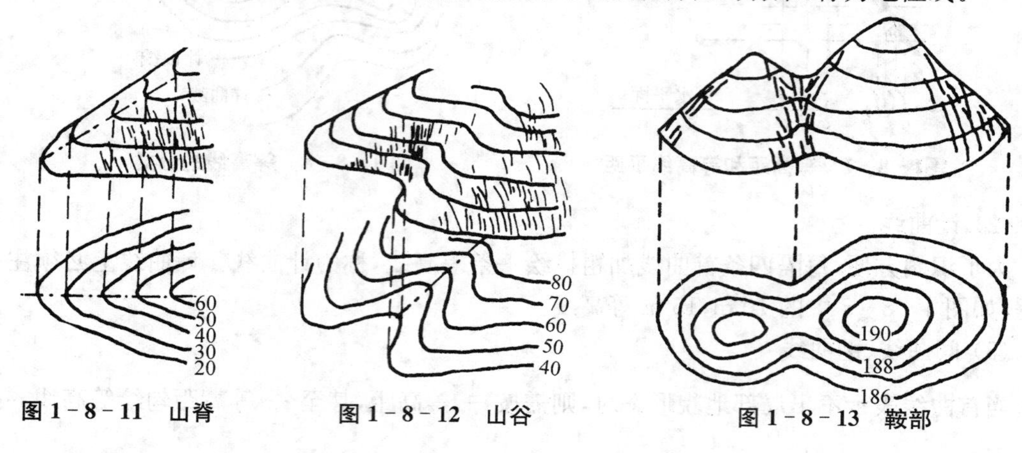

图 1－8－11　山脊　　**图 1－8－12　山谷**　　**图 1－8－13　鞍部**

(3) 鞍部

相邻两山头之间的低凹部分形似马鞍,俗称鞍部。鞍部是两个山脊和两个山谷会合的地方,它的等高线由两组相对的山脊与山谷等高线组成,如图 1－8－13 所示。

此外,一些坡度很陡的地貌,如绝壁、悬崖、冲沟、阶地等,则按大比例尺地形图图式所规定的符号表示。图 1－8－14 为一综合性地貌及其等高线。

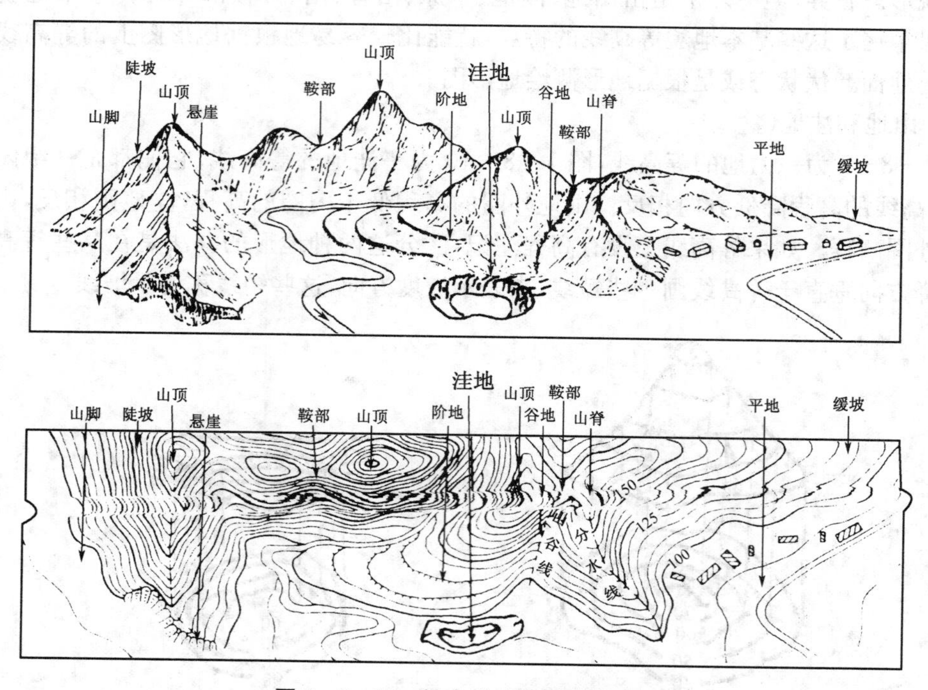

图 1－8－14　综合性地貌及其等高线

5. 等高线的特性

综上所述，等高线具有以下特征：

(1) 同一条等高线上各点的高程必然相等。

(2) 等高线是闭合曲线。如不在本图幅内闭合，则在相邻图幅内闭合。所以勾绘等高线时，不能在图内中断。

(3) 除遇绝壁、悬崖外，不同高程的等高线不能相交。

(4) 同幅图内，等高距相同，等高线平距的大小反映地面坡度变化的陡缓。地面坡度越陡，平距越小，等高线越密；坡度越缓，平距越大，等高线就越稀；地面坡度相同，平距相等，等高线均匀。

(5) 等高线过山脊、山谷时与山脊线、山谷线正交。

习题 8

1. 何谓地物、地貌、地形与地形图？

2. 何谓地形图比例尺？比例尺有哪几种表示方法？各是如何使用的？

3. 何谓比例尺精度？它在测图工作中有何用途？

4. 试述 1∶5 000，1∶2 000，1∶1 000，1∶500 地形图正方形分幅时的图幅大小及其实地面积。

5. 比例符号、线形符号和非比例符号各在什么情况下使用？

6. 何谓等高线？等高线有哪些特性？等高距、等高线平距与地面坡度的关系如何？

7. 等高线一般分为几类？各在什么情况下使用？

8. 试用规定的符号标出图 1-8-15 中的山头、鞍部、山脊线、山谷线(山头 D，鞍部○，山脊线—·—·—，山谷线——————)。

图 1-8-15　等高线图

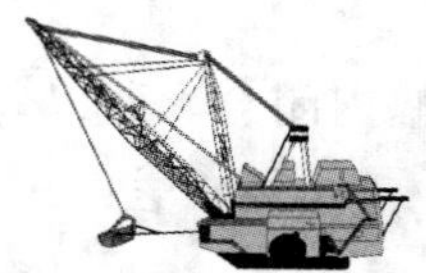

第9章 大比例尺地形图的测绘

扫一扫可见
本章电子资源

第1节 测图前的准备工作

一、一般要求

1. 地形测图开始前,应做好下列准备工作:

(1) 编写技术设计书;

(2) 抄录控制点平面及高程成果;

(3) 在原图纸上绘制图廓线和展绘所有控制点;

(4) 检查和校正仪器;

(5) 踏勘了解测区的地形情况、平面和高程控制点的位置及完好情况;

(6) 拟定作业计划。

2. 测图使用的仪器和工具应符合下列规定:

(1) 测量仪器视距乘常数应在100±0.1以内。直接量距使用的皮尺等除测图前检验外,作业过程中还应经常检验。测图中,因测量仪器视距乘常数不等于100或量距的尺长改正引起的量距误差在图上大于0.1 mm时,应加以改正。

(2) 垂直度盘指标不应超过±2′。

(3) 比例尺尺长误差不应超过0.2 mm。

(4) 量角器直径不应小于20 cm,偏心差不应大于0.2 mm。

3. 地形测图时仪器的设置及测站上的检查应符合下列规定:

(1) 仪器对中的偏差,不应大于图上0.05 mm。

(2) 以较远的一点标定方向,用其他点进行检核。采用平板仪测绘时,检核偏差不应大于图上0.3 mm;采用经纬仪测绘时,其角度检测值与原角值之差不应大于2′。每站测图过程中,应随时检查定向点方向,采用平板仪测绘时,偏差不应大于图上0.3 mm;采用经纬仪测绘时,归零差不应大于4′。

(3) 检查另一测站高程,其较差不应大于基本等高距的1/5。

(4) 采用量角器配合经纬仪测图,当定向边长在图上短于10 cm时,应以正北或正南方向作起始方向。

(5) 平板测图的视距长度不应超过表1-9-1的规定。

表1-9-1　平板测图的最大视距长度

比例尺	最大视距长度/m			
	一般地区		城镇建筑区	
	地物	地形	地物	地形
1:500	60	100	—	70
1:1 000	100	150	80	120
1:2 000	180	250	150	200
1:5 000	300	350	—	—

注：① 垂直角超过±10°范围时，视距长度应适当缩短；平坦地区成像清晰时，视距长度可放长20%。
② 城镇建筑区1:500比例尺测图，测站点至地物点的距离应实地丈量。
③ 城镇建筑区1:5 000比例尺测图不宜采用平板测图。

二、图纸准备

测绘地形图时是将地形情况按比例缩绘在图纸上，使用地形图时也就要按比例在图上量出相应地物之间的关系。测图用纸的质量要高，伸缩性要小；否则，图纸的变形就会使图上地物、地貌及其相互位置产生变形。现在，测图多用厚度0.07～0.10 mm、经过热定型处理、变形率小于0.2%的聚酯薄膜，其主要优点是透明度好、伸缩性小、不怕潮湿和牢固耐用，并可直接在底图上着墨复晒蓝图，加快出图速度；若没有聚酯薄膜，应选用优质绘图纸测图。

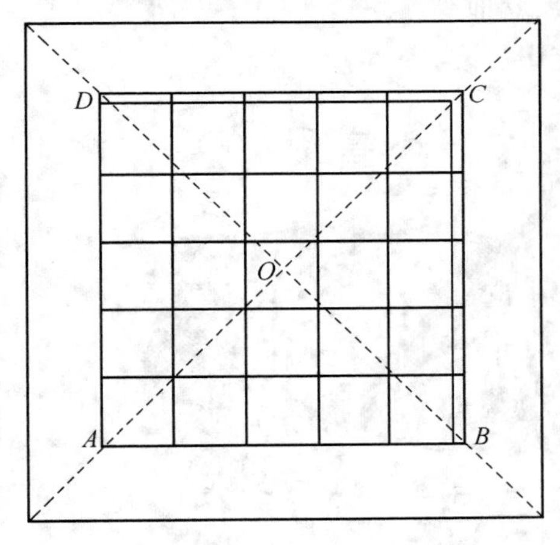

图1-9-1　绘制坐标格网

三、绘制坐标格网

为把控制点准确地展绘在图纸上，应先在图纸上精确地绘制10 cm×10 cm的直角坐标方格网，然后根据坐标方格网展绘控制点。坐标格网的绘制常用对角线法如图1-9-1所示。

坐标格网绘成后，应立即进行检查，各方格网实际长度与名义长度之差不应超过0.2 mm；图廓对角线长度与理论长度之差不应超过0.3 mm；如超过限差，应重新绘制。

四、控制点展绘

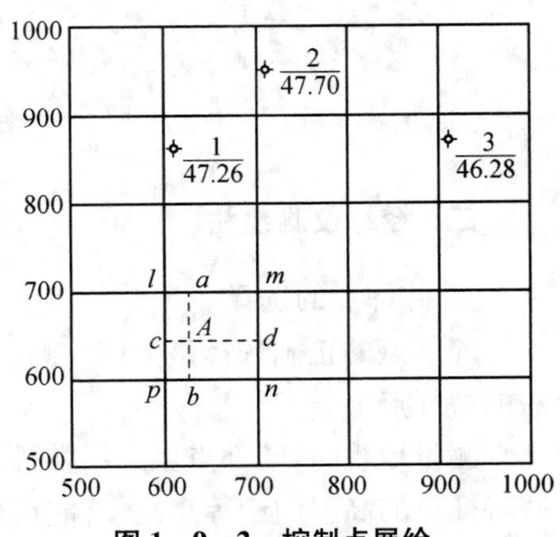

图1-9-2　控制点展绘

展绘时，先根据控制点的坐标，确定其所在的方格，如图1-9-2所示，控制点A点的坐标为x_A＝647.44 m，y_A＝634.90 m，由其坐标值可知A点的位置在$plmn$方格内。然后用1∶1 000比例尺从p和n点各沿pl和nm线向上量取47.44 m，得c和d两点；

从 p,l 两点沿 pn 和 lm 量取 34.90 m,得 a,b 两点;连接 ab 和 cd,其交点即为 A 点在图上的位置。同法将其余控制点展绘在图纸上,并按《地形图图式》的规定,在点的右侧画一横线,横线上方注点名,下方注高程,如图 1－9－2 中的 1,2,3 点。

第 2 节　碎部测量

一、选择碎部点

1. 地物特征点的选择

反映地物轮廓和几何位置的点称为地物特征点,简称地物点,如图 1－9－3 中立尺处。

(1) 用比例符号表示的地物特征点的选择:如居民地等。

(2) 用半依比例符号表示的地物特征点的选择:如道路、管线等。

(3) 非比例符号地物特征点的选择:如水井、泉眼、纪念碑等。

2. 地貌特征点的选择

(1) 能用等高线表示的地貌特征点的选择:如山头、盆地等。

(2) 不能用等高线表示的地貌特征点的选择:如陡崖、冲沟等。

图 1－9－3　地物特征点

二、经纬仪测绘法

1. 碎部点的选择

碎部点的正确选择是保证成图质量和提高测图效率的关键。碎部应尽量选在地物、地貌的特征点上。

测量地貌时,碎部点就选择在最能反映地貌特征的山脊线、山谷线等地形线上,根据这些特征点的高程勾绘等高线,就能得到与地貌最为相似的图形。

测量地物时,碎部点应选择在地物轮廓线上的转折点、交叉点、弯曲点及独立地物的中心点等，如房的角点、道路的转折点、交叉点等。这些点测定之后，将它们连接起来，即可得到与地面物体相似的轮廓图形。由于地物的轮廓极不规则，故一般规定主要地物凹凸部分在图上大于 0.4 mm 均应表示出来；在地形图上小于 0.4 mm，可用直线连接。

2. 外业工作流程

(1) 安置仪器。如图 1-9-4 所示，在测站点 A 上安置经纬仪(包括对中、整平)，测定竖盘指标差 x(一般应小于 $1'$)，量取仪器高 i，设置水平度盘读数为 $0°00'00''$，后视另一控制点 B，则 AB 为起始方向，记入手簿。

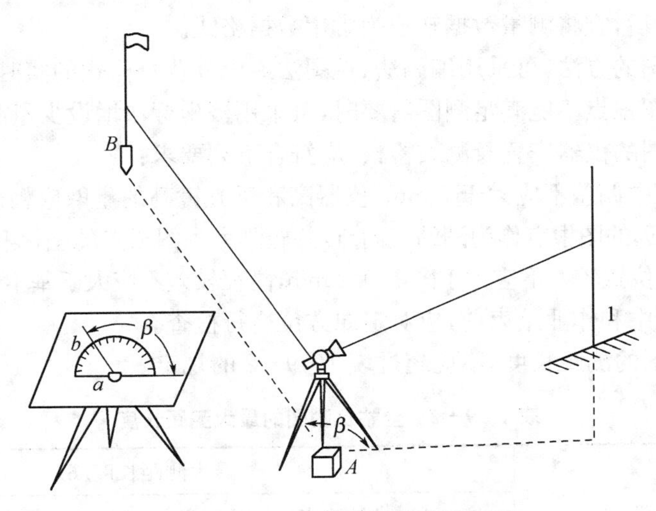

图 1-9-4　经纬仪测绘法示意图

将图板安置在测站近旁，目估定向，以便对照实地绘图。连接图上相应控制点 A，B，并适当延长，得图上起始方向线 AB。然后，用小针通过量角器圆心的小孔插在 A 点，使量角器圆心固定在 A 点上。

(2) 定向。置水平度盘读数为 $0°00'00''$，并后视另一控制点 B，即起始方向 AB 的水平度盘读数为 $0°00'00''$(水平度盘的零方向)，此时，复测器扳手在上或将度盘变换手轮盖扣紧。

(3) 立尺。立尺员将标尺依次立在地物或地貌特征点上，如图 1-9-4 中的 1 点，立尺前，应根据测区范围和实地情况，立尺员、观测员与绘图员共同商定跑尺路线，选定立尺点，做到不漏点、不废点，同时立尺员在现场应绘制地形点草图，对各种地物、地貌应分别指定代码，供绘图员参考。

(4) 观测、记录与计算。观测员将经纬仪瞄准碎部点上的标尺，使中丝读数 ν 在 i 值附近，读取视距间隔 KL，然后使中读数 ν 等于 i 值，再读竖盘读数 L 和水平角 β，记入测量手簿，并依据下列公式计算水平距离 D 与高差 h：

$$D = KL\cos^2\alpha \tag{1-9-1}$$

$$h = \frac{1}{2}KL\sin 2\alpha + i - \nu \tag{1-9-2}$$

(5) 展绘碎部点。如图 1-9-4 所示，将量角器底边中央小孔精确对准图上测站 α 点处，并用小针穿过小孔固定量角器圆心位置。转动量角器，使量角器上等于 β 角值的刻划线对准图上的起始方向 ab(相当于实地的零方向 AB)，此时量角器的零方向即为碎部点 1 的方向，然后根据测图比例尺按所测得的水平距离 D 在该方向上定出点 1 的位置，并在点的右侧注明其高程。地形图上高程点的注记，字头应朝北。

三、全站仪测图

1. 全站仪测图所使用的仪器和应用程序，应符合下列规定：

(1) 全站仪测距标称精度等于仪器的固定误差加上比例误差，应使用测角精度小于或等于6″，固定误差不大于10 mm，比例误差不大于5×10^{-6}的仪器。

(2) 测图的应用程序应满足内业数据处理和图形编辑的基本要求。

(3) 数据传输后，宜将测量数据转换为常用数据格式。

2. 全站仪测图的方法，可采用编码法、草图法或内外业一体化的实时成图法等。

3. 当布设的图根点不能满足测图需要时，可采用极坐标法增设少量测站点。

4. 全站仪测图的仪器安置及测站检核，应符合下列要求：

(1) 仪器的对中偏差不应大于5 mm，仪器高和反光镜高的量取应精确至1 mm。

(2) 应选择较远的图根点作为测站定向点，并施测另一图根点的坐标和高程，作为测站检核。检核点的平面位置较差不应大于图上0.2 mm，高程较差不应大于基本等高距的1/5。

(3) 作业过程中和作业结束前，应对定向方位进行检查。

5. 全站仪测图的测距长度，不应超过表1-9-2的规定。

表1-9-2　全站仪测图的最大测距长度

比例尺	最大测距长度/m	
	地物点	地形点
1∶500	160	300
1∶1 000	300	500
1∶2 000	450	700
1∶5 000	700	1 000

6. 数字地形图测绘，应符合下列要求：

(1)当采用草图法作业时，应按测站绘制草图，并对测点进行编号。测点编号应与仪器的记录点号相一致。草图的绘制，宜简化标示地形要素的位置、属性和相互关系等。

(2) 当采用编码法作业时，宜采用通用编码格式，也可使用软件的自定义功能和扩展功能建立用户的编码系统进行作业。

(3) 当采用内外业一体化的实时成图法作业时，应实时确立测点的属性、连接关系和逻辑关系等。

(4) 在建筑密集的地区作业时，对于全站仪无法直接测量的点位，可采用支距法、线交会法等几何作图方法进行测量，并记录相关数据。

7. 当采用手工记录时，观测的水平角和垂直角宜读记至″，距离宜读记至cm，坐标和高程的计算(或读记)宜精确至1 cm。

8. 全站仪测图，可按图幅施测，也可分区施测。按图幅施测时，每幅图应测出图廓线外5 mm；分区施测时，应测出区域界线外图上5 mm。

9. 对采集的数据应进行检查处理，删除或标注作废数据、重测超限数据、补测错漏数据。对检查修改后的数据,应及时与计算机通信,生成原始数据文件并做备份。

10. 全站仪测图的流程(以"拓普康"仪器为例)

(1) "拓普康"仪器外业采集数据作业程序

① 建立控制点坐标文件

按"MENU"菜单键→按 F1 键(数据采集)→输入测量文件名(如 KZD:建立控制点文件)→ ENT 回车;ESC 退出。

② 在控制点坐标文件中输入控制点坐标

按"MENU"菜单键→按 F3 键(存储管理)→P2(翻页) →按 F1 键(输入坐标)→输入文件名→调用→通过上下箭头选择控制点坐标文件名(KZD)→ ENT 回车→输入点号及坐标(NEZ 对应 XYZ)→依次输完后 ESC 退出。

③ 建立碎部点数据文件

按"MENU"菜单键→按 F1(数据采集)→输入测量文件名(如 SBD)→ENT 回车。

④ 设置测站

"数据采集"→F1(测站点输入)→F4(测站)→调用→选择控制点坐标文件名→ENT 回车→选择测站点对应的控制点点号(调用该控制点坐标)→ENT 回车→输入仪器高→记录。

⑤ 设置后视点进行定向和定向检查

"数据采集"→ F2(后视点输入)→ F4(后视)→ 选择后视点 → 输入镜高 → 照准后视点 → F3(测量)→ 选择 F1~F3(坐标、测角或测距:与坐标、反算方位角或距离比较,检查测站点和定向点及其坐标输入有无问题)没有问题进行下面工作。

⑥ 碎部点测量、记录数据,存于 SBD 文件中

"数据采集"→ F3(前视/侧视)→ 输入点号(第一个碎部点点号输入后,后续的碎部点号在该点号的基础上依次自动累加)、(标示码忽略)、仪器高 → F3(测量)(测量后续碎部点时,可以按"同前"进行测量)。

⑦ 全站仪的其他操作

a. 在"输入"模式下,利用"Ang"键可切换到字母输入模式;

b. 在"MENU" ——F3(存储管理)下,可以对文件和数据进行管理。

(2) 全站仪与计算机间的数据通信

① 将数据线两端分别连接计算机和全站仪的数据接口;注意数据线插孔的使用。

② 计算机上:启动数据传输软件,如图 1-9-5 所示 ,设置好传输参数(与全站仪一致,参数可在仪器内查)。

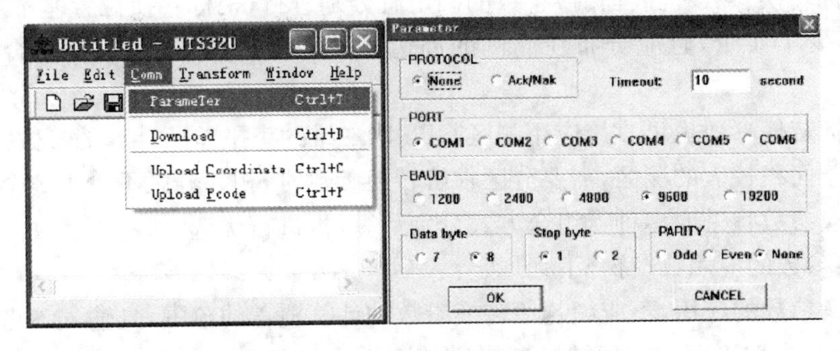

图 1-9-5 设置数据传输参数

③ 在全站仪上:“MENU” → 数据传输,选择传输“坐标文件” → ENT 回车。

④ 在计算机上:如图 1-9-6 所示,点击“Download”后,出现对话框,回车确认即可。

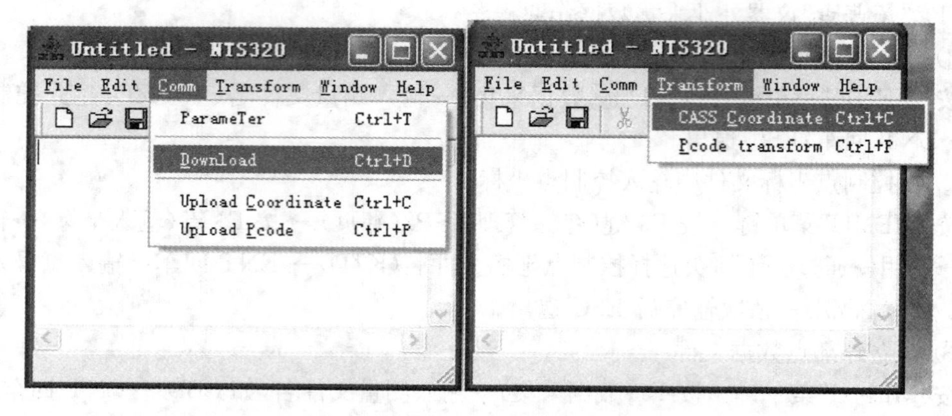

图 1-9-6 传输数据

⑤ 在计算机上:将传输完毕的数据进行格式转换。

(3) 将碎部点数据导入绘图软件中

① 将碎部点文件:* * * . XYZ,改名为:* * * . dat。

② 打开绘图软件,在菜单“等高线”中选择“导入高程点”即可导入碎部点数据。

③ 通过 AutoCAD 的图层管理,关闭高程数值,保留点号。

④ 安装绘图软件后,开始进行地形图的绘制。

四、GPS-RTK 测图

1. 作业前,应搜集下列资料:

(1) 测区的控制点成果及 GPS 测量资料。

(2) 测区的坐标系统和基准的参数,包括参考椭球参数,中央子午线经度,纵、横坐标的加常数,投影面正常高,平均高程异常等。

(3) WGS-84 坐标系与测区地方坐标系的转换参数及 WGS-84 坐标系的大地高基准与测区的地方高程基准的转换参数。

2. 转换关系的建立,应符合下列规定:

(1) 基准转换,可采用重合点求定参数(七参数或三参数)的方法进行。

(2) 坐标转换参数和高程转换参数的确定宜分别进行;坐标转换位置基准应一致,重合点的个数不少于 4 个,且应分布在测区的周边和中部;高程转换可采用拟合高程测量的方法。

(3) 坐标转换参数也可直接应用测区 GPS 网二维约束平差所计算的参数。

(4) 对于面积较大的测区,需要分区求解转换参数时,相邻分区不少于 2 个重合点。

(5) 转换参数宜采取多种点组合方式分别计算,再进行优选。

3. 转换参数的应用,应符合下列规定:

(1) 转换参数的应用,不应超越原转换参数的计算覆盖的范围,且输入参考站点的空间直角坐标,应与求取平面和高程转换参数(或似大地水准面)时所使用的原 GPS 网的空间直角坐标成果相同；否则，应重新求取转换参数。

(2) 使用前，应对转换参数的精度、可靠性进行分析和实测检查。检查点应分布在测区的中部和边缘。检测结果，平面较差不应大于 5 cm，高程较差不应大于 $30\sqrt{D}$ mm（D 为参考站到检查点的距离，单位为 km）；超限时，应分析原因并重新建立转换关系。

(3) 对于地形趋势变化明显的大面积测区，应绘制高程异常等值线图，分析高程异常的变化趋势是否同测区的地形变化相一致。当局部差异较大时，应另行检查，超限时，应进一步精确求定高程拟合方程。

4. 参考站点位的选择，应符合下列规定：

(1) 应根据测区面积、地形地貌和数据链的通信覆盖范围均匀布设参考站。

(2) 参考站站点的地势应相对较高，周围无高度角超过 15°的障碍物和强烈干扰接收卫星信号或反射卫星信号的物体。

(3) 参考站的有效作业半径不应超过 10 km。

5. 参考站的设置，应符合下列规定：

(1) 接收机天线应精确对中、整平。对中误差不应大于 5 mm；天线高的量取应精确至 1 mm。

(2) 正确连接天线电缆、电源电缆和通信电缆等；接收机天线与电台天线之间的距离，不宜小于 3 m。

(3) 正确输入参考站的相关数据，包括点名、坐标、高程、天线高、基准参数、坐标高程转换参数等。

(4) 电台频率的选择不应与作业区其他无线电通信频率相冲突。

6. 流动站的作业，应符合下列规定：

(1) 流动站作业的有效卫星数不宜少于 5 个，PDOP 值应小于 6，并应采用固定解成果。

(2) 正确的设置和选择测量模式、基准参数、转换参数和数据链的通信频率等，其设置应与参考站相一致。

(3) 流动站的初始化，应在比较开阔的地点进行。

(4) 作业前，宜检测 2 个以上不低于图根精度的已知点。检测结果与已知成果的平面较差不应大于图上 0.2 mm，高程较差不应大于基本等高距的 1/5。

(5) 作业中，如出现卫星信号失锁，应重新初始化，并经重合点测量检查合格后，方能继续作业。

(6) 结束前，应进行已知点检查。

(7) 每日观测结束，应及时转存测量数据至计算机并做好数据备份。

7. GPS-RTK 测图流程

(1) 基准站的选定

基准站的点位应便于安置接收设备和操作，视野应开阔，交通方便；为防止数据链丢失及多路径效应，基准站周围应无 GPS 信号反射物并远离大功率无线电发射源（如电视台、微波站等），且远离高压输电线路；基准站附近不得有强烈干扰接收卫星信号的物体；基准站的间距须考虑 GPS 电台的功率和覆盖能力，应尽量布设在相对较高的位置，以获得最大的数据通信有效半径。

(2) 基准站的设置

在已知点上架设好 GPS 接收机和天线，按要求连接好全部电缆线后，打开接收机，输入基准站的 WGS－84 系坐标或 80 西安系坐标、天线高。待指示灯显示发出通信信号后，通过控制器选择 RTK 测量方式，启动流动站，流动站即可展开工作。当流动站初始化后，首先检验基准站坐标及高程，误差在允许范围内即可开始碎部点的采集工作；基准站接收机接收到卫星信号后，由卫星星历和测站已知坐标计算出测站至卫星的距离 P 真距，用观测量 P 伪距与计算值比较（P 真距－P 伪距：Ap），得到伪距差分改正数。伪距差分改正数和载波相位测量数据，经数据传输发射电台发送给流动站，一个基准站提供的差分改正数可供数个流动站使用。

(3) 流动站的工作

流动站的技术要求：卫星高度角应大于 13°，观测卫星数不少于 5 颗。每次观测前通过手簿建立项目，对流动站参数进行设置，该参数必须与基准站及电台相匹配，用已知点的平面和大地坐标进行点位校正。接通流动站接收机和电台后，接收机在接到 GPS 卫星信号的同时，也接到了由数据通信电台发送来的伪距差分改正数和载波相位测量数据，控制手薄进行实时差分及差分处理，实时得出本站的坐标及高程精度，随时将它的精度和预设精度进行比较，一旦实测精度指标达到预设精度指标，测量人员可根据手薄提示记录，手薄将得到的坐标、高程精度同时记录进入手薄，并终止本站记录进入下一站测量。在地形图测绘中，可不进行图根控制，并在 RTK 实时动态功能时为全站仪测图测量控制点。

(4) 点校正

因为 GPS 测量的是 WGS－84 坐标，所以在进行正式测量前必须进行坐标转换，即点校正。其过程如下：在控制器的主菜单中，选择“测量—测量形式—RTK—测量”，在测量子菜单中选择点校正，然后输入网格点名称，若在当前工作文件中此点不存在，则出现警告提示，按要求输入点的名称、平面坐标和高程。返回测量界面，点校正结束后就可进行野外数据采集。

(5) 数据点的采集

经校正工作 RTK 接收机便可以实时得到地形点在当地坐标系下的三维坐标。测量人员根据地物地貌的特征点进行数据采集，同时输入特征编码并画草图，以便内业检查成图情况及图件编辑。

(6) 内业数据处理

采用 CASS7.1 软件进行成图。将 RTK 数据下载后，经过软件处理，实现 RTK 数据和测图软件的数据格式统一，为内业成图做好前期准备，并删除多余点和错误点，展点及根据草图绘制地形图。

第 3 节　地形图的绘制

一、纸质地形图的绘制

1. 轮廓符号的绘制应符合下列规定：

(1) 依比例尺绘制的轮廓符号应保持轮廓位置的精度。

(2) 半依比例尺绘制的线状符号应保持主线位置的几何精度。

（3）不依比例尺绘制的特号应保持其主点位置的几何精度。

2．居民地的绘制应符合下列规定：

（1）城镇和农村的街区、房屋均应按外轮廓线准确绘制。

（2）街区与道路的衔接处应留出 0.2 mm 的间隔。

3．水系的绘制应符合下列规定：

（1）水系应先绘桥、闸，其次绘双线河、湖泊、渠、海岸线、单线河，然后绘堤岸、陡岸、沙滩和渡口等。

（2）当河流遇桥梁时就中断；单线沟渠与双线河相交时，应将水涯线断开，弯曲交于一点；当两双线河相交时，应互相衔接。

4．交通及附属设施的绘制应符合下列规定：

（1）当绘制道路时，应先绘铁路，再绘公路及大车路等。

（2）当实线道路与虚线道路、虚线道路与虚线道路相交时，应实部相交。

（3）当公路遇桥梁时，公路和桥梁应留出 0.2 mm 的间隔。

5．等高线的绘制应符合下列规定：

（1）应保证精度，画线均匀、光滑自然。

（2）当图上的等高线遇双线河、渠和不依比例尺绘制的符号时，应中断。

6．境界线的绘制应符合下列规定：

（1）凡绘制有国界线的地形图，必须符合国务院批准的有关国境界线的绘制规定。

（2）境界线的转角处，不得有间断，并应在转角上绘出点或曲折线。

7．各种注记的配置，应分别符合下列规定：

（1）文字注记应使所指示的地物能明确判读。一般情况下，字头应朝北。道路河流名称，可随现状弯曲的方向排列。各字侧边或底边，应垂直或平行于线状物体。各字间隔尺寸应在 0.5 mm 以上；远间隔的也不宜超过字号的 8 倍。注字应避免遮挡主要地物和地形的特征部分。

（2）高程的注记应注于点的右方，离点位的间隔应为 0.5 mm。

（3）等高线的注记字头应指向山顶或高地，字头不应朝向图纸的下方。

8．外业测绘的纸质原图宜进行着墨或映绘，其成图应墨色黑实光润、图面整洁。

9．每幅图绘制完成后应进行图面检查和图幅接边、整饰检查，发现问题及时修改。

二、数字地形图的编辑处理

1．数字地形图编辑处理软件的应用，应符合下列规定：

（1）首次使用前，应对软件的功能、图形输出的精度进行全面测试。满足要求和工程需要后，方能投入使用。

（2）使用时，应严格按照软件的操作要求作业。

2．观测数据的处理，应符合下列规定：

（1）观测数据应采用与计算机联机通信的方式，转存至计算机并生成原始数据文件；数据量较少时也可采用键盘输入，但应加强检查。

（2）应采用数据处理软件，将原始数据文件中的控制测量数据、地形测量数据和检测数据进行分离（类），并分别进行处理。

(3) 对地形测量数据的处理,可增删和修改测点的编码、属性和信息排序等,但不得修改测量数据。

(4) 生成等高线时,应确定地性线的走向和断裂线的封闭。

3. 地形图要素应分层表示。分层的方法和图层的命名对同一工程宜采用统一格式,也可根据工程需要对图层部分属性进行修改。

4. 使用数据文件自动生成的图形或使用批处理软件生成的图形应对其进行必要的人机交互式图形编辑。

5. 数字地形图中各种地物、地貌符号、注记等的绘制、编辑可按纸质地形图的相关要求进行。当不同属性的线段重合时,可同时绘出,并采用不同的颜色分层表示(对于打印输出的地质地形图可择其主要线段表示)。

6. 数字地形图的分幅除满足前述相关规定外,还应满足下列要求:

(1) 分区施测的地形图应进行图幅裁剪。分幅裁剪时(或自动分幅裁剪后),应对图幅边缘的数据进行检查、编辑。

(2) 按图幅施测的地形图应进行接图检查和图边数据编辑,图幅接边误差应符合规定。

(3) 图廓及坐标格网绘制应选用成图软件自动生成。

7. 数字地形图的编辑检查应包括下列内容:

(1) 图形的连接关系是否正确,是否与草图一致,有无错漏等。

(2) 各种注记的位置是否适当,是否避开地物、符号等。

(3) 各种线段的连接、相交或重叠是否恰当、准确。

(4) 等高线的绘制是否与地性线协调,注记是否适宜,断开部分是否合理。

(5) 对间距小于图上 0.2 mm 的不同属性线段,处理是否恰当。

(6) 地形、地物的相关属性信息赋值是否正确。

三、地形图的拼接

在地形图绘制时,当测区面积较大、按照确定的比例尺在一幅图内测绘不完整个测区时,需要分幅测绘。由于测量和绘图误差的影响,在相邻图幅交接处,常出现同一地物错位、同一条等高线错开而使得绘制出的地物与地貌不吻合的现象,如图 1-9-7 所示。

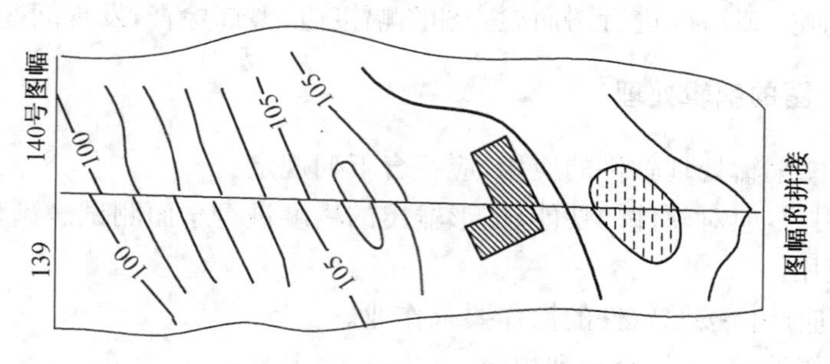

图 1-9-7　图幅的拼接

为了图幅拼接的需要,测绘时规定应测出图廓外 0.5 cm 以上,拼接时用 3～5 cm 宽的透明纸带蒙在接图边上,把靠近图边的图廓线、格网线、地物、等高线描绘在纸带上,然后交相邻图幅与同一图边进行拼接,当误差在允许范围内时,可将相邻图幅按平均位置进行改正。

四、地形图的检查

检查方法一般可分为室内检查、巡视检查和使用仪器设站检查。

1. 室内检查

主要检查记录、计算有无错误，图根点的数量和地貌点的密度等是否符合要求，综合取舍是否恰当以及接边要符合要求等。

2. 巡视检查

沿拟定的路线将原图与实地进行对照，查看地物有无遗漏，地貌是否与实地相符，符号、注记等是否正确，发现问题及时改正。

3. 仪器设站检查

采用与测图时同样的方法在原已知点(图根点)上设站，重新测定周围部分碎部点的平面位置和高程，再与原图相比，误差不得超过表中规定数据的2倍。

五、地形图的整饰

铅笔原图经过拼接和检查后，还应按《地形图图式》的规定对地物、地貌进行清绘和整饰，以使图面更加合理、清晰、美观。地形图整饰的顺序是先图内后图外，先地物后地貌，先注记后符号。

习题9

1. 怎样绘制坐标方格网和展绘控制点，检查方法又是怎样的？
2. 测图时，如何选择地物、地貌特征点？
3. 简述经纬仪测绘法的外业工作流程。
4. 简述全站仪测图外业采集数据作业程序。
5. 简述GPS-RTK测图的流程。
6. 按下图所绘的地貌特征点的平面位置和高程绘制等高距为1 m的等高线。

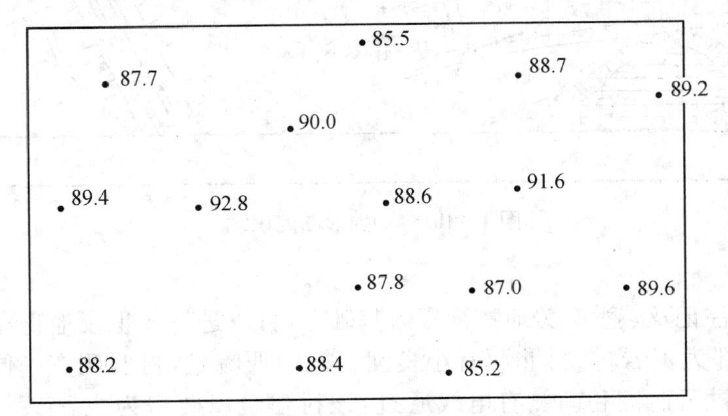

7. 怎样对地形图进行检查，地形图整饰的顺序又是怎样的？

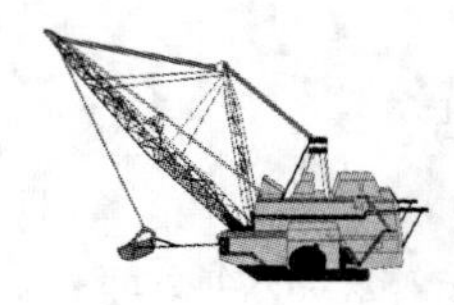

第10章 大比例尺地形图的应用

扫一扫可见
本章电子资源

第1节 地形图的识读

1. 图廓外的注记

如图1-10-1所示，在识读地形图时，首先应阅读图廓外的注记，以对该图有一个基本的认识。主要是看正上方的图名与图号，正下方的比例尺，左上方的接图表，左下方测图方法、坐标系的选用与高程基准、等高距及采用地形图图式，以及测量单位、测量人员和测量日期。本图为节选部分，所以表示不完整，部分标在右下角。

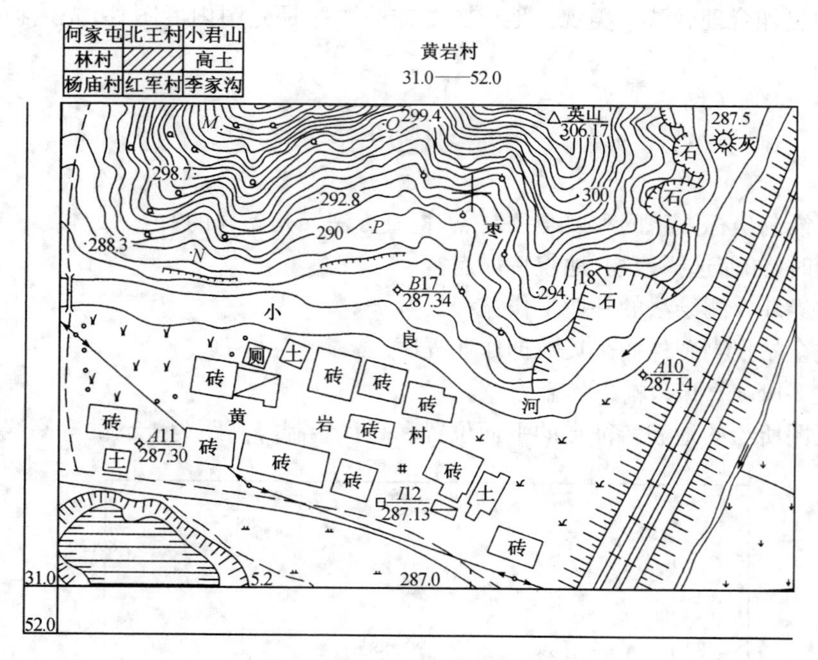

图1-10-1 地形图的识读

2. 地物分布

在阅读图外注记及熟悉有关地物符号的基础上，可以进一步识读地物，如图1-10-1所示，图纸西南部为黄岩村，村北面有小良河自东向西流过，村西侧有一便道，通过一座小桥跨过该河，村子西侧和南侧有电线通过，该村建筑以砖房为主，个别为土房。村子四周有控制点 *I*12，*A*10，*A*11 和 *B*17，其中第一点为埋石的，其他各点为不埋石的，该地区标高大致在 287 m。村子东侧为菜地与水稻田，北面是山地，上面是树林。山地的东侧与东北侧有采石场。

3. 地貌分布与植被

根据等高线的分布，山地为南侧低、北侧高，其中一座山峰为英山，顶面标高 306.17 m。其山脊线向南延伸，在北格网交点附近为山谷线位置，西北侧还有一山峰在图幅外，南部西侧有一洼地。村子东、南侧为经济作物地，其中南侧为旱地。山上作物比较稀疏。

第2节 地形图的基本应用

1. 在图上确定某点坐标

在大比例尺地形图上画有 10 cm×10 cm 的坐标方格网，并在图廓西、南边上注有方格的纵横坐标值，如图 1-10-2 所示，要求 p 点的平面直角坐标(x_p, y_p)，可选择将 p 点所在坐标方格网用直线连接，得正方形 $abcd$，过 p 点分别作平行于 x 轴和 y 轴的两条直线 mn 和 kl，然后用分规截取 ak 和 an 的图上长度，再依比例尺算出 ak 和 an 的实地长度值。

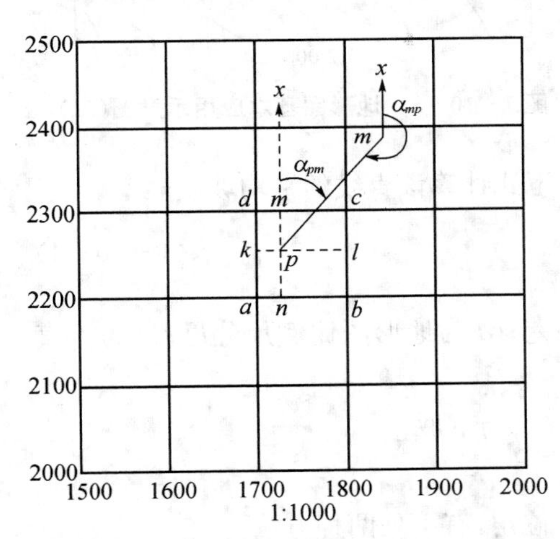

图 1-10-2 地形基本应用示意图(一)

计算出 ak=52 m，an=26 m，则 p 点的坐标为

$$\begin{cases} x_p = x_a + ak = 2\,200\text{ m} + 52\text{ m} = 2\,252\text{ m} \\ y_p = y_a + an = 1\,700\text{ m} + 26\text{ m} = 1\,726\text{ m} \end{cases}$$

为了检核，还应量出 dk 和 bn 的长度。如果考虑到图纸伸缩的影响，可按内插法计算：

$$\begin{cases} x_p = x_a + (100/ad) \times ak \\ y_p = y_a + (100/ad) \times an \end{cases} \qquad (1-10-1)$$

2. 在图上确定两点间的距离

(1) 直接量测。用卡规在图上直接卡出线段长度，再与图示比例尺比量，即可得其水平距离。也可以用mm尺量取图上长度并按比例尺换算为水平距离，但后者会受图纸伸缩的影响，误差相应较大。但图纸上绘有图示比例尺时，用此方法较为理想。

(2) 根据直线两端点的坐标计算水平距离。为了消除图纸变形和量测误差的影响，尤其当距离较长时，可用两点的坐标计算距离，以提高精度。如图 1-10-3 所示，欲求直线 mn 的水平距离，首先按(1-10-1)式求出两点的坐标值 x_m，y_m和 x_n，y_n，然后按下式计算水平距离：

$$D_{mn} = \sqrt{(x_n - x_m)^2 + (y_n - y_m)^2} \qquad (1-10-2)$$

3. 在图上确定某点的高程

地形图上任一点的高程，可以根据等高线及高程标记来确定，如图 1-10-3 所示，如果某点 A 正好在等高线上，则其高程与所在的等高线高程相同，即 H_A=104.0 m。如果所求点不在等高线上，如图 1-10-3 中的 B 点，而位于 106 m 和 108 m 两条等高线之间，则可过 B 点作一条大致垂直于相邻等高线的线段 mn，量取 mn 的长度，再量取 mB 的长度，若分别为 9.5 mm 和 3 mm，已知等高距 $h=2$ m，则 B 点的高程 H_B 可按比例内插求得：

$$H_B = H_m + \frac{mB}{mn} \cdot h = 106\ \text{m} + \frac{3}{9.5} \times 2\ \text{m} = 106.6\ \text{m} \qquad (1-10-3)$$

在图上求某点的高程时，通常可以根据相邻两等高线的高程目估确定。例如图 1－10－3 中 mB 约为 mn 的 3/10，故 B 点高程可估计为 106.6 m。因为，《工程测量规范》(GB 50026—2007)中规定，在平坦地区，等高线的高程中误差不应超过 1/3 等高距；丘陵地区不应超过 1/2 等高距；山地不应超过 2/3 等高距；高山地不应超过 1 倍等高距。也就是说，如果等高距为 1 m，则平坦地区等高线本身的高程误差允许到 0.3 m，丘陵地区为 0.5 m，山地为 0.7 m，高山地可达 1 m。显然，所求高程精度低于等高线本身的精度，而且估读误差与此相比，是微不足道的。所以，用目估确定点的高程是可行的。

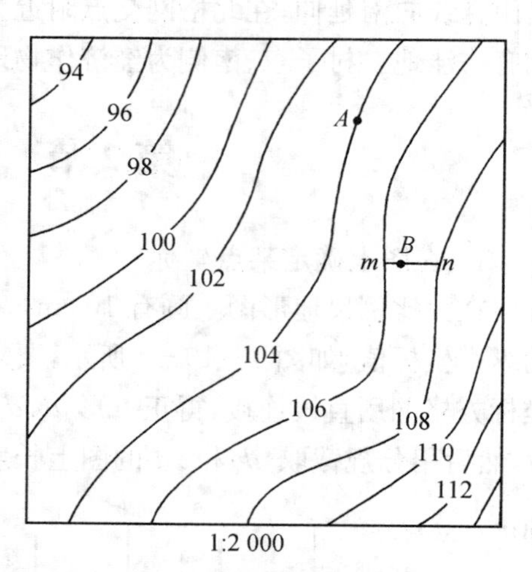

图 1－10－3　地形图基本应用示意图(二)

4. 在图上确定直线的坡度

在图上求得直线的长度以及两端点高程后，可按下式计算该直线的平均坡度 i：

$$i = \frac{h}{dM} = \frac{h}{D} \qquad (1-10-4)$$

式中，d 为图上量得的长度；h 为直线两端点的高差；M 为地形图比例尺分母；D 为该直线的实地水平距离。

坡度通常用千分率或百分度表示，“＋”为上坡，“－”为下坡。

5. 在图上确定某直线的坐标方位角

如图 1－10－3 所示，欲求图上直线 mn 的坐标方位角，有下列两种方法。

(1) 图解法。当精度要求不高时，可用图解法用量角器在图上直接量取坐标方位角。如图 1－10－3 所示，先过 m、n 两点分别精确地作坐标方格网纵线的平行线，然后用量角器的中心分别对中 m，n 两点量测直线 mn 的坐标方位角 α'_{mn} 和 nm 的坐标方位角 α'_{nm}。

同一直线的正、反坐标方位角之差为 180°，所以可按下式计算：

$$\alpha_{mn} = \frac{1}{2}(\alpha'_{mn} + \alpha'_{nm} \pm 180°) \qquad (1-10-5)$$

上述方法中，通过量其正、反坐标方位角取平均值是为了减小量测误差，提高量测精度。

(2) 解析法。先求出 m，n 两点的坐标，然后再按下式计算直线 mn 的坐标方位。

$$\alpha_{mn} = \arctan\frac{y_n - y_m}{x_n - x_m} = \arctan\frac{\Delta y_{mn}}{\Delta x_{mn}} \qquad (1-10-6)$$

当直线较长时，解析法可取得较好的结果。

第 3 节　地形图在工程建设中的应用

一、沿指定方向绘制纵断面图

如图 1-10-4(a)所示，欲沿地形图上 MN 方向绘制断面图，可首先在绘制纸或方格纸上绘制 MN 水平线，如图 1-10-4(b)所示，过 M 点作 MN 的垂线作为高程轴线。然后在地形图上用卡规自 M 点分别卡出 M 点至 1,2,…,N 各点的水平距离，并分别在图 1-10-4(b)上自 M 点沿 MN 方向截出相应的 1,2,…,N 等点。再在地形图上读取各点的高程，按高程比例尺向上作垂线。最后，用光滑的曲线将各高程顶点连接起来，即得 MN 方向的纵断面图。

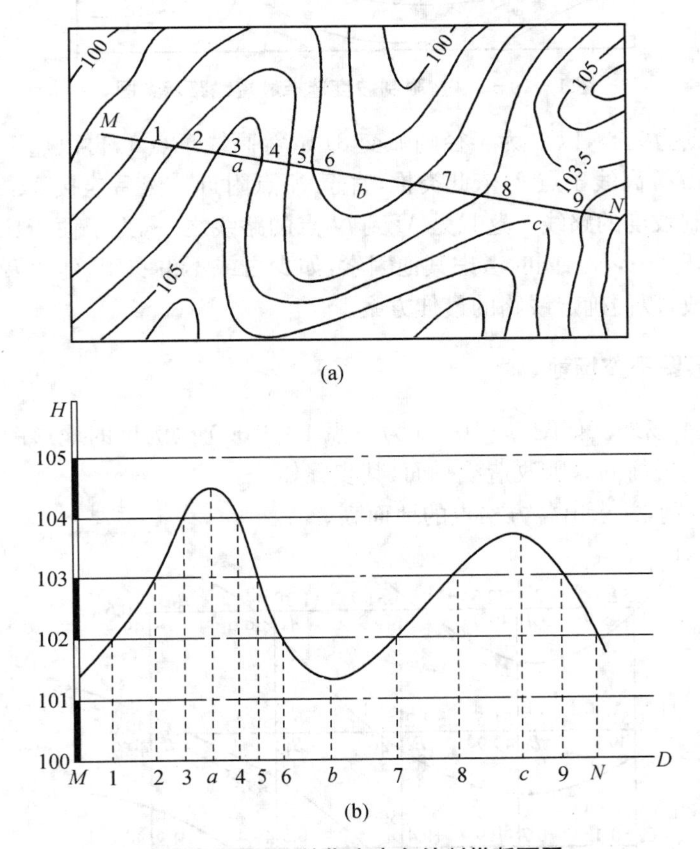

图 1-10-4　按指定方向绘制纵断面图

纵断面图是显示沿指定方向地球表面起伏变化的剖面图。在各种线路工程设计中，为了进行填挖土(石)方量的概算以及合理地确定线路的纵坡等，都需要了解沿线路方向的地面起伏情况，利用地形图绘制沿指定方向的纵断面图最为简便，因而得到广泛应用。

二、在图上按指定坡度选定最短路线

如图 1-10-5 所示，设从 M 点到高地 N 点要选择一条路线，要求其坡度不大于 5%(限制坡度)。设计用的地形图比例尺为 1∶2 000，等高距为 1 m。为了满足限制坡度的要求，根据公式计算出该路线经过相邻等高线之间的最小水平距离 d 为：

$$d=\frac{h}{i\cdot M}=\frac{1}{0.05\times 2\,000}=0.01\ \mathrm{m}=1\ \mathrm{cm} \tag{1-10-7}$$

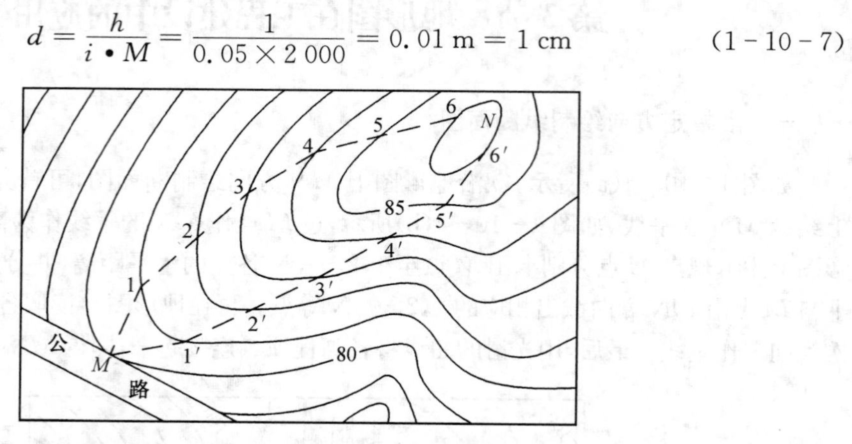

图 1-10-5　按限制坡度选择最短线路示意图

于是，以 M 点为圆心，以 d 为半径画弧交 81 m 等高线于点 1，再以点 1 为圆心，以 d 为半径画弧，交 82 m 等高线于点 2，依此类推，直至 N 点附近。然后连接 $M,1,2,\cdots,N$，便在图上得到符合限制坡度的路线。这只是 M 到 N 点的路线之一，为了便于比较，还需另选一条路线，如 $M,1',2',\cdots,N$。同时考虑其他因素，如少占或不占农田，建筑费用最少，避开不良地质等进行修改，以便确定线路的最佳方案。

三、根据地形图平整场地

1. 设计成水平场地。如图 1-10-6 为一幅 1∶1 000 比例尺的地形图，假设要求将原地貌按挖填土方量平衡的原则改造成平面，其步骤如下。

(1) 绘制方格网，并求出各方格点的地面高。

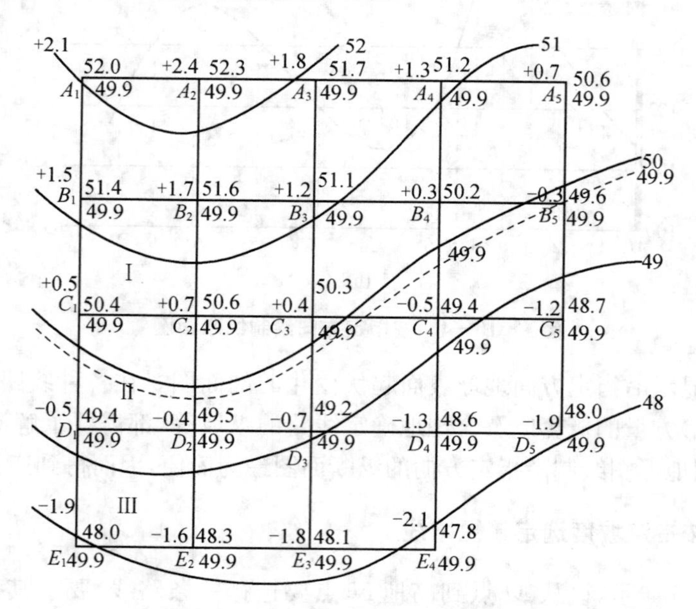

图 1-10-6　水平场地平整示意图

(2) 计算设计高程。

① 先将每一方格顶点的高程加起来除以 4，得到各方格的平均高程，再把每个方格的平均高程相加除以方格总数，就得到设计高程 $H_设$：

$$H_设 = \frac{H_1 + H_2 + \cdots + H_n}{n} \tag{1-10-8}$$

式中，H_i 为每一方格的平均高程；n 为方格总数。

② 从设计高程 $H_设$ 的计算方法和图 1-10-6 可以看出：方格网的角点 A_1，A_5，D_5，E_4，E_1 的高程只用了 1 次，边点 A_2，A_3，A_4，B_1，B_5，C_1，C_5，D_1，E_2，E_3 点的高程用了 2 次，拐点 D_4 的高程用了 3 次，而中间点 B_2，B_3，B_4，C_2，C_3，C_4，D_2，D_3 点的高程都用了 4 次，若以各方格点对 $H_设$ 的影响大小(实际上就是各方格点控制面积的大小)作为“权”的标准，如把用过 i 次的点的权定为 i，则设计高程的计算公式可写为

$$H_设 = \frac{\sum P_i H_i}{\sum P_i} \tag{1-10-9}$$

式中，P_i 为相应各方格点 i 的权。

(3) 计算挖、填数值。根据设计高程和各方格顶点的高程，可以计算出每一方格顶点的挖、填高度，即

$$挖、填高度 = 地面高程 - 设计高程 \tag{1-10-10}$$

将图中各方格顶点的挖、填高度写于相应方格顶点的左上方，如＋2.1，－0.7 等。正号为挖深，负号为填高。

(4) 绘出挖、填边界线。在地形图上根据等高线，用目估法内插出高程为 49.9 m 的高程点，即填挖边界点，叫零点。连接相邻零点的曲线(图中虚线)，称为填挖边界线。在填挖边界线一边为填方区域，另一边为挖方区域。零点和填挖边界线是计算土方量和施工的依据。

(5) 计算挖、填土(石)方量。计算填、挖土(石)方量有两种情况：一种是整个方格全填(或挖)方，如图中方格Ⅰ、Ⅲ；另一种是既有挖方，又有填方的方格，如图中的Ⅱ。

2. 设计成一定坡度的倾斜地面。

(1) 绘制方格网，并求出各方格点的地面高程。与设计成水平场地同法绘制方格网，并将各方格点的地面高程注于图上。图 1-10-7 中方格边长为 20 cm。

(2) 根据挖、填平衡的原则，确定场地重心点的设计高程。根据填挖土(石)方量平衡，按式(1-10-9)计算整个场地几何图形重心点的高程为设计高程。用图 1-10-7 中数据计算 $H_设$＝80.26 m。

(3) 确定方格点设计高程。重心点及设计高程确定以后，根据方格点间距和设计坡度，自重心点起沿方格方向，向四周推算各方格点的设计高程。

(4) 确定挖、填边界线。在地形图上首先确定填挖零点。连接相邻零点的曲线，称为填挖边界线。在填挖边界线一边为填方区域，另一边为挖方区域。零点和填挖边界线是计算土方量和施工的依据。

(5) 计算方格点挖、填数值。根据图 1-10-7 中地面高程与设计高程，按(1-10-10)

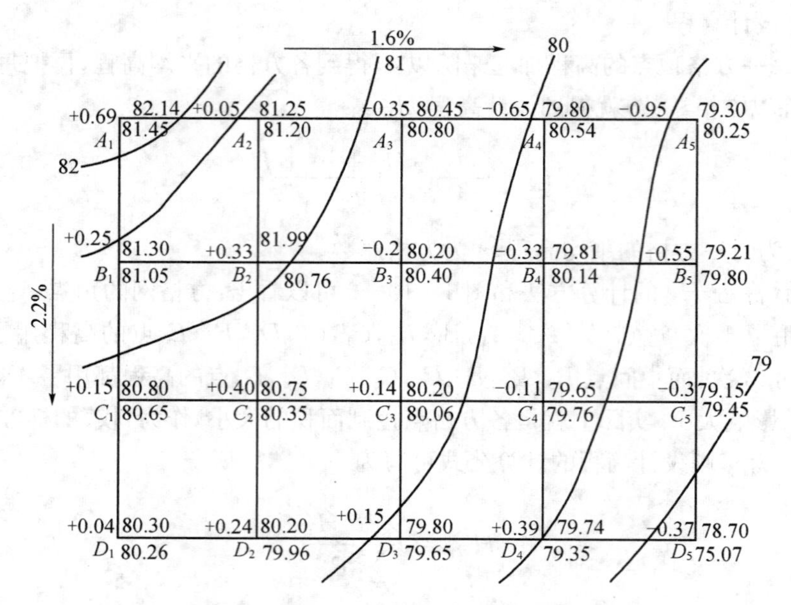

图 1－10－7　倾斜场地平整示意图

式计算各方格点挖、填数值，并注于相应点的左上角。

（6）计算挖、填方量。根据方格点的填、挖数，可按上述方法，确定填挖边界线，并分别计算各方格内的填、挖方量及整个场地的总填、挖方量。

四、汇水区面积的确定

山脊线又称为分水线，即落在山脊上的雨水必然要向山脊两旁流下。根据这种原理，只要将某地区的一些相邻山脊线连接起来就构成汇水面积的界线，它包围的面积称为汇水面积。如图 1－10－8 所示，由山脊线 AB，BC，CD，DE，EA 围成的面积就是汇水面积。

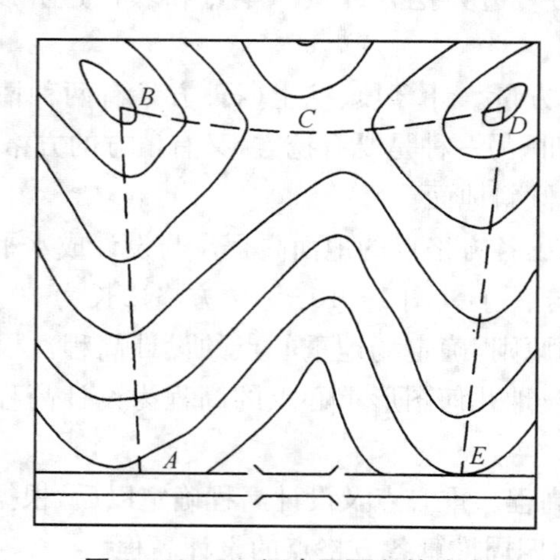

图 1－10－8　汇水区面积的确定

习题 10

1. 利用图 1-10-9 完成如下作业：

(1) 用内插法求 p,q 两点的高程；

(2) 图解 p,q 两点的坐标；

(3) 求 p,q 两点之间的水平距离；

(4) 求 p,q 两点连线的坐标方位角；

(5) 从 p 点至 M 点的平均坡度；

(6) 从 p 点至 q 点选定一条坡度为 3.5%的路线；

(7) 绘制 pq 方向的纵断面图。

2. 根据土方平衡原则，将图 1-10-9(此图已缩小 3/10)中 x 为 100～200，y 为 200～300 范围内的场地进行平整，试算出它的设计标高和填挖方量。

3. 如图 1-10-10 所示为 1∶2 000 的地形图欲作通过设计高程为 52 m 的 a,b 两点，向下设计坡度为 4%的倾斜面，试绘出其填、挖边界线。

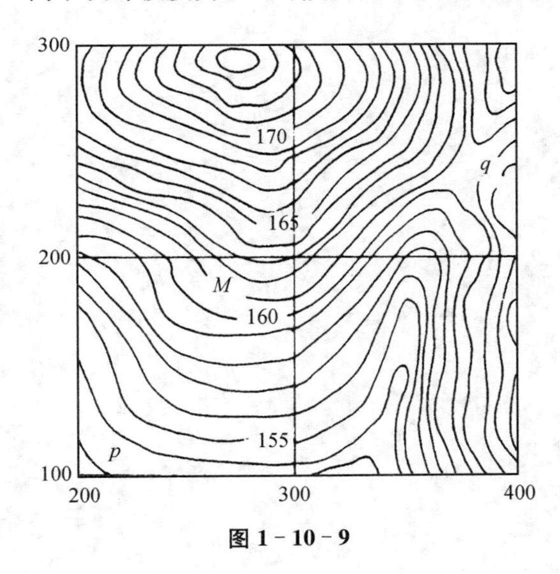

图 1-10-9

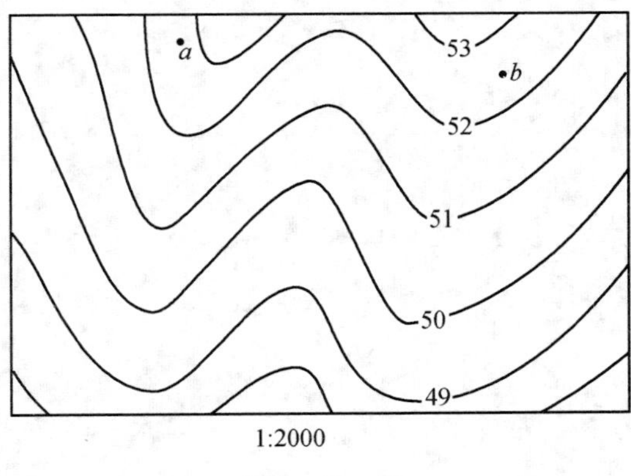

图 1-10-10

第 2 篇
工程施工阶段测量

第11章 测设的基本工作

测设又叫放样，是根据施工场地已有控制点或已有建筑物位置，按照工程设计图要求，将设计图纸上建(构)筑物特征点的平面位置和高程数据在实地标定出来，指导工程严格按照设计图要求施工建设。

测设工作首先要确定测设数据，即求出待测设点与控制点或已有建筑物之间的角度、距离和高程关系数据，然后利用测量仪器将待测设点在现场标定出来。本章讲述距离、角度和高程等基本要素的测设方法，以及点的平面位置几种常用的测设方法。

第1节　水平距离、水平角和高程测设

一、水平距离的测设

已知地面一点，并给定方向，通过测设水平距离，在地面上标定出直线另一端点的工作叫作距离放样，如图2-11-1所示。

已知：A点，待测设的水平距离D；

要求：从A点开始，沿AB方向测设水平距离D，以标定B点。

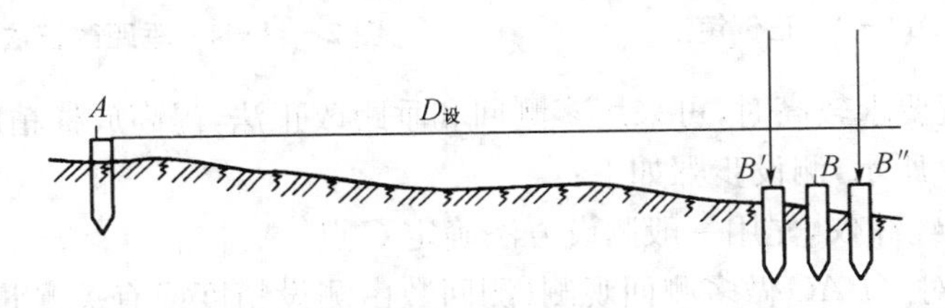

图2-11-1　一般方法测设水平距离

1. 一般方法：首先将钢尺的零点对准A，沿AB方向将钢尺抬平、拉直，在尺面上读数为D处插下测钎或吊锤球，在地面定出点B'；然后将钢尺移动10～20 cm，重复前面的操作，在地面上定出一点B''，取B'和B''连线中点作为B点位置，以提高测设精度。对于钢卷尺放样距离，一般要求相对误差小于1/2 000。

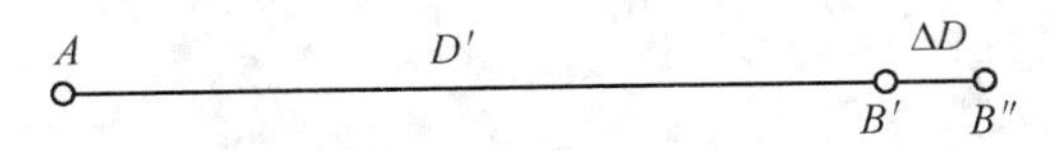

图2-11-2　精确方法测设已知水平距离

2. 精确方法：当测设精度要求较高时，可先根据设计水平距离D，按一般方法在地面定

出 B' 点，然后按照第 4 章介绍的方法，用钢尺精密丈量 AB' 的水平距离，并加入尺长、温度及倾斜改正数，设求出 AB'的水平距离为 D'，若 D'不等于 D，则计算改正数 $\Delta D = D - D'$，并进行改正。如图 2－11－2 所示，改正时，沿 AB 方向，以 B'为准，当 $\Delta D > 0$ 时，向外改正；反之，则向内改正，以标定 B 点位置。

二、水平角的测设

已知地面上一条直线，以此为起始方向，用经纬仪测设水平角，标定出另一条方向线，叫作水平角的放样。

已知：A，B 点，待测设水平角 β；

要求：从 AB 方向起，测设水平角 β，在地面定出 C 点。

1. 当精度要求不高时，可用经纬仪盘左、盘右中分法（又叫正倒镜法）。

如图 2－11－3 所示，测设步骤如下：

（1）在 A 点架经纬仪，对中、整平。

（2）用盘左位置瞄准 B 点，水平制动，使水平度盘读数为 0°00′00″。

顺时针转动照准部至水平度盘读数为 β 时，水平制动，沿望远镜视线方向，对准竖丝在地面上标定出 C'点。

（3）倒转望远镜成为盘右，同样方法定出 C''点。

（4）取 C'，C''连线中点作为 C 点。

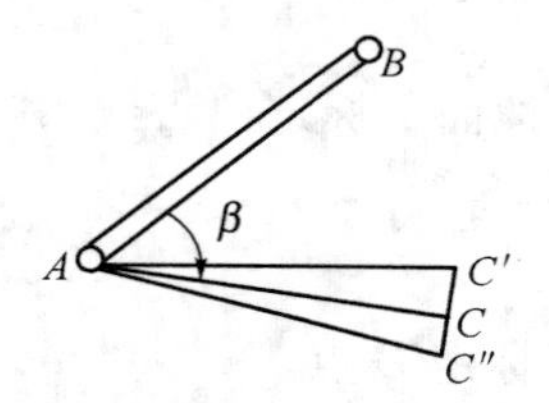

图 2－11－3　正倒镜法

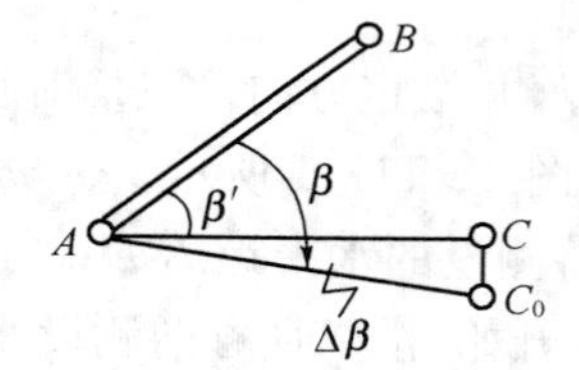

图 2－11－4　垂距改正法

2. 当测设精度要求较高时，可采用多测回和垂距改正法，提高放样精度。

如图 2－11－4 所示，测设步骤如下：

（1）在 A 点架经纬仪，先用一般测设方法确定 C 点。

（2）用测回法对 $\angle BAC$ 做多测回观测（测回数由测设精度或有关测量规范确定），取其平均值为 β'，并计算 β'与设计角值之差 $\Delta\beta = \beta - \beta'$。

（3）设 AC 的水平距离为 D，则需改正的垂距为

$$CC_0 = AC \times \tan\Delta\beta \approx AC\,\frac{\Delta\beta}{\rho''}$$

（4）改正时，从 C 起，沿垂直于 AC 的方向，当 $CC_0 > 0$，向外量 CC_0，标定出 C_0点；反之，则向侧内改正。

三、高程的测设

1. 一般高程测设

根据地面上已知水准点的高程和设计点的高程，用水准仪测设出设计点的高程标志线

的工作。如图2-11-5所示：

已知：水准点A，高程为H_A，待测设点B，高程为$H_设$；

要求：用A点放样出高程为$H_设$的B点。

(1) 在已知水准点A与待测设点B之间安置水准仪，在A点上立尺，读出后视读数a。

(2) 计算出仪器的视线高$H_i=H_A+a$。

(3) 根据B点的设计高程$H_设$，计算出水准尺立于该标志线上的应有的前视数$b_应=H_i-H_设$。

(4) 将水准尺立于B点时木桩顶读数为b。

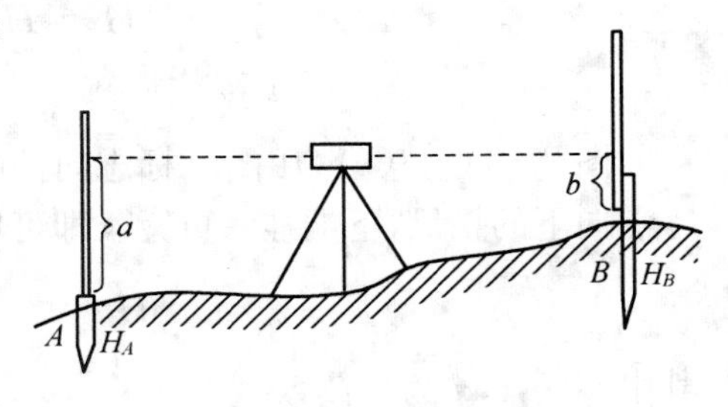

图2-11-5　高程测设

当$b<b_应$时，木桩继续下砸，到水准仪望远镜的十字丝中横丝正好对准应读前视数$b_应$时停止，此时桩顶位置即为欲测设高程；若砸不动，则将水准尺紧贴B点木桩的侧面，竖直上下移动，使水准仪望远镜的十字丝中横丝正好对准应读前视数$b_应$时停止，沿尺底零点处画一横线，该横线的高程即为欲测设的高程。当$b>b_应$时，表示木桩顶面低于待测设高程，则将$b-b_应$注记于木桩侧面。

为了检核，可改变仪器的高度，重新测出该横线的高程，与设计高程比较，符合要求，则该横线作为测设的高程标志线，并在木桩上注记相应高程符号和数值。

2. 当待放样的高程$H_设$高于仪器视线（如地铁、隧道、管线顶标高等）时

尺底向上，即用"倒尺"法放样，如图2-11-6所示，由于此时待放样点高于仪器视线高，$b_应=H_i-H_设$为负值。

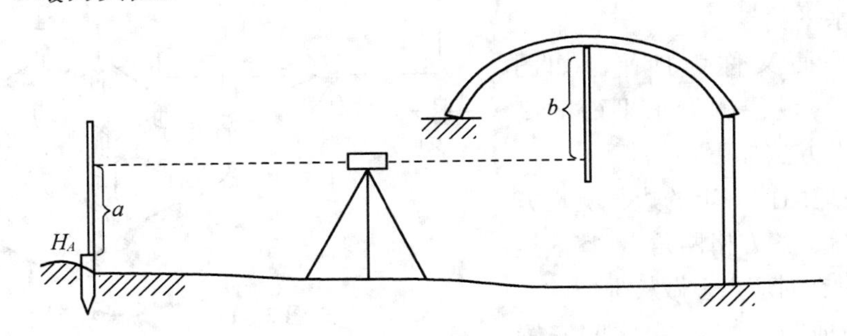

图2-11-6　"倒尺法"放样

3. 高程传递

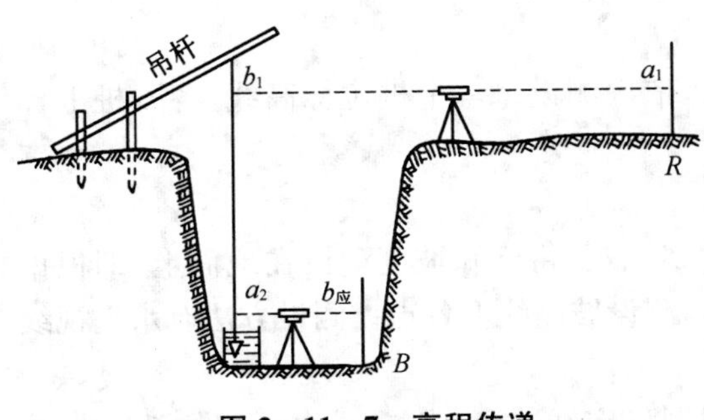

图2-11-7　高程传递

在深基槽内或较高的楼层上，测设高程时，如水准尺的长度不够，则应在槽底或楼面上先设置临时水准点，然后将地面点的高程（或室内地坪±0）传递到临时水准点上，再测设所需要高程。如图2-11-7所示。

图2-11-8(a)为由地面水准点的高程向槽底临时水准点B进行高程传递的示意图。在槽边架设吊杆并吊一根零点向下的钢尺，尺的下端挂上一重锤。分别在地面和槽底安置两台水准仪，若已知水准点A的高程为H_A，则

B点的高程为

$$H_B = H_A + a_1 - (b_1 - a_2) - b_2$$

其中，a_1，b_1，a_2，b_2为尺读数。

图 2-11-8(b)为由±0 标志向楼层上进行高程传递的示意图。同样在楼梯间悬吊一零点向下的钢尺，下端挂一重锤。即可用水准仪逐层引测。楼层B点的高程为：

$$H_B = \pm 0.000 + a + (c - b) - d$$

其中，a，b，c，d为尺读数。

改变吊尺位置，再进行读数计算高程，以便检核。

在实际工作中，常测设比每层地面设计标高高出 0.5 m 的水平线来控制每层各部位的标高，该线称为“+50”线。

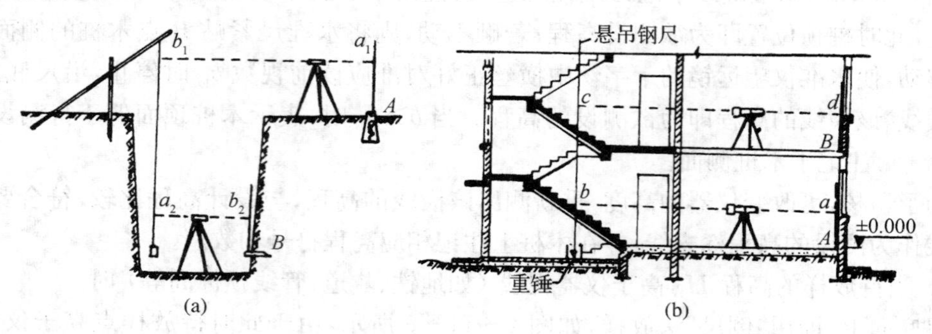

图 2-11-8

4. 测设水平面

测设水平面又称为抄平。如图 2-11-9 所示，设待测设水平面的高程为$H_设$，测设方法如下：

(1) 先在地面按一定的边长测设方格网，用木桩标定各方格网角点(室内楼地面找平时，常在对应点上做灰饼)。

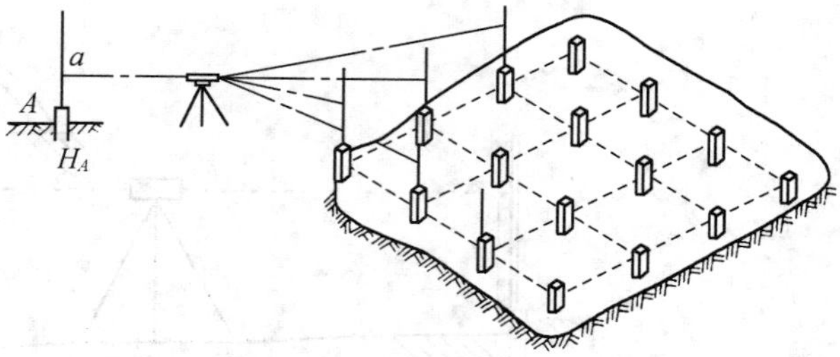

(2) 在场地与已知点A之间安置水准仪，读取A尺上的读数a，计算出仪器的视线高$H_i = H_A + a$。

图 2-11-9　场地抄平

(3) 计算$b_应 = H_i - H_设$。

(4) 用图 2-11-5 所示的标高线测设方法，依次测设每一个桩位标高线，各木桩上标线相连就构成欲测设水平面。

5. 坡度放样

在场地平整、管道敷设和道路整理等工程中，常需要将已知坡度测设在地面上，即根据已知水准点、设计坡度和坡度线端点的设计高程，测设坡度线上各点。测设方法有水平视线法和倾斜视线法两种。

(1) 当坡度比较平缓，坡长比较短，方便用钢尺定线时，一般选择水平视线法。如图 2-11-10 所示。

已知：场地附近 5 号水准点，已知高程为H_5，A为坡顶点，设计高程H_A，坡底点B，设计

高程 H_B，设计坡度为 i。

要求：在 AB 连线上，每隔一定距离打木桩，在各木桩上测设出标高线，使各桩位上标高线相连即为欲测设坡度线。

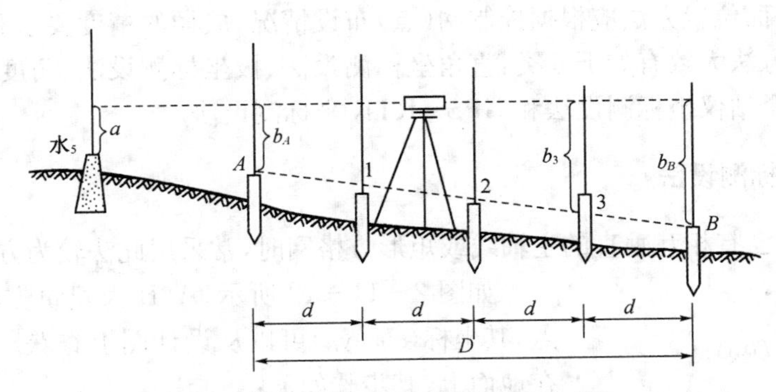

图 2-11-10　水平视线法测设坡度线

① 计算 A,B 两点之间的平距：$D_{AB}=(H_A-H_B)/i$，将 D 平均分成间距为 d 的 n 段，并进行直线定线，在分点处打木桩。

② 安置水准仪于水准点 5 附近，读后视读数 a，并计算视线高程：

$$H_i = H_5 + a$$

③ 计算各桩点的设计高程：$H_{1设}=H_A+id$

$$H_{2设} = H_1 + id$$

$$H_{3设} = H_2 + id$$

$$\cdots$$

④ 计算各桩点上水准尺应有读数：$b_{i应}=H_i-H_{i设}$。

⑤ 用图 2-11-5 所示的标高线测设方法，依次测设每一个桩位标高线，各桩位上标高线相连即为欲测设坡度。

(2) 当设计坡度较大，坡度线较长，可选用经纬仪倾斜视线法进行坡度线测设，如图 2-11-11 所示。

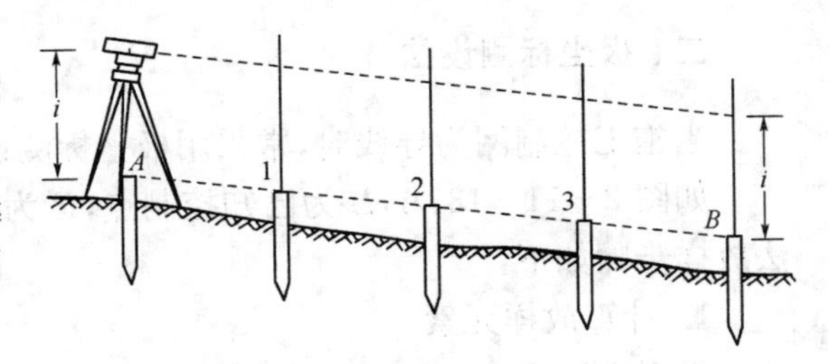

图 2-11-11　倾斜视线法测设坡度线

已知：坡顶点 A，坡底点 B，设计坡度 α。

要求：在 AB 连线上打一些木桩，在各木桩上测设出标高线，使各桩位上标高线相连即为欲测设坡度线。

① 安置经纬仪于 A 点，对中，整平，并量取仪器高 i(从 A 桩上标高线量起)。

② 用经纬仪内插定直线法，在 A,B 之间插入分点，并在分点处打木桩。

③ 立水准尺立于 B 点桩顶，用经纬仪望远镜照准水准尺，将仪器照准部水平制动，竖直转动望远镜，当视线倾斜角度等于设计坡度 α 时将望远镜竖直制动，读取十字丝中横丝值，此即为 $b_{应}$。

④ 用图 2-11-5 所示的标高线测设方法，依次测设每一个桩位标高线，各桩位上标高线相连即为欲测设坡度。

第2节　点的平面位置测设

测设点的平面位置方法应根据控制网(点)布设情况、放样的精度要求和施工场地的条件来选择,常用方法大致有如下6类:直角坐标测设法、极坐标测设法、角度交会测设法、距离交会测设法、全站仪坐标测设法和GPS-RTK坐标测设法。

一、直角坐标测设法

当建筑场地已有相互垂直的主轴线或矩形方格网时,常采用此法较为方便。

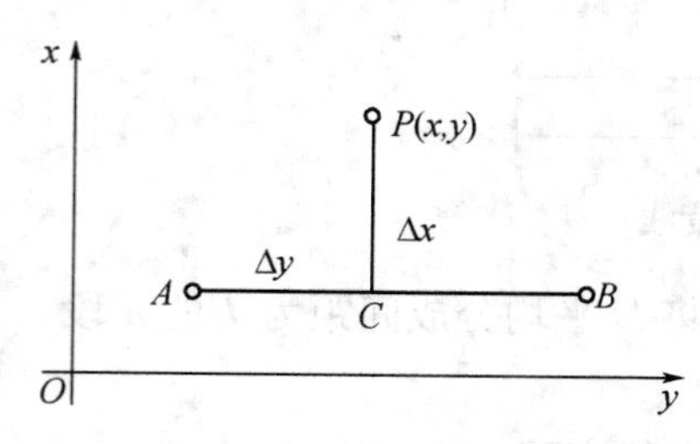

图2-11-12　直角坐标法

如图2-11-12所示,A,B为建筑方格点,P为设计点,其坐标(x_P,y_P)可以从设计图上查获。欲将P点测设在地面上,其步骤如下:

1. 计算测设数据

计算出P点相对控制点A的坐标增量Δx,Δy。

2. 外业测设

(1) A点架经纬仪,瞄准B点,沿视线方向用钢尺测设横距Δy,在地面上定出C点。

(2) 安置经纬仪于C点,瞄准A点,顺时针测设90°水平角,沿直角方向用钢尺测设纵距Δx,即获得P点在地面上的位置。

(3) 校核:在B点架仪器,用同样方法放样P点位置。

(4) 注意事项:测设90°角时的起始方向要尽量照准远距离的点,因为对于同样的对中和照准误差,照准远处点比照准近处点放样的点位精度高。

二、极坐标测设法

当施工控制网为导线时,常采用极坐标测设法进行放样。

如图2-11-13,A,B为已知控制点,P为待放样点,其设计坐标为(x_P,y_P),用极坐标法放样步骤如下:

1. 计算放样元素

根据已知坐标,由坐标反算,计算出D_{AP}及方位角α_{AP}和α_{AB},计算出水平角$\beta=\alpha_{AP}-\alpha_{AB}$。

2. 外业测设

(1) 在A点架经纬仪,对中,整平。

(2) 以AB为起始边,顺时针转动望远镜,测设水平角β。

(3) 在β方向线上测设距离D_{AP},即得P点。

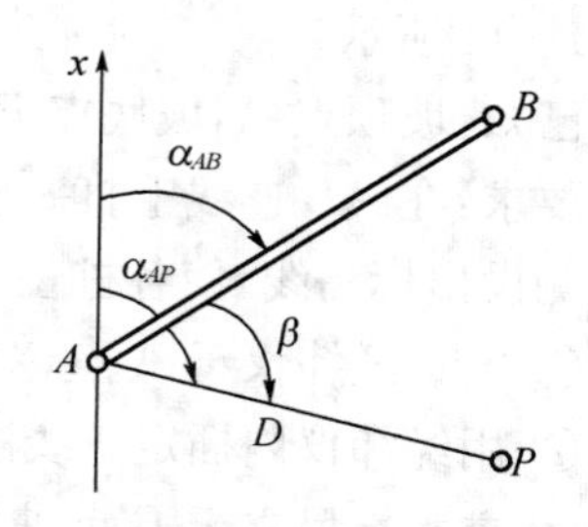

图2-11-13　极坐标法测设点位

三、角度交会测设法

当待测设点离控制点远，地形起伏较大，距离丈量困难时，可采用经纬仪角度交会测设法来放样点位。

如图 2－11－14(a)所示。A，B，C 为已知控制点，P 为待放样点，其设计坐标为 (x_P, y_P)，用前方交会法放样的步骤如下：

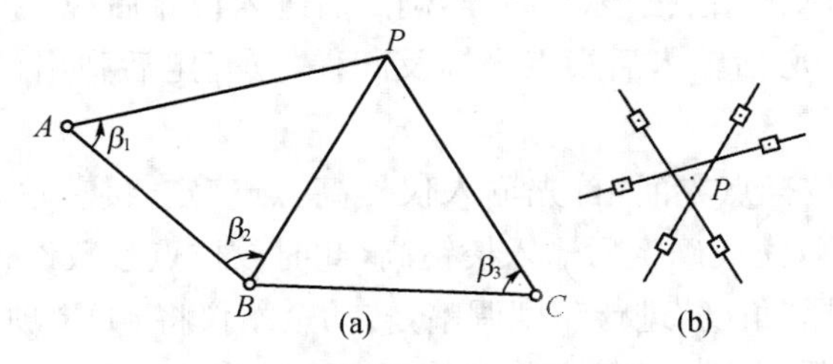

图 2－11－14　角度交会法

1. 计算放样参数

用坐标反算得 α_{AP}，α_{AB}，α_{BP}，α_{BA}，α_{CP}，α_{CB}，从而计算出放样元素 β_1，β_2，β_3。

2. 外业测设

(1) 分别在 A，B，C 三点上架经纬仪，依次以 AB，BA，CB 为起始方向，分别放样水平角 β_1，β_2，β_3，概略定出 P 点位置，打一大木桩。

(2) 在桩顶平面上精确放样，具体方法：由观测者指挥，在木桩上定出 3 条方向线。理论上 3 条线应交于一点，由于放样存在误差，形成了一个误差三角形，如图 2－11－14(b)所示，当误差三角形内切圆的半径在允许误差范围内，取内切圆的圆心作为 P 点的位置。

(3) 注意事项：为了保证 P 点的测设精度，交会角一般不得小于 30°或大于 150°。

四、距离交会测设法

当施工场地平坦，易于量距，测设精度要求不高，且待测设点与控制点距离小于整尺段长，常用距离交会法测设放样点位。

如图 2－11－15 所示，A，B 为控制点，P 为待放样点位，测设方法如下：

1. 计算放样参数

根据 A，B 的坐标和 P 点坐标，用坐标反算计算出放样元素 D_1 和 D_2。

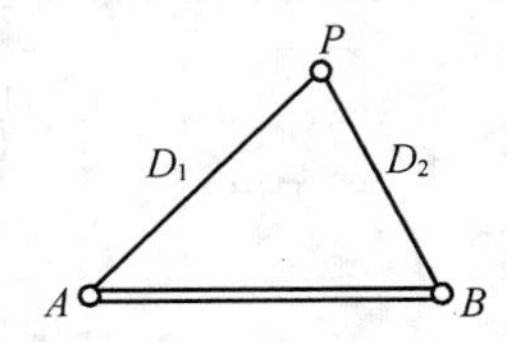

图 2－11－15　距离交汇法测设点位

2. 外业测设

(1) 以 A，B 为起点，分别使两根钢尺的零刻线对准 A，B 两点，同时拉紧和移动钢尺，在两尺上读数为 D_1，D_2 处在地面画弧，在两弧相交处即为 P 点。

(2) 测设后，应对 P 点进行检核。

五、全站仪坐标测设法

全站仪不仅具有高精度、快速测角、测距、测定点坐标的特点，而且在施工中受天气、地形条件限制少，因此在生产实践中得到了广泛应用。全站仪坐标测设法是直接根据待测设点的坐标放样点位的一种方法。测设方法基本流程如下：

1. 选取两个已知点，一个作为测站点，另外一个为后视点，并明确标注。

2. 取出全站仪，已知点将仪器架于测站点，进行对中整平后量取仪器高。

3. 将棱镜置于后视点，转动全站仪，使全站仪十字丝中心对准棱镜中心。

4. 开启全站仪，选择“程序”进入程序界面，选择“坐标放样”，进入坐标放样界面，进入后设置测站点点名，输入测站点坐标及高程，确定后进入设置后视点界面，设置后视点点名，确认全站仪对准棱镜中心后输入后视点坐标及高程，点确定后弹出设置方向值界面并选择“是”，设置完毕。

5. 然后进入设置放样点界面，首先输入仪器高，点确定，接着输入放样点点名，确定后输入放样点坐标及高程，完成确定后输入棱镜高，此时放样点参数设置结束，开始进行放样。

6. 在放样界面选择“角度”进行角度调整，转动全站仪将 dHR 项参数调至零，并固定全站仪水平制动螺旋，然后指挥持棱镜者将棱镜立于全站仪正对的地方，调节全站仪垂直制动螺旋及垂直微动螺旋使全站仪十字丝居于棱镜中心，此时棱镜位于全站仪与放样点的连线上，接着进入距离调整模式，若 dHD 值为负，则棱镜需向远离全站仪的方向走，反之向靠近全站仪的方向走，直至 dHD 的值为零时棱镜所处的位置即为放样点，将该点标记，第一个放样点放样结束，然后进入下一个放样点的设置并进行放样，直至所有放样点放样结束。

7. 退出程序后关机，收好仪器装箱，放样工作结束。

用全站仪放样点位，可事先输入气象元素（温度和气压），仪器自动进行气象改正。所以，用全站仪放样点位既能保证精度，同时无须做任何手工计算，操作十分方便。

六、GPS - RTK 坐标测设法

GPS - RTK 是一种全天候、全方位的新型测量仪器，是目前实时、准确地确定待放点位置的最佳方式。它需要一台基准站和一台流动站接收机以及用于数据传输的电台。RTK 定位技术是将基准站的相位观测值及坐标信息通过数据链方式及时传送给流动站，流动站将收到的数据链连同自身采集的相位观测数据进行实时差分处理，从而获得流动站的实时三维坐标。流动站再将实时坐标与设计坐标相比较，从而指导放样。

GPS - RTK 坐标测设法基本流程如图 2 - 11 - 16 所示。

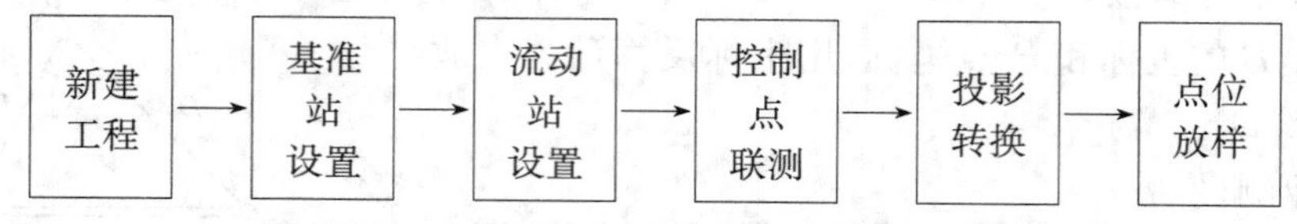

图 2 - 11 - 16 GPS - RTK 坐标测设法基本流程

1. 在手簿中选择新建工程，输入工程名称之后，进入创建点界面。输入控制点点名以及点的三维坐标（N,E,H）和 WGS - 84 的大地坐标。如果有一个控制点，就输入一个，若有两个，就输入两个，依此类推。也可把要放样的三维坐标（N,E,H）全部输入。

2. 将基准站设在指定的点位上，可以是已知控制点，也可以是未知点；在纬度、经度和椭球高三栏中分别输入实际值，也可以读当前 GPS 坐标得到 GPS 单点定位坐标；设置天线的型号和输入高程后进行基准站设置。

3. 进行流动站设置时，如果流动站用设置基准站的手簿，手簿上显示了基准站的坐标；如果流动站用另外一个手簿，基准站的坐标可点击“从基准站”获取也可手工输入。

4. 控制点联测最少是两个控制点，最好是三个以上的控制点平均分布于测区。

5. 投影界面用来选择和解算投影转换，水平和垂直投影都选择地方投影转换。

6. 放样点位坐标时，可分别在列表、图形中选点或显示点的详细信息。点击“下一个”，可放样下一个点位。在当前流动站位置距离放样的目标点只有 3 m 的时候，手簿开始鸣叫，提醒用户已经接近目标。

习题 11

1. 初步测设出直角 AOB 后，用经纬仪精确测量 AOB，其结果是 $90°00'24''$，已知 OB 长度为 100.00 m。作草图并计算：

(1) 在垂直 OB 的方向上，B 点应该向哪个方向移动？

(2) B 点移动多少距离才能使 AOB 为 $90°$？

2. 某建筑场地有一已知水准点 A，H_A＝138.416 m，欲测设首层室内地坪±0.00，其高程为 139.00 m，设 A 所立水准尺的读数为 1.034 m，试画图说明±0.00 的测设方法。

3. 设 A，B 为已知平面控制点，其坐标分别为 A(156.32 m，576.49 m)，B(208.78 m，482.27 m)。欲根据 A，B 两点测设 P 点的位置，P 点设计坐标为(180.00 m，500.00 m)。

(1) 试分别计算用极坐标测设法、角度交会法和距离交会法测设 P 点的测设数据。

(2) 绘出测设略图，简述测设步骤。

(3) 对三种方法进行比较。

4. 简述全站仪坐标测设法基本流程。

5. 简述 GPS - RTK 坐标测设法基本流程。

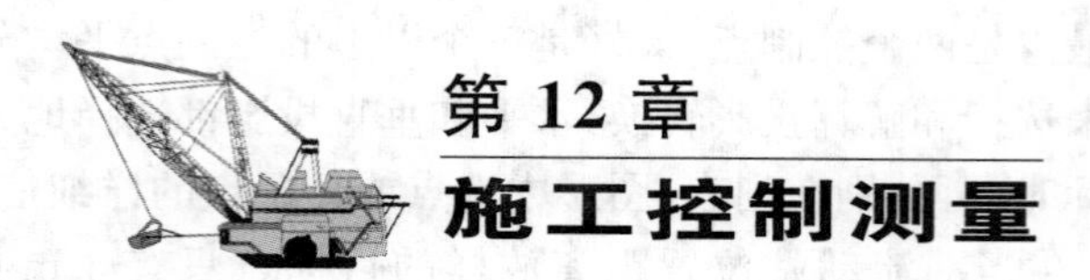

第 12 章 施工控制测量

扫一扫可见
本章电子资源

第 1 节 施工控制测量概述

为工程建设和工程放样而布设的测量控制网称为施工控制网。沿用勘测时期所建立的测图控制网,可以进行建(构)筑物的测设(放样)。但是由于测图时未考虑施工的要求,控制点的分布、密度和精度都难以满足施工测量的要求。另外,由于平整场地时控制点大多被破坏,因此,在施工之前,建筑场地上要重新建立专门的施工控制网。

一、施工控制网的特点

与测图控制网相比较,施工控制网具有以下特点:

1. 控制点的密度大,精度要求较高,使用频繁,受施工干扰多。这就要求控制点的位置应分布恰当和稳定,使用方便,并能在施工期间保持桩位不被破坏。因此,控制点的选择、测定及桩点的保护等各项工作应与施工方案、现场布置统一考虑确定。

2. 在施工控制测量中,局部控制网的精度要求往往比整体控制网的精度高。如有些重要厂房的矩形控制网,精度常高于工业场地建筑方格网或其他形状的控制网。在一些重要设备安装时,也往往需建立高精度的专门施工控制网。因此,大范围的控制网只是给局部控制网传递一个起始点的坐标及方位角,而局部控制网则布置成自由网的形式。

二、施工控制网的布设形式

施工控制网分为平面控制网和高程控制网两种。平面控制根据地形情况可以采用导线网、三角网、建筑基线或建筑方格网;高程控制根据施工精度要求,可采用三、四等水准网或图根水准网。

选择平面控制网的形式应根据建筑总平面图、建筑场地的大小和地形、施工方案等因素综合考虑。

山区或丘陵地区常采用三角网作为建筑场地的首级平面控制。三角网常布设成两级。一级为基本网,以控制整个场地为主。按地形条件,基本网可采用单三锁或中心多边形,根据场地的大小和放样的精度要求,基本网可按城市一级或二级小三角的技术要求建立。组成基本网的控制点应埋设成永久标志。另一级用以测设建(构)筑物的轴线及细部位置,它是在基本网的基础上用交会法加密而成。当厂区面积较小时,可采用二级小三角网一次布设。

对于地形平坦而通视比较困难地区,如扩建或改建的施工场地或建筑物布置不很规则时，则可采用导线网作为平面控制网。它也常布设成两级，一级为首级控制，多布设成环形，往往按城市一级或二级导线的要求建立。另一级为加密导线，用以测设局部建筑物。根据测设精度要求，可以按城市二级或三级导线的技术要求建立。

对于地面平坦而简单的小型建筑场地，常布设一条或几条建筑基线，组成简单的图形作为施工测设（放样）的依据。而对于地势平坦，建（构）筑物众多且布置比较规则和密集的工业场地，一般采用建筑方格网。总之，施工控制网的形式应与设计总平面图布局相一致。

第 2 节　施工场地上的控制测量

一、建筑基线

建筑基线是建筑场地施工控制基准线。如图 2－12－1 所示，在场地中央测设一条长轴线和若干条与其垂直的轴线，在轴线上布设所需要的点位。由于各轴线之间不一定组成闭合图形，建筑基线是一种不严密的施工控制，适合于比较简单的小型建筑场地。

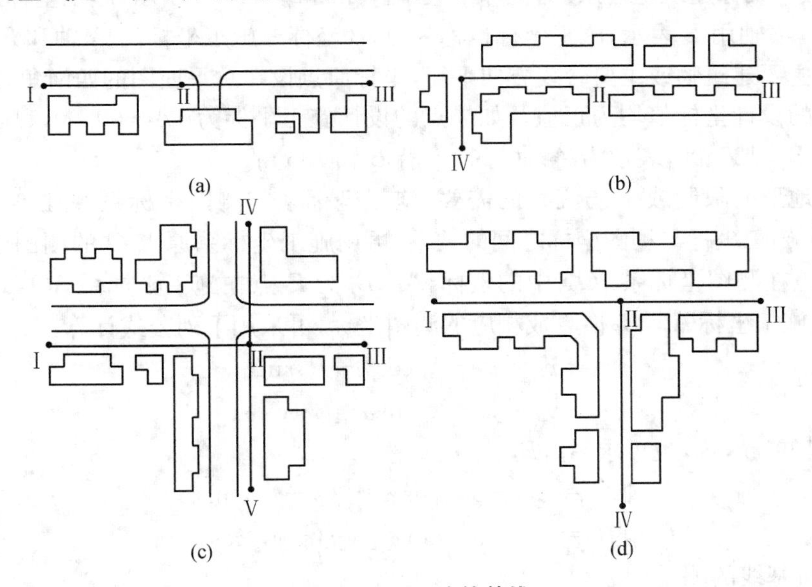

图 2－12－1　建筑基线

1. 建筑基线的设计

根据建筑设计总平面的施工坐标系及建筑物的布置情况，建筑基线可以设计成“一”字形、“直角”形、“丁”字形及“十”字形等形式，如图 2－12－1 所示。建筑基线的形式可以灵活多样，适合于各种地形条件。

基线设计时应注意以下几点：

(1) 建筑基线应尽量位于厂区中心中央通道的边沿上，其方向应与主要建筑物轴线平行。基线的主点应不少于 3 个，以便检查点位有无变动；

(2) 建筑基线主点间应相互通视，边长 100～400 m；

(3) 主点在不受挖土损坏的条件下，应尽量靠近主要建筑物，为了能长期保存，要埋设永久性的混凝土桩，如图 2－12－2 所示。

(4) 建筑基线的测设精度应满足施工放样的要求。

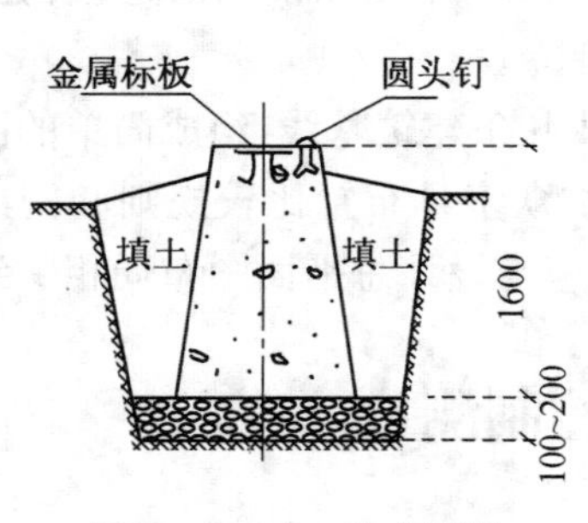

图 2-12-2　主点埋设

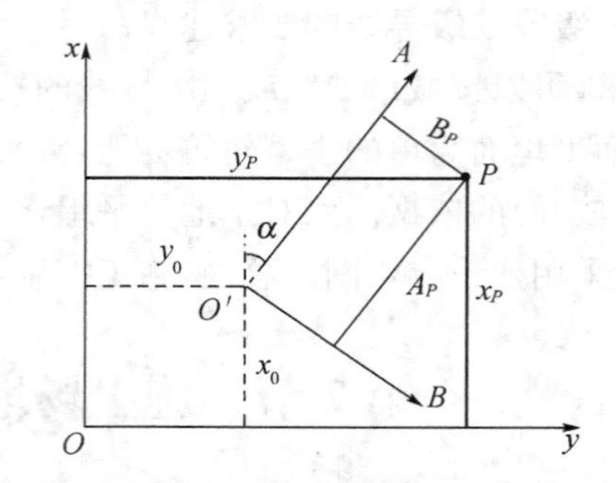

图 2-12-3　施工坐标系与测图坐标系的换算

2. 建筑基线的测设

(1) 施工坐标系与测图坐标系的换算

为了便于建筑物设计和施工测设(放样),设计总平面图上,建(构)筑物的平面位置常采用施工坐标系(又称建筑坐标系)的坐标来表示。如图 2-12-3 所示,施工坐标系的纵轴通常用 A 表示,横轴用 B 表示,施工坐标也称为 A,B 坐标。施工坐标的 A 轴和 B 轴,应与施工场地上的主要建筑物或主要管线方向平行,坐标原点设在总平面图的西南角,使所有建筑物和构筑物的设计坐标值均为正值。如果点的设计施工坐标为 1A+00.00,1B+35.00,即 A=100.00,B=135.00,表示沿 A 轴 100 m,沿 B 轴 135 m。

由于受地形的限制或工艺流程的需要,施工坐标系与测图坐标系往往不一致。如图 2-12-3 中,施工坐标与测图坐标之间的关系,可用施工坐标系原点 O' 的测图坐标 x_0,y_0,x_P,y_P 为 P 点在测图坐标系 xOy 中的坐标,A_P,B_P 为 P 点在施工坐标系 $AO'B$ 中的坐标,若将 P 点的施工坐标 A_P,B_P 换算成相应的测图坐标,可采用下列公式计算:

$$\begin{cases}x_P=x_0+A_P\cos\alpha-B_P\sin\alpha\\ y_P=y_0+A_P\sin\alpha+B_P\cos\alpha\end{cases}\tag{2-12-1}$$

反之,已知 x_P,y_P,也可求 A_P,B_P:

$$\begin{cases}A_P=(x_P-x_0)\cos\alpha+(y_P-y_0)\sin\alpha\\ B_P=(x_P-x_0)\sin\alpha+(y_P-y_0)\cos\alpha\end{cases}\tag{2-12-2}$$

(2) 建筑基线的测设

建筑基线的测设方法,根据建筑场地的情况不同,主要有以下两种:

① 根据建筑红线测设(放样)。

在建成区,建筑红线是由城市规划部门批准,测绘部门测设的,可用作建筑基线放样的依据。如图 2-12-4 所示,AB,AC 是建筑红线,Ⅰ,Ⅱ,Ⅲ是建筑基线点,从 A 点沿 AB 方向量取 d_2 定Ⅰ′点,沿 AC 方向量取 d_1 定Ⅱ′点。通过 B,C 作红线的垂线,沿垂线量取 d_1,d_2 得到Ⅱ,Ⅲ点,则ⅡⅡ′与ⅢⅠ′相交于点Ⅰ点。Ⅰ,Ⅱ,Ⅲ即为建筑基线点。将经纬仪安置在Ⅰ点处,精确观测∠ⅡⅠⅢ,其角值与 90°之差应不超过±20″,距离相对误差应不超过 1/10 000;否

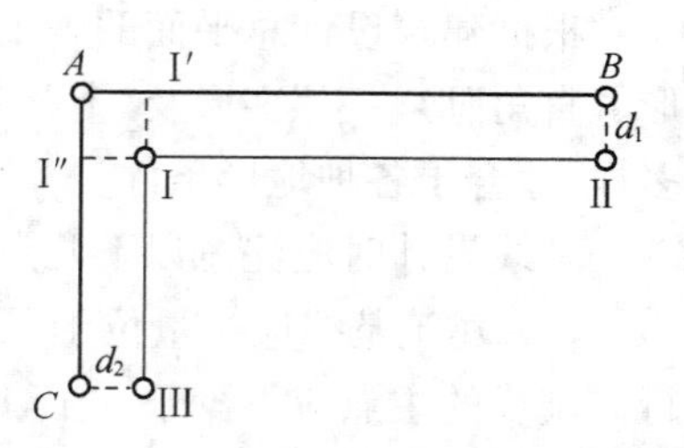

图 2-12-4　根据建筑红线放样

则，应进行调整。如果建筑红线完全符合作为建筑基线的条件时，可将其作为建筑基线用。

② 根据测量控制点测设（放样）。

在新建区，建筑场地上没有建筑红线作依据时，可根据建筑基线点的设计坐标和附近已有控制点的关系。按极坐标方法进行测设，如图 2-12-5 所示，A，B 为附近已有控制点，Ⅰ，Ⅱ，Ⅲ为选定的建筑基线点。

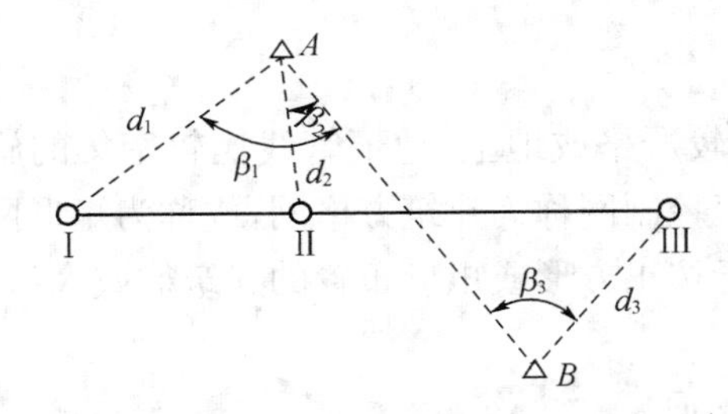

图 2-12-5　根据测量控制点放样

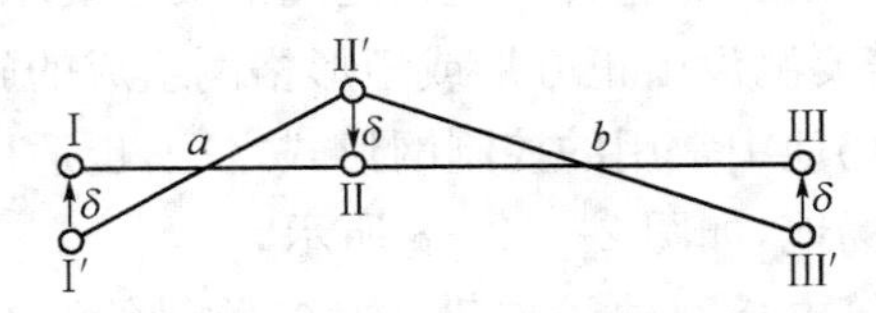

图 2-12-6　角度调整

首先根据已知控制点和待测点的坐标关系反算出测设数据 β_1，d_1，β_2，d_2，β_3，d_3，然后用经纬仪和钢尺（或测距仪、全站仪）以极坐标法测设Ⅰ，Ⅱ，Ⅲ点。由于存在测量误差，测设的基线点往往不在同一直线上（如图 2-12-6 中的Ⅰ′，Ⅱ′，Ⅲ′），故尚需在Ⅱ′点安置经纬仪，精确观测出∠Ⅰ′Ⅱ′Ⅲ′，各点沿与基线垂直的方向各移动相等的调整值 δ 可按下式计算：

$$\delta=\frac{ab}{a+b}\left(\frac{90^{\circ}-\angle \mathrm{I}'\mathrm{II}'\mathrm{III}'}{2}\right)\frac{1}{\rho''} \tag{2-12-3}$$

式中，δ 为各点调整值，m；a，b 为分别为ⅠⅡ，ⅡⅢ的长度，m；$\rho''=206\ 265''$。

例如，图 2-12-6 中，$a=150$ m，$b=200$ m，∠Ⅰ′Ⅱ′Ⅲ′$=180°00'50''$，则

$$\delta=\frac{150\times 200}{150+200}\times\left(\frac{90^{\circ}-180^{\circ}00'50''}{2}\right)\times\frac{1}{206\ 265}=-0.010\ \mathrm{m}$$

当∠Ⅰ′Ⅱ′Ⅲ′$<180°$时，δ 为正值，Ⅱ′点向下移动，Ⅰ′，Ⅲ′点向上移动；若∠Ⅰ′Ⅱ′Ⅲ′$>180°$时，δ 为负值，点位调整方向与上述相反。此项调整应反复进行，直至误差在允许范围之内。

除了调整角度以外，还应调整Ⅰ，Ⅱ，Ⅲ点之间的距离，若丈量长度与设计长度之差的相对误差大于 1/10 000，则以Ⅱ点为准，按设计长度调整Ⅰ，Ⅲ两点。

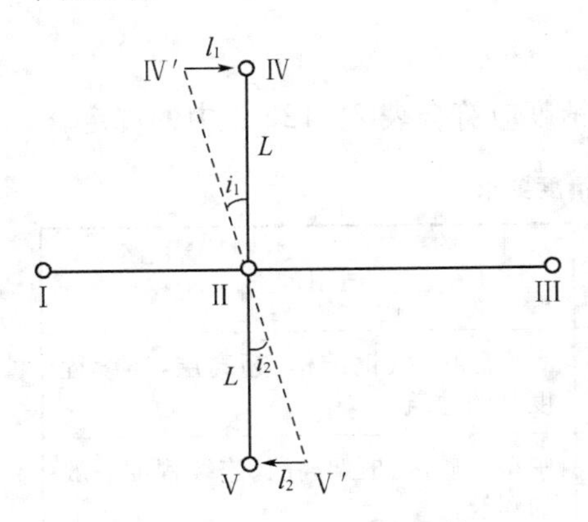

图 2-12-7　距离调整

如图 2-12-7 所示，定出Ⅰ，Ⅱ，Ⅲ点之后，在Ⅱ点安置经纬仪，瞄准Ⅲ点，分别向左、右测设 90°角，并根据主点间的距离，在实地测设出Ⅳ′，Ⅴ′点。用全圆观测法观测各方向，分别求出∠ⅠⅡⅣ′及∠ⅠⅡⅤ′的角值与 90°之差，则按下式计算方向改正数 l_1 及 l_2，即

$$l=L\times\frac{\varepsilon''}{\rho''} \tag{2-12-4}$$

式中，L 为主点间的距离。

将Ⅳ′，Ⅴ′两点分别沿ⅡⅣ′及ⅡⅤ′的垂直方向移动 l_1 和 l_2，得Ⅳ，Ⅴ点，Ⅳ′，Ⅴ′的移动

方向按观测角值的大小决定，若角值大于 90°则向左移动，最后再检查∠ⅣⅡⅤ，其值与 180°之差应不超出±15″。

建筑基线的测设方法除了上述两种方法以外，还可以利用已有建筑物或道路中线进行测量，其方法与利用建筑红线测设方法相同。

二、建筑方格网

1. 建筑方格网的布设

在一般工业建(构)筑物之间的关系要求比较严格或地上、地下管线比较密集的施工现场，常需要测设由正方形或矩形格网组成的施工控制网称为建筑方格网，或称为矩形网。它是建筑场地中常用的控制网形式之一，也适用于按正方形或矩形布置的建筑群或大型、高层建筑的场地，如图 2-12-8 所示。

建筑方格网轴线与建(构)筑物轴线平行或垂直，因此可用直角坐标法进行建筑物的定位，放样较为方便，且精度较高。

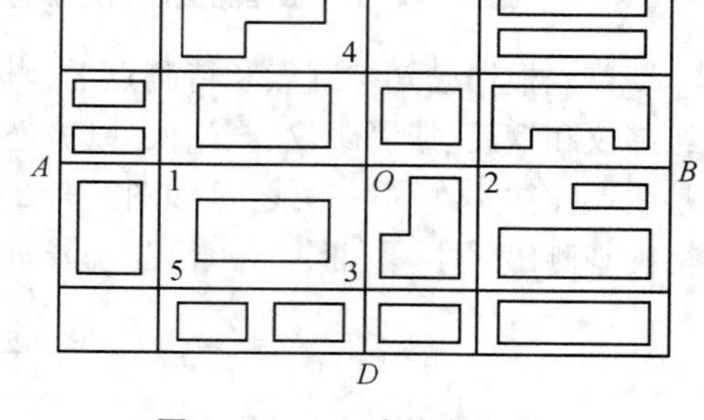

图 2-12-9　建筑方格网

布设建筑方格网时其位置或形式，应根据建(构)筑物、道路、管线的分布，结合场地的地形等因素，先选定方格网主轴线(如图 2-12-8 中，A,B,C,D,O 为主轴线点)，再全面布设方格网。布设要求与建筑线基本相同，另需考虑以下几点：

(1) 主轴线点应接近精度要求较高的工程。

(2) 方格网的轴线应彼此严格垂直。

(3) 方格网点之间能长期保持通视。

(4) 在满足使用的前提下，方格网点数应尽量少。正方形格网边长一般为 100～200 m。矩形控制网边长应根据建筑物的大小和分布而定，一般为几十米或几百米的整数长度。为了能长期保存，各方格网点均应设置固定标志，如图 2-12-2 所示。考虑到调整点位误差的需要，桩顶一般需固定一块 15 cm×15 cm×0.5 cm 的钢板。

2. 建筑方格网的测设

(1) 主轴线测设

测设方法与十字形建筑基线测设方法相同，其测设精度应符合表 2-12-1 中的规定。

表 2-12-1　建筑方格网测设精度要求

等级	主轴线或方格网	边长精度	直线角误差	主轴线交角或直角误差	适用范围
Ⅰ	主轴线	1∶50 000	±5″	±3″	大型厂矿区、钢结构、超高层，连续程度高的建筑。
	方格网	1∶40 000		±5″	
Ⅱ	主轴线	1∶25 000	±10″	±6″	中型厂矿区、框架高层、连续程度一般的建筑。
	方格网	1∶20 000		±10″	
Ⅲ	主轴线	1∶10 000	±15″	±10″	小型厂矿区、一般建筑。
	方格网	1∶8 000		±15″	

(2) 方格网的测设

主轴线确定后，进行分部方格网测设，然后在分部方格网内部进行加密。

① 分部方格网的测设。

在主轴线点 A 和 C 上安置仪器，各自照准主轴线另一端 B 和 D，分别向左和向右测设 90°角，两方向的交点即为 O 点位置，并进行交角的检测和调整。

同法，可交会出方格网点 2,3,4。

② 直线内分点法加密。

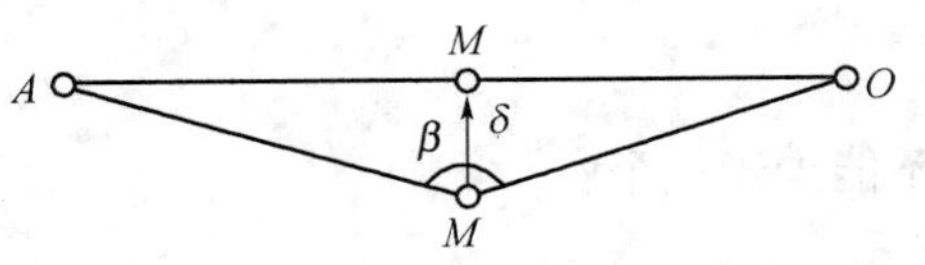

图 2-12-9　直线内分点法加密

在一条方格边上的中间点加密方格网时，如图 2-12-9 所示，在已知点 A 沿方向线 AO 丈量至中间点 M 的设计距离 AM，由于定线偏差得 M' 点，精确测定 $\angle AM'O$ 的角值，按下式求得改正数

$$\delta = \frac{\Delta\beta''}{2\rho''}D \qquad (2-12-5)$$

然后将 M' 点沿与 AO 直线垂直方向移动 δ 值到 M 点。同法加密其他各方格点位。

(3) 方格网点的验测、调整

由于各种因素的影响，方格网点的几何关系肯定不会完全满足，为此应进行验测以符合表 2-12-1 中的要求。一般的方法是将测设的方格网点组成导线网，按导线测量的方法测量各网点的实际坐标，与设计值比较，计算出各点的改正数：

$$\begin{cases}\delta x = x_{设计} - x_{实际} \\ \delta y = y_{设计} - y_{实际}\end{cases} \qquad (2-12-6)$$

在mm 方格纸上，以实测点位为原点，以改正值 δx 和 δy 为坐标 1∶1 地画出两点的相互关系，得到设计点位。带图纸到施工现场，逐个地把图上实测点位对准桩上标志，按方格网边定向后，把设计点位投在桩顶，做好标志，即得到正确的点位。为了防止使用中发生错误，桩顶上的原实测点位标志必须设法消去或与正确点位的标志严格区分。

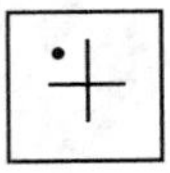

如图 2-12-10 所示，· 为原实测点位，+ 为改正后设计点位。

图 2-12-10　点位

三、施工高程控制测量

施工高程控制测量的要求：水准点的密度尽可能满足在施工放样时一次安置仪器即可测设出所需的高程点；在施工期间，高程控制点的位置应保持不变。

大型的施工场地高程控制网一般布设两级。首级为整个场地的高程基本控制，相应的水准点称为基本水准点，用来检核其他水准点是否稳定，它应布设在场地平整范围之外，土质坚实的地方，以免受震，应埋设成永久性标志，便于长期使用。基本水准点个数一般不少于 3 个，组成闭合水准路线，尽量与国家水准点联测，可按四等水准测量要求进行施测。对于连续性生产车间，地下管道放样所设立的基本水准点，按三等水准测量要求进行施测。另一级为加密网，相应的水准点称为施工水准点，用来直接测设建(构)筑物的高程。通常采用的建筑基线(方格网点)的标桩上加设圆头钉作为施工水准点，如图 2-12-2 所示。由基本水准点开始组成闭合或附合水准路线，按四等水准测量要求进行施测。

中、小型的建筑场地，首级高程控制网可按四等水准测量要求进行布设，加密网根据不同的测设要求，可按四等水准测量要求进行施测。

为了施工放样的方便，在每栋较大的建(构)筑物附近，还要测设±0.000 高程标志，其位置大多选在较稳定的建筑物墙、柱的侧面，用红油漆涂成上顶为水平线的"▽"形，旁边注明其标高值。

习题 12

1. 简述施工控制网的布设形式和特点。
2. 建筑基线常用形式有哪几种？基线点为什么不能少于 3 个？
3. 建筑基线的测设方法有几种？试举例说明。
4. 建筑方格网如何布置？主轴线应如何选定？
5. 建筑方格网的主轴线确定后，方格网点该如何测设？
6. 施工高程控制网如何布设？布设时应满足什么要求？

第13章 民用建筑施工测量

扫一扫可见
本章电子资源

第1节 民用建筑施工测量概述

民用建筑按用途分类包括住宅、商店、办公楼、学校、影剧院等。按层数分类有低层（1～3层）、多层（4～6层）、中高层（7～9层）和高层（10层及10层以上）。由于类型不同，其测设（放样）的方法及精度要求有所不同，但过程基本相同，大致分为准备工作、建筑物的定位和放线、基础施工测量、墙体施工测量、各层轴线投测及标高传递等。

在进行施工测量前，应做好各种准备工作。

设计图纸是施工及施工测量的主要依据。与测设有关的图纸主要有：

1. 建筑总平面图

如图2-13-1所示，从中查出或计算设计建筑物与原有建筑物或测量控制点之间的平面尺寸和高差，作为测设建筑物总体位置的依据。

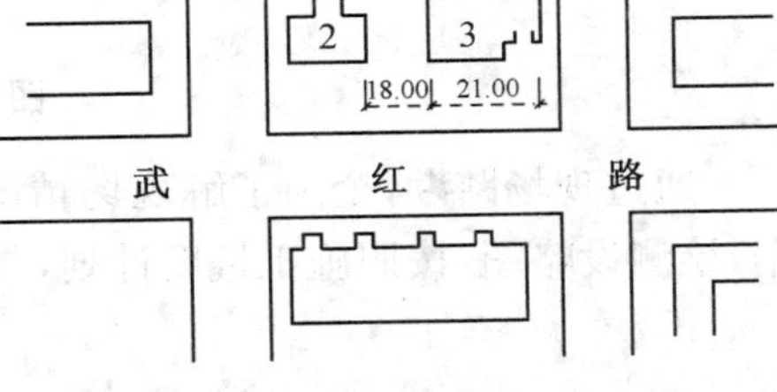

图2-13-1 建筑总平面图

2. 建筑平面图（底层和标准层图）

从该图中查取建筑物总尺寸和内部各定位轴线之间的关系尺寸，作为施工放样的基本资料。

3. 基础平面图

从该图中查取基础边线与定位轴线的平面尺寸，以及基础布置与基础剖面位置关系。

以上3种设计图纸是施工定位、放样的依据。除此以外，还需要从下面图纸中获取其他的测设数据。

4. 基础剖面图

如图2-13-2所示，从中查取基础立面尺寸、设计标高、宽度变化以及基础边线与定位轴线的尺寸关系，作为基础放样的依据。

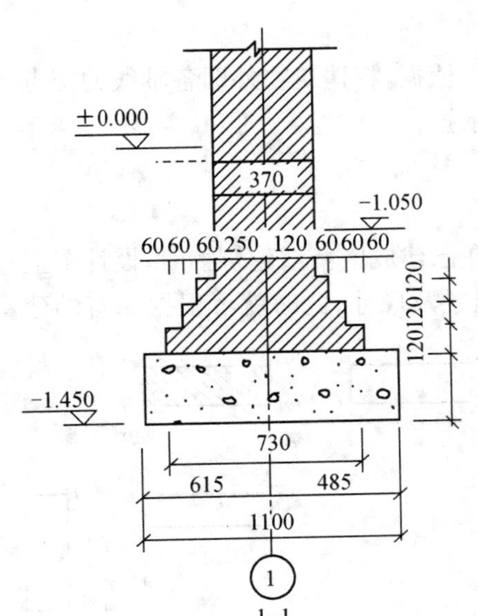

图2-13-2 基础剖面图

5. 建筑结构的立面图和剖面图

从该图中查取基础、室内外地坪、门、楼板、层架、层面等处的设计标高，作为高程放样的主要依据。

从上述各种设计图中获得所需的测设数据，并对各设计图纸中相应部位的有关尺寸及测设数据进行仔细核对，必要时将图纸上主要尺寸抄于施测记录本上，以便随时查找使用。

根据测设数据绘制放样略图，如图 2－13－3 所示。图中标有已建的房屋Ⅰ号及拟建房屋Ⅱ号之间平面尺寸，定位轴线间平面尺寸和定位轴线控制桩等，拟建房屋的外墙皮距轴线为 0.250 m，为使施工后两建筑物的南墙皮齐平，所以在测设略图上将定位尺寸 18.00 m 和 4.00 m 分别加上 0.25 m 后，注在图上。

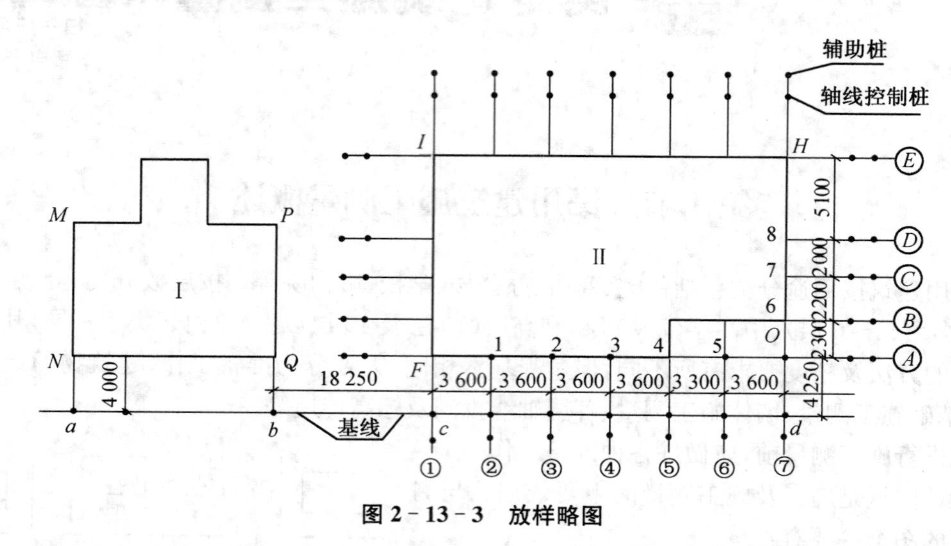

图 2－13－3　放样略图

通过现场踏勘，全面了解现场情况，检校仪器工具，检查原有测量控制点，准备测设数据，绘测设略图，按照施工进度计划，制定测设方案，即可开始测设。

第 2 节　建筑物的定位与放线

一、建筑物的定位

建筑物的定位就是根据设计中给定的定位条件、定位依据，将建筑物外廓各轴线的交点（或外墙皮角点）测设到地面上，作为基础和细部放线的依据。

由于定位条件不同，定位方法主要有以下 4 种。

1. 根据与原有建筑物的关系定位

一般民用建筑物的设计图上，往往没有坐标注记。在已建成区新增建筑物时，设计图上通常给出的是拟建建筑物与附近原有的建筑物的相对位置及尺寸，此时就可根据原有的建筑物测设出拟建的建筑物。

如图 2－13－4 所示，有斜线的是原有建筑物，先从 A，B 两个点作平行线 $A'B'$。延长平行线 $A'B'$，可定出 E'，F'，I 等点，然后用直角坐标法就可测设出拟建建筑物的 EF，GH，IJ 等轴线（交）点，由此就可定出其余各轴线。

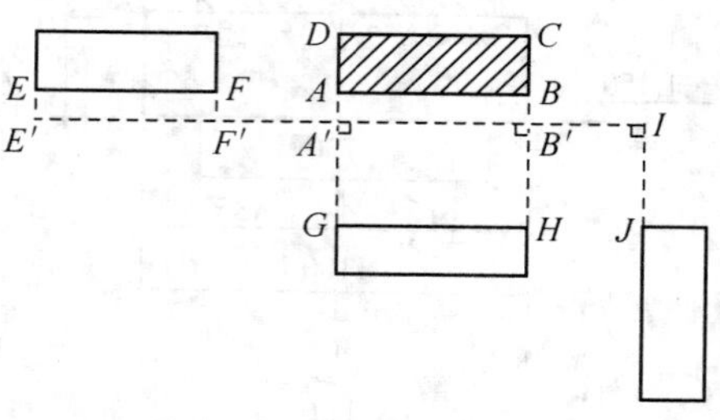

图 2－13－4　根据与原有建筑物的关系

如果拟建建筑物与原有建筑物的主轴线成一任意角度，可以利用平行线的方法来测设。如图2－13－5

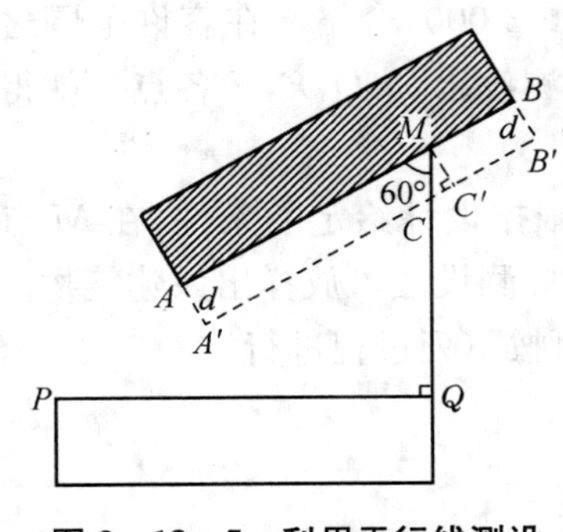

图 2-13-5　利用平行线测设

所示，距离 MB，MQ 以及 $\angle AMQ$ 是设计图纸给定的，在测设拟建建筑物 PQ 轴线前先作平行线 $A'B'$，其与 AB 的间隔为 d，为了确定 C 点的平行线上的位置，需要确定出距离 CC'，由图 2-13-5 可知，$CC'=d\times\cot 60°$，由 B' 点起量距离 $CB'=CC'+MB$，即可在平行线上定出 C 点的位置。而距离 $CQ=MQ-MC$，其中，$MC=\dfrac{d}{\sin 60°}$。在 C 点安置经纬仪，照准 A' 逆时针方向转动照准部 60°角，得 CQ 的方向，自 C 点起量距离 CQ 得 Q 点。在 Q 点上安置经纬仪，照准 C 点，逆时针方向转动照准部 90°角，量取距离 QP，即定出 PQ 轴线。

2. 根据建筑线或道路中心线定位

如图 2-13-6(a)、(b)中的甲、乙两点为建筑红线点，其连线就为建筑红线，它一般与道路中心线平行。

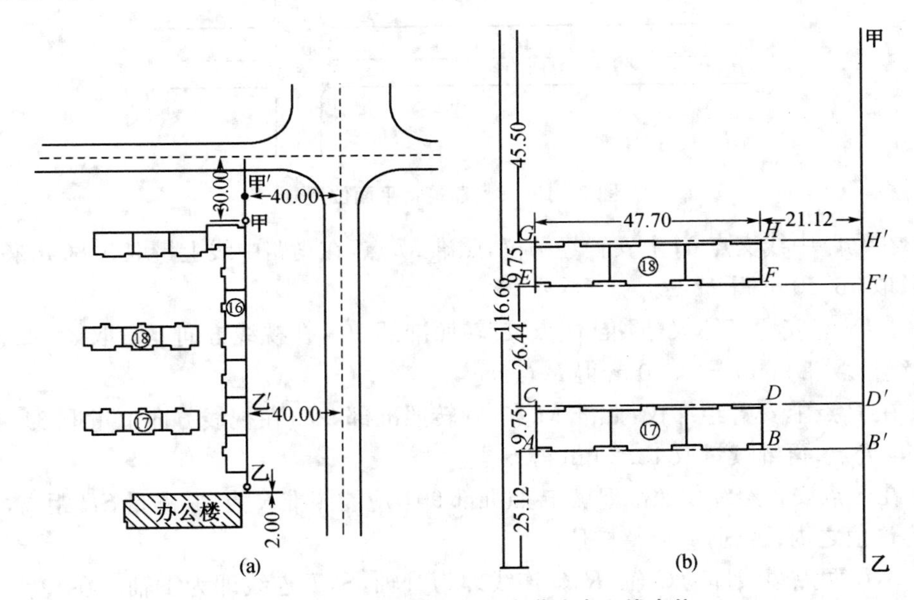

图 2-13-6　根据建筑线或道路中心线定位

根据甲、乙红线桩测设 17 号和 18 号拟建建筑物的轴线 AB，CD 和 EF，GH 时，先在甲点上安置经纬仪，照准乙点，在视线方向上从甲点起量取 45.50 m，得到 H' 桩点，再继续量取 45.94(9.75+26.44+9.75)m，得到 B' 桩点(桩上钉中心钉)。然后分别在 H' 和 B' 点上安置经纬仪，照准乙(甲)点，顺(逆)时针转动照准部 90°角，在视线方向上量取 21.12 m，47.70 m 钉出 H，G 和 B，A 各桩。随后在 G 点和 A 点上安置仪器，观测 $\angle H'GA$ 和 $\angle GAB'$ 值，与 90°比较其差值不

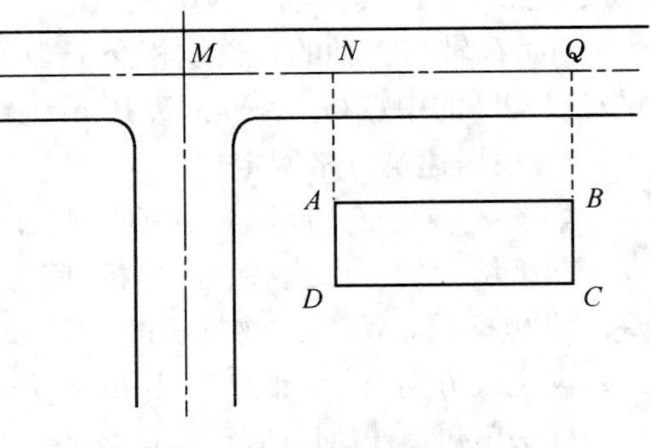

图 2-13-7　直角坐标法测设

超过±40″，合格，实量 AG 与 $B'H'$，比较其相对误差不超过 1/3 000，合格。在容许范围之内，根据实际情况对桩位做适当的调整。最后由矩形 $ABHG$ 测设出 C,D,E,F 各点。就得到 17 号和 18 号拟建建筑物的轴线 AB,CD 与 EF,GH。

如图 2-13-7，拟建建筑物 $ABCD$ 与道路中心线平行，根据设计给定的条件，在 M 点上安置经纬仪定出 N,Q 两点，在这两点上用经纬仪按直角坐标测设法可放样出该建筑物。

例如，某建筑物的平面位置如图 2-13-8 所示，其定位可按下列过程进行。

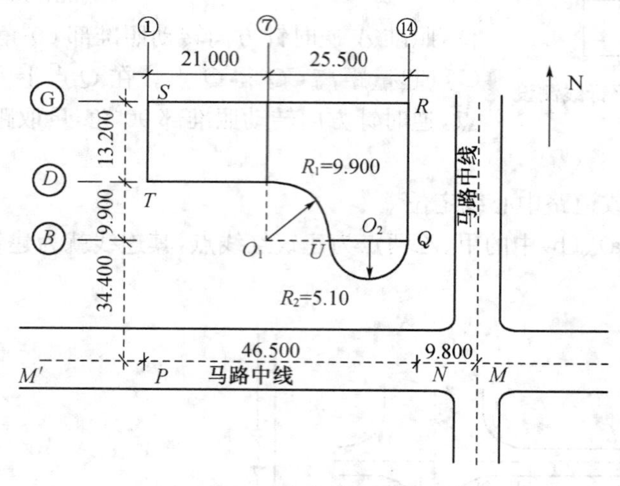

图 2-13-8 建筑物平面位置

(1) 在马路中线交点 M 上安置经纬仪，照准 M' 点，在马路中线上量取 9.80 m 得 N 点，再继续量取 46.50 m 得 P 点。

(2) 在 N 点安置经纬仪，照准 M' 点，旋转照准部 90°，在视线方向上量取 34.40 m 得 Q 点，再继续量取 9.90 m+13.20 m 得 R 点。

(3) 在 P 点上安置经纬仪，照准 M 点，旋转照准部 90°，在视线方向上量取 34.40 m+9.90 m 得 T 点，再继续量取 13.20 m 得 S 点。

(4) 在 S 点安置经纬仪照准 P 点转照准部 90°，应能照准 R 点，并丈量 SR 距离，其差值均应在容许值之内；否则，应调整桩位。

(5) S,R 两点边线即为 G 轴，R,Q 连线即为⑭轴，S,T 连线即为①轴。在 Q 点安置经纬仪，照准 R 点转照准部 90°，量取 10.20 m 得 U 点，即 Q,U 连线就为 B 轴。以此按图纸设计尺寸就可定出其余轴线的位置。

(6) B 轴与⑦轴的延长线相交于 O_1 点，以 O_1 点为圆心，9.90 m 为半径就可放出该段圆弧。以 QU 的中点 O_2 为圆心，5.10 m 为半径可放出其圆弧。

3. 根据建筑方格网定位

如图 2-13-9 所示，方格网点 A,B 及拟建建筑物的四个外角点 M,N,Q,P 的坐标是设计图纸给定的。由这些点的坐标，就可以用简单的加、减法计算出 M 点与 A 点的横坐标差 e，纵坐标差 aM，建筑物的长度 MN 及宽度 PM,NQ。在 A 点安置经纬仪瞄准 B 点，在经纬仪视线方向上量取距离 e 及 ab 得 a,b 两点，在 a,b 两点处安置经纬仪后视 A 点，用直角坐标法就可测出 M,P 及 N,Q 各点。实量 MN,PQ 边的长度进行检核，与设计值比较，其相对误差小于 1/3 000 为合格。

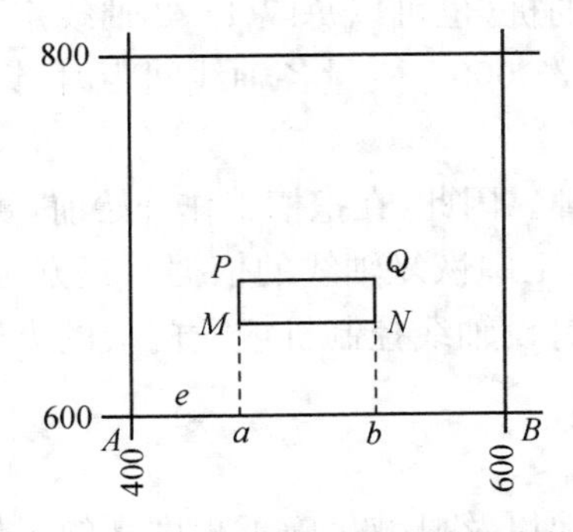

图 2－13－9　根据建筑方格网定位

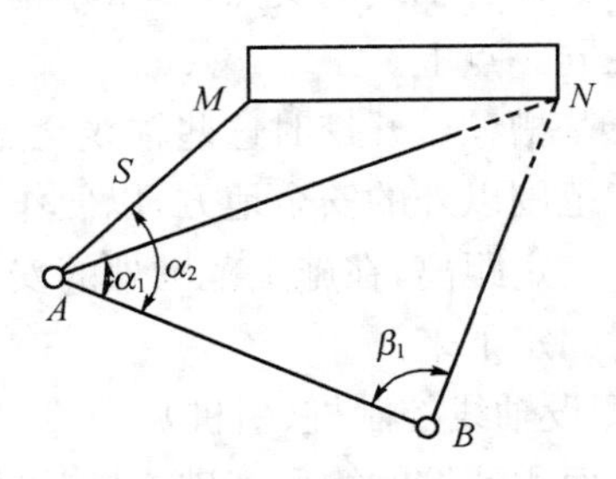

图 2－13－10　根据控制点定位

4. 根据控制点定位

从测量控制点上测设拟建建筑物一般采用极坐标法或角度前方交会法。如图 2－13－10 所示，测量控制点 A，B 及拟建建筑物外角点 M，N 坐标的设计图纸给定。若 M 点用极坐标法测设则要计算出图中的 α_2 角及距离 S。若 N 点用角度交会法测设，利用相应点的坐标反算出各边的方位角，就可计算夹角 α_1 及 β_1。

计算公式、方法和测设过程都与点的平面位置测设方法相同。为了避免差错，测设前应备有测设示意图，各项数据算出后均应经过校核。

在设计图纸中所给定的拟建建(构)筑物的坐标值，大多数为外角坐标，测设出的点位为建筑物的外墙皮角点，施工时必须由此点位再测设出轴线交点桩。

二、建筑物的放线

建(构)筑物各外墙轴线交点桩定位，经验核无误后，方可进行建筑物的放线。建筑物放线是指根据定位的轴线交点桩详细测设其他各轴线交点的位置，并用木桩(称为中心桩，桩顶钉中心钉)标定出来，并由此按基础宽及放坡宽用白灰撒出基槽(坑)开挖的边界线。放线方法如下：

1. 测设外墙周边上各轴线交点桩

如图 2－13－11 所示，在 M 点安置经纬仪照准 Q 点，用钢尺沿 MQ 方向量出相邻轴线

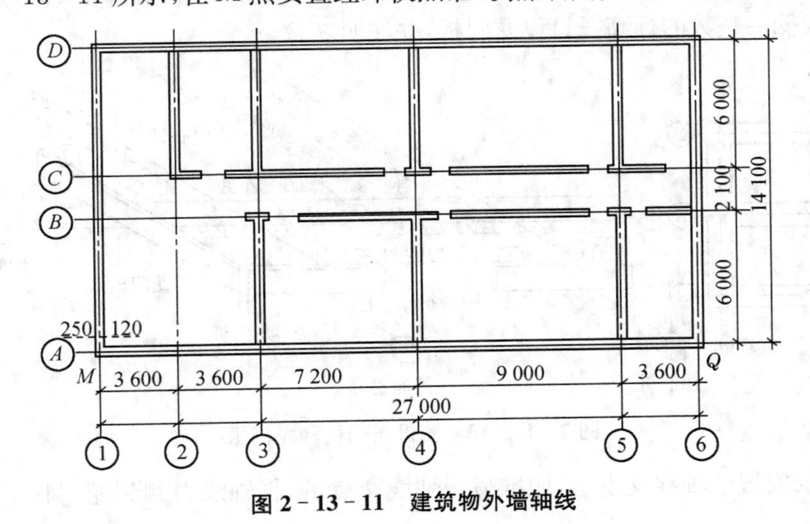

图 2－13－11　建筑物外墙轴线

间的距离，定出②，③，④…各轴线与 A 轴的交点的桩（也可以每隔 1～2 轴线定一点）。同理可定出其余各轴线的交点桩，量距精度应达到 1/3 000。丈量各轴线间距时，钢尺零端要始终对在同一点上。

由于基槽（坑）开挖时这些轴线交点桩都要挖掉。因此，在挖槽工作开始前，要把这些桩移到施工范围以外的安全地方，以便作为各阶段施工中恢复轴线的依据。其方法是延长这些轴线至一定距离，在施工范围外的安全地方，用钉设轴线控制桩或龙门板的方法，将这些轴线位置固定下来。

2. 测设轴线控制桩（引桩）

在大面积开挖的箱形基础或桩基础的施工场地以及机械化施工程度高的工地，常采用测设轴线控制桩。测设时，在轴线交点桩上安置经纬仪，照准另一轴线交点桩，沿视线方向用钢尺向基槽（坑）外侧量取一定距离（一般为 2～4 m）。打下木桩，桩顶钉中心钉，准确标定出轴线位置，并用混凝土包裹木桩，如图 2－13－12 所示。

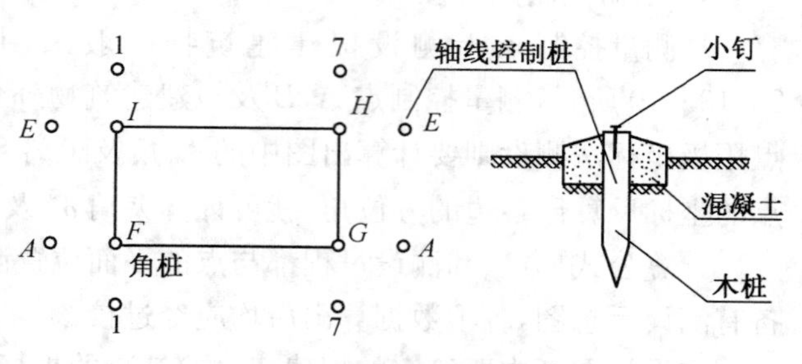

图 2－13－12　测设轴线控制桩

必要时砌筑保护井，加盖保护。在大型施工场地放线时，为了保证轴线控制的精度，通常选择测设轴线的控制桩，然后根据轴线控制桩测设各轴线交点桩。在中小型的施工场地上轴线控制桩是根据外墙轴线交点桩（角桩）引测的。如有条件也可把轴线引测到周围固定性的地物上，并作好标志，注明轴线号，以便恢复轴线时使用。利用这些轴线控制桩，作为在实地上定出基槽（坑）上口宽、基础边线等依据。

3. 龙门板的设置

在一般民用建筑中，人工开挖的条形基础的施工场地上，常采用测设龙门板。如图 2－13－13 所示，在建筑轴线两端距槽边 1.5～2.0 m 适当位置，钉设一对与轴线垂直的大木桩，这样的大木桩称为龙门桩。在龙门桩的外侧面上，用红铅笔画一横线。把木板上沿与桩上的 ±0.000 线对齐钉设，称为龙门板。（如果施工现场地面太高或太低，也可测设比 ±0.000高或低一整数的标高线钉设龙门板，并注明之。）

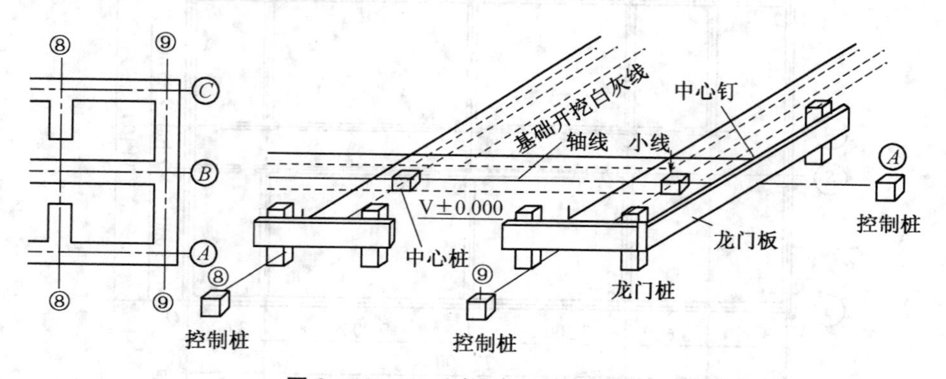

图 2－13－13　测设龙门桩和龙门板

将经纬仪安置于轴线交点上，照准另一轴线交点后，将轴线引测到龙门板上，钉上小钉

(称为中心钉),用钢尺沿龙门板顶面实量各中心钉(轴线)间的距离是否正确,用水准仪检查各龙门板顶的±0.000 标高是否正确。经检核无误后,以中心钉为准,将墙宽、基础宽标在龙门板上。

4. 撒出基槽开挖边线(俗称撒灰线)

在轴线的两端,根据龙门板上标定出的基槽上口宽度拉直细线绳,并沿此线绳撒出白灰线,作为挖槽的依据。

第 3 节　建筑物基础施工测量

在建(构)筑物的基础工程施工阶段,由于基础的形式不同,施工测量的方法也有所不同。

一、条形基础的施工测量

1. 水平桩的测设

民用建筑大多采用条形基础。当基槽开挖到一定深度时,在基槽壁上自拐角开始,每隔 3～4 m,由龙门板上沿的±0.000 标高,测设一比槽底设计标高高 0.5 m 的水平桩,作为挖槽深度、找平槽底和垫层的标高依据。

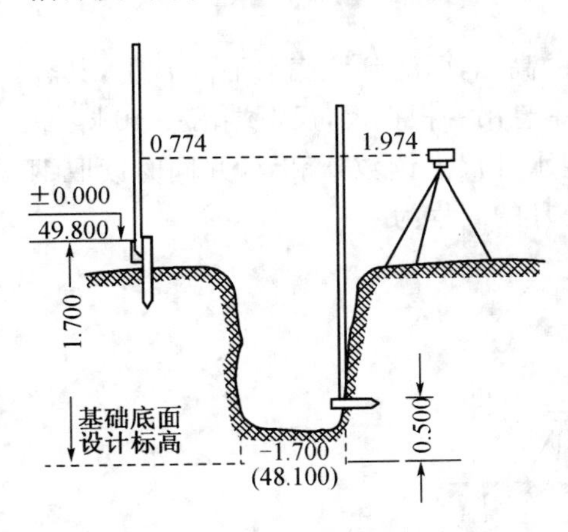

图 2-13-14　水平桩的测设

如图 2-13-14 所示,室内地坪(±0.000)的设计标高为 49.800 m,槽底设计标高为48.100 m,欲测设比槽底设计标高高 0.5 m 的水平桩。其标高为 48.100 m+0.5 m= 48.600 m,在槽边适当处安置水准仪,龙门板上立水准尺,读得后视读数为 0.774 m,则视线高为 49.800 m+0.74 m=50.574 m。求得水准尺立在水平桩上的前视读数为 50.574 m－48.600 m=1.974 m。在槽内一侧立水准尺,上下移动,当水准仪读数为 1.974 m 时,用一木桩水平地紧贴尺底钉入槽壁,即为所测的水平桩。同理,测设出其余各桩。水平桩测设的标高容许误差不超出±10 mm。

2. 槽底放线

垫层打好后,用经纬仪或拉细线挂垂球,把龙门板或控制桩上的轴线投测到垫层上,如图 2-13-15 所示。用墨线弹出墙体中心线和基础边线(俗称撂底),以便砌筑基础。整个墙体形状及大小均以此线为准,它是确定建筑物位置的关键环节,必须严格校核。

3. 基础墙砌筑时的标高控制

砖基础砌筑时,一般采用基础皮数杆作为标高控制依据。基础皮数杆是一根木制的杆子,如图 2-13-16 所示。按照设计尺寸,在杆子上将砖、灰缝厚度、层数画出,并标明±0.000、防潮层等标高位置。

在立皮数杆处打一大木桩。用水准仪在该木桩上测设一条比垫层顶标高高一数值(如 10 cm)的水平线。将皮数杆上标高相同的一条线与木桩上的水平线对齐,并用大钉把皮数杆钉到木桩上,作为砌砖时的标高依据。

毛石基础砌筑时，在龙门板中心钉上挂细线，以控制砌筑毛石基础的高度。

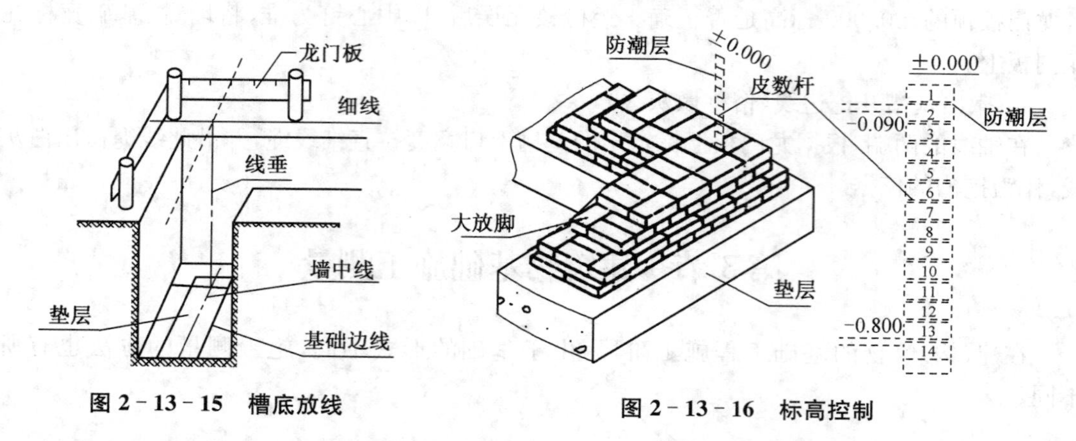

图 2-13-15 槽底放线 **图 2-13-16 标高控制**

基础墙体砌筑完后，用水准仪检查各轴线交点上的基础面的标高是否符合设计要求。一般民用建筑物的基础面标高容许误差为±10 mm。

二、箱形基础的施工测量

箱形基础施工时，开挖范围较大，深度较大，测量工作应密切配合。

1. 坑底标高引测

由于开挖较深，可采用吊钢尺法把地面水准点 A 的高程，引测到坑底水平桩 B 上，其容许误差不超出±5 mm。如图 2-13-17 所示，在基坑中悬吊一根钢尺，尺下端吊一 10 kg 重锤。用地面和坑内的两台水准仪分别读取地面及坑内水准尺上读数 a 和 d，并同时读取钢尺读数 b 和 c。若水准点 A 的高程为 H_A，那么水平桩 B 的高程为

$$H_B = H_A + a - (b - c) - d$$

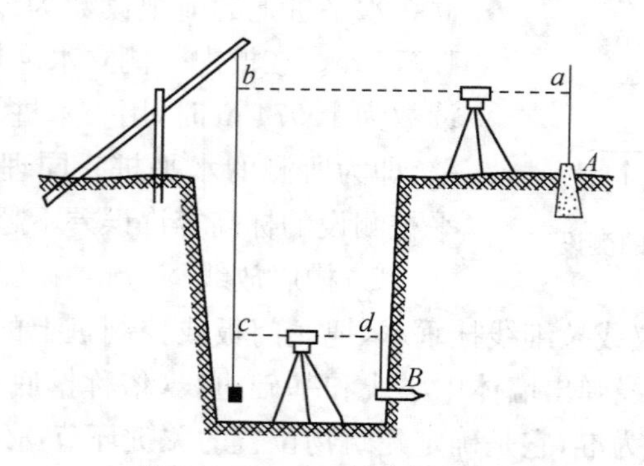

图 2-13-17 坑底标高引测

由 B 点高程就可在坑壁每隔一定距离测设出比坑底设计标高高 0.5 m 的水平桩，以作挖深及垫层找平的依据。

2. 坑底放线

垫层打好后，在控制桩上安置经纬仪，将主要轴线测设到垫层上，由此按设计图纸弹出其余轴线及墙、柱的中线与边线等。并对外廓轴线交角及间距进行严格检核，符合表 2-13-1 中要求后弹出墨线方可交付施工。

表 2-13-1　基础放线容许误差

长度 L,宽度 B 的尺寸/m	容许误差/mm
$L(B) \leqslant 30$	±5
$30 < L(B) \leqslant 60$	±10
$60 < L(B) \leqslant 90$	±15
$90 \leqslant L(B)$	±15
外廓轴线夹角	±30″

三、桩基础的施工测量

由于各种原因,有些多(高)层建筑物的基础采用桩基础。桩位的排列因建筑物形状和基础结构不同而有差别,最简单的是排列而成格网形式。有的基础是由若干个基础梁及承台连接而成,基础梁下面采用单排或双排桩支撑,沿轴线排列,承台下面采用群桩支撑,其排列有的按矩形,也有的按梅花形,如图 2-13-18 所示。

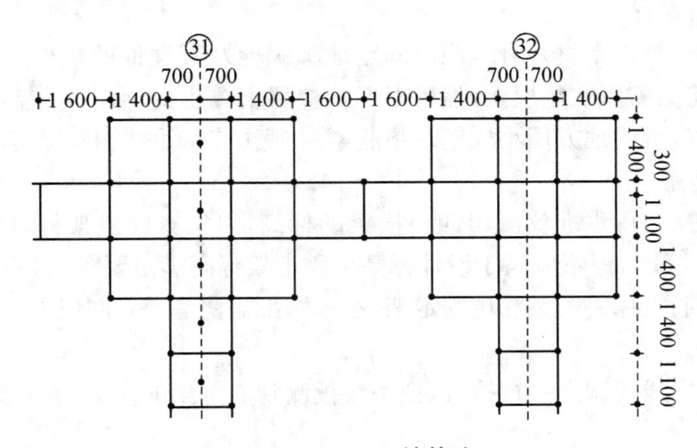

图 2-13-18　桩基础

测设桩位时,排桩纵向(沿轴线方向)偏差不超出±3 cm,横向偏差不大于±2 cm,位于群桩外围边上的桩,偏差不大于桩径的 1/10,中间的桩不大于桩径的 1/5。

1. 桩位测设

对于位于轴线上的桩位,用钢尺沿线按设计尺寸测设。对于排列成格网的桩位,根据轴线,精确地测设出格网的四个角点桩,然后按设计尺寸加密,承台下面的群桩通常根据轴线用直角坐标法测设。

测设出的角点桩位及轴线两端的桩位,钉设木桩,上面钉中心钉,以便检核。其余各桩位,可用 ϕ20 圆钢凿入地下 30 cm 成孔,灌入细白灰,桩位可持久可靠。

2. 施工后桩位及标高检测

桩基础施工完后,由控制桩恢复轴线,用钢尺实量各桩位中心相对于轴线的纵、横偏差,标注在桩位平面图上,对于偏差较大的桩位(特别是偏离轴线的横向误差),应在正确位置上补桩。用水准仪测设各桩顶标高与设计值比较,其差值也标注在图上。各项差值符合施工要求后才能进行下一步施工。

四、钢柱基础的施工测量

钢柱基础的特点是基坑较深，而且在垫层上埋设地脚螺栓，其施测方法与过程如下：

1. 垫层中线投测和抄平

当垫层砼凝固后，在控制桩上安置经纬仪，盘左、盘右观测把中线点直接投测到垫层上，由此弹出墨线并标出地脚螺栓固定架的位置，如图 2－13－19 所示，以便下一步安置固定架并根据中线支立模板。

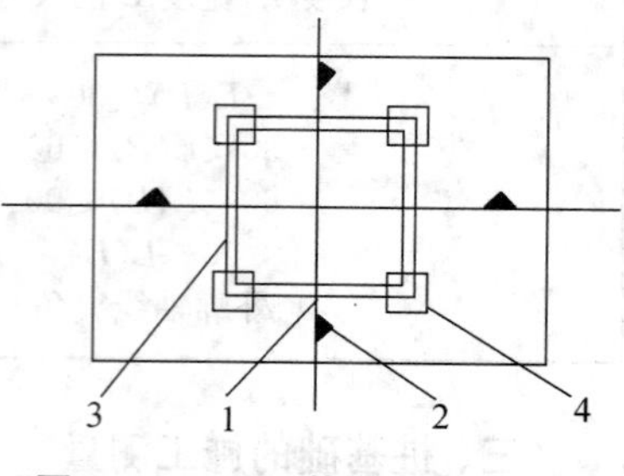

图 2－13－19　垫层中线投测

螺栓固定架位置在垫层上标出后，即在固定架外框四角处测出四点标高，以便检查并找平垫层，使其符合设计标高，便于固定架的安装，若基坑过深，标尺不够长时挂钢尺抄平。

2. 固定架中线投点与抄平

(1) 固定架的安置

固定架是用钢材(或木材)制作，用以固定地脚螺栓及其埋件的框架。根据垫层上的中线和所标的位置将其安置在垫层上，然后根据在垫层上测出的标高点，借以找平地脚，将高的地方砼打去一些，低的地方用小块钢片垫起，并与底层钢筋网焊牢，使其符合设计标高。

(2) 固定架抄平

固定架安置好后，用水准仪测出四根横梁的标高，以检查固定架标高是否符合设计要求，容许偏差为±5 mm，但不应高于设计标高。固定架标高满足要求后，将固定架与底层钢筋网焊牢，并加钢筋支撑。若系深坑固定架，在基脚下需浇灌砼，使其稳固。

(3) 中线投点

投点前，应对中线控制点进行检查，把中线投测到固定架的横梁上，并刻划标志，其投点偏差不大于±2 mm。

3. 地脚螺栓的安装和标高测量

由垫层固定架上的中线点，把地脚螺栓安装在设计位置。为了测定地脚螺栓的标高，在固定架的斜对角处焊两根小角钢，在两角钢上引测同一数值的标高点，并刻划标志，其高度应比地脚螺栓的设计高度稍低一些。然后在角钢上两标志处拉一细钢丝，以定出螺栓的安装高度。待螺栓安好后，测出螺栓第一丝扣的标高。地脚螺栓不宜低于设计标高，容许偏差为＋5～＋25 mm。

4. 支立模板与浇灌砼时的测量工作

由固定架上的中线位置，根据设计尺寸支立模板。在浇灌砼时，为了保证地脚螺栓位置及标高的正确，应进行看守观测，如发现变动应立即通知技术人员及时处理。

第 4 节　建筑物墙体施工测量

墙体施工中的测量工作包括墙体定位弹线及提供墙体各部位的标高。

1. 墙体定位弹线

用经纬仪或拉细线绳挂锤球，将经检查无误的轴线控制桩或龙门板上的轴线和墙边线标志，投测到基础面上，用墨线弹出墙体中线与边线。用经纬仪检查外墙轴线交角及间距，符合规范要求后，将轴线延伸到基础墙外侧，用红油漆做出明显标志，如图 2－13－20 所示。该标志作为向上投测轴线的依据，应切实保护好。

另外，在基础墙外侧画出门、窗和其他预留洞的边线。

2. 墙体各部位标高控制

在砖墙体砌筑时，墙体各部位标高通常也采用皮数杆来控制，如图 2－13－20 所示，其画法、钉设与基础皮数杆相同。若采用内脚手架施工，皮数杆应立在外侧；反之，皮数杆应立在内侧。

当墙体砌到窗台时，用水准仪在室内墙体上，测设一条＋0.5 m 的标高线并弹出墨线，作为该层安装楼板、地面施工及室内装修的标高依据。

墙的垂直度是用托线板来进行检查的，如图 2－13－21 所示。把托线板紧靠墙面，如果垂球线与板上的墨线不重合，就要对砌砖的位置进行校正。

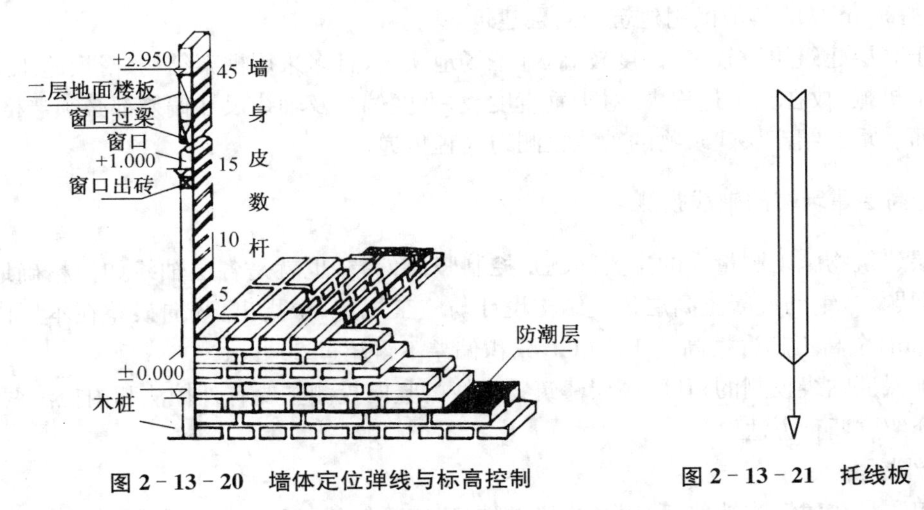

图 2－13－20　墙体定位弹线与标高控制　　　图 2－13－21　托线板

在楼板安装好后，将底层墙体轴线引测到楼面上，并定出墙边线。用水准仪测出楼面四角标高取平均值作为地坪标高。当精度要求较高时，用钢尺从＋0.5 m 线向上直接丈量到该层楼板外侧，作为重新立皮数杆的标高标志。框架或钢筋混凝土柱、墙体施工时，在每层的柱、墙上测设＋0.50 m 标高线代替皮数杆，作为标高控制的依据。

在多层建筑物的砌筑过程中，为了保证轴线位置的正确传递，常采用吊锤球或经纬仪将底层轴线投测到各层楼面上，作为各层施工的依据。

1. 轴线投测

在砖墙体砌筑过程中，经常采用垂球检验纠正墙角（或轴线），使墙角（或轴线）在一铅垂线上，这样就把轴线逐层传递上去了。在框架结构施工中将较重垂球悬吊在楼板边缘，当垂球尖对准基础上定位轴线，垂球线在楼板边缘的位置即为楼层轴线端点位置，画一标志，同样投测该轴线的另一端点，两端的边线即为定位轴线。同法投测其他轴线，用钢尺校核各轴线间距，无误后方可进行施工。由此就可把轴线轴层自下而上传递。为了保

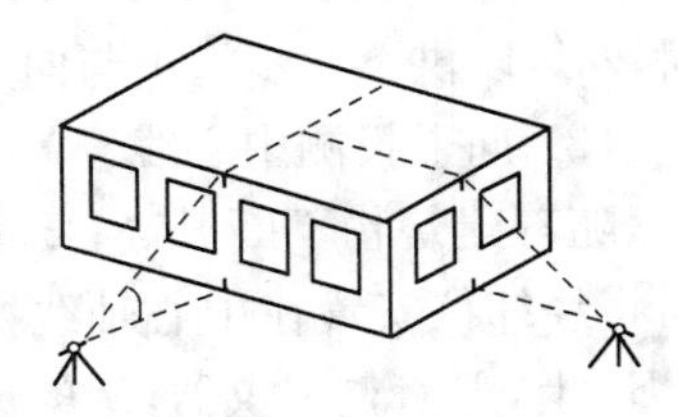

图 2－13－22　经纬仪投测轴线

证投测精度，每隔 3～4 层，用经纬仪把地面上的轴线投测到楼板上进行检核，如图 2-13-22 所示。

2. 标高传递

一般建筑物可用皮数杆传递标高，对于标高传递精度要求较高的建筑，采用钢尺直接从 +0.50 m 线向上丈量。可选择结构外墙，边柱或楼梯间等处向上竖直丈量，每层至少丈量三处，以便检核。

第 5 节　高层建筑施工测量

高层建筑是指超过一定高度和层数的多层建筑。在英国，把超过 24.3 m 的建筑物视为高层建筑；在日本，则是将 31 m 或 8 层及以上的建筑物视为高层建筑；在美国，凡是高于 24.6 m 或 7 层以上的建筑物称为高层建筑；而在中国自 2005 年起规定超过 10 层的住宅建筑和超过 24 m 高的其他民用建筑为高层建筑。

鉴于高层建筑层数较多，高度较高，施工场地狭窄，且多采用框架结构、滑模施工工艺和先进施工机械，故在施工过程中，对于垂直度、水平度偏差及轴线尺寸偏差都必须严格控制。

下面着重介绍高层建筑物的轴线投测与高程传递。

一、高层建筑物的轴线投测

高层建筑物施工测量中的主要问题是控制竖向偏差，也就是各层轴线如何精确地向上引测的问题。《钢筋混凝土高层建筑结构设计与施工规定》中指出：竖向误差在本层内不得超过 5 mm，全高不超过楼高的 1/1 000，累积偏差不得超过 20 mm。

为了保证轴线投测的精度，高层建筑物轴线的竖向投测主要有外控法和内控法两种，下面分别介绍这两种方法。

1. 外控法

外控法是在建筑物外部，利用经纬仪，根据建筑物轴线控制桩来进行轴线的竖向投测，亦称作“经纬仪引桩投测法”。具体操作方法如下：

(1) 在建筑物底部投测中心轴线位置

高层建筑的基础工程完工后，将经纬仪安置如图 2-13-23 所示在轴线控制桩 A_1，A_1'，B_1 和 B_1' 上，把建筑物主轴线精确地投测到建筑物的底部，并设立标志，如图 2-13-23 中的 a_1，a_1'，b_1 和 b_1'，以供下一步施工与向上投测之用。

(2) 向上投测中心线

随着建筑物不断升高，要逐层将轴线向上传递，将经纬仪安置在中心轴线控制桩 A_1，A_1'，B_1 和 B_1' 上，严格整平仪器，用望远镜瞄准建筑物底部已标出的轴线 a_1，a_1'，b_1 和 b_1' 点，用盘左和盘右分别向上投测到每层楼板上，并取其中点作为该层中心轴线的投影点，如图 2-13-23 中的

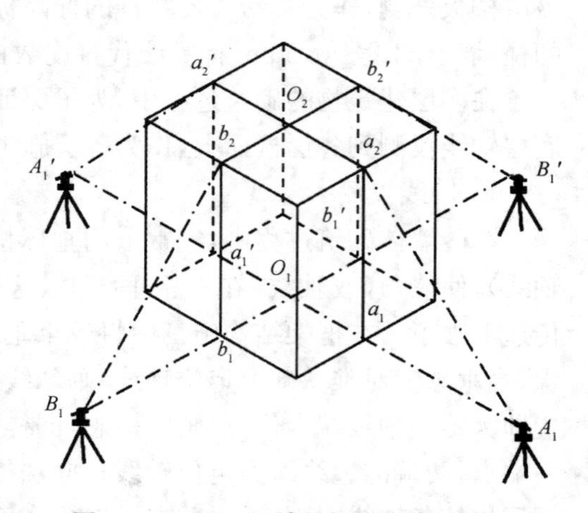

图 2-13-23　经纬仪投测中心轴线

a_2，a_2'，b_2和 b_2'。

(3) 增设轴线引桩

当楼房逐渐增高，而轴线控制桩距建筑物又较近时，望远镜的仰角较大，操作不便，投测精度也会降低。为此，要将原中心轴线控制桩引测到更远的安全地方，或者附近大楼的屋面。

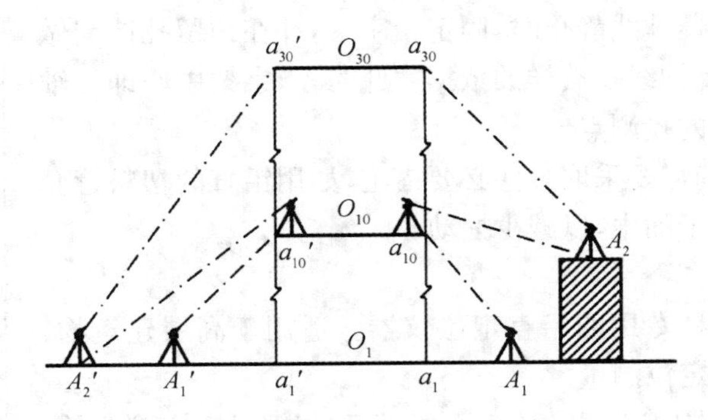

图 2-13-24　增设轴线引桩法

具体做法是：将经纬仪安置在已经投测上去的较高层(如第十层)楼面轴线 $a_{10}a_{10}'$上，如图 2-13-24 所示，瞄准地面上原有的轴线控制桩 A_1和 A_1'点，用盘左、盘右分中投点法，将轴线延长到远处 A_2和 A_2'点，并用标志固定其位置，A_2，A_2'即为新投测的 A_1A_1'轴控制桩。

更高各层的中心轴线，可将经纬仪安置在新的引桩上，按上述方法继续进行投测。

2. 内控法

内控法是在建筑物内±0 平面设置轴线控制点，并预埋标志，以后在各层楼板相应位置上预留 200 mm×200 mm 的传递孔，在轴线控制点上直接采用吊线坠法或激光铅垂仪法，通过预留孔将其点位垂直投测到任一楼层。

(1) 内控法轴线控制点的设置

在基础施工完毕后，在±0 首层平面上，适当位置设置与轴线平行的辅助轴线。辅助轴线距轴线 500～800 mm 为宜，并在辅助轴线交点或端点处埋设标志。如图 2-13-25 所示。

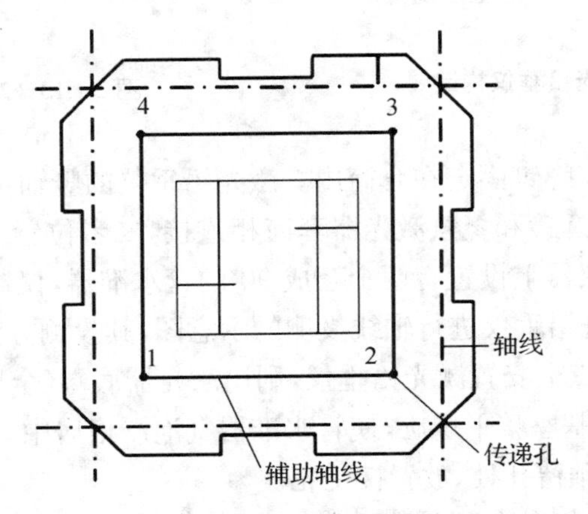

图 2-13-25 内控法轴线控制点的设置

(2)吊线坠法

吊线坠法是利用钢丝悬挂重锤球的方法，进行轴线竖向投测。这种方法一般用于高度在50～100 m的高层建筑施工中，锤球的重量约为10～20 kg，钢丝的直径约为0.5～0.8 mm。投测方法如下：

如图2－13－26所示，在预留孔上面安置十字架，挂上锤球，对准首层预埋标志。当锤球线静止时，固定十字架，并在预留孔四周做出标记，作为以后恢复轴线及放样的依据。此时，十字架中心即为轴线控制点在该楼面上的投测点。

用吊线坠法实测时，要采取一些必要措施，如用铅直的塑料管套着坠线或将锤球沉浸于油中，以减少摆动。

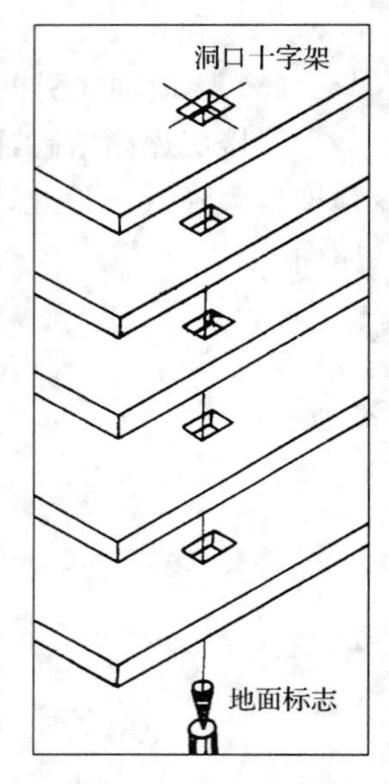

图2－13－26　吊线坠法

(3) 激光铅垂仪法

激光铅垂仪是一种专用的铅直定位仪器。适用于高层建筑物、烟囱及高塔架的铅直定位测量。

激光铅垂仪的基本构造如图2－13－27所示，主要由氦氖激光管、精密竖轴、发射望远镜、水准器、基座、激光电源及接收屏等部分组成。

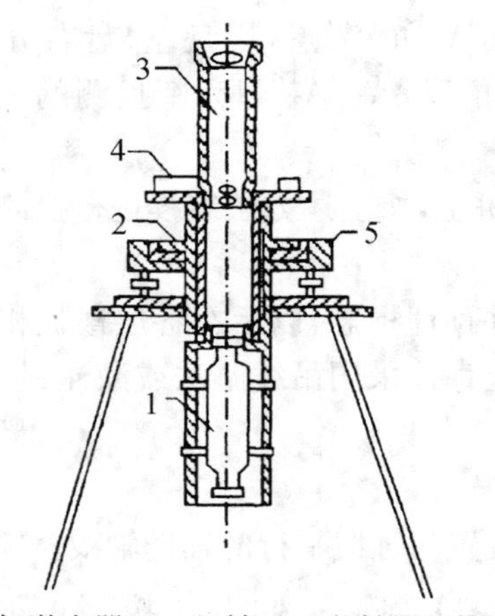

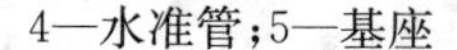

1—氦氖激光器；2—竖轴；3—发射望远镜；
4—水准管；5—基座

图2－13－27　激光铅垂仪构造

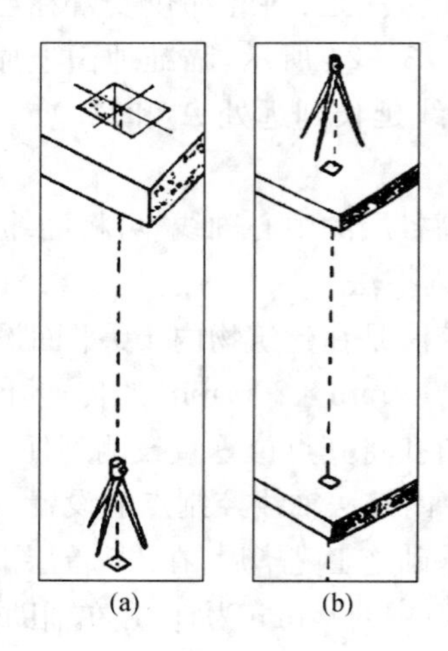

图2－13－28　激光铅垂仪法

激光器通过两组固定螺钉固定在套筒内。激光铅垂仪的竖轴是空心筒轴，两端有螺扣，上、下两端分别与发射望远镜和氦氖激光器套筒相连接，二者位置可对调，构成向上或向下发射激光束的铅垂仪。仪器上设置有两个互成90°的管水准器，仪器配有专用激光电源。

图2－13－28为激光铅垂仪进行轴线投测的示意图，其投测方法如下：

① 在首层轴线控制点上安置激光铅垂仪，利用激光器底端(全反射棱镜端)所发射的激光束进行对中，通过调节基座整平螺旋，使管水准器气泡严格居中。

② 在上层施工楼面预留孔处，放置接受靶。

③ 接通激光电源，启辉激光器发射铅直激光束，通过发射望远镜调焦，使激光束会聚成红色耀目光斑，投射到接受靶上。

④ 移动接受靶，使靶心与红色光斑重合，固定接受靶，并在预留孔四周作出标记，此时，靶心位置即为轴线控制点在该楼面上的投测点。

二、高层建筑物的高程传递

在高层建筑施工中，建筑物的高程要由下层传递到上层，以使上层建筑的工程施工标高符合设计要求。常用的高程传递方法有悬吊钢尺法和全站仪天顶测距法。

高层建筑施工的高程控制网为建筑场地内的一组水准点（不少于 3 个）。待建筑物基础和地坪层建造完成后，在墙上或柱上从水准点测设出底层“+50 mm 标高线”，作为向上各层测设设计高程之用。

1. 悬吊钢尺法标高传递

如图 2-13-29 所示，从底层“+50 mm 标高线”起向上量取累积设计层高，即可测设出相应楼层的“+50 mm 标高线”。根据各层的“+50 mm 标高线”，即可进行各楼层的施工工作。

以第三层为例，放样第三层“+50 mm 标高线”时的应读前视为

$$b_3 = a_3 - (l_1 + l_2) + (a_1 - b_1)$$

在第三层墙面上上下移动水准标尺，当标尺读数恰好为 b_3 时，沿水准标尺底部在墙面上划线，即可得到第三层的“+50 mm 标高线”。

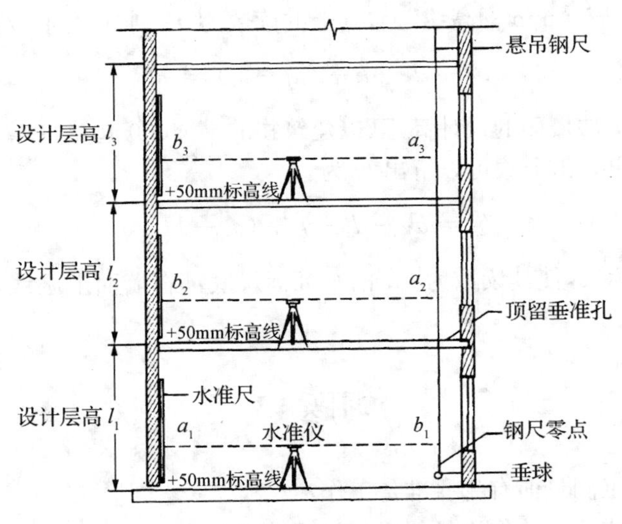

图 2-13-29　悬吊钢尺法传递高程

2. 全站仪天顶测距法

对于超高层建筑，吊钢尺有困难时，可以在预留垂准孔或电梯井安置全站仪，通过对天顶方向测距的方法引测高程，如图 2-13-30 所示。

在投测点安置全站仪，置平望远镜（屏幕显示竖直角为 0°或竖直度盘读数为 90°），读取竖立在首层“+50 mm 标高线”上水准尺的读数为 a_1。a_1 即为全站仪横轴至首层“+50 mm 标高线”的仪器高。

将望远镜指向天顶（屏幕显示竖直角 90°或竖直度盘读数为 0°），将一块制作好的 40 cm×40 cm、中间开了一个 ϕ30 mm 圆孔的铁板，放置在需传递高程的第 i 层层面垂准孔上，使圆

孔的中心对准测距光线(由测站观测员在全站仪望远镜中观察指挥),将棱镜扣在铁板上,操作全站仪测距,得距离 d_i。

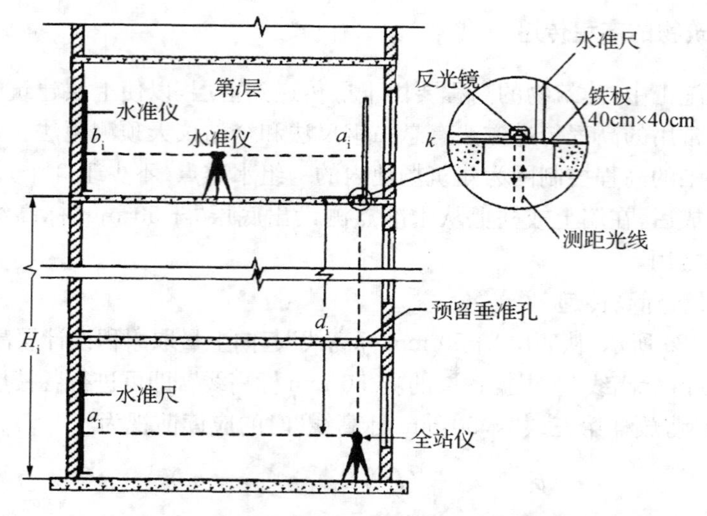

图 2-13-30　全站仪对天顶测距法传递高程

在第 i 层安置水准仪,将一把水准尺立在铁板上,读出其上的读数为 a_i;假设另一把水准尺竖立在第 i 层"+50 mm 标高线"上,其上的读数为 b_i,则有下列方程成立:

$$a_1 + d_i - k + (a_i - b_i) = H_i$$

式中,H_i 为第 i 层楼面的设计高程(以建筑物的±0.000 起算);k 为棱镜常数,可以通过实验的方法测定出。由上式可以解出 b_i 为

$$b_i = a_1 + d_i - k + (a_i - H_i)$$

上下移动水准标尺,使其读数为 b_i,沿水准标尺底部在墙面上画线,即可得到第 i 层的"+50 mm 标高线"。

习题 13

1. 民用建筑施工测量前有哪些准备工作?
2. 设置龙门板或引桩的作用是什么?如何设置?
3. 一般民用建筑条形基础施工过程中要进行哪些测量工作?
4. 一般民用建筑墙体施工过程中如何投测轴线?如何传递标高?
5. 简述高层建筑物施工中的轴线投测和高程传递的方法。

第 14 章 工业建筑施工测量

扫一扫可见
本章电子资源

工业建筑以厂房为主体。厂房施工测量主要包括：在测区布设厂房矩形控制网，根据测设的轴线控制桩进行柱基及柱基高程的测设和基础模板的定位，对柱子、吊车梁、吊车轨道及其他厂房构件与设备进行安装测量。

第 1 节　工业建筑施工测量概述

目前，我国较多采用预制钢筋混凝土柱装配式单层厂房。由于厂房内部柱列轴线之间要求有较高的测设精度，所以，厂区已有控制点的密度和精度通常不能满足厂房细部放样的需要。因此，对于每幢厂房，还应在厂区控制网的基础上建立满足厂房外形轮廓及厂房特殊精度要求的独立矩形控制网。在细部放样之前，应先做好以下工作：

1. 根据厂区平面图、厂区控制网和现场地形情况确定主轴线点及矩形控制网的位置，并绘制放样略图。

2. 根据厂区建筑方格网和矩形控制网放样略图，用直角坐标测设法、距离交会测设法或角度交会测设法对主轴线点和矩形控制网进行放样。

第 2 节　厂房矩形控制网的测设

一、厂房矩形控制网的设计

建立厂房矩形控制网时，首先要进行矩形控制网的设计。对于中小型厂房，一般设计成简单矩形控制网，而对于大型工业厂房、机械化传动性较高或有连续生产设备的工业厂房，需要建立有主轴线的较为复杂的矩形控制网。主轴线定位点和矩形控制网点的选取应注意以下几点：

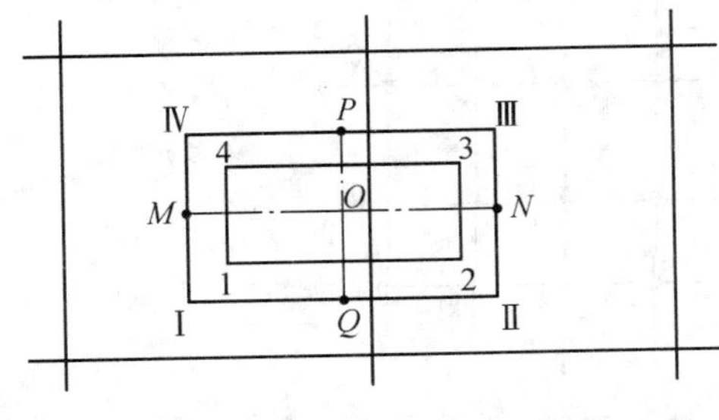

图 2－14－1　某大型厂房矩形控制网

1. 主轴线桩位宜选择与厂房柱列轴线或设备基础轴线重合或平行的两条纵、横轴线作为主轴线，如图 2－14－1 中的 *MON*，*POQ* 轴线；其间距一般为 18 m 或 24 m，以便直接利用指示桩进行厂房的细部测设。

2. 矩形控制网各控制点位应在基础开挖边线外，距离为 2～4 m 处，如图 2－14－1 中的 Ⅰ，Ⅱ，Ⅲ，Ⅳ，并要避开地上和地下管线，以便点位长期使用和保存。

3. 控制网的边线上，除厂房控制桩外，还应增设距离指示桩，其间距一般等于柱子间距的整数倍，但以不超过所用钢尺的长度为限。

二、厂房矩形控制网的测设

对于中小型厂房设计的简单矩形控制网，按直角坐标法测设法放样。对于大型工业厂房、机械化传动性较高或有连续生产设备的工业厂房所布设的复杂矩形控制网，其测设方法如下：

如图 2-14-1 所示，1，2，3，4 点为厂房的四个角点，其设计坐标已在设计图纸上给出。根据厂房角点 1，2，3，4 点坐标，即可推算出主轴线点 M，N，P，Q 及矩形控制网点Ⅰ，Ⅱ，Ⅲ，Ⅳ的坐标。

首先根据场区方格网或测量控制点，将长轴线 MON 测设于地面，再根据长轴线测设短轴线 POQ，然后进行方向改正，使两轴线严格正交，纵横主轴之间的交角误差不超出 $\pm 5''$。主轴线方向确定后，以 O 为起点，通过精密量距，定出纵、横主轴线端点 M，N，P，Q 的位置，并埋设固定标石，主轴线长度相对误差应不超过 1/10 000～1/25 000。

主轴线确定后，就可根据主轴线测设矩形控制网。测设时，首先在纵横主轴线端点 M，N，P，Q 分别安置经纬仪，照准 O 点作为起始方向，分别测设 90°角，用角交会定出Ⅰ，Ⅱ，Ⅲ，Ⅳ四个角点，然后再精密丈量控制网边线，其精度要求与主轴线相同，若量距交会和角度交会所定的控制点位置不一致时，应进行调整。边线量距时应同时定出距离指示桩。

第 3 节 厂房柱列轴线与柱基测设

一、厂房柱列轴线的测设

厂房控制网建立之后，根据控制桩和距离指示桩，沿厂房矩形控制网的四边用钢尺沿矩形控制网边线，可根据矩形边上相邻的两个距离指标桩，采用内分法测设，量出各柱列轴线控制点的位置，并打入大木桩，桩顶用小钉标示出点位，作为柱基放样和施工安装的依据，如图 2-14-2 中的 1′，2′，A'，C'，1″，2″等。

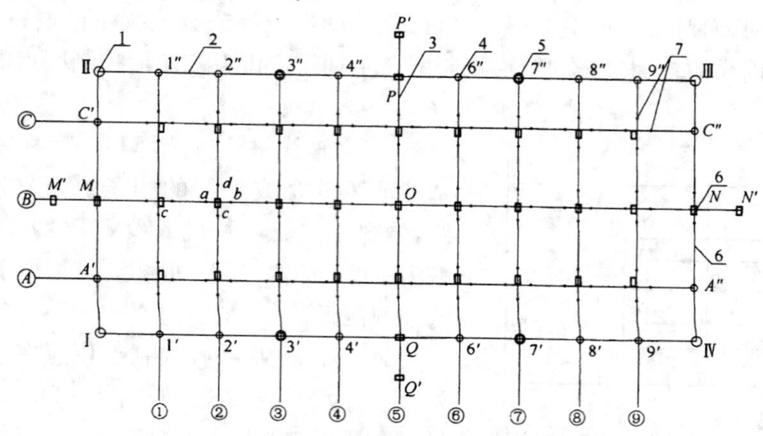

图 2-14-2 厂房柱列轴线测设图

二、厂房柱基础的测设

1. 柱基的定位与放线

将两台经纬仪分别安置在相互垂直的两条轴线上，用方向交会法定出柱基中心的两条轴线，并在此轴线两端，各打下定位小木桩，桩要打在距离开挖边线外大于基坑深度 1.5 倍处，在桩顶钉小钉标示，供修坑立模之用。再按基础平面图和大样图所注尺寸，顾及基坑放坡宽度，用特制的角尺放出基坑开挖边界，并撒出白灰线，以便开挖。

在进行柱基测设时，应注意柱列轴线不一定都是柱基中心线。而一般立模、吊装等习惯用中心线，此时应将柱列轴线平移，定出柱子中心线。而且，同一个厂房的柱基类型多，尺寸不一，放样时要区别情况，分别对待。

2. 水平与垫层控制桩的测设

如图 2－14－3 所示，当基坑挖到即将接近设计标高时，在坑的四壁上测设距坑底设计标高为 0.3～0.5 m 的水平控制桩，作为清底的依据。清底后，还应在基坑内测设垫层的标高，即在坑底设置小木桩，使桩顶高程恰好等于垫层的设计标高。

立模定位基础垫层打好后，在基础定位小木桩间拉线绳，用垂球把柱列轴线投设到垫层上并弹以墨线，用红漆画出标记，作为柱基立模和布置钢筋用。立模板时，将模板底部的定位线标志与垫层上相应的墨线对齐，并用吊垂球线的方法检查模板是否垂直。模板定位后，用水准仪将柱基顶面的设计标高抄在模板的内壁上。支模时，为了拆模后填高修平杯底，应使杯底顶面比设计标高低 3～5 cm，作为抄平调整的余量。

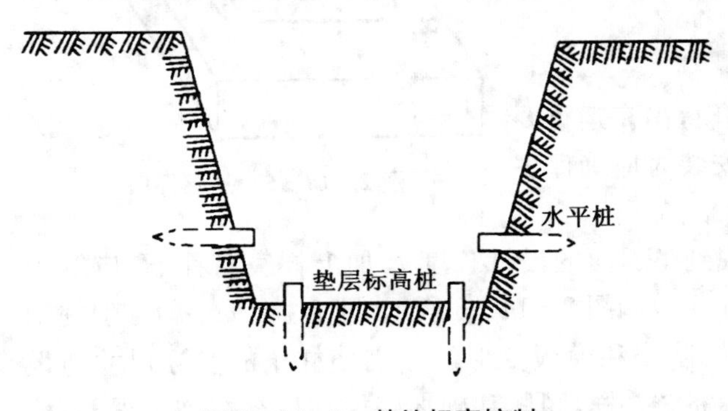

图 2－14－3　基坑标高控制

第 4 节　厂房预制构件安装测量

如图 2－14－4 所示，装配式单层厂房的柱、吊车梁、屋架等多种预制构件，需在施工现场进行吊装。吊装必须进行校准测量，以确保各构件按设计要求准确无误地就位。

一、柱子安装测量

1. 测量精度要求

在厂房构件安装中，首先应进行牛腿柱的吊装，柱子安装质量的好坏对以后安装的其他构件，如吊车梁、吊车轨道、屋架等的安装质量产生直接影响。因此，必须严格遵守下列限差要求：

(1) 柱脚中心线与相应的柱列轴线保持一致，其容许偏差为±5 mm。

(2) 牛腿面的实际标高与设计标高的容许误

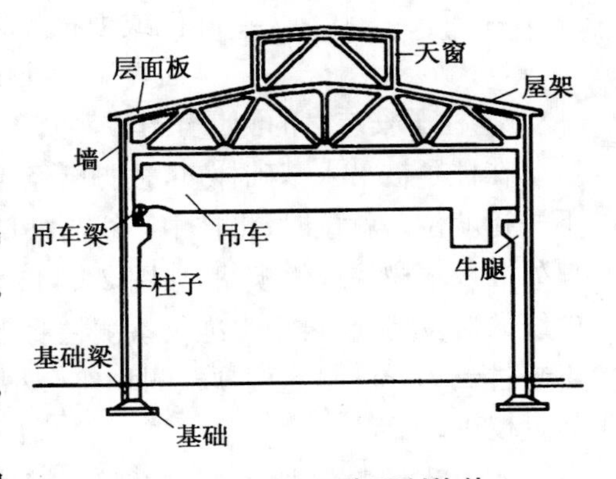

图 2－14－4　厂房预制构件

差，当柱高在 5 m 以下时为±5 mm，在 5 m 以上时为±8 mm。

(3) 柱的垂直度容许偏差为柱高的 1/1 000，且不超过 20 mm。

2. 吊装前的准备工作

(1) 基础杯口顶面弹线和柱身弹线

柱的平面就位及校正是利用柱身的中心线和基础杯口顶面的中心定位线进行对位实现的。因此，柱子安装前，应根据轴线控制桩用经纬仪正倒镜取中分法将柱列轴线投测到基础杯口顶面，并弹出墨线，用红漆画上"▲"标志，如图 2-14-5 所示。当图纸要求轴线从杯口中心通过时，所弹墨线就是中心定位线；当柱列轴线不通过杯口中心时，还应以轴线为基准加弹中心定位线，并用红油漆画上"▲"标志，作为柱子校正的照准目标。

同时，还要在杯口内壁测设一条－0.600 m 标高线，并用"V"表示，作为杯口底面找平之用。另外，将每根柱子按轴线位置进行编号，在柱身上 3 个侧面弹出柱中心线，并分上、中、下三处画出"▲"标志，以供校正时照准。此外，还应根据牛腿面的设计标高，用钢尺由牛腿面向下量出±0.000 和－0.600 m 的标高位置，弹以墨线。

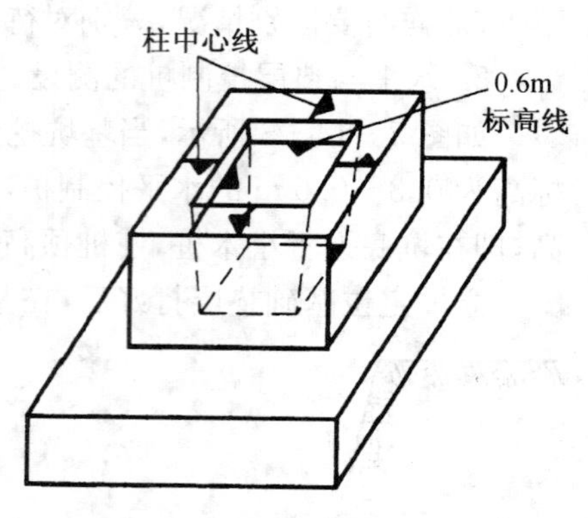

图 2-14-5　基础杯口

(2) 柱长的检查及杯口底面找平

柱的牛腿顶面需要支承吊车梁和钢轨，吊车运行要求严格控制轨道的水平度。因此，柱子安装时应确保牛腿顶面符合设计标高。

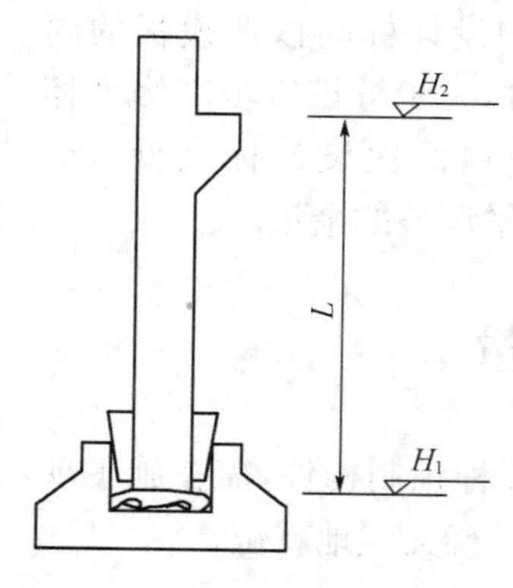

图 2-14-6　柱长检查

通常柱底到牛腿面的设计长度 L 加上杯底高程 H_1 应等于牛腿面的高程 H_2，如图 2-14-6 所示，即 $H_2 = H_1 + L$。但柱子在预制时，模板制作和模板变形等原因使柱子的实际尺寸与设计尺寸往往不完全一样，同样基础杯底标高也存在施工误差，柱子安装后，牛腿顶面的实际标高将与设计标高不符。为了解决这个问题，通常在浇注基础时有意把杯形基础底面高程降低 2～5 cm，然后用钢尺从牛腿顶面沿柱边量到柱底，根据这根柱子的实际长度 L'，再根据 H_2 和 L' 计算出杯口底面的实际需要标高 H_1，即：$H_1 = H_2 - L'$，然后根据杯口内壁的标高线，用砂浆水泥或细石混凝土在杯底进行找平，使牛腿面符合设计高程。最后再用水准仪进行检测。

3. 柱子安装时的测量工作

在柱子被吊入基础杯口，柱脚已经接近杯底时，应停止吊钩的下落，使柱子在悬吊状态下进行就位。就位时，将柱中心线与杯口顶面的定位中心对齐，并使柱身概略垂直后，在杯口处插入木楔块或钢楔块，如图 2-14-5 所示。柱身脱离吊钩柱脚沉到杯底后，还应复查中线的对位情况，再用水准仪检测柱身上已标定的±0.00 线。判定高程定位误差，其误差不超过±3 mm 时，这两项检测均符合精度要求之后将楔块打紧，使柱初步固定，然后进行竖直校正。

如图 2-14-7 所示，在基础纵、横柱列轴线上，与柱子的距离不小于 1.5 倍柱高的位置，各安置一台经纬仪，瞄准柱下部的“▲”标志，固定照准部，再仰起望远镜观测中、上“▲”标志，若 3 点在同一视准面内，则柱子垂直；否则，应指挥施工人员进行校正。

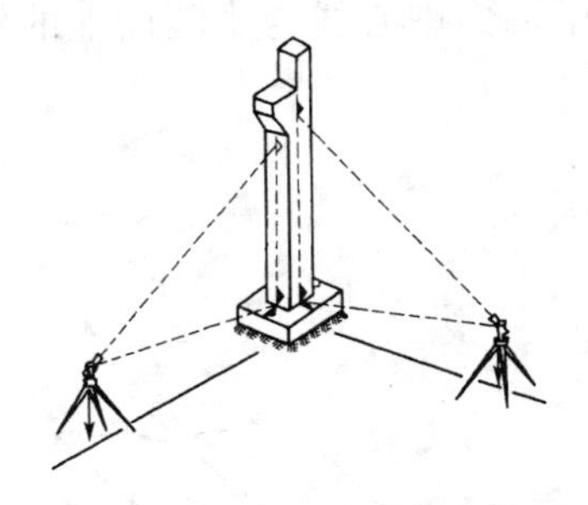

图 2－14－7　柱子垂直度校正

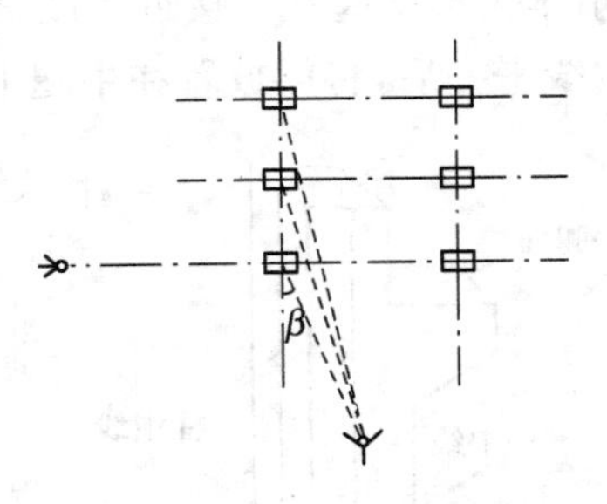

图 2－14－8　柱列竖直度校正

垂直校正后，用杯口四周围的楔块将柱子固牢，并将上视点用正倒镜取中法投到柱下，量出上、下视点的垂直偏差。标高在 5 m 以下时，允许偏差±5 mm，检查合格后，即可在杯口处浇灌混凝土，以固定柱子位置。

实际安装工作中，一般是先将成排的柱吊入杯口并初步固定，然后再逐根进行竖直校正。此时，经纬仪不能安置在柱列中线上，而是安置在轴线的一侧进行校正，如图 2－14－8，仪器在一个位置可先后校正几根柱子。

4. 校正柱子时的注意事项

(1) 所用仪器必须严格检校。因为校正柱子竖直时，往往只用盘左或盘右观测。仪器误差影响很大，操作时还应注意使照准部水准管气泡严格居中。

(2) 柱子在两个方向的垂直度都校正好后，应再复查平面位置，看柱子下部的中线是否仍对准基础的轴线。

(3) 瞄准不在同一截面内的中心线时，仪器必须安在轴线上校正；否则，容易产生差错。

(4) 柱子校正宜在阴天或早晚进行。因为柱子受太阳照射后，使柱顶产生水平位移，一般可达 3～10 mm，细长柱子可达 40 mm，以免柱子的阴、阳面产生温差使柱子弯曲而影响校直的质量。柱长小于 10 m 时，一般不考虑温差影响。

(5) 当安置一次仪器校正几根柱子时，仪器偏离轴线的角度 β 最好不超过 15°。

二、吊车梁的安装测量

吊车梁的测量主要是保证梁上、下面的中心线与吊车轨道的设计中心线在同一竖直面内，以及梁面高程与设计高程一致。

1. 牛腿面标高抄平

用水准仪根据水准点检查柱子所画±0. 00 标高的标志线，其标高误差不得超过±5 mm，则以检查结果作为修平牛腿面或加垫块的依据。如果误差超过，则通过改变原±0. 00 标高位置，使其调整至范围内，重新画出该标志，如图 2－14－9 所示。

2. 按设计数据在地面上测设出吊车梁中心线的两端点，打木桩标志。然后安置经纬仪于一端点，瞄准另一端点，水平制动，仰起望远镜将吊车梁中心线投到每个柱子的牛腿面边上并弹以墨线。如果与柱子吊装前所画的中心线不一致，则以新标的中心线作为吊车梁安装定位的依据。

3. 吊车梁中心线投点：用墨线弹出吊车梁各面的中心线和吊车梁两端面的中心线，如图 2－14－10 所示。

(1) 吊车梁被吊起并已接近牛腿面时，应进行梁端面中心线与牛腿面上的轨道中心线的对位，两线平齐后，将梁放置在牛腿上。

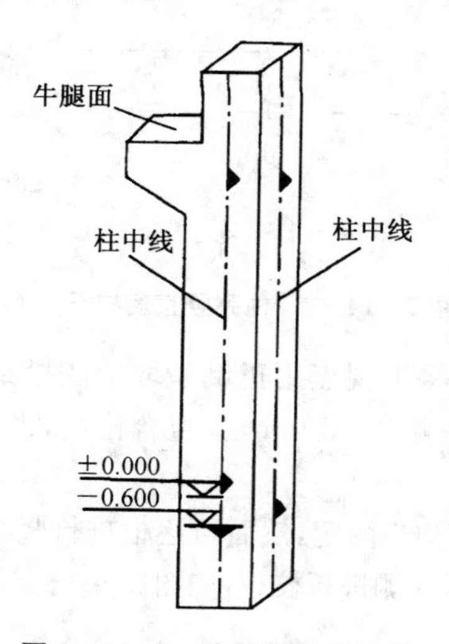

图 2－14－9　牛腿面标高抄平

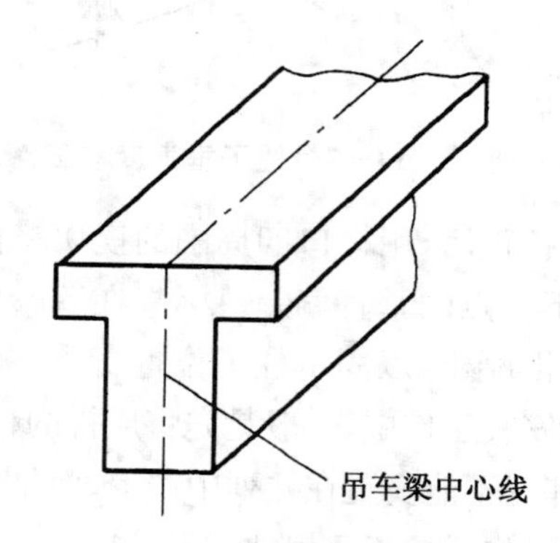

图 2－14－10　吊车梁中心线投点

(2) 吊车梁安装以后，再用经纬仪从地面把吊车中心线(即吊车轨道中心线)投到吊车梁顶上，如与原来画的梁顶几何中心线不一致，则按新投的点墨线重新弹出吊车轨道中心线，作为安装轨道的依据。

(3) 校正

① 吊车梁安装后，可将水准尺直接放在梁面上，用水准测量的方法检查梁面高程。可将水准仪安置在地面上，在柱子侧面测设＋50 cm 标高线，再用钢尺从该线沿柱子侧面向上量出梁面的高度，标高和垂直存在的误差，可在梁底支座处加垫铁，调整梁的垂直度和梁面标高，使之符合设计要求。

② 吊锤球检查吊车梁端面中心线的垂直度。

③ 第一根吊车梁就位时用经纬仪或锤球校直，以后各根就位，可根据前一根的中线用直接对齐法进行校正，使之符合设计要求。

三、屋架安装测量

屋架吊装前，用经纬仪或其他方法在柱顶顶上投出屋架定位轴线，并应弹出屋架两端头中心线，以便进行定位。屋架吊装就位时，应该使屋架的中心线与柱顶上的定位线对准，允许误差为±5 mm，便完成了屋架的平面定位工作。

屋架的垂直度可用锤球或经纬仪进行检查。用经纬仪检查时，可在屋架上安装三把卡尺，如图 2－14－11 所示，一把卡尺安装在屋架上弦中点附近，另外两把分别安装在屋架的两端。自屋架几何中心线沿卡尺向外量 500 mm，做出标记，在地面上标出距屋架中心线 500 mm 的平行轴线，并在该轴线上安置经纬仪，当 3 个卡尺上的标记均位于经纬仪的视准面内时，屋架即处于垂直状态；否则，应该进行校正，最后将屋架固定。

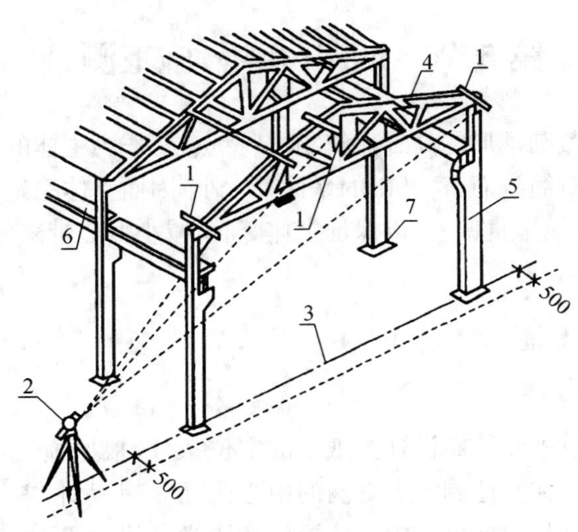

1—卡尺；2—经纬仪；3—定位轴线；4—屋架；5—柱；6—吊木架；7—基础

图 2-14-11　屋架垂直度检查

四、吊车轨道安装测量

安装吊车轨道前，须对梁上的中心线进行检测，由于安置在地面中心线上的经纬仪不可能与车梁顶面通视。此项检测一般采用中心线平移法。

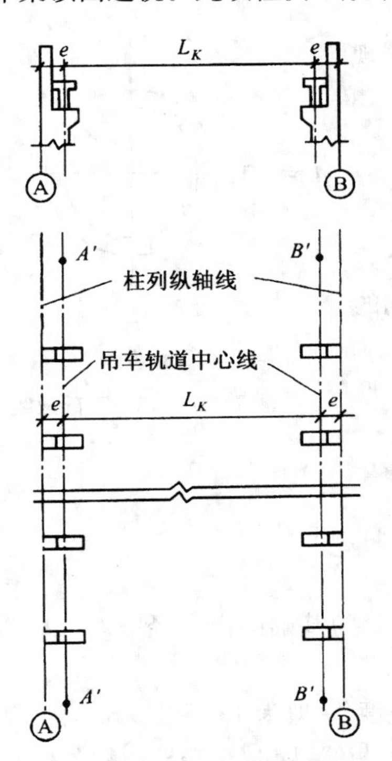

图 2-14-12　中心线平移法检查梁中心线

如图 2-14-12 所示，首先在地面上从吊车轨中心线向厂房中心线方向量出长度 e(1 m)，得平行线 AA' 和 $B'B$。然后安置经纬仪于平行线一端 A' 上，瞄准另一端点，固定照准部，仰起望远镜投测。此时，另一人在梁上移动横放的木尺，当视线对准尺子的 1 m 分划线时，尺子的零点应与梁面上的中心线重合。如不重合应予以改正，可用撬杠移动吊车梁，使吊梁中心线至 AA'（或 BB'）的间距等于 1 m 为止。

吊车轨道按中心线安装就位后，可将水准仪安置在吊车梁上，水准尺直接放在轨顶上进行检测，每隔 3 m 测一点高程，与设计高程比较，误差不得超过±3 mm，最后用钢尺检查吊车轨道间距，误差应在±5 mm 之内。轨道安装完毕后，应全面进行一次轨道中心线、跨距及轨顶标高的检查，以保证能安全建设和使用吊车。

第5节　烟囱(水塔)施工测量

烟囱、水塔等都是截圆锥形的高耸建筑物,其特点是:作为主体的筒身高度很大,一般有几十米至二三百米,相对筒身而言,基础的平面尺寸小,因而整体稳定性较差,施工测量主要是要严格控制筒身中心线垂直偏差,以保证主体竖直,减小偏心带来的不利影响。下面就以烟囱为例作说明。

一、基础工程施工测量

1. 烟囱的定位

确定烟囱的位置,首先要按照设计图纸上的定位条件,根据施工场地的施工控制网、原有建筑物或已知控制点,在实地测定出烟囱的中心位置,打上大木桩,并在桩顶钉小钉标示。

中心位置经校核无误后,即可在中心位置架经纬仪,测设出以中心为交点的两条相互垂直的控制轴线,如图2-14-13所示,AB,CD为控制线,其方向的选择以便于观测和保存点位为准则。桩点至中心点O的距离以不小于烟囱高度的1.5倍为宜,以便在施工中安置经纬仪投测囱身的中心位置。为便于校核桩位有无变动及施工过程中灵活地投测,轴线的每一侧至少应设置两个轴线控制桩,控制桩应牢固耐久,并妥善保护,以便长期使用。

(1) 根据基础设计尺寸和放坡宽度,确定基坑开挖线。

基坑的开挖方法依施工场地的实际情况而定。当现场比较开阔时,常采用“大开口法”施工,如图2-14-13所示,基坑开挖半径R为

$$R = r + s$$

式中,r为基础底部设计半径;s为放坡宽度,其计算公式为$s = H \times m$,H为基坑深度,m为放坡系数,根据不同的土质,采用0.5,0.33,0.25等值。

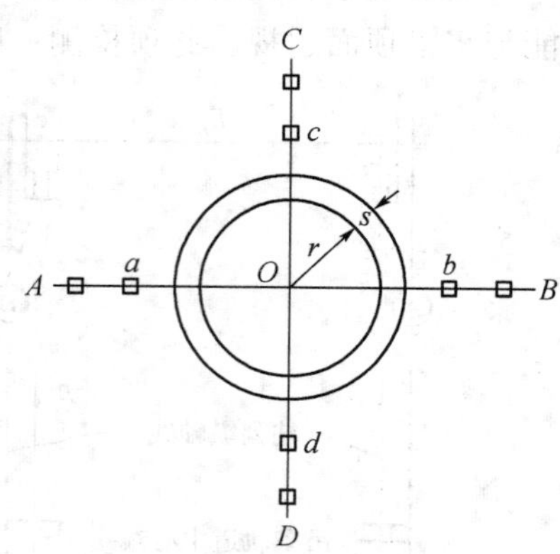

图2-14-13　基础放线

(2) 当基础底部设计半径较大时,有时可以采用环形基坑,其开挖半径为

$$R_{内} = r_{内} - s$$

$$R_{外} = r_{外} + s$$

式中,$R_{内}$为环形基坑内半径;$R_{外}$为环形基坑外半径;$r_{内}$为基础的内半径;$r_{外}$为基础的外半径。

以上算得的R值,都没有涉及支模作业的工作面宽度(一般为1.2～2.0 m),加上以后,就可以O点为圆心,R为半径,用皮尺画圆,并撒出开挖灰线,同时在开挖边线外侧定位轴线方向上钉四个定位小木桩,作为修坑和恢复基础中心用。

2. 基坑开挖深度的控制方法

当基坑挖到接近设计标高时,在坑的四壁测设水平桩,作为检查挖坑深度和确定浇灌钢

筋混凝土垫层标高用，如图 2-14-14 所示，同时在基坑边缘的轴线上钉四个小木桩用于修坡和确定基础中心。

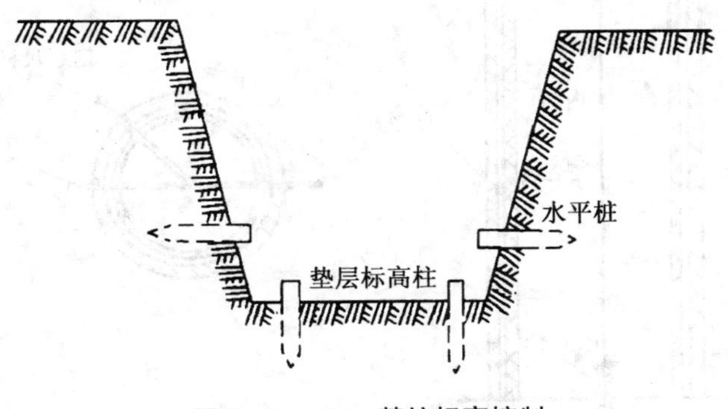

图 2-14-14　基坑标高控制

浇灌混凝土基础时，应在烟囱中心位置埋设角钢，根据定位小木桩，用经纬仪准确地在角钢顶面测出烟囱的中心位置，并刻上"十"字丝，作为筒身施工时控制烟囱中心垂直度和控制烟囱半径的依据。

3. 恢复基础中心位置

在基础施工中，中心点 O 的标志可能被挖掉或损坏。所以在基础施工结束时，利用轴线控制点 A,B,C,D 在基础面上重新测设 O 点，作为主体施工过程中控制中心位置的依据。用混凝土浇筑的基础，应在基础中心位置预埋一块金属标板，将中心位置恢复在标板上刻出"十"标志。

二、筒体的施工测量

烟囱筒身向上砌筑时，筒身中心线、半径、收坡要严格控制。不论是砖烟囱还是钢筋混凝土烟囱，在烟囱筒身施工中，每提升一次模板或步架时，都要将烟囱中心垂直引测到施工的作业平台上，引测的方法常采用吊锤线法和导向法。

1. 筒体中心的控制

烟囱筒体向上砌筑过程中，筒体的中心线必须严格控制。一般砖砌烟囱每砌一步架(约 1.2 m 高)、混凝土烟囱每升一次模板(约 2.5 m 高)，都要将中心点引测到作业面上，作为架设烟囱模板的依据。引测方法是，在施工作业面上固定一长木方，如图 2-14-15 所示，在其上面用细钢丝悬吊 8～12 kg 重的锤球(重量依高度而定)，移动木方，直至锤球尖对准基础上 0 点。此时钢丝在木方上的位置即为烟囱的中心。一般砖烟囱每砌一步架(约 1.2 m)引测一次；混凝土烟囱升一次模板(约 2.5 m)引测一次；烟囱筒体每砌高 10 m 左右，要用经纬仪检查一次中心。检查把经纬仪安置于轴线的 A,B,C,D 四个控制桩上，照准基础侧面上的轴线标志，用盘左、盘右取中的方法，分别将轴线投测到施工面上，并做标志，然后按标志拉线，其交点即为烟囱的中心点。然后再用经纬仪引测的中心点与锤球引测的中心点相比较，以作校核，其烟囱中心偏差一般不应超过所砌高度的 1/1 000。依经纬仪投测的中心点为准，作为继续向上施工。

(1) 吊锤线法是一种垂直投测的传统方法，使用简单。但易受风的影响，有风时吊锤线发生摆动和倾斜，随着筒身增高，对中的精度会变低。因此，仅适用于高度在 100 m 以下的烟囱。

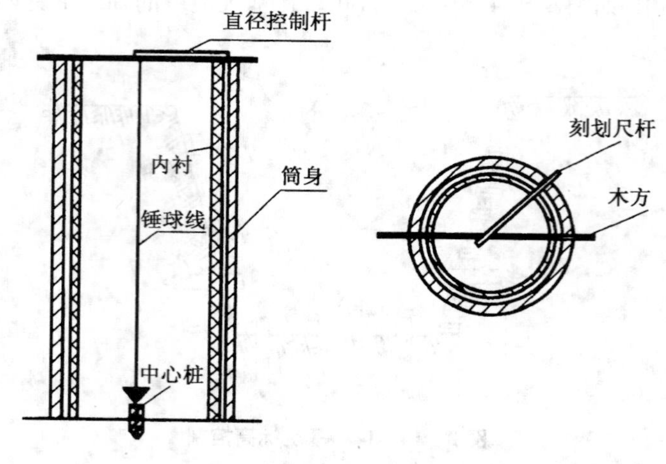

图 2-14-15　烟囱中心投点

(2) 激光导向法

高大的钢筋混凝土烟囱常采用滑升模板施工。若仍采用吊锤线或经纬仪投测烟囱中心点,无论是投测精度还是投测速度,都难以满足施工要求。采用激光铅直仪投测烟囱中心点,能克服上述方法的不足。投测时,将激光铅直仪安置在烟囱底部的中心标志上,在工作台中央安置接收靶,烟囱模板滑升 25～30 cm 浇灌一层混凝土,每次模板滑升前后各进行一次观测。观测人员在接收靶上可直接得到滑模中心对铅垂线的偏离值,施工人员依此调整滑模位置。在施工过程中,要经常对仪器进行激光束的垂直度检验和校正,以保证施工质量。

2. 筒体半径的控制

某一高度 H' 上筒体水平截面尺寸,应在检查中心线的同时,以引测的中心线为圆心,施工业面上烟囱的设计半径为 $r_{H'}$,用木尺杆画圆,以确定烟囱壁的位置,如图 2-14-16 所示。

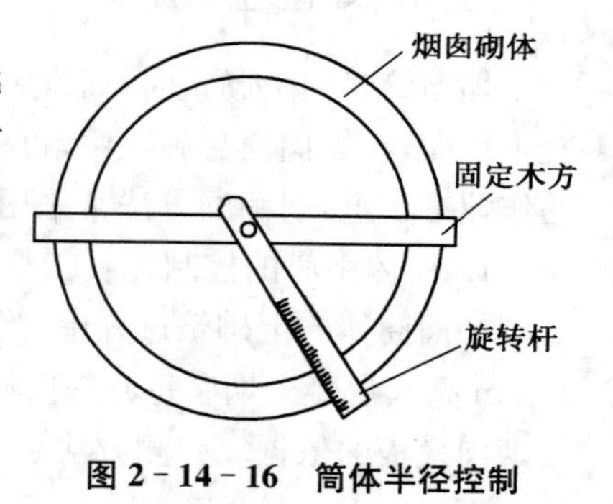

图 2-14-16　筒体半径控制

某一高度 H' 上,烟囱筒体的设计半径,可根据设计图求出。如图 2-14-17 所示,设计半径 $r_{H'}$ 为

$$r_{H'} = R - m \times H'$$

$$m = (R - r)/H$$

式中,R 为筒体底部外半径设计值;r 为筒体顶部外半径设计值;H' 为施工作业面的高度;H 为筒体设计高度;m 为放坡系数。

3. 筒壁坡度的控制

筒体表面坡度,通常是用专用工具——靠尺板来控制。靠尺板的形状如图2-14-18所示,其两侧的斜边是严格按照设计的筒壁斜度来制作的。使用时将斜边靠紧筒壁,如锤球线刚好通过下端缺口,则筒壁的收坡符合设计要求。

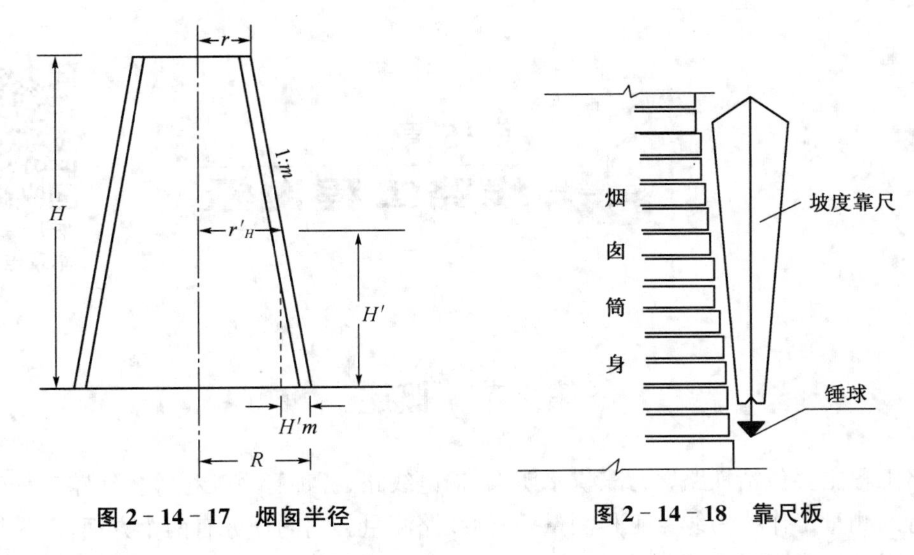

图 2-14-17　烟囱半径　　图 2-14-18　靠尺板

4. 筒体高程的控制

当筒体的设计高度不高时，可以用直接丈量的方法来控制筒体标高。先用水准仪在筒壁上测设出一个整米数的标高线(如+0.500 的标高线)，然后以此线为准，用钢尺直接向上丈量来控制筒体的标高。如果筒体很高，直接丈量有困难，可采用三角高程测量的方法控制筒体的标高。筒身四周水平，应经常用水平尺检查上口水平，发现偏差应随时纠正。

注意事项：由于日照引起的温差影响，塔体或烟囱上部总是处于变形状态。根据一座高 130 m 的混凝土电视塔的实测记录，一昼夜最大变形值达 130 mm，每小时最大变形值达 26 mm。对在筒体上需要进行设备安装的塔体工程，其水平面方向线精度要求较高。为了减少日照扭转的影响，筒体中心点的引测，水平方向的测设，设备安装中的标高测设，都应在日出前 3 小时至日出后 1 小时内进行。作业面的施工放样也应以清晨测设的点和线为准。

习题 14

1. 柱子的垂直度校正对仪器有何要求？如何进行柱子的垂直校正？
2. 试述吊车梁和吊车轨道的安装测量的工作内容和方法。
3. 如何根据厂房矩形控制网进行杯形基础放样？试述基础施工测量的方法。

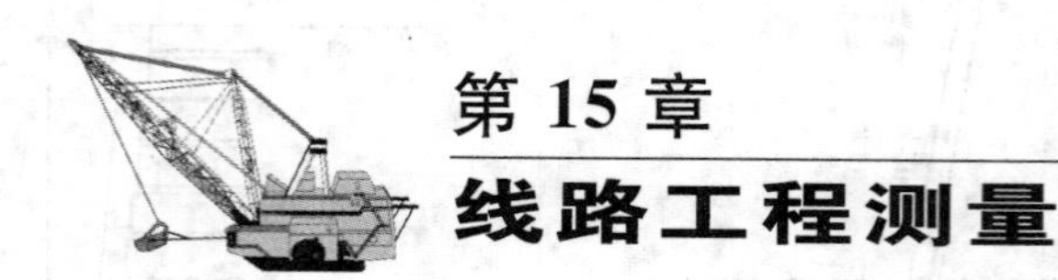

第 15 章 线路工程测量

第 1 节 概述

线路工程主要包括铁路、公路、供水明渠、输电线路、各种管道工程等。线路工程建设过程中进行的测量工作称为线路工程测量，简称线路测量。它的任务有两个方面，即为线路工程的设计提供地形图和断面图，按设计位置要求将线路（公路和管道）敷设于实地。主要有下列各项工作：

1. 收集工程区域内的原有地形图、平面图和断面图，水文、地质以及控制点等有关资料。

2. 利用已有地形图，结合现场勘察，在中小比例尺图上确定规划路线走向。

3. 根据设计方案，沿着基本走向进行控制测量，包括平面控制测量和高程控制测量。

4. 结合线路工程的需要，沿着基本定向测绘带状地形图或平面图，在指定地点测绘工程地形图。

5. 根据定线设计把线路中心线上的各类点位测设到实地，这项工作称为中线测量。

6. 根据工程需要测绘线路纵断面图和横断面图。比例尺则依据工程的实际要求确定。

7. 根据线路工程的详细设计进行施工测量。工程竣工后，对照工程实体测绘竣工平面图和断面图。

本章首先介绍线路的中线测量和路线纵横断面测量，然后结合道路的特点介绍它们的施工测量。

第 2 节 中线测量

线路工程的中心线由直线和曲线构成，如图 2－15－1 所示，中线测量就是通过线路的

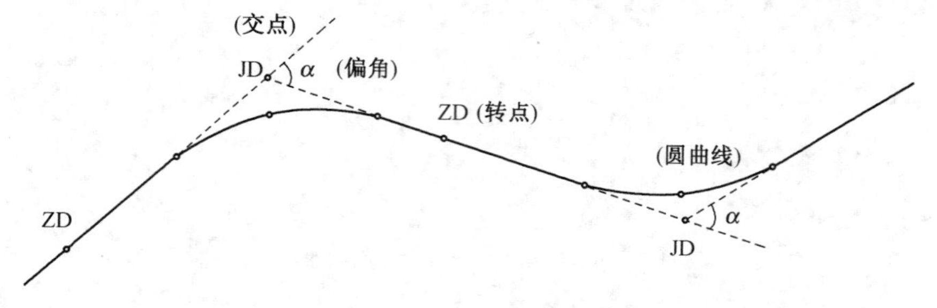

图 2－15－1 中线测量

测设，将线路工程中心线标定在实地上。中线测量主要包括测设中心线起点、终点，各交点(JD)和转点(ZD)，量距和钉桩，测量线路各偏角(α)，测设圆曲线等。

一、交点和转点的测设

路线的各交点(包括起点和终点)是详细测设中线的控制点。一般先在初测的带状地形图上进行纸上定线，然后实地标定交点位置。

定线测量中，当相邻两交点互不通视或直线较长时，需要在其连线上测定一个或几个转点，以便在交点测量转折角和直线量距时作为照准和定线的目标。直线上一般每隔 200～300 m 设一转点，另外，在路线与其他道路交叉处以及路线上需设置桥、涵等构筑物处，也要设置转点。

1. 交点测设

(1) 根据与地物的关系测设交点

如图 2－15－2 所示，交点 JD_{10} 的位置已在地形图上选定，在图上量得该点至两房角和电杆的距离，在现场用距离交会法测设 JD_{10}。

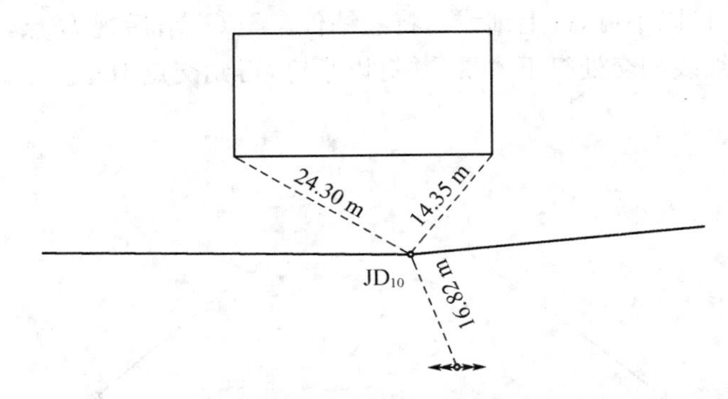

图 2－15－2　根据地物测设交点

(2) 根据导线点测设交点

按导线点的坐标和交点的设计坐标，计算测设数据，用极坐标测设法、距离交会测设法或角度交会测设法放样交点。如图 2－15－3 所示，根据导线点 T_4，T_5 和 JD_{12} 三点的坐标，计算出导线边的方位角 α_{45} 和 T_4 至 JD_{12} 的平距 D 和方位角 α，用极坐标法测设 JD_{12}。

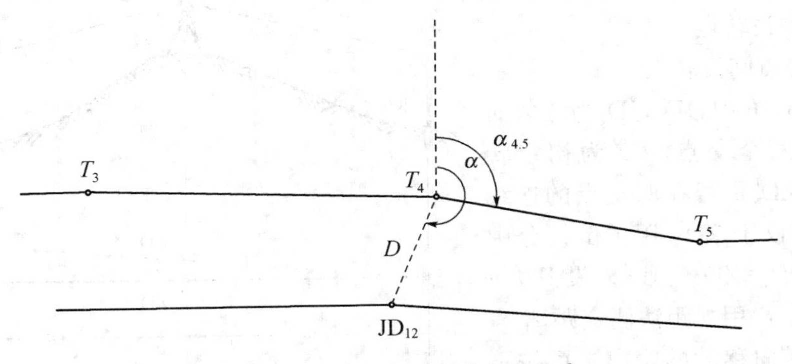

图 2－15－3　根据导线点测设交点

(3) 穿线法测设交点

穿线法测设交点的步骤:先测设路线中线的直线段,再根据两相邻直线段相交而在实地定出交点。

在图上选定中线上的某些点(如图 2-15-4 中的 P_1,P_2,P_3,P_4),根据邻近地物或导线点量得测设数据,用合适的方法在实地测设这些点。图解数据和测设工作中均存在偶然误差,使测设的这些点不严格在一条直线上。用目估法或经纬仪法,定出一条尽可能靠近这些测设点的直线,这一工作称为穿线。穿线的结果得到中线直线段上的 A,B 点(称为转点)。

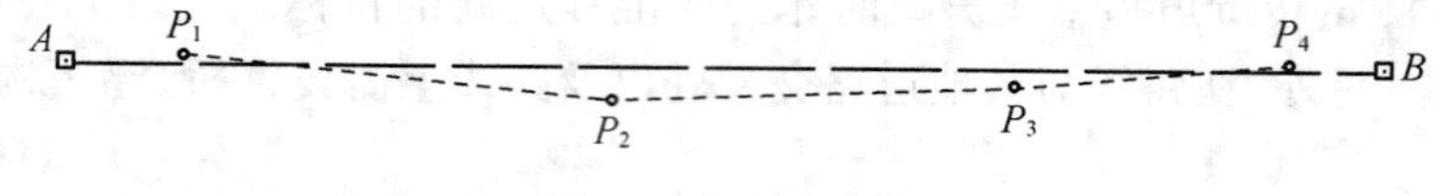

图 2-15-4　穿线

用同样方法测设另一中线直线段上的 C,D 点,如图 2-15-5 所示。AB,CD 直线在地面上测设好以后,即可测设交点。将经纬仪安置于 B 点,瞄准 A 点,倒转望远镜,在视线方向上、接近交点 JD 的概略位置前后打下两桩(称为骑马桩)。采用正倒镜分中法在该两桩上定出 a,b 两点,并钉以小钉,拉上细线。将经纬仪搬至 C 点,后视 D 点,同法定出 c,d 点,拉上细线。在两条细线相交处打下木桩,并钉以小钉,得到交点 JD。

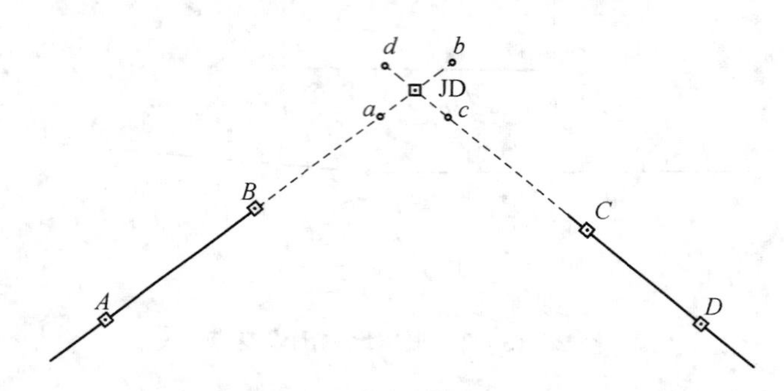

图 2-15-5　穿线法测设交点

2. 转点的测设

当两交点间距离较远但尚能通视或已有转点需要加密时,可采用经纬仪直接定线或测设转点。当相邻两交点互不通视时,可用下述方法测设转点。

(1) 两交点间设转点

图 2-15-6 中,JD_5,JD_6 为相邻而互不通视的两个交点,ZD′为初定转点。欲检查 ZD′是否在两交点的连线上,可置经纬仪于 ZD′,用正倒镜分中法延长线段 JD_5-ZD′至 JD_6'。设 JD_6' 与 JD_6 的偏差为 f,用视距法测定距离 a,b,则 ZD′应横向移动的距离 e 可按下式计算:

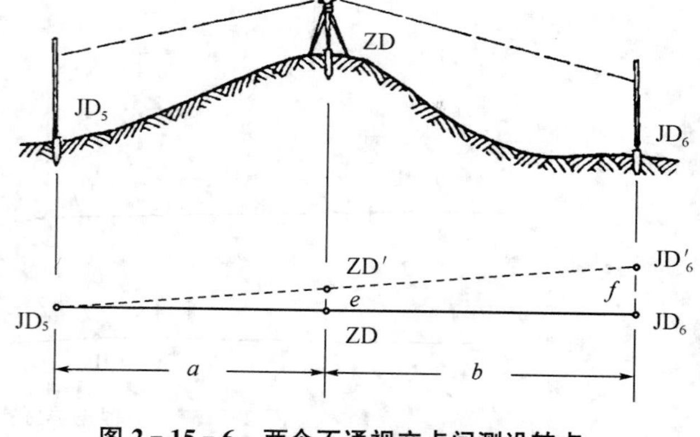

图 2-15-6　两个不通视交点间测设转点

$$e = \frac{a}{a+b} \cdot f \tag{2-15-1}$$

将 ZD′按 e 值移至 ZD,再将仪器移至 ZD,按上述方法逐渐趋近,直至符合要求。

(2) 延长线上设转点

图 2-15-7 中,JD_8,JD_9 互不通视,可在其延长线上初定转点 ZD′。将经纬仪置于 ZD′,用正、倒镜照准 JD_8,并以相同竖盘位置俯视 JD_9,得两点后,取其中点得 JD'_9。若 JD'_9 与 JD_9 重合或偏差值 f 在容许范围之内,即可将 ZD′作为转点。否则,重设转点,量出 f 值,用视距法测出距离 a,b,则 ZD′应横向移动的距离 e 可按下式计算:

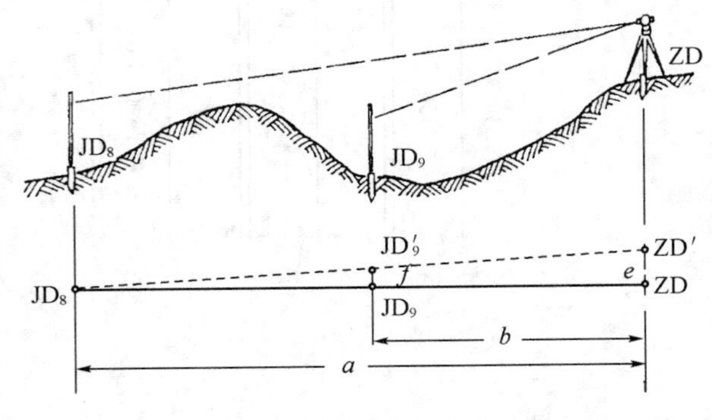

图 2-15-7　两个不通视交点延长测设转点

$$e = \frac{a}{a-b} \cdot f \tag{2-15-2}$$

将 ZD′按 e 值移至 ZD。重复上述方法,直至符合要求。

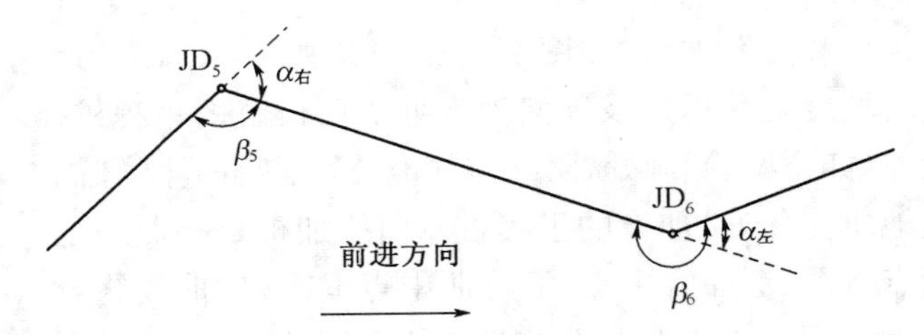

图 2-15-8　路线的转折角和偏角

二、路线转折角的测设

在路线的交点上,应根据交点前、后的转点测定路线的转折角,通常,测定路线前进方向的右角 β,图 2-15-8 所示,可以用 J_2 或 J_6 型经纬仪观测一个测回。按 β 角算出路线交点处的偏角 α,当 $\beta < 180°$ 时为右偏角(路线向右转折),当 $\beta > 180°$ 时为左偏角(路线向左转折)。左偏角或右偏角按下式计算:

$$\alpha_{右} = 180° - \beta \tag{2-15-3}$$

$$\alpha_{左} = \beta - 180° \tag{2-15-4}$$

在测定 β 角后,测设其分角线方向,定出 C 点,如图 2-15-9 所示,打桩标定,以便以后测设道路曲线的中点。

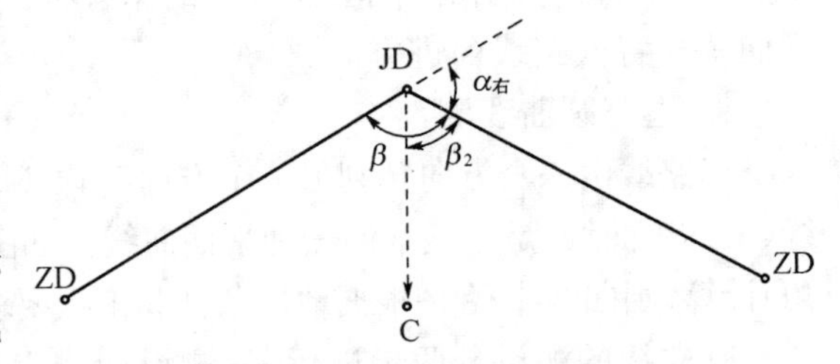

图 2-15-9　定转折角的分角线方向

1. 里程桩的设置

道路中线上设置里程桩的作用是:既标定了路线中线的位置和长度,又是施测路线纵、横断面的依据。设置里程桩的工作主要是定线、量距和打桩。距离测量可以用钢尺或测距仪,等级较低的公路可以用皮尺。

里程桩分为整桩和加桩两种,如图 2-15-10 所示,每个桩的桩号表示该桩距路线起点的里程。如某加桩距路线起点的距离为 3 091.05 m，其桩号为 3+091.05。

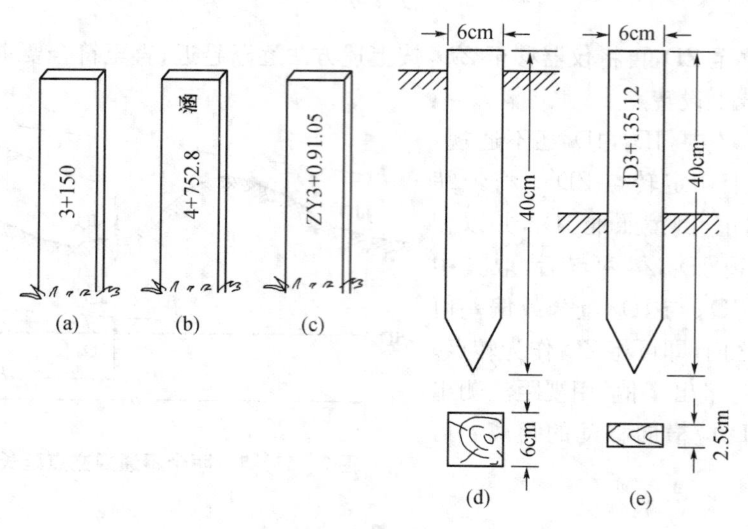

图 2-15-10　里程桩

整桩是由路线起点开始，每隔 20 m 或 50 m(曲线上根据不同的曲线半径 R，每隔 20 m，10 m 或 5 m)设置一桩，如图 2-15-10(a)。

加桩分为地形加桩、地物加桩、曲线加桩和关系加桩，如图 2-15-10 中(b)和(c)。地形加桩是指沿中线地面起伏突变处、横向坡度变化处以及天然河沟处等所设置的里程桩。地物加桩是指沿中线有人工构筑物的地方(如桥梁、涵洞处，路线与其他公路、铁路、渠道、高压线等交叉处，拆迁建筑物处，以及土壤地质变化处)加设的里程桩。曲线加桩是指曲线上设置的主点桩，如圆曲线起点(简称直圆点 ZY)、圆曲线中点(简称曲中点 QZ)、圆曲线终点(简称圆直点 YZ)，分别以汉语拼音缩写为代号。关系加桩是指路线上的转点(ZD)桩和交点(JD)桩。

在钉桩时对于交点桩、转点桩、距路线起点每隔 500 m 处的整桩、重要地物加桩(如桥、隧位置桩)以及曲线主点桩，均打下断面为 6 cm×6 cm 的方桩，如图 2-15-10(d)，桩顶钉以中心钉，桩顶露出地面约 2 cm，在其旁边钉一指示桩，如图 2-15-10(e)为指示交点桩的板桩。交点桩的指示桩应钉在圆心和交点连线外离交点约 20 cm 处，字面朝向交点。曲线主点的指示桩字面朝向圆心。其余的里程桩一般使用板桩，一半露出地面，以便书写桩号，字面一律背向路线前进方向。

2. 道路圆曲线测设

当路线由一个方向转到另一个方向时，必须用曲线来连接。曲线的形式较多，其中，圆曲线(又称单曲线)是最基本的一种平面曲线。如图 2-15-11 所示，偏角 α 根据所测右角(或左角)计算；圆曲线半径 R 根据地形条件和工程要求选定。根据 α 和 R，可以计算其他各个元素。

圆曲线的测设分两步进行，先测设曲线上起控制作用的主点(ZY，QZ，YZ)；依据主点再测设曲线上每隔一定距离的里程桩，详细地标定曲线位置。

(1) 圆曲线主点测设

① 主点测设元素计算

为了在实地测设圆曲线的主点，需要知道切线长 T、曲线长 L 及外距 E，这些元素称为主点测设元素。

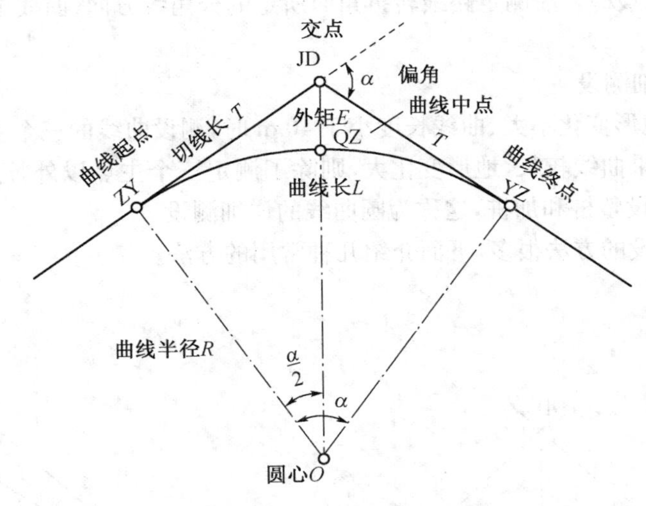

图 2－15－11　圆曲线

从图 2－15－11 可以看出，若 α，R 已知，则主点测设元素的计算公式为：

切线长
$$T = R\tan\frac{\alpha}{2} \tag{2-15-5}$$

曲线长
$$L = R\alpha\frac{\pi}{180} \tag{2-15-6}$$

外距
$$E = \left(\sec\frac{\alpha}{2} - 1\right) \tag{2-15-7}$$

切曲差
$$J = 2T - L \tag{2-15-8}$$

② 主点桩号计算

由于道路中线不经过交点，所以，圆曲线中点和终点的桩号必须从圆曲线起点的桩号沿曲线长度推算而得。而交点桩的里程已由中线丈量获得，因此，可根据交点的里程桩号及圆曲线测设元素计算出各主点的里程桩号。主点桩号计算公式为：

$$\left.\begin{aligned} ZY &= JD - T \\ QZ &= ZY + \frac{L}{2} \\ YZ &= ZY + L \end{aligned}\right\} \tag{2-15-9}$$

为了避免计算中的错误，可用下式进行计算检核：

$$YZ = JD + T - J \tag{2-15-10}$$

两次算得 YZ 的桩号相等，证明计算正确。

③ 主点的测设

测设曲线起点(ZY)。置经纬仪于 JD，后视相邻交点方向，自 JD 沿经纬仪指示方向量切线长 T，打下曲线起点桩。

测设曲线终点(YZ)。经纬仪照准前视相邻交点方向，自 JD 沿经纬仪指示方向量切线

长 T，打下曲线终点桩。

测设曲线中点(QZ)。沿测定路线转折角时所定的分角线方向(曲线中点方向)，量外距 E，打下曲线中点桩。

(2) 圆曲线详细测设

一般情况下，地形变化不大、曲线长度小于 40 m 时，测设曲线的三个主点已能满足设计和施工的需要。如果曲线较长，地形变化大，则除了测定三个主点以外，还需要按照一定的桩距 l，在曲线上测设整桩和加桩，这称为圆曲线的详细测设。

圆曲线详细测设的方法很多，下面介绍几种常用的方法。

① 偏角法

测设数据计算：

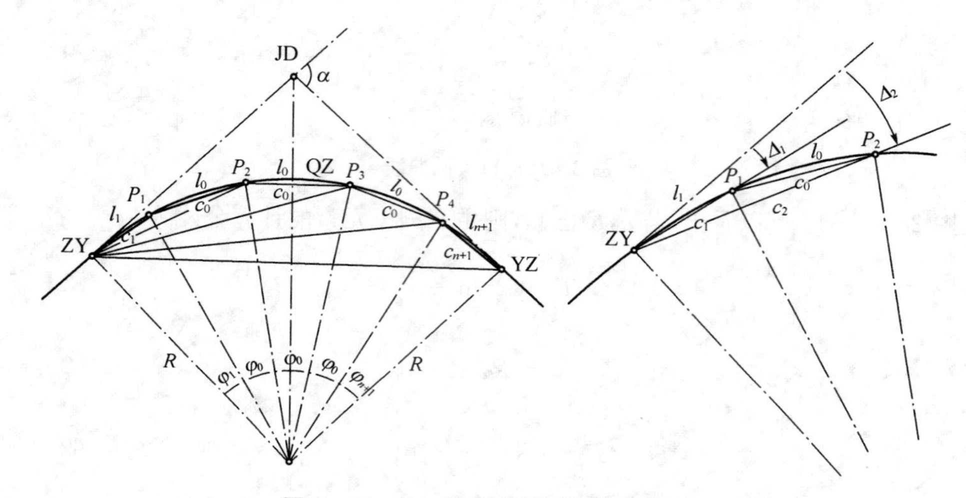

图 2-15-12　偏角法测设圆曲线细部点

用偏角法测设圆曲线上的细部点是以曲线起点(或终点)作为测站，计算出测站至曲线上任一细部点 P_i 的弦线与切线的夹角——弦切角 Δ_i(称为偏角)和弦长 C_i 或相邻细部点的弦长 c，据此确定 P_i 点的位置，如图 2-15-12 所示。曲线上的细部点即曲线上的里程桩，一般按曲线半径 R 规定弧长 l_0 为的整桩。l_0 一般规定为 5 m，10 m 和 20 m，R 越小，l_0 也越小。设 P_1 为曲线上的第一个整桩，它与曲线起点(ZY)间弧长为 $l_1(l_1<l_0)$，以后 P_1 与 P_2，P_2，P_3…弧长都是 l_0。曲线最后一个整桩 P_n 与曲线终点(YZ)间的弧长为 l_{n+1}。设 l_1 所对圆心角为 φ_1，l_0 所对圆心角为 φ_0，l_{n+1} 所对圆心角为 φ_{n+1}，则 φ_1，φ_0，φ_{n+1} 按下列各式计算(单位为°)：

$$\varphi_i=\frac{l_i}{R}\cdot\frac{180}{\pi} \tag{2-15-11}$$

所有 φ 角之和应等于路线的偏角 α，可以作为计算的检核：

$$\varphi_1+(n-1)\varphi_0+\varphi_{n+1}=\alpha \tag{2-15-12}$$

根据弦切角的大小为同弧所对圆心角的大小的一半的定理，可以用下列公式计算曲线起点至 P_i 点的偏角：

$$\Delta_1 = \frac{1}{2}\varphi_1 \tag{2-15-13}$$

$$\Delta_i = \frac{1}{2}[\varphi_1 + (i-1)\varphi_0] \tag{2-15-14}$$

曲线上任一细部点的弦长 C_i 按下式计算：

$$C_i = 2R\sin\Delta_i \tag{2-15-15}$$

例如，圆曲线元素 $\alpha = 40°20'$，$R = 120$ m 和交点桩号，算得该圆曲线的偏角法测设数据列于表 2-15-1。

表 2-15-1　圆曲线细部点偏角法测设数据（R=120 m）

曲线里程桩号	邻桩点弧长 l/m	偏　角 Δ	弦　长 C/m	相邻桩点弦长 C/m
ZY				
3+091.05				
P_1				
3+100		00°00′00″	0	
P_2	8.95	2°08′12″	8.95	8.95
3+120	20.00	6°54′41″	28.88	19.98
P_3	20.00	11°41′10″	48.61	19.98
3+140	20.00	16°27′39″	68.01	19.98
P_4	15.52	20°10′00″	82.74	15.51
3+160				
YZ				
3+175.52				
QZ 3+133.29		10°05′00″	42.02	

测设方法：

用偏角法测设圆曲线的细部点，根据测设距离的方法不同可分为长弦偏角法和短弦偏角法两种。前者测设测站至细部点的距离（长弦），适合于用经纬仪加测距仪（或用全站仪）；后者测设相邻细部点之间的距离（短弦），适合于用经纬仪加钢尺。

仍按上例，具体测设步骤如下：

a. 安置经纬仪（或全站仪）于曲线起点（ZY）上，瞄准交点（JD），使水平度盘读数设置为 0°00′00″；

b. 水平转动照准部，使度盘读数为 $\Delta_1 = 2°08'12''$，沿此方向测设弦长 $C_1 = 8.95$ m，定出 P_1 点；

c. 再水平转动照准部，使度盘读数为 $\Delta_2 = 6°54'41''$，沿此方向测设长弦 $C_2 = 28.88$ m，定出 P_2 点，或从 P_1 点测设短弦 $C_0 = 19.88$ m，与偏角 Δ_2 的方向线相交而定出 P_2 点，以此类推，测设 P_3，P_4 点；

d. 测设至曲线终点（YZ）作为检核：水平转动照准部，使度盘读数为 $\Delta_{YZ} = 20°10'00''$，在方向上测设长弦 $C_{YZ} = 82.74$ m，或从 P_4 测设短弦 $C_{n+1} = 15.51$ m，定出一点。此点如果与 YZ 不重合，其闭合差一般应按如下要求：

半径方向(路线横向):不超过±0.1 m;

切线方向(路线纵向):不超过$\pm L/1\ 000$(L为曲线长);

另外,也可按Δ_{QZ}和C_{QZ}测设曲线中点(QZ)作为检核。

② 极坐标法

用极坐标法测设圆曲线的细部点是用全站仪进行路线测量的最合适的方法。仪器可以安置在任何控制点上,包括路线上的交点、转点等已知坐标的点,其测设的速度快、精度高。

极坐标法的测设数据主要是计算圆曲线主点和细部点的坐标,然后根据控制点和细部点的坐标,反算出极坐标法的测设数据,即测站至测设点的方位角和平距。

圆曲线主点坐标计算:

根据路线交点及转点的坐标,如图 2-15-13 所示,按坐标反算公式计算出第一条切线的方位角,按路线的右(左)偏角,推算第二条切线的方位角。根据交点坐标、切线方位角和切线长(T),用坐标正算公式算得圆曲线起点(ZY)和终点(YZ)的坐标。再根据切线的方位角和路线的转折角(β),算得β角平分线的方位角,根据分角线方位角和矢距(E)用坐标正算公式算得曲线中点(QZ)的坐标。

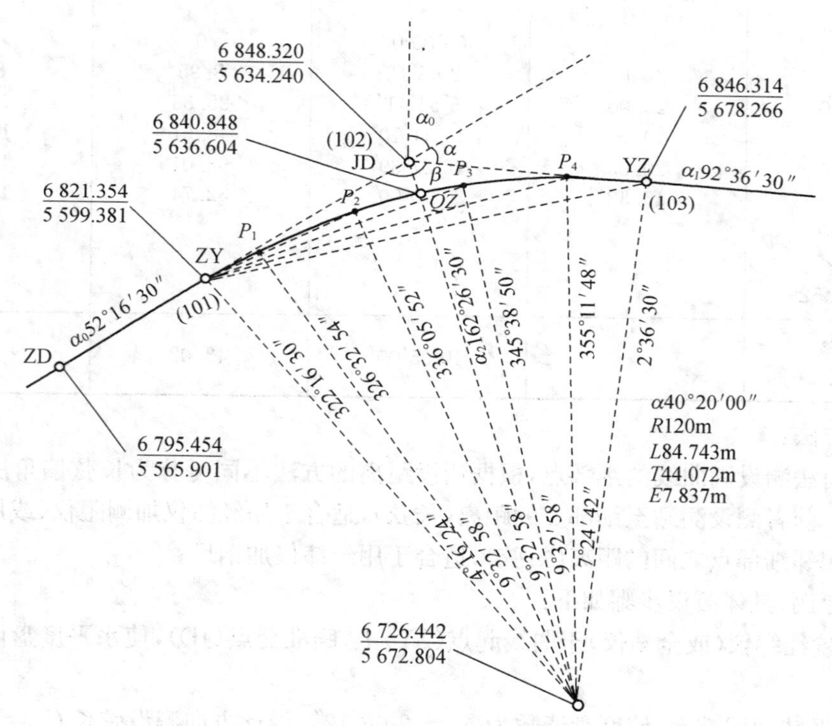

图 2-15-13 极坐标法测设圆曲线数据计算

圆曲线细部点坐标计算:

圆曲线上细部点坐标计算常用方法为圆心角半径计算法。先计算圆曲线圆心的坐标(在计算圆曲线中点的坐标时,已算得转折角平分线的方位角,交点至圆心的距离为半径R加外矢距E,由此,可计算圆心坐标);根据曲线起点至细部点所对的圆心角,可以计算圆心至细部点的方位角;再根据半径长度,用坐标正算公式计算各细部点的坐标。计算数据见表 2-15-2。

表 2-15-2　圆曲线细部点坐标计算

曲线里程桩号	圆心角 φ	方位角 α	半径 R/m	坐标	
				X	Y
O(圆心)				6 726.44	5 672.80
ZY　3+091.05				6 821.35	5 599.38
P_1　3+100	4°16′24″	322°16′30″		6 826.56	5 606.65
P_2　3+120	13°49′22″	326°32′54″	120	6 836.15	5 624.18
QZ　3+133.29	20°10′00″	336°05′52″		6 840.85	5 636.60
P_3　3+140	23°22′20″	342°26′30″		6 842.69	5 643.05
P_4　3+160	32°55′18″	345°38′50″		6 846.02	5 662.75
YZ　3+175.52	40°20′00″	355°11′48″		6 846.32	5 678.26
		2°36′30″			

测设数据计算：

根据准备设置测站的控制点和坐标和曲线细部点的坐标，用坐标反算公式，计算测设的方位角和平距，用极坐标法测设点位。

第 3 节　纵、横断面测量

线路纵断面测量又称线路水准测量，它的任务是测定中线上各里程桩（简称中桩）的地面高程，绘制路线纵断面图，供路线纵坡设计之用。路线横断面测量是测定各中桩两侧垂直于中线的地面高程，绘制横断面图，供路基设计、计算土石方量及施工时放样边桩用。

一、线路纵断面测量

为了提高测量精度和成果检查，根据“从整体到局部”的测量原则，路线水准测量应分两步进行：首先是沿线路方向设置若干水准点，建立线路的高程控制，称为基平测量；然后是根据各水准点的高程，分段进行中桩水准测量，称为中平测量。基平测量的精度要求比中平测量高，一般按四等水准的精度要求，中平测量只作单程观测，可按普通水准精度要求。

1. 基平测量

水准点分永久水准点和临时水准点两种，是路线高程测量的控制点，在勘测和施工阶段甚至长期都要使用。因此，水准点应选在地基稳固、易于引测以及施工时不易受破坏的地方。

至于永久性水准点，在较长路线上，一般地区应每隔 25～30 km 布设一点；在路线起点和终点、大桥两岸、隧道两端以及需要长期观测高程的重点工程附近，均应布设。永久性水准点要埋设标石，也可设在永久性建筑物上，或用金属标志嵌在基岩上。

临时水准点的布设密度应根据地形复杂程度和工程需要而定。在丘陵和山区，每隔0.5～1 km 设置一个；在平原和微丘陵区，每隔 1～2 km 埋设一个；此外，在中、小桥，涵洞以及停车场等工程集中的地段，均应设置，在较短的路线上，一般每隔 300～500 m 布设一点。

这些水准点作为纵断面测量分段闭合和施工时引测高程的依据。永久性水准点在竣工通车后还需要使用。

基平测量时，首先应将起始水准点与附近国家水准点进行连测，以获得绝对高程。在沿线水准测量中，也应尽量与附近国家水准点进行连测，以便获得更多的检核条件。若路线附近没有国家水准点，可根据国家地形图上量得的高程作为参考，假定起始水准点的高程。

水准点高程的测定，通常按四等水准测量的方法和精度要求，采用一台仪器往返测量或两台仪器同向测量。

2. 中平测量

中平测量是以相邻水准点为一测段，从一个水准点出发，逐个测定中桩的地面高程，附合到下一个水准点上。

测量时，在每一测站上首先读取后、前两转点(TP)的尺上读数，再读取两转点间所有中桩地面点的尺上读数，这些中桩点称为中间点，中间点的立尺由后视点立尺人员来完成。

由于转点起传递高程的作用，因此，转点尺应立在尺垫、稳固的桩顶或坚石上，尺上读数至mm，视线长一般不应超过 150 m。中间点尺上读数至 cm，要求尺子立在紧靠桩边的地面上。

当路线跨越河流时，还需测出河床断面图、洪水位高程和常水位高程，并注明年月，以便为桥梁设计提供资料。

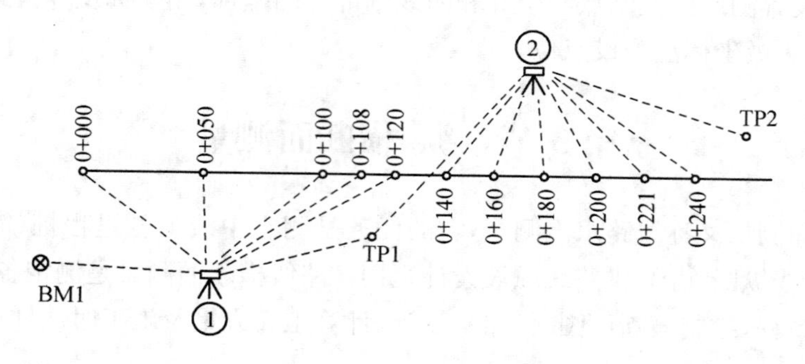

图 2-15-14　中平测量

如图 2-15-14，水准仪置于 1 站，后视水准点 BM1，前视转点 TP1，将观测结果分别记入表 2-15-3 中“后视”和“前视”栏内；然后观测 BM1 与 TP1 间的各个中桩，将后视点 BM1 上的水准尺依次立于 0＋000，＋050，…，＋120 等各中桩地面上，将读数分别记入表 2-15-3 中视栏内。

表 2-15-3　路线纵断面水准测量记录

测站	点号	水准尺读数			仪器视线高程	高程	备注
		后视	中视	前视			
1	BM1	2.191			14.505	12.314	
	0＋000		1.62			12.89	
	＋050		1.90			12.61	
	＋100		0.62			13.89	ZY1
	＋108		1.03			13.48	
	＋120		0.91			13.60	
	TP1			1.006		13.499	

（续表）

测站	点号	水准尺读数			仪器视线高程	高程	备注
		后视	中视	前视			
2	TP1	2.162			15.661	13.499	
	+140		0.50			15.16	
	+160		0.52			15.14	
	+180		0.82			14.84	
	+200		1.20			14.46	QZ1
	+221		1.01			14.65	
	+240		1.06			14.60	
	TP2			1.521		14.140	

仪器搬至 2 站，后视转点 TP1，前视转点 TP2，然后观测各中桩地面点。用同法继续向前观测，直至附合到水准点 BM2，完成一测段的观测工作。

每一站的各项计算依次按下列公式进行：

视线高程＝后视点高程＋后视读数

转点高程＝视线高程－前视读数

中桩高程＝视线高程－中视读数

各站记录后，应立即计算各点高程，直至下一个水准点，并立即计算高差闭合差 f_h，若 $f_h \leqslant f_{h允} = \pm 50\sqrt{L}$mm，则符合要求，但不进行闭合差的调整，而以原计算的各中桩点高程作为绘制纵断面图的数据。

二、纵断面图的绘制及施工量计算

纵断面图既表示中线方向的地面起伏，又可在其上进行纵坡设计，是线路设计和施工中的重要资料。

纵断面图是以中桩的里程为横坐标、以其高程为纵坐标而绘制的。常用的里程比例尺有 1∶5 000，1∶2 000 和 1∶1 000 几种。为了明显地表示地面起伏，一般取高程比例尺比里程比例尺大 10 倍或 20 倍。如里程比例尺用 1∶1 000 时，则高程比例尺取 1∶100 或 1∶50。纵断面图一般自左至右绘制在透明 mm 方格纸的背面，这样，可防止用橡皮修改时把方格擦掉。

图 2－15－15 为道路设计纵断面图，图的上半部从左至右绘有贯穿全图的两条线，细折线表示中线方向的地面线，是根据中平测量的中桩地面高程绘制的；粗折线表示纵坡设计线。此外，上部还注有以下资料：水准点编号、高程和位置；竖曲线示意图及其曲线元素；桥梁的类型、孔径、跨数、长度、里程桩号和设计水位；涵洞的类型、孔径和里程桩号；其他道路、铁路交叉点的位置、里程桩号和有关说明等。图的下部几栏表格，注记以下有关测量和纵坡设计的资料：

1. 在图纸左面自下而上填写直线和曲线、桩号、填挖土、地面高程、设计高程、坡度和距离等栏。上部纵断面图上的高程按规定的比例尺注记，但首先要确定起始高程（如图中 0＋000 桩号的地面高程）在图上的位置，且参考其他中桩的地面高程，使绘出的地面线处在

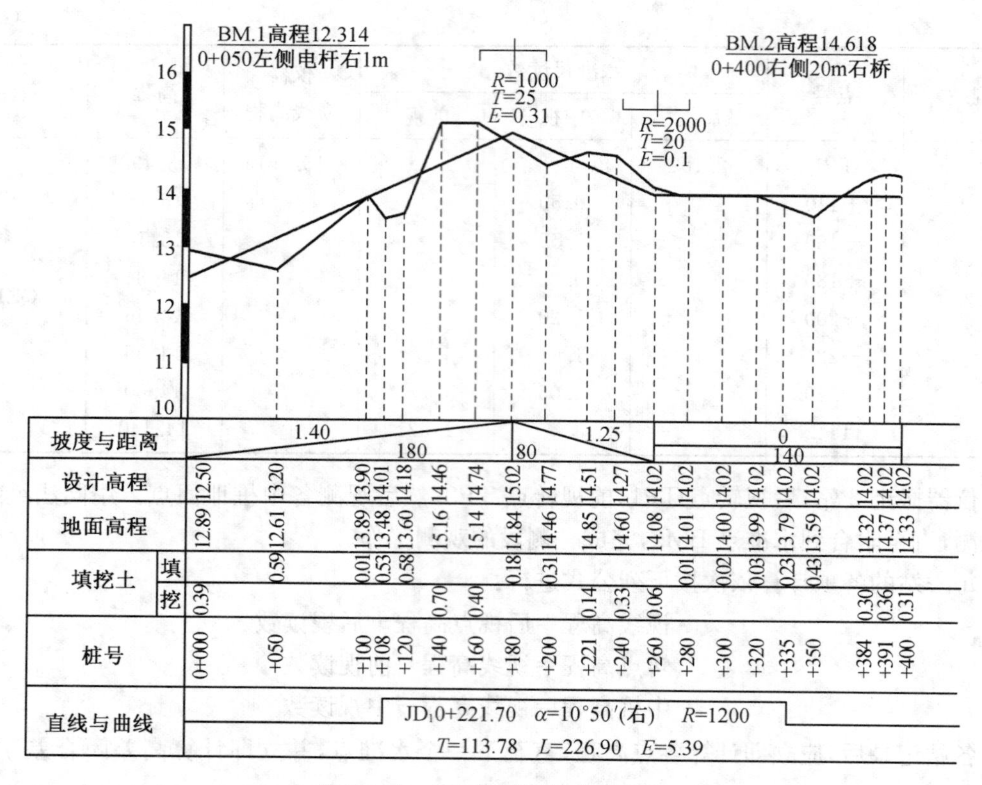

图 2-15-15 道路设计纵断面图

图上的适当位置。

2. 在桩号一栏中，自左至右按规定的里程比例尺注上各中桩的桩号。

3. 在地面高程一栏中，注上对应于各中桩桩号的地面高程，并在纵断面图上按各中桩的地面高程依次点出其相应的位置用细直线连接各相邻点位，即得中线方向的地面线。

4. 在直线和曲线一栏中，应按里程桩号标明路线的直线部分和曲线部分。曲线部分用直角折线表示，上凸表示路线右偏，下凹表示路线左偏，并注明交点编号及其桩号，注明 α，R，T，L，E 等曲线元素。

5. 在上部地面线部分进行纵坡设计。设计时，要考虑施工时土石方工程量最小、填挖方尽量平衡及小于限制坡度等道路有关技术规定。

6. 在坡度和距离一栏内，分别用斜线或水平线表示设计坡度的方向，线上方注记坡度数值(以百分比表示)，下方注记坡长，水平线表示平坡。不同的坡段以竖线分开。某段的设计坡度值按下式计算：

$$设计坡度=\frac{(终点设计高程-起点设计高程)}{平距}$$

7. 在设计高程一栏内，分别填写相应中桩的设计路基高程。某点的设计高程按下式计算：

$$设计高程=起点高程+设计坡度\times 起点至该的平距$$

例如，0+000 桩号的设计高程为 12.50 m，设计坡度为+1.4%(上坡)，则桩号 0+100

的设计高程应为

$$12.5 + \frac{1.4}{100} \times 100 = 13.90\ \text{m}$$

8. 在填挖土一栏内，按下式进行施工量的计算：

某点的施工量 = 该点地面高程 − 该点设计高程

式中求得的施工量，正号为挖土深度，负号为填土高度。地面线与设计线的交点为不填不挖的“零点”，零点也给以桩号，可由图上直接量得，以供施工放样时使用。

三、路线横断面测量

路线横断面测量的主要任务是在各中桩处测定垂直于道路中线方向的地面起伏，然后绘成横断面图。横断面图是设计路基横断面、计算土石方和施工时确定路基填挖边界的依据。横断面测量的宽度由路基宽度及地形情况确定，一般情况在中线两侧各测 15～50 m。测量中距离和高差一般准确到 0.05～0.1 m 即可满足工程要求。因此，横断面测量多采用简易的测量工具和方法，以提高工效。

1. 测设横断面方向

直线段上的横断面方向即是与道路中线相垂直的方向，如图 2 - 15 - 16 中的 A，Z(ZY)和Y(YZ)点处的横断面方向分别为 $a-a'$，$z-z'$ 和 $y-y'$。曲线段上里程桩 P_1，P_2 等的横断面方向应与该点的切线方向垂直，即该点指向圆心方向的 p_1-p_1'，p_2-p_2' 等。

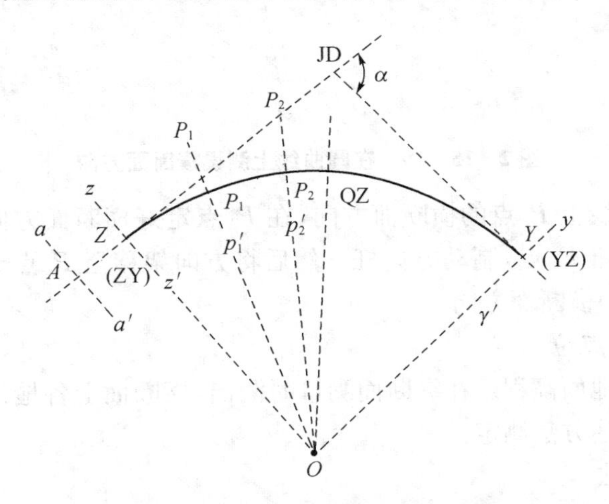

图 2 - 15 - 16　路线横断面方向测设

路线横断面方向的测设。在直线段上，如图 2 - 15 - 17 所示，将杆头有十字形木条的方向架立于欲测设横断面方向的 A 点上，沿架上的 1—1′方向线瞄准交点 JD 或直线段上某一转点 ZD，2—2′即为 A 点的横断面方向，用标杆标定。

为了测设曲线上里程桩的横断面方向，在方向架上加一根可转动并可制动的定向杆 3—3′，如图 2 - 15 - 18 所示。如图 2 - 15 - 19 所示，欲定 ZY 和 P_1点的横断面方向，先将方向架立于 ZY 点上，用1—1′方向瞄准 JD，2—2′方向即为 ZY 的横断面方向。再转动定向杆 3—3′对准 P_1点，制动定向杆。将方向架移至 P_1点，用 2—2′对准 ZY 点，按“同弧两端弦切角相等”的定理，3－3′方向即为P_1点的横断面方向。

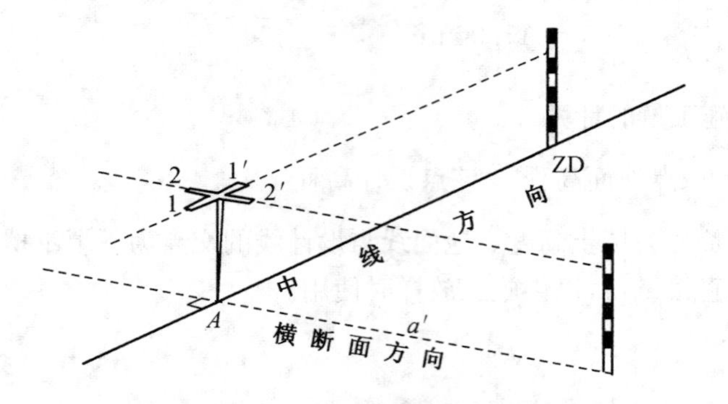

图 2－15－17　用方向架定横断面方向

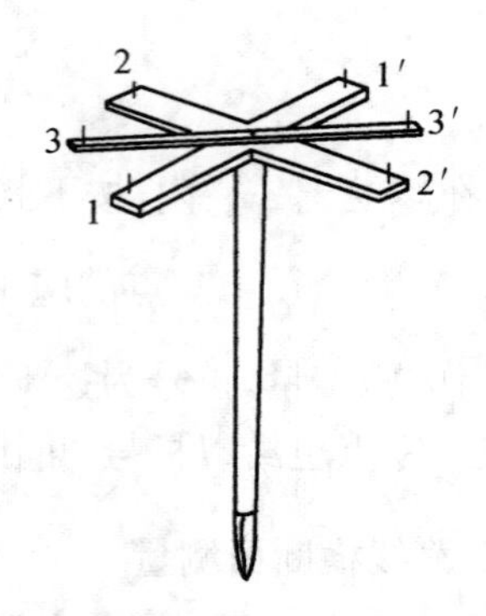

图 2－15－18　有活动定向杆的方向架

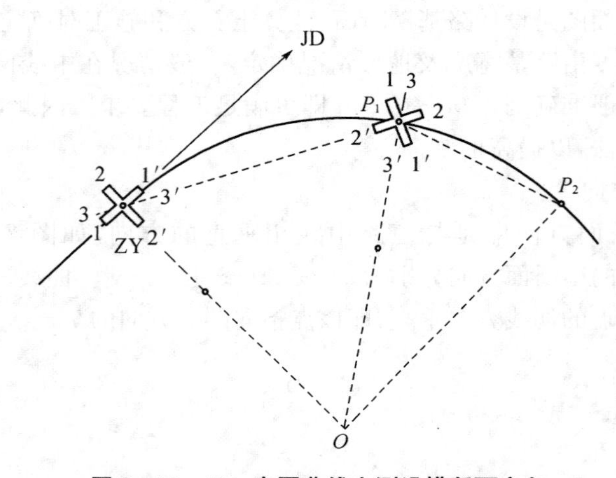

图 2－15－19　在圆曲线上测设横断面方向

为了继续测设曲线上P_2点的横断面方向，在P_1点定好横断面方向后，不动方向架，松开定向杆，用3－3′对准P_2点，制动方向杆。然后将方向架移至P_2点，用2－2′对准P_1点，3－3′方向即为P_2点的横断面方向。

2. 测定横断面上点位

横断面上中桩的地面高程已在纵断面测量时测出，横断面上各地形特征点相对于中桩的平距和高差可用下述方法测定。

(1) 水准仪皮尺法

此法适用于施测横断面较宽的平坦地区，如图 2－15－20，水准仪安置后，以中桩地面高程点为后视，以中桩两侧横断面方向地形特征点为前视，水准尺上读数至 cm。用皮尺分别量出各特征点到中桩的平距，量至 dm。记录格式见表 2－15－4，表中按路线前进方向分左、右侧记录，以分式表示各测段的前视读数和平距。

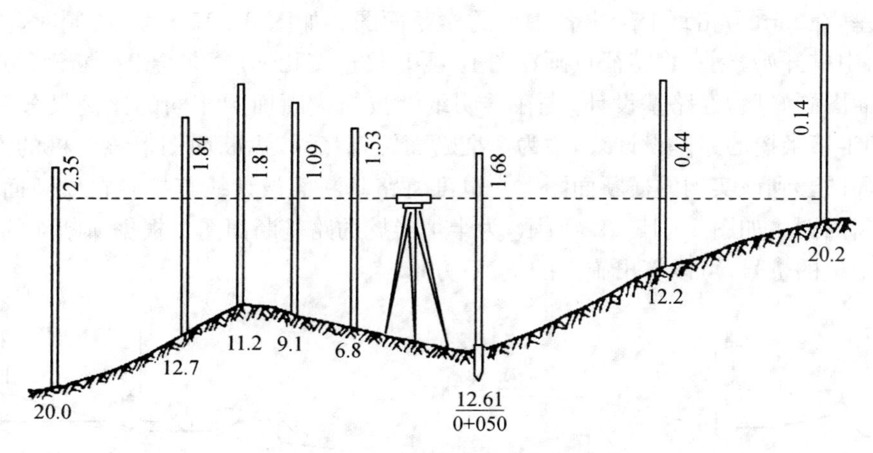

图 2－15－20　水准仪皮尺法测横断面

表 2－15－4　路线横断面测量记录

$\frac{前视读数}{距离}$（左侧）	$\frac{后视读数}{桩号}$	（右侧）$\frac{前视读数}{距离}$
$\frac{2.35}{20.0}$　$\frac{1.84}{12.7}$　$\frac{1.81}{11.2}$　$\frac{1.09}{9.1}$　$\frac{1.53}{6.8}$	$\frac{1.68}{0+050}$	$\frac{0.44}{12.2}$　$\frac{0.14}{20.0}$

（2）杆皮尺标法

如图 2－15－21 所示，将标杆立于断面方向的某特征点 1 上，皮尺靠中桩地面拉平，量出至该点的平距，而皮尺截于标杆的红白格数（每格 0.2 m）即为两点间的高差。同法连续地测出相邻两点间的平距和高差，直至规定的横断面宽度。

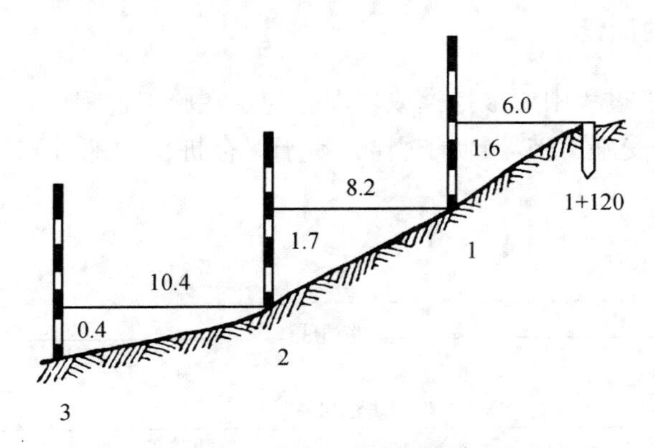

图 2－15－21　标杆皮尺法测横断面

（3）经纬仪视距法

置经纬仪于中桩上，可直接用经纬仪定出横断面方向，然后量出至中桩地面的仪器高，用视距法测出各特征点与中桩间的平距和高差。此法适用于地形困难、山坡陡峻的路线横断面测量。

四、横断面图的绘制

一般采用 1∶100 或 1∶200 的比例尺绘制横断面图。由横断面测量中得到的各点间的平距和高差，在 mm 方格纸上绘出各中桩的横断面图。如图 2－15－22，绘制时，先标定中桩位置，由中桩开始，逐一将特征点画在图上，再直接连接相邻点，即绘出横断面的地面线。

横断面图画好后，经路基设计，先在透明纸上按与横断面图相同的比例尺分别绘出路堑、路堤和半填半挖的路基设计线，称为标准断面图，然后按纵断面图上该中桩的设计高程把标准断面图套到该实测的横断面图上。也可将路基断面设计线直接画在横断面图上，绘制成路基断面图。如图 2－15－23 所示，为半填半挖的路基断面图。根据横断面的填、挖面积及相邻中桩的桩号，可以算出施工的土、石方量。

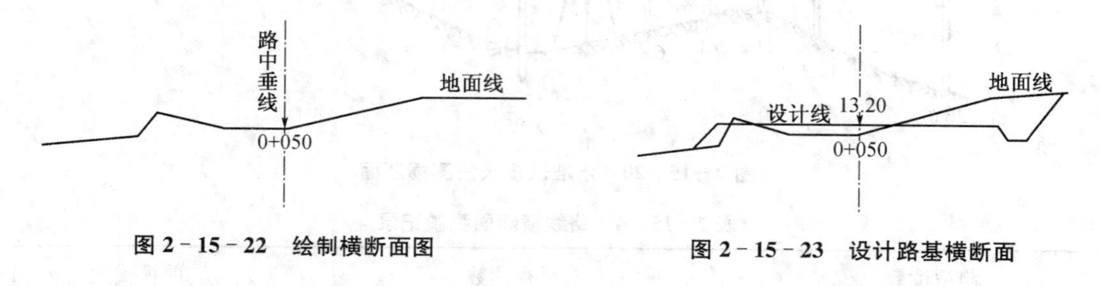

图 2－15－22　绘制横断面图　　图 2－15－23　设计路基横断面

第 4 节　道路施工测量

道路施工测量的主要工作包括恢复中线测量，以及施工控制桩、边桩和竖曲线的测设。从工程勘测开始，经过工程设计到开始施工这段时间里，往往会有一部分中线桩被碰动或丢失。为了保证线路中线位置正确可靠，施工前应进行一次复核测量，并将已经丢失或碰动过的交点桩、里程桩恢复和校正好，其方法与中线测量相同。

一、施工控制桩的测设

由于中线桩在施工过程中要被挖掉或填埋。为了在施工过程中及时、方便、可靠地控制中线位置，需要在不易受施工破坏、便于引测、易于保存桩位的地方测设施工控制桩。有以下两种测设方法：

1. 平行线法

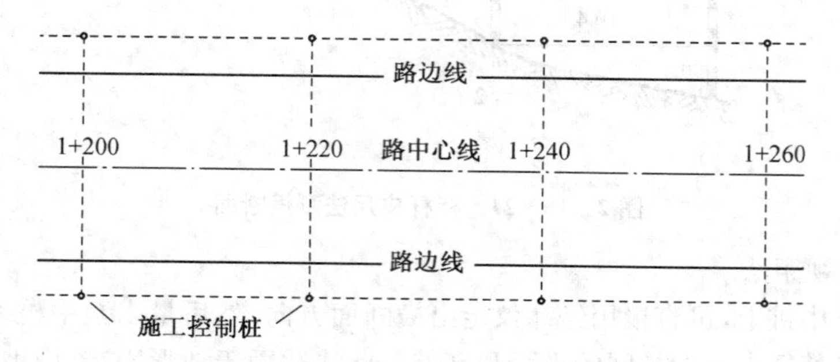

图 2－15－24　平行线法定施工控制桩

平行线法是在设计路基宽度以外，测设两排平行于中线的施工控制桩，如图 2－15－24 所示。控制桩的间距一般取 10～20 m。

2. 延长线法

延长线法是在线路转折处的中线延长线上以及曲线中点至交点的延长线上测设施工控制桩，如图 2－15－25 所示。控制桩至交点的距离应量出并作记录。

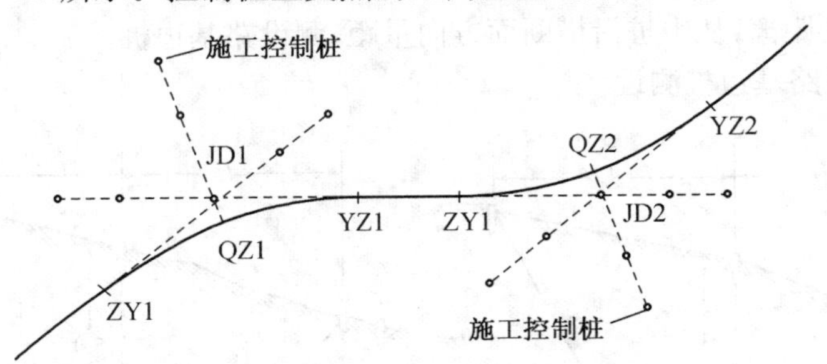

图 2－15－25　延长线法定施工控制桩

二、路基边桩的测设

路基施工前要把设计路基的边坡与原地面相交的点测设出来，该点对于设计路堤为坡脚点，对于设计路堑为坡顶点。路基边桩的位置视填土高度或挖土深度、边坡设计坡度及横断面的地形情况而定。下面介绍一些常用的路基边桩测设数据获取及测设方法。

1. 图解法

在道路工程设计时，地形横断面及路基设计断面都已绘制在 cm 方格纸上，路基边桩的位置可用图解法求得，即在横断面设计图上量取中桩至边桩的距离，然后到实地按横断面方向用皮尺量出其位置。

2. 解析法

解析法是通过计算求得路基中桩至边桩的距离。在平地和山区，计算和测设的方法不同，现分述如下：

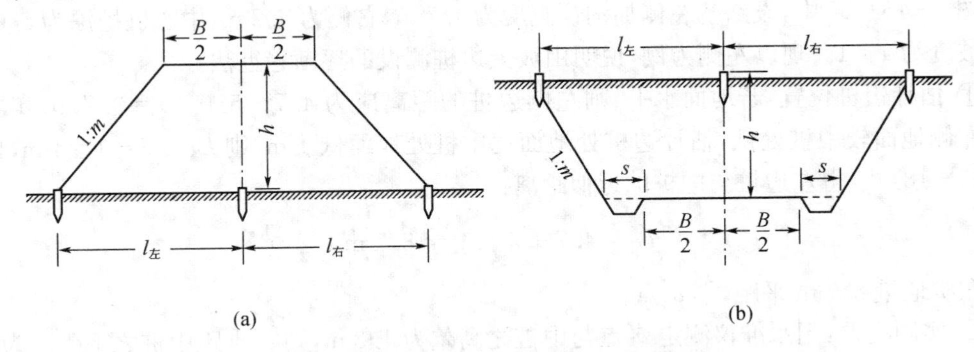

图 2－15－26　平坦地段路基边桩测设

(1) 平坦地段路基边桩测设

填方路基称为路堤，如图 2－15－26(a)所示，挖方路基称为路堑，如图 2－15－26(b)所示。路堤边桩至中桩的距离为

$$l_{左}=l_{右}=\frac{B}{2}+mh \tag{2-15-16}$$

路堑边桩至中桩的距离为

$$l_{左} = l_{右} = \frac{B}{2} + s + mh \qquad (2-15-17)$$

上列两式中，B 为路基设计宽度；$1/m$ 为路基边坡；h 为填土高度或挖土深度；s 为路堑边沟顶宽。根据算得的距离，从中桩沿横断面方向量距，测设路基边桩。

（2）山坡地段路基边桩测设

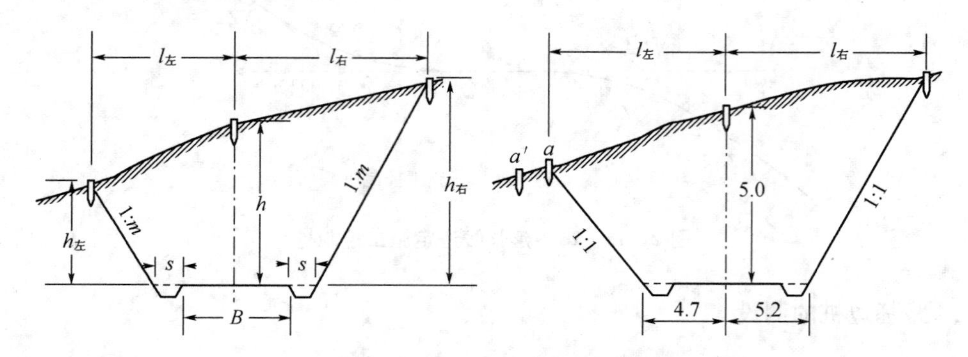

图 2-15-27　山坡上用逐渐趋近法测设边桩

在山坡上测设路基边桩，如图 2-15-27 所示，可以看出，左、右边桩离中桩的距离为

$$l_{左} = \frac{B}{2} + s + mh_{左} \qquad (2-15-18)$$

$$l_{右} = \frac{B}{2} + s + mh_{右} \qquad (2-15-19)$$

式中，B,s,m 均由设计决定，故 $l_{左}$，$l_{右}$ 随 $h_{左}$，$h_{右}$ 而变。由于 $h_{左}$，$h_{右}$ 是边桩处地面与设计路基面的高差，但边桩位置是待定的，故 $h_{左}$，$h_{右}$ 均不能事先知道。在实际测设工作中，可采用逐渐趋近法，下面通过举例加以说明。

图 2-15-27 中，设路基左侧加沟顶宽度为 4.7 m，右侧为 5.2 m，中心桩挖深为 5.0 m，边坡坡度为 1∶1。现以左侧为例，说明山坡上边桩测设的逐渐趋近法。

① 估计边桩位置：若地面水平，则左侧边桩的距离应为 4.7＋5.0×1＝9.7 m，实际情况是左侧地面较中桩处低，估计边桩处地面比中桩处地面低 1 m，则 $h_{左}=5-1=4$ m，代入(2-15-18)式，得左边桩与中桩的近似距离：

$$l'_{左} = 4.7 + 4 \times 1 = 8.7 \text{ m}$$

在实地量 8.7 m 平距，得 a' 点；

② 实测高差：用水准仪测定 a' 点与中桩之高差为 1.3 m，则 a' 点距中桩之平距应为

$$l''_{左} = 4.7 + (5.0 - 1.3) \times 1 = 8.4 \text{ m}$$

此值比初次估算值(8.7 m)小，故正确的边桩位置应在 a' 点的内侧；

③ 重估边桩位置：正确的边桩位置应在离中桩 8.4～8.7 m 之间，重新估计在距中桩 8.6 m 处地面定出 a 点；

④ 重测高差：测出 a 点与中桩的高差为 1.2 m，则 a 点与中桩之平距应为

$$l_{左} = 4.7 + (5.0 - 1.2) \times 1 = 8.5 \text{ m}$$

此值与估计值相符，故 a 点即为左侧边桩位置。

习题 15

1. 什么是线路工程测量？

2. 线路测量包括哪些具体内容？

3. 线路测量的基本特点是什么？

4. 简述线路测量的基本过程。

5. 什么是中线测量？

6. 简述中线测量的过程。

7. 何为道路的中线的转点、交点和里程桩？如何测设里程桩？

8. 在道路中线测量中，设某交点 JD 的桩号为 2+182.32，测得右偏角 $=39°15'$，设圆曲线半径 $R=220$ m。

(1) 计算圆曲线主点测设元素 T,L,E,J；

(2) 计算圆曲线主点 ZY，QZ，YZ 桩号；

(3) 设曲线上整桩距 $l_0=20$ m，计算该圆曲线细部点偏角法测设数据（按表 2-15-1 格式）。

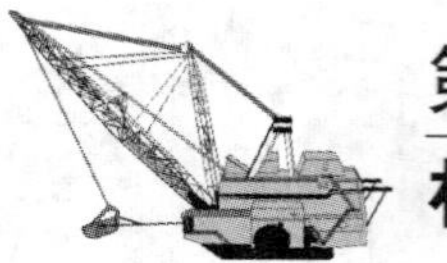

第 16 章 桥梁工程测量

扫一扫可见
本章电子资源

建设一座桥梁需要进行各种测量工作，包括勘测设计测量、施工测量、竣工测量等，在施工过程中及竣工通车后，还要进行变形观测工作。桥梁类型不同，施工方法不同，测量的工作内容和测量方法也有所不同。桥梁的测量工作概括起来有：桥轴线长度测量；施工控制测量；墩、台中心的定位；墩、台细部放样及梁部放样等。

近代的施工方法日益走向工厂化和拼装化，梁部构件一般都在工厂制造，在现场进行拼接和安装，这就对测量工作提出了十分严格的要求。

第 1 节　桥梁平面、高程控制测量

一、平面控制网的布设及测量

建立平面控制网的目的是测定桥轴线长度和据此进行墩、台位置的放样，同时也可用于施工过程中的变形监测。对于跨越无水河道的直线小桥，桥轴线长度可以直接测定，墩、台位置也可直接利用桥轴线的两个控制点测设，无须建立平面控制网。但跨越有水河道的大型桥梁，墩、台无法直接定位，则必须建立平面控制网。

根据桥梁跨越的河宽及地形条件，平面控制网多布设成如图 2 - 16 - 1 所示的形式。

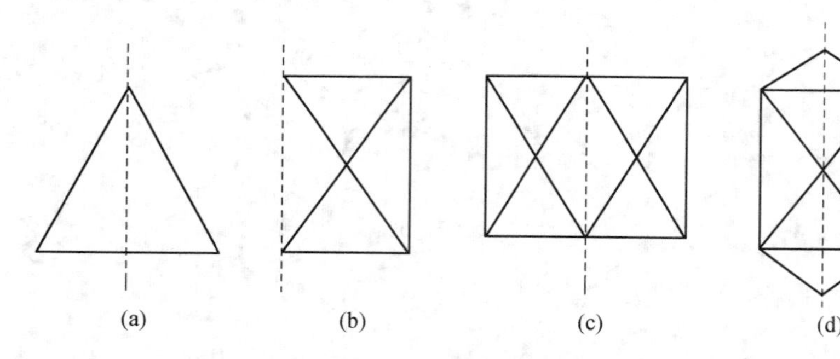

图 2 - 16 - 1　平面控制网的布设

选择控制点时，应尽可能使桥的轴线作为三角网的一个边，以利于提高桥轴线的精度。如不可能，也应将桥轴线的两个端点纳入网内，以间接求算桥轴线长度，如图 2 - 16 - 1(d)所示。

对于控制点的要求，除了图形刚强外，还要求地质条件稳定，视野开阔，便于交会墩位，其交会角不致太大或太小。

在控制点上要埋设标石及刻有"十"字的金属中心标志。兼作高程控制点使用时，中心

标志宜做成顶部为半球状。

控制网可采用测角网、测边网或边角网。采用测角网时宜测定两条基线，如图 2-16-1 的双线所示。过去测量基线是采用因瓦线尺或经过检定的钢卷尺，现在已被光电测距仪取代。测边网是测量所有的边长而不测角度；边角网则是边长和角度都测。一般来说，在边、角精度互相匹配的条件下，边角网的精度较高。

在《铁路测量技术规则》里，按照桥轴线的精度要求，将三角网的精度分为 5 个等级，它们分别对测边和测角的精度规定如表 2-16-1 所示。

表 2-16-1　测边和测角的精度规定

三角网等级	桥轴线相对中误差	测角中误差/″	最弱边相对中误差	基线相对中误差
一	1/175 000	±0.7	1/150 000	1/400 000
二	1/125 000	±1.0	1/100 000	1/300 000
三	1/75 000	±1.8	1/60 000	1/200 000
四	1/50 000	±2.5	1/40 000	1/100 000
五	1/30 000	±4.0	1/25 000	1/75 000

上述规定是对测角网而言，由于桥轴线长度及各个边长都是根据基线及角度推算的，为保证桥轴线有可靠的精度，基线精度要高于桥轴线精度 2～3 倍。如果采用测边网或边角网，由于边长是直接测定的，不受或少受测角误差的影响，测边的精度与桥轴线要求的精度相当即可。

由于桥梁三角网一般都是独立的，没有坐标及方向的约束条件，所以平差时都按自由网处理。它采用的坐标系，一般是以桥轴线作为 X 轴，而桥轴线始端控制点的里程作为该点的 X 值。这样，桥梁墩台的设计里程即为该点的 X 坐标值，可以便于以后施工放样的数据计算。

在施工时如因机具、材料等遮挡视线，无法利用主网的点进行施工放样时，可以根据主网两个以上的点将控制点加密，这些加密点称为插点。插点的观测方法与主网相同，但在平差计算时，主网上点的坐标不得变更。

二、高程控制点的布设及测量

在桥梁的施工阶段，为了作为放样的高程依据，应建立高程控制，即在河流两岸建立若干个水准基点。这些水准基点除用于施工外，也可作为以后变形观测的高程基准点。

水准基点布设的数量视河宽及桥的大小而异。一般小桥可只布设一个；在 200 m 以内的大、中桥，宜在两岸各布设一个；当桥长超过 200 m 时，由于两岸联测不便，为了在高程变化时易于检查，则每岸至少设置 2 个。

水准基点是永久性的，必须十分稳固。除了它的位置要求便于保护外，根据地质条件，可采用混凝土标石、钢管标石、管柱标石或钻孔标石。在标石上方嵌以凸出半球状的铜质或不锈钢标志。

为了方便施工，也可在附近设立施工水准点，由于其使用时间较短，在结构上可以简化，但要求使用方便，也要相对稳定，且在施工时不致破坏。

桥梁水准点与线路水准点应采用同一高程系统。与线路水准点联测的精度不需要很高，当包括引桥在内的桥长小于500 m时，可用四等水准联测，大于500 m时可用三等水准进行测量。但桥梁本身的施工水准网，则宜用较高精度，因为它是直接影响桥梁各部放样精度的。

当跨河距离大于200 m时，宜采用过河水准法联测两岸的水准点，跨河点间的距离小于800 m时，可采用三等水准测量，大于800 m时则采用二等水准进行测量。

第2节　桥梁墩、台中心的测设

在桥梁墩、台的施工过程中，首要的是测设出墩、台的中心位置，其测设数据是根据控制点坐标和设计的墩、台中心位置计算出来的。放样方法则可采用直接测设或交会的方法。

一、直线桥的墩、台中心测设

直线桥的墩、台中心位置都位于桥轴线的方向上。墩、台中心的设计里程及桥轴线起点的里程是已知的，如图2-16-2所示，相邻两点的里程相减即得它们之间的距离。根据地形条件，可采用直接测距法或交会法测设出墩、台中心的位置。

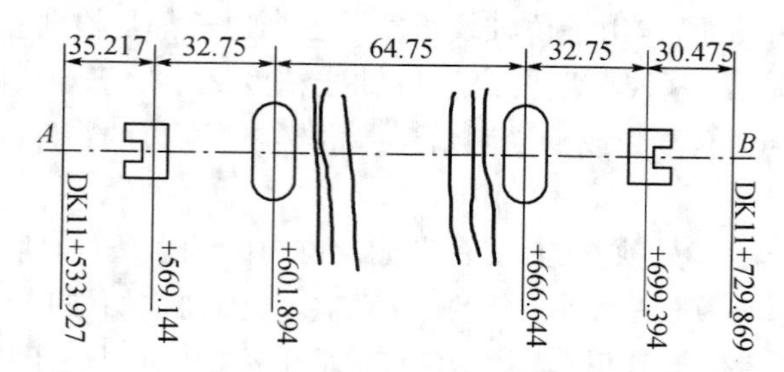

图2-16-2　直线桥墩、台中心及桥轴线起点设计里程

(一) 直接测距法

这种方法适用于无水或浅水河道。根据计算出的距离，从桥轴线的一个端点开始，用检定过的钢尺逐段测设出墩、台中心，并附合于桥轴线的另一个端点上。如在限差范围之内，则依据各段距离的长短按比例调整已测设出的距离。在调整好的位置上订一个小钉，即为测设的点位。

如用光电测距仪测设，则在桥轴线起点或终点架设仪器，并照准另一个端点。在桥轴线方向上设置反光镜，并前后移动，直至测出的距离与设计距离相符，则该点即为要测设的墩、台中心位置。为了减少移动反光镜的次数，在测出的距离与设计距离相差不多时，可用小钢尺测出其差数，以定出墩、台中心的位置。

(二) 交会法

当桥墩位于水中，无法丈量距离及安置反光镜时，则采用角度交会法。

如图2-16-3所示，A,C,D为控制网的三角点，且A为桥轴线的端点，E为墩中心位置。在控制测量中φ,φ',d_1,d_2已经求出，为已知值。AE的距离l_E可根据两点里程求出，也为已知。则

$$\alpha=\arctan\left(\frac{l_E\sin\varphi}{d_1-l_E\cos\varphi}\right) \tag{2-16-1}$$

$$\beta=\arctan\left(\frac{l_E\sin\varphi'}{d_2-l_E\cos\varphi'}\right) \tag{2-16-2}$$

α,β 也可以根据 A,C,D,E 的已知坐标求出。

在 C,D 点上架设经纬仪,分别自 CA 及 DA 测设出 α 及 β 角,两方向的交点即为 E 点的位置。

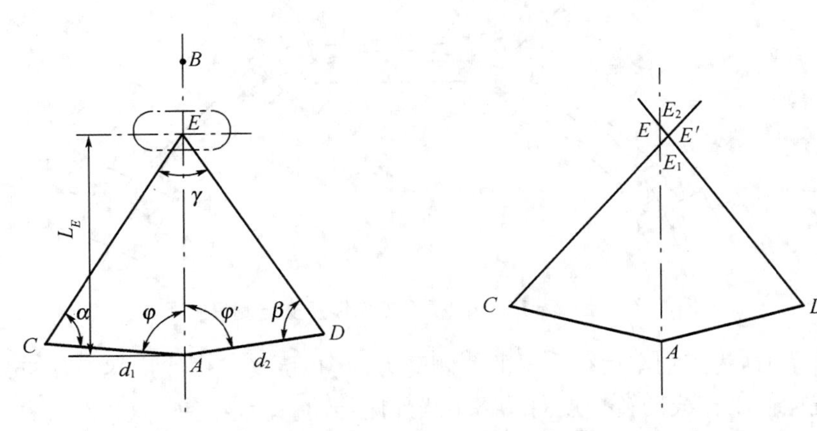

图 2-16-3　直线桥角度交会法　　图 2-16-4　示误三角形

为了检核精度及避免错误,通常都用三个方向交会,即同时利用桥轴线 AB 的方向。

由于测量误差的影响,三个方向往往不交于一点,形成如图 2-16-4 所示的三角形,这个三角形称为示误三角形。示误三角形的最大边长,在建筑墩、台下部时不应大于 25 mm,上部时不应大于 15 mm。如果在限差范围内,则将交会点 E' 投影至桥轴线上,作为墩中心的点位。

随着工程的进展,需要经常进行交会定位。为了工作方便,提高效率,通常都是在交会方向的延长线上设立标志,如图 2-16-5 所示。在以后交会时即不再测设角度,而是直接照准标志即可。

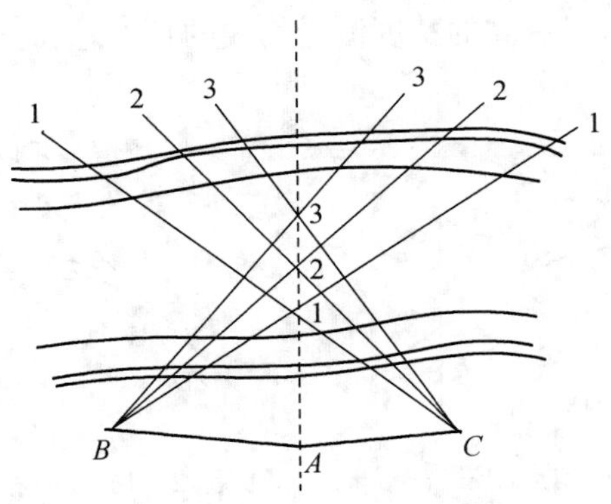

图 2-16-5　延长线上设立标志

桥墩筑出水面以后,可在墩上架设反光镜,利用光电测距仪,直接测距法定出墩中心的位置。

二、曲线桥的墩、台中心测设

在直线桥上，桥梁和线路的中线都是直的，两者完全重合。但在曲线桥上则不然，曲线桥的中线是曲线，而每跨桥梁却是直的，所以桥梁中线与线路中线基本构成了复合的折线，这种折线称为桥梁工作线，如图 2-16-6 所示。墩、台中心即位于折线的交点上，曲线桥的墩、台中心测设，就是测设工作线的交点。

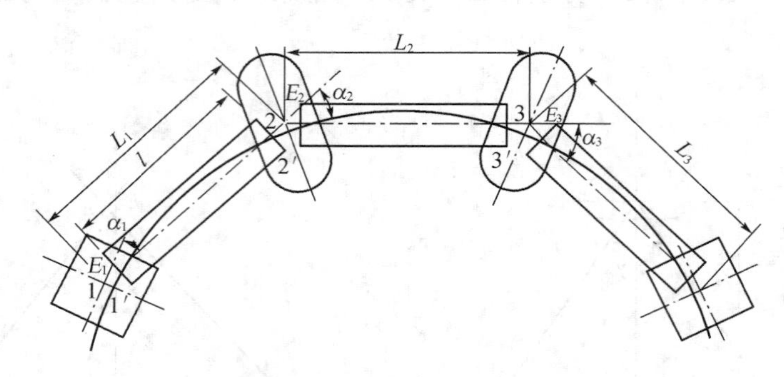

图 2-16-6　桥梁工作线及交点测设

设计桥梁时，为使列车运行时梁的两侧受力均匀，桥梁工作线应尽量接近线路中线，所以梁的布置应使工作线的转折点向线路中线外侧移动一段距离 E，这段距离称为桥墩偏距。偏距 E 一般是以梁长为弦线的中矢的一半。相邻梁跨工作线构成的偏角 α 称为桥梁偏角；每段折线的长度 L 称为桥墩中心距。E,α,L 在设计图中都已经给出，根据给出的 E,α,L 即可测设墩位。

在曲线桥上测设墩位与直线桥相同，也要在桥轴线的两端测设出控制点，以作为墩、台测设和检核的依据。测设的精度同样要求满足估算出的精度要求。

控制点在线路中线上的位置，可能一端在直线上，而另一端在曲线上，如图 2-16-7 所示，也可能两端都位于曲线上，如图 2-16-8 所示。与直线不同的是曲线上的桥轴线控制桩不能预先设置在线路中线上，再沿曲线测出两控制桩间的长度，而是根据曲线长度，按要求的精度用直角坐标法测设出来。用直角坐标法测设时，是以曲线的切线作为 x 轴。为保证测设桥轴线的精度，必须以更高的精度测量切线的长度，同时也要精密地测出转向角 α。

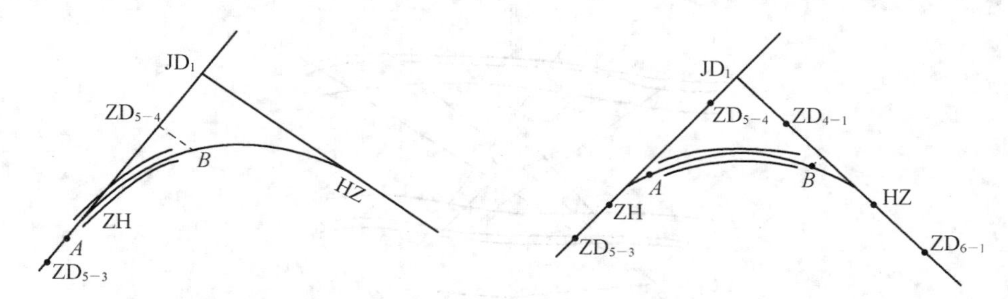

图 2-16-7　桥轴线控制点测设(一)　　　图 2-16-8　桥轴线控制点测设(二)

测设控制桩时，如果一端在直线上，而另一端在曲线上，如图 2-16-7 所示，则先在切线方向上设出 A 点，测出 A 至转点 ZD_{5-3} 的距离，则可求得 A 点的里程。测设 B 点时，应先在桥台以外适宜的距离处，选择 B 点的里程，求出它与 ZH(或 HZ)点里程之差，即得曲线长度，据此，可算出 B 点在曲线坐标系内的 x，y 值。ZH 及 A 的里程都是已知的，则 A 至 ZH 的距离可以求出。这段距离与 B 点的 x 坐标之和，即为 A 点至 B 点在切线上的垂足 ZD_{5-4} 的距离。从 A 沿切线方向精密地测设出 ZD_{5-4}，再在该点垂直于切线的方向上设出 y，即得 B 点的位置。

在测设出桥轴线的控制点以后可进行墩、台中心的测设，根据条件采用直接测距法或交会法。

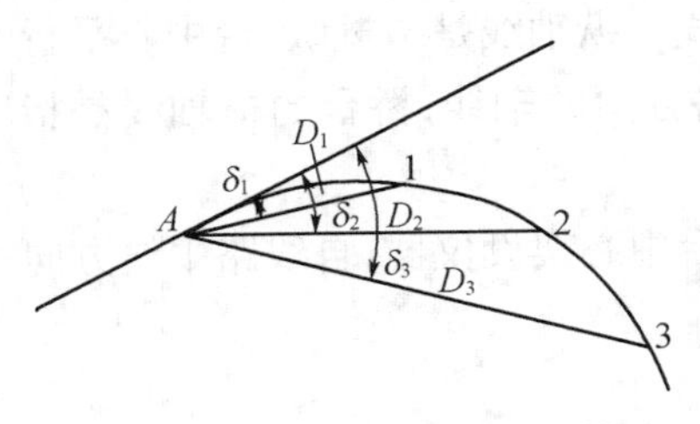

图 2-16-9　曲线桥直接测距法

（一）直接测距法

在墩、台中心处可以架设仪器时，宜采用这种方法。

由于墩中心距 L 及桥梁偏角 α 是已知的，可以从控制点开始，逐个测设出角度及距离，即直接定出各墩、台中心的位置，最后再附合到另外一个控制点上，以检核测设精度。这种方法称为导线法。

利用光电测距仪测设时，为了避免误差的积累，可采用长弦偏角法，又称极坐标法。

由于控制点及各墩、台中心点在曲线坐标系内的坐标是可以求得的，故可据此算出控制点至墩、台中心的距离及其与切线方向的夹角 δ_i。自切线方向开始设出 δ_i，再在此方向上设出 D_i，如图 2-16-9 所示，即得墩、台中心的位置。此种方法因各点是独立测设的，不受前一点测设误差的影响。但在某一点上发生错误或有粗差也难于发现，所以一定要对各个墩中心距进行检核测量。

（二）交会法

当墩位于水中，无法架设仪器及反光镜时，宜采用交会法。

这种方法是利用控制网点交会墩位，所以墩位坐标系与控制网的坐标系必须一致，才能进行交会数据的计算；如果两者不一致，要先进行坐标转换。

为了具体起见，现举例说明交会数据的计算及交会方法。

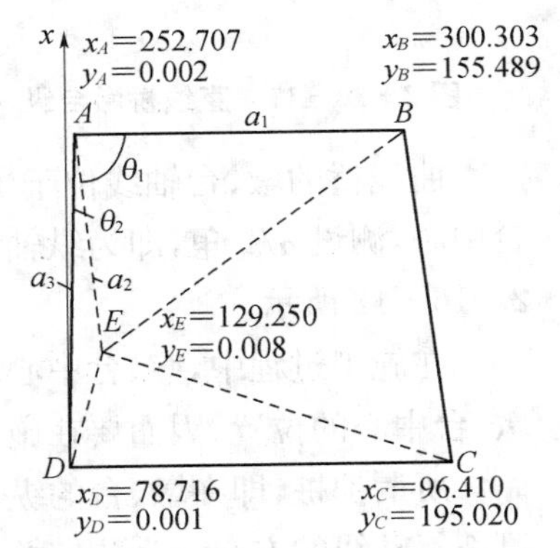

图 2-16-10　曲线桥角度交会法

在图 2-16-10 中，A，B，C，D 为控制点，E 为桥墩中心。在 A 点进行交会时，要算出自 AB，AD 作为起始方向的角度 θ_1 及 θ_2。

控制点及墩位的坐标是已知的，可据以算出 AE 的坐标方位角

$$\alpha_2 = \arctan\left(\frac{y_E - y_A}{x_E - x_A}\right) = \arctan\left(\frac{0.008 - 0.002}{129.250 - 252.707}\right) = \arctan\left(\frac{0.006}{-123.455}\right) = 179°59'50.0''$$

在控制网资料中，已知 AB 的坐标方位角为 $\alpha_1 = 72°58'48.7''$，AD 的坐标方位角为 $\alpha_3 = 180°00'01.0''$，则

$$\theta_1 = \alpha_2 - \alpha_1 = 179°59'50.0'' - 72°58'48.7'' = 107°01'01.3''$$

$$\theta_2 = \alpha_3 - \alpha_2 = 180°00'01.0'' - 179°59'50.0'' = 0°001'11.0''$$

同法可求出在 B,C,D 各点交会时的角值。

在 A 点交会时，可以 AB 或 AD 作为起始方向，测设出相应的角值，即得 AE 方向，在交会时，一般需用三个方向，当示误三角形的边长在容许范围内时，取其重心作为墩中心位置。

第 3 节　墩和台纵、横轴线的测设

为了进行墩、台施工的细部放样，需要测设其纵、横轴线。纵轴线是指过墩、台中心平行于线路方向的轴线，而横轴线是指过墩、台中心垂直于线路方向的轴线；桥台的横轴线是指桥台的胸墙线。

直线桥墩、台的纵轴线与线路中线的方向重合，在墩、台中心架设仪器，自线路中线方向测设 90°角，即为横轴线的方向，如图 2-16-11 所示。

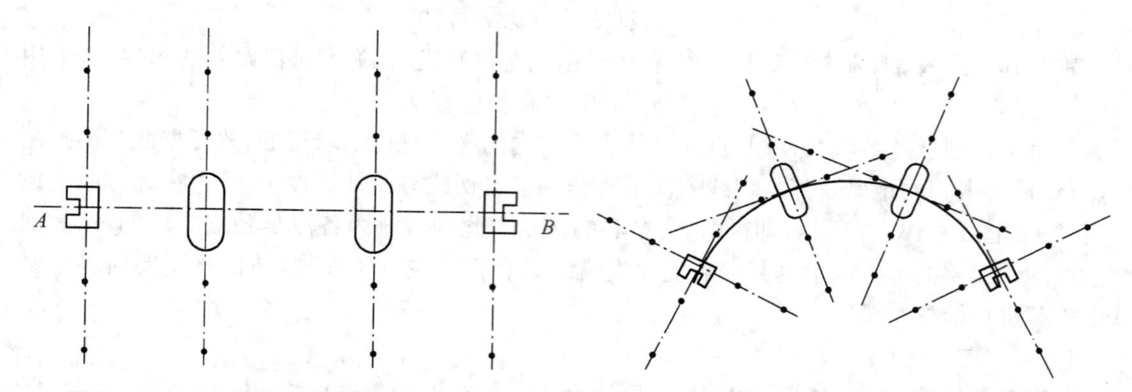

图 2-16-11　直线桥墩台纵、横轴线的测设　　**图 2-16-12　曲线桥墩台纵、横轴线的测设**

曲线桥的墩、台轴线位于桥梁偏角的分角线上，在墩、台中心架设仪器，照准相邻的墩、台中心，测设 $\alpha/2$ 角，即为纵轴线的方向。自纵轴线方向测设 90°角，即为横轴线方向，如图 2-16-12 所示。

在施工过程中，墩、台中心的定位桩要被挖掉，但随着工程的进展，又要经常需要恢复墩、台中心的位置，因而要在施工范围以外订设护桩，据以恢复墩台中心的位置。

所谓护桩，即在墩、台的纵、横轴线上，于两侧各订设至少两个木桩，因为有两个桩点才可恢复轴线的方向。为防破坏，可以多设几个。在曲线桥上的护桩纵横交错，在使用时极易弄错，所以在桩上一定要注明墩台编号。

第 4 节　桥梁施工测量

随着施工的进展，随时都要进行放样工作。桥梁的结构及施工方法千差万别，所以测量的方法及内容也各不相同。总的来说，桥梁施工测量主要包括基础放样、墩、台放样及架梁时的测量工作。

中、小型桥梁的基础最常用的是明挖基础和桩基础。明挖基础的构造如图 2-16-13 所示，是在墩、台位置处挖出一个基坑，将坑底平整后，再灌注基础及墩身。根据已经测设出的墩中心位置，纵、横轴线及基坑的长度和宽度，测设出基坑的边界线。在开挖基坑时，如坑

壁需要有一定的坡度，则应根据基坑深度及坑壁坡度测设出开挖边界线。边坡桩至墩、台轴线的距离 D，如图 2－16－14 所示，可依下式计算：

$$D=\frac{b}{2}+h\cdot m$$

式中，b 为坑底的长度或宽度；h 为坑底与地面的高差；m 为坑壁坡度系数的分母。

桩基础的构造如图 2－16－15 所示，是在基础的下部打入基桩，在桩群的上部灌注承台，使桩和承台连成一体，再在承台以上修筑墩身。

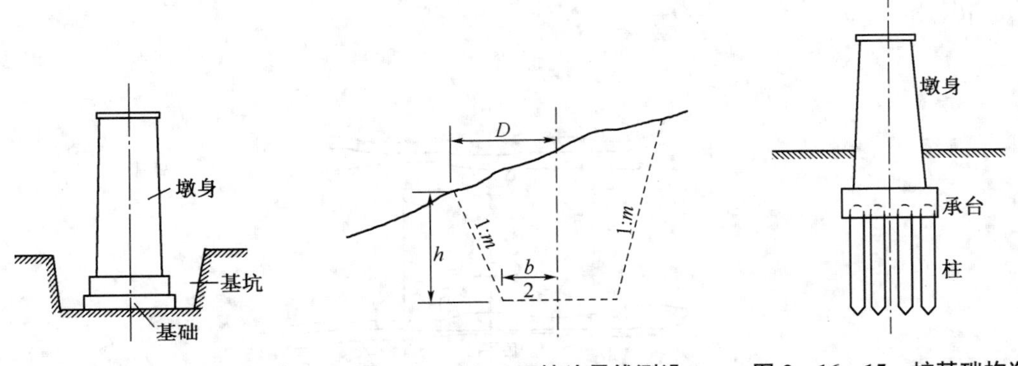

图 2－16－13　明挖基础构造　　**图 2－16－14　开挖边界线测设**　　**图 2－16－15　桩基础构造**

基桩位置的放样如图 2－16－16 所示，是以墩、台纵、横轴线为坐标轴，按设计位置用直角坐标法测设。在基桩施工完成以后，承台修筑以前，应再次测定其位置，以作竣工资料。

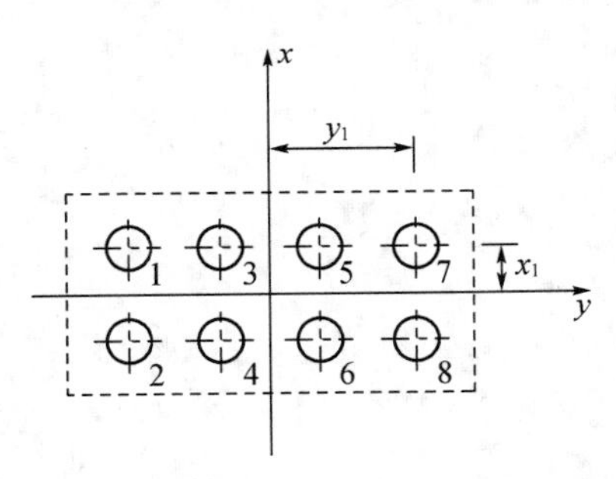

图 2－16－16　基桩位置放样

明挖基础的基础部分、桩基的承台以及墩身的施工放样，都是先根据护桩测设出墩、台的纵、横轴线，再根据轴线设立模板。即在模板上标出中线位置，使模板中线与桥墩的纵、横轴线对齐，即为其应有的位置。

墩、台施工中的高程放样通常都在墩台附近设立一个施工水准点，根据这个水准点以水准测量方法测设各部分的设计高程。但在基础底部及墩、台的上部，由于高差过大，难于用水准尺直接传递高程时，可用悬挂钢尺的办法传递高程。

架梁是建造桥梁的最后一道工序。无论是钢梁还是混凝土梁，都是预先按设计尺寸做好，再运到工地架设。

梁的两端是用位于墩顶的支座支撑，支座放在底板上，而底板则用螺栓固定在墩、台的支承垫石上。架梁的测量工作主要是测设支座底板的位置，测设时也是先设计出它的纵、横中心线的位置。支座底板的纵、横中心线与墩、台纵横轴线的位置关系是在设计图上给出的。因而在墩、台顶部的纵横轴线测设出以后，即可根据它们的相互关系，用钢尺将支座底板的纵、横中心线测设放出来。

习题 16

1. 桥梁施工测量的主要内容是什么？

2. 已知 JD_3 的桩号为 1+422.32，测得转角 $I_3=10°49'$（右转），根据地形条件选定曲线半径 $R=1\ 200$ m，试求各测设元素并计算主点桩号。

3. 如图 2-16-17 所示，利用方向交会法测设桥墩位置，桥墩的净跨为 30 m，基线 $D=150.05$ m，$D'=145.00$ m，$\angle C=90°01'00''$，$\angle C'=89°54'20''$，$d_2=45.25$ m，$d_3=75.25$ m，计算 a_2，a'_2 和 a_3，a'_3。

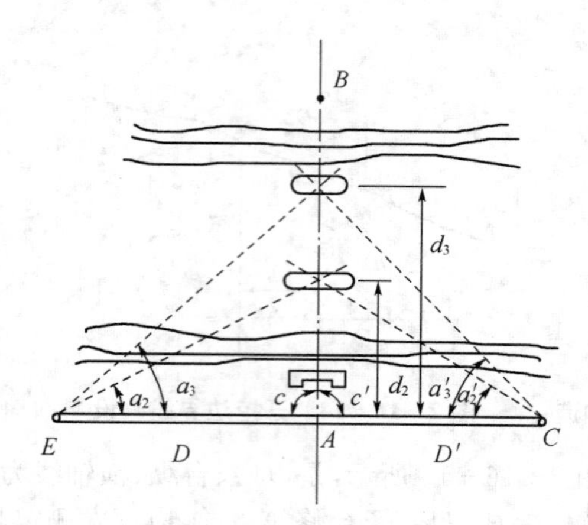

图 2-16-17　方向交会法

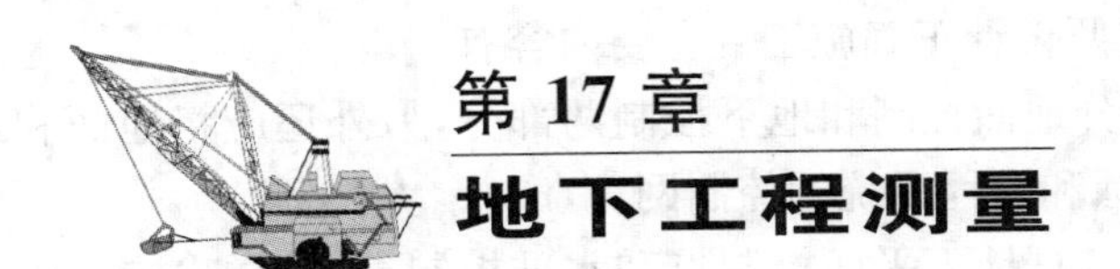

第17章 地下工程测量

第1节 地下工程的种类与特点

一、地下工程的种类

地下工程是指建筑在岩石中、土中或水底以下的工程设施的统称。

根据工程建设的特点，地下工程主要分为5大类：

1. 地下交通工程，如地下铁道工程、铁路和公路隧道工程；

2. 地下工业和民用建筑工程，如地下工厂、地下电站、地下停车场、地下文化娱乐设施、地下各种储备设施、地下商店、防御洪水灾害的地下坝、人防工程、地下河、公用服务性建筑；

3. 矿山工程，为开采各种地下矿产资源（金属和非金属）而建设的地下工程；

4. 水利工程，如输水道等；

5. 军事工程，如地下军事指挥所、通讯枢纽及军火库等。

二、地下工程测量的特点

与地面工程测量相比，地下工程测量具有以下特点：

1. 地下工程测量环境差。当点位布设在坑道顶部时，需进行点下对中；边长长短不一，测量精度难以提高。

2. 地下工程的坑道往往采用独头掘进，而洞室之间又互不相通，不便组织校核，出现错误往往不能及时发现。且随着坑道向前掘进，点位误差的累积越来越大。

3. 地下工程施工面狭窄，并且坑道一般只能前后通视，所以控制测量形式比较单一，大多采用导线测量形式。

4. 随着工程的进展，测量工作需要不间断地进行。一般先以低等级导线指示坑道掘进，而后布设高级导线进行检核。

5. 根据地下工程的需要，往往采用一些特殊或特定的测量方法（如联系测量等）和仪器（如陀螺经纬仪等）。特别是采矿工程中有矿尘和瓦斯时，要求仪器具有较好的密封性和防爆性。

三、地下工程测量的内容

在地下工程规划设计阶段，视工程规模的大小和建筑物所处的地下深度，需要使用已有的各种大、中比例尺地形图或测绘专用地形图。必要时，需测绘纵、横断面图以及地质剖面图等。

在施工阶段，应配合施工步骤和方法，进行施工控制测量以及建(构)筑物的定线放样测量，保证地下工程按照设计正确施工。主要内容有：

1. 控制测量。分地面控制和地下控制两部分，另外还应将地面和地下两部分联测，形成具有统一平面坐标和高程系统的控制网。

2. 施工放样。依据地下平面控制点和水准控制点，放样出施工中线和施工腰线，定出开挖的方向。待洞体成型或部分成型后，即根据校准的中线放样断面线，进行衬砌。地下工程衬砌后，要进行断面测量，核实净空。对于洞室、地下储备工程等还要进行实际库容的测算。

此外，地下工程施工(明挖或暗挖法施工)过程中，岩体或土体掘空，围岩或土层中应力发生变化，可能会导致地下、周围建筑物及其地下建筑物下沉、坑道隆起、两侧内挤、断裂以致滑动等变形和位移。因此，在地下工程施工前开始，直到后期营运，应对地面、地面建筑物、地下岩体进行系统的变形监测，以确保地下工程安全，鉴定工程质量。

地下工程竣工后，还需进行竣工测量，编制竣工图和记录必要的竣工测量数据。

第2节　地下工程控制测量

一、地下工程控制测量的特点

受地下工程环境条件的限制，大多采用导线或导线网进行地下平面控制测量。与地面导线测量相比，地下导线测量具有以下特点：

1. 地下工作环境较差，对导线测量干扰较大。

2. 导线点有时设于坑道顶板，需采用点下对中。

3. 受坑道的限制，其形状通常形成延伸状。地下导线布设不能一次完成，而是随着坑道的开挖而逐渐向前延伸。

4. 随着坑道的开挖，先敷设边长较短、精度较低的施工导线，指示坑道的掘进；而后敷设高等级导线对低等级导线进行检查校正。

二、隧道工程控制测量

隧道工程控制测量分为洞外控制测量和洞内控制测量。

1. 洞外控制测量

隧道施工时，首先要进行洞外控制测量。洞外控制测量的作用是在隧道各开挖口之间建立一精密的控制网，以便根据它进行隧道的洞内控制测量或中线测量，保证隧道的准确贯通。

洞外控制测量包括平面控制测量和高程控制测量。

(1) 洞外平面控制测量

洞外平面控制测量常用的方法有中线法、精密导线法、三角测量或边角测量、GPS测量等。

中线法就是将隧道中线的平面位置，按定测的方法先测设在地表上，经反复核对无误后，才能把地表控制点确定下来，施工时就以这些控制点为准，将中线引入洞内。中线法控制形式最简单，但由于方向控制较差，故只用于较短的隧道(一般直线隧道短于1 000 m，曲线隧道短于 500 m)。

精密导线法布设简单、方便灵活，对地形适应性强，是隧道控制的主要布设形式之一。精密导线应组成多边形闭合环，可以是独立闭合环，也可以与国家三角点联测。为了增加检核条件和提高测角精度评定的可行性，导线环的个数不宜太少，最少不应少于 4 个；每个环的边数不宜太多，一般以 4～6 条边为宜。

三角测量的方向控制较中线法、导线法都高，仅从横向贯通精度的观点考虑，它是最理想的隧道平面控制方法。三角测量除采用测角三角锁外，还可采用三角网和三边网。但从精度、工作量、经济方面综合考虑，以测角三角锁为好。三角锁一般布置一条高精度的基线作为起始边，并在三角锁另一端增设一条基线，以资检核；其余只有测角工作，按正弦定理推算边长，经过平差计算可求得三角点和隧道轴线上控制点的坐标，然后以控制点为依据，确定进洞方向。三角锁和导线联合控制测量只有在受到特殊地形条件限制时才考虑，一般不宜采用。例如，隧道在城市附近，三角锁的中部遇到较密集的建筑群，这时使用导线穿过建筑群与两端的三角锁相连接。

GPS 是全球定位系统的简称，隧道施工控制网可利用 GPS 相对定位技术，采用静态或快速静态测量方式进行测量。由于定位时仅需要在开挖洞口附近测定几个控制点，工作量少，而且可以全天候观测，是目前隧道控制网建立的首选方法。

隧道 GPS 定位网的布网设计，应满足下列要求：

① 定位网由隧道各开挖口的控制点点群组成，每个开挖口至少应布测 4 个控制点。整个控制网应由一个或若干个独立观测环组成，每个独立观测环的边最多 12 条，应尽可能减少。

② 网的边长最长不宜超过 30 km，最短不宜短于 300 m。

③ 每个控制点应有 3 条或 3 条以上的边与其连接，极个别的点才允许由 2 条边连接。

④ GPS 定位点之间一般不要求通视，但布设洞口控制点时，考虑到用常规测量方法检测、加密或恢复的需要，应当重视。

⑤ 点位空中视野开阔，保证至少能接收到 4 颗卫星信号。

⑥ 测站附近不应有对电磁波有强烈吸收和反射影响的金属或其他物体。

(2) 洞外高程控制测量

洞外高程控制测量的任务，是按照设计精度施测两相向开挖洞口附近水准点之间的高差，以便将整个隧道的统一高程系统引入洞内，保证按规定精度在高程方面正确贯通，并使隧道工程在高程方面按要求的精度正确修建。

二、三等高程控制采用水准测量；四、五等高程可采用水准测量，当山石陡峭采用水准测量困难时，亦可采用光电测距仪三角高程方法测定。每一个洞口应埋设不少于 2 个水准点，两水准点之间的高差，以安置一次水准仪即可测出为宜。

按照《工程测量规范》(GB 50026—2007)，隧道洞外平面控制等级及精度要求见表 2－17－1；隧道洞外高程控制等级及精度要求见表 2－17－2。

表 2-17-1　隧道洞外平面控制等级及精度要求

洞外平面控制网类别	洞外平面控制网等级	测角中误差/″	隧道长度/km
GPS 网	二等	—	$L>5$
	三等	—	$L\leqslant 5$
三角形网	二等	1.0	$L>5$
	三等	1.8	$2<L\leqslant 5$
	四等	2.5	$0.5<L\leqslant 2$
	一级	5.0	$L\leqslant 0.5$
导线网	三等	1.8	$2<L\leqslant 5$
	四等	2.5	$0.5<L\leqslant 2$
	一级	5.0	$L\leqslant 0.5$

表 2-17-2　隧道洞外、洞内高程控制等级及精度要求

测量部位	测量等级	每 km 高差全中误差/mm	洞外水准路线长度或两开挖洞口间长度/km
水准网	二	2	$S>16$
	三	6	$6<S\leqslant 16$
	四	10	$S\leqslant 6$

2. 洞内控制测量

(1) 洞内平面控制测量

洞外控制测量完成以后，应把各洞口的线路中线控制桩和洞外控制网联系起来。一般说来，在直线段上以线路中线作为 x 轴，曲线段上则以一条切线方向作为 x 轴。用线路中线点和控制点的坐标，反算两点的距离和方位角，从而确定进洞测量的数据，把中线引入洞内。

为了给出隧道正确的掘进方向，并保证准确贯通，应进行洞内控制测量。由于隧道洞内场地狭窄，故洞内平面控制常采用中线或导线两种方式。

中线方式是指洞内不设导线，用中线控制点直接进行施工放样。一般以定测精度测设出新点，测设中线点的距离和角度数据由理论坐标值反算，这种方法一般用于较短的隧道。将上述测设的新点，以高精度测角、量距，算出实际的新点精确点位，和理论坐标相比较，若有差异，应将新点移到正确的中线位置上，这种方法可以用于曲线隧道 500 m、直线隧道 1 000 m 以下的较短隧道。

导线方式是指洞内控制依靠导线，施工放样用的正式中线点由导线测设，中线点的精度能满足局部地段施工要求即可。导线控制的方法较中线方式灵活，点位易于选择，测量工作也较简单，而且具有多种检核方法。当组成导线闭合环时，角度经过平差，还可提高点位的横向精度。导线控制方法适用于长隧道。

洞内导线一般常采用单导线、导线环、主副导线环、交叉导线、旁点闭合环等几种形式。

按照《工程测量规范》(GB 50026—2007)，隧道洞内平面控制等级及精度要求见表 2-17-3。

表 2-17-3　隧道洞内平面控制等级及精度要求

洞外平面控制网类别	洞外平面控制网等级	测角中误差/″	隧道长度/km
导线网	三等	1.8	$5\leqslant L$
	四等	2.5	$2\leqslant L<5$
	一级	5.0	$L\leqslant 2$

（2）洞内高程测量

洞内高程测量应采用水准测量或光电测距三角高程测量的方法。洞内高程应由洞外高程控制点向洞内测量传算，结合洞内施工特点，每隔 200～500 m 设立 2 个高程点以便检核。为便于施工使用，每隔 100 m 应在拱部边墙上设立 1 个水准点。隧道洞内高程控制等级及精度要求见表 2-17-2。

采用水准测量时，应往返观测，视线长度不宜大于 50 m；采用光电测距三角高程测量时，应进行对向观测，注意洞内的除尘、通风排烟和水汽的影响。洞内高程点作为施工高程的依据，必须定期复测。

三、井下控制测量

1. 井下平面控制测量

井下平面控制测量的作用是以必要的精度建立地下的控制系统。依据该控制系统可以放样出坑道中线及其衬砌的位置，从而指示坑道的掘进方向。

地下导线的起始点通常位于平峒口、斜井口以及竖井的井底车场，而这些点的坐标是由地面控制测量和联系测量测定的。地下导线等级的确定取决于地下工程的类型、范围及精度要求等，对此各部门均有不同的规定。

地下导线的类型有附合导线、闭合导线、方向附合导线、无定向导线、支导线及导线网等。当坑道开始掘进时，首先敷设低等级导线给出坑道的中线，指示坑道掘进。当巷道掘进 300～500 m 时，再敷设高等级导线检查已敷设的低等级导线是否正确，所以应使其起始边（点）和最终边（点）与低等级导线边（点）相重合。当巷道继续向前掘进时，以高等级导线所测设的最终边为基础，向前敷设低等级导线和中线。

在测设地下导线时应注意以下事项：

（1）地下导线应尽量沿线路中线（或边线）布设，边长要接近等边，尽量避免长短边相接。

（2）在进行导线延伸测量时，应对以前的导线点做检核测量，在直线地段，只做角度检测，在曲线地段，还要同时做边长检核测量。

（3）地下导线边长较短，在进行角度观测时，应尽可能减小仪器对中和目标对中误差的影响。

（4）边长测量中，采用钢尺悬空丈量时，除加入尺长、温度改正外，还应加入垂曲改正。当采用电磁波测距仪时，应经常拭净镜头及反射棱镜上的水雾。

（5）构成闭合图形的导线网（环）都应进行平差计算，以便求出导线点的新坐标值。

（6）对于螺旋形隧道，不能形成长边导线，每次向前引伸时，都应从洞外复测。复测精度应一致，在证明导线点无明显位移时，取点位的均值。

2. 井下高程控制测量

井下高程控制测量的目的，是为了在井下建立一个与地面统一的高程系统，确定各种采掘巷道、硐室在竖直方向上的位置及相互关系，获得绘制矿体形状、性质及地质破坏等在竖直面内关系的数据，以解决各种采掘工程在竖直方向上的几何问题。其具体任务大体有以下几项：

(1) 确定主要巷道内各水准点与永久导线点的高程，以建立地下高程基本控制；

(2) 给定巷道在竖直面内的方向；

(3) 确定巷道底板的高程；

(4) 检查主要巷道及其运输线路的坡度和测绘主要运输巷道的纵剖面图。

地下高程控制测量可采用水准测量和三角高程测量。

水准点可设在巷道的顶板、底板或两帮上，也可以设在井下固定设备的基础上。设置时应考虑使用方便并选在巷道不易变形的地方。井下水准路线可为支水准路线、附合水准路线或闭合水准路线，三角高程测量通常用于坡度较大的倾斜巷道的高程测量，其测量方法与地面相同。

第3节　联系测量

一、联系测量的作用与任务

在隧道工程、城市地下铁道工程、地下建(构)筑物工程以及各种地下采矿工程中，应通过平峒、斜井及竖井将地面的平面坐标系统及高程系统传递到地下，使地面与地下建立统一的坐标系统。该项工作称为联系测量。其必要性在于：

1. 保证地下工程按照设计图纸正确施工，确保隧(巷)道的贯通。

2. 确定地下工程(特别是地下采矿工程)与地面建筑物、铁路、河湖等之间的相对位置关系。保证采矿工程安全生产，同时及早采取预防措施，以免地面建筑物、铁路遭受重大破坏。

平峒、斜井的联系测量可采用导线测量、水准测量、三角高程测量完成。竖井联系测量工作分为几何定向(包括一井定向和两井定向)和陀螺经纬仪定向。

竖井平面联系测量的任务是测定地下导线起算边的坐标方位角和地下导线起算点的平面坐标。高程联系测量的任务是确定地下高程基点的高程。

二、几何联系测量方法

1. 一井定向

进行一井定向时，在竖井井筒中悬挂两根钢丝垂球线，如图2-17-1所示，在地面上利用地面控制点测定两垂线的平面坐标及其连线方位角，在井下通过测角量边把垂线与井下起始控制点连接起来，通过计算确定井下起始控制点的坐标和方位角。一井定向测量可分为投点(即在井筒中下放钢丝)和连接测量两项工作。

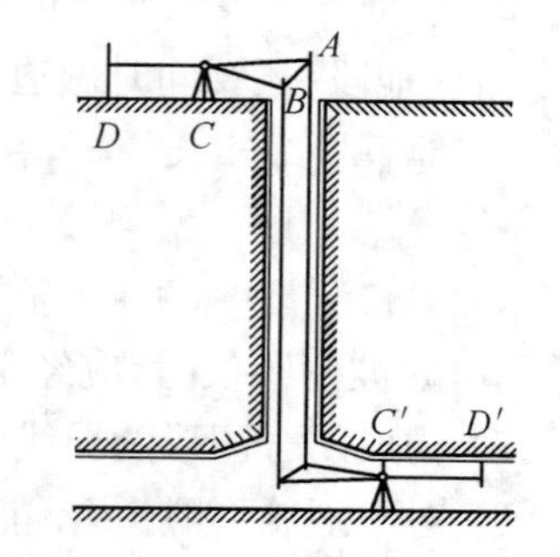

图2-17-1　一井定向示意图

（1）投点

投点时，通常采用单重投点法（即在投点过程中，垂球的重量不变）。在投点时必须采取有效措施和减小投点误差。

（2）连接测量

连接测量常采用连接三角形法；此外，还可以采用瞄直法、连接四边形法等。

2. 两井定向

当地下工程中有两个竖井，且两井之间在定向水平上有巷道相通并能进行测量时，应采用两井定向。两井定向就是在两井筒中各挂一根垂球线，在地面上测定两垂球线的坐标，并计算其连线的坐标方位角。然后在井下巷道中，用经纬仪导线将两垂球线进行联测，取一假定坐标系统来确定井下两垂球线连线的假定方位角，将其与地面上确定的坐标方位角相比较，其差值便是井下假定坐标系统和地面坐标系统的方位差，这样便可确定井下导线在地面坐标系统中的坐标方位角。在两井定向中，由于两垂球线间距离远大于一井定向时两垂球线间的距离，其投向误差大大减小。

三、陀螺经纬仪定向测量

陀螺经纬仪是一种将陀螺仪和经纬仪结合在一起的仪器，它利用陀螺仪本身的物理特性及地球自转的影响，实现自动寻找正北方向，从而测定地面和地下工程中任意测站的大地方位角。在地理南北纬度不大于75°的范围内，一般不受时间和环境等条件限制，实现快速定向。

陀螺经纬仪的定向测量可分为陀螺经纬仪定向的作业过程和陀螺方位角的一次测定作业过程。现分述如下：

1. 陀螺经纬仪定向的作业过程

在地面已知边上测定仪器常数；在待定边上测定陀螺方位角；在地面上重新测定仪器常数；求算子午线收敛角；求算待定边的坐标方位角。

2. 陀螺方位角的一次测定作业过程

在测站上整平中对中陀螺经纬仪，以一个测回测定待定边或已知边的方向值，然后将仪器大致对正北方；粗略定向，测定近似北方向；测前悬带零位观测；精密定向，测定精密陀螺北；测后悬带零位观测；以一个测回测定待定边或已知边的方位值，当测前测后两次观测的方向值的互差小于规定的数值时，取其平均值作为测线方向值。

四、高程联系测量

为使地面与地下建立统一的高程系统，应通过斜井、平峒或竖井将地面高程传递到地下巷道中，该测量工作称为高程联系测量（也称为导入高程）。通过斜井、平峒的高程联系测量，可从地面用水准测量和三角测量方法直接导入。通过竖井导入高程的常用方法有长钢尺法、长钢丝法、光电测距仪铅直测距法等。

第4节　贯通测量

一、贯通测量概述

贯通测量就是采用两个或多个相向或同向掘进的工作面，使其按照设计要求在预定地点正确贯通而进行的测量工作，主要作用是保证巷(隧)道正确贯通。

巷(隧)道施工进度慢，往往成为控制工期的工程。为了加快施工进度，除了进、出口两个开挖面外，还常采用横洞、斜井、竖井、平行导坑等来增加开挖面。因此，不管是直线隧道还是曲线隧道，开挖总是沿线路中线不断向洞内延伸，洞内线路中线位置测设的误差，就随着开挖的延伸而逐渐积累；另一方面，隧道施工时基本上都是采用边开挖、边衬砌的方法，等到隧道贯通时，未衬砌部分也所剩不多，故可进行中线调整的地段有限。于是，如何保证隧道在贯通时(包括横向、纵向、高程方向)，两相向开挖施工中线的相对错位不超过规定的限值，成为隧道施工测量的关键问题。但是，在纵向方面所产生的贯通误差一般对隧道施工和隧道质量不产生影响。从我国隧道施工调查中得知，一般不超过±320 mm，即使达到这种情况，对施工质量也无影响，因此规定这项限差无实际意义；高程要求的精度，使用一般水准测量方法即可满足；而横向贯通误差(在平面上垂直于线路中线方向)的大小直接影响隧道的施工质量，严重者甚至会导致隧道报废。所以，一般说贯通误差主要是指隧道的横向贯通误差。

按照《工程测量规范》(GB 50026—2007)，隧道工程的相向施工中线在贯通面上的贯通误差不应大于表2-17-4的规定。

表2-17-4　隧道工程的贯通限差

类别	两开挖洞口间长度 L/km	贯通误差限差/mm
横向	$L<4$	100
	$4\leqslant L<8$	150
	$8\leqslant L<10$	200
高程	不限	70

巷(隧)道贯通常用形式有如下三种：

1. 两个工作面相向掘进叫作相向贯通；
2. 从巷道的一端向另一端的指定地点掘进叫作单向贯通；
3. 两个工作面同向掘进叫作同向贯通或追随贯通。

贯通测量的基本方法是测出待贯通巷(隧)道两端导线点的平面坐标和高程，通过计算求得巷道中线的坐标方位角和巷道腰线的坡度，此坐标方位角和坡度应与原设计相符，差值应在容许范围之内，同时计算出巷道两端点处的指向角，利用上述数据在巷道两端分别标定出巷道中线和腰线，指示巷道按照设计的同一方向和同一坡度掘进，直到贯通相遇点处相互正确接通。

二、贯通测量误差预计

影响横向贯通误差的因素有洞外和洞内平面控制测量误差、洞外与洞内之间联系测量误差。

按照《工程测量规范》(GB 50026—2007)，洞外、洞内控制测量的贯通精度要求不应超过表 2-17-5 的规定。

表 2-17-5　洞外、洞内控制测量的贯通精度要求

<table>
<tr><th rowspan="3">两开挖洞口间长度 L/km</th><th colspan="4">横向贯通误差限差/mm</th><th colspan="2">高程贯通误差限差 /mm</th></tr>
<tr><th rowspan="2">洞外控制测量</th><th colspan="2">洞内控制测量</th><th rowspan="2">竖井联系测量</th><th rowspan="2">洞外</th><th rowspan="2">洞内</th></tr>
<tr><th>无竖井的</th><th>有竖井的</th></tr>
<tr><td>$L<4$</td><td>20</td><td>45</td><td>35</td><td>25</td><td rowspan="3">25</td><td rowspan="3">25</td></tr>
<tr><td>$4\leqslant L<8$</td><td>35</td><td>65</td><td>55</td><td>35</td></tr>
<tr><td>$8\leqslant L<10$</td><td>50</td><td>85</td><td>70</td><td>50</td></tr>
</table>

洞外、洞内控制测量，产生在贯通面上的横向中误差，按下列公式计算：

1. 导线测量

$$m=\pm\sqrt{m_{y\beta}^2+m_{yl}^2} \tag{2-17-1}$$

式中，$m_{y\beta}$为由于测角误差影响，产生在贯通面上的横向中误差，mm，即

$$m_{y\beta}=\pm m_\beta\sqrt{\sum R_x^2}/\rho'' \tag{2-17-2}$$

m_{yl}为由于测边误差影响，产生在贯通面上的横向中误差，mm，即

$$m_{yl}=\pm m_l\sqrt{\sum d_y^2}/l \tag{2-17-3}$$

其中，m_β 为由导线环闭合差求算的测角中误差，″；R_x 为导线环在隧道相邻两洞口连线的一条导线上各点至贯通面的垂直距离，m；m_l/l 为导线边边长相对中误差；d_y 为导线环在隧道相邻两洞口连线的一条导线上各边在贯通面上的投影长度，m。

2. 三角测量

三角测量的计算公式可参考《铁路测量技术规则》中给出的有关公式，也可以按导线测量的误差公式计算。其方法是选取三角网中沿中线附近的连续传算边作为一条导线进行计算。但(2-17-1)式、(2-17-2)式、(2-17-3)式中，m_β 为由三角网闭合差求算的测角中误差，″；R_x 为所选三角网中连续传算边形成的导线上各转折点至贯通面的垂直距离，m；m_l/l 为取三角网最弱边的相对中误差；d_y 为所选三角网中连续传算边形成的导线各边在贯通面上的投影长度，m。

在贯通测量施测中，为提高贯通测量的精度，应注意以下问题：

(1) 注意原始资料的可靠性，起算数据应准确无误。

(2) 各项测量工作都要有可靠的独立检核。要进行复测复算，防止产生粗差。

(3) 精度要求很高的重要贯通，要采取相应的提高精度的措施。例如，应适当加测陀螺

定向边;要尽可能增大导线边长,对井下边长较短的测站,要设法提高仪器和目标的对中精度;或者采用三联脚架法测量等措施。

(4) 对施测成果要及时进行精度分析,并与原贯通误差预计的精度要求进行对比,必要时要进行返工重测。

(5) 贯通掘进过程中,要及时进行测量和填图,并根据测量成果及时调整掘进的方向和坡度。如采用全断面一次成巷施工,则在贯通前的一段巷道内可采用临时支护,铺设临时简易轨道,以减少巷道贯通后的整修工作量。

三、贯通测量技术设计

编制贯通测量设计书的主要任务是选择合理的测量方案和测量方法,以保证巷道正确贯通,设计书可按下列提纲编制:

1. 贯通工程概况。包括巷道贯通工程的目的、任务和要求,巷道贯通允许偏差值的确定,比例尺不小于 1∶2 000 的井巷贯通工程图。

2. 贯通测量方案的选定。地面控制测量,井巷联系测量及井下控制测量。起始数据选择及布网方案设计。

3. 贯通测量方法。包括采用的仪器、测量方法及其限差。

4. 贯通测量误差预计。绘制比例尺不小于 1∶2 000 的贯通测量设计平面图,在图上绘出与工程有关的巷道和井上、下测量控制点;确定测量误差参数,并进行误差设计,预计误差采用中误差的 2 倍,它应小于规定的容许偏差。

5. 贯通测量成本预计。包括所需工时数及仪器折旧和材料消耗等成本概算。

6. 贯通测量中存在的问题和采取的措施。

测量人员应在重要贯通工程施测之前,按上述提纲编制好贯通测量设计书,并报主管部门审批。

习题 17

1. 简述隧道控制测量方法。
2. 几何联系测量方法有几种?
3. 何谓贯通测量?如何提高贯通测量的精度?
4. 贯通测量设计书编制内容主要有哪些?

第3篇
工程运营管理阶段测量

第18章 变形观测

第1节 变形观测概述

建筑物的变形观测，目前在我国已受到高度重视。随着社会主义建设的蓬勃发展，各种大型建筑物大量出现，如水坝、高层建筑、大型桥梁、隧道及各种大型设备等，因变形而造成损失的也越来越多。这种变形总是由量变到质变而造成事故的。因而及时地对建筑物进行变形观测，随时监视变形的发展变化，在造成损失以前，及时采取预防措施，这就是变形观测的主要目的。它的另一个目的是检验设计的合理性，为提高设计质量提供科学的依据。

建筑物产生变形的原因很多，如地质条件、地震、荷载及外力作用的变化等是主要原因。在建筑物的设计及施工中都应全面地考虑这些因素。设计不合理，材料选择不当，施工方法不当或施工质量低劣，都会使变形超出允许值而造成损失。

建筑物产生变形时，必然引起内部应力的变化，当应力变化到极限值时，建筑物即遭到破坏。所以对有些建筑物，在测定形变的同时，应辅以应力测定。本章只涉及形变观测。

根据性质的不同，变形可分为静态变形和动态变形两类。静态变形是时间的函数，观测结果只表示在某一时间段内的变形；动态变形是指在外力作用下产生的变形，以外力为函数表示，对于时间的变化，其观测结果表示在某一时刻的瞬时变形。

由于变形是随时间变化的，所以对静态变形要周期性地进行重复观测，以求取两相邻周期间的变化量；而对动态观测，则需用自动记录仪器记录其瞬时位置。本章主要说明静态变形的观测方法。

建筑物变形的表现形式主要有水平位移、垂直位移和倾斜，有的建筑物也可能产生挠曲及扭转。建筑物的整体性受到破坏时，可产生裂缝。

变形是相对于稳定点的空间位置的变化。所以，在进行变形观测时，必须以稳定点为依据。这些稳定点称为基准点或控制点。因而变形观测也要遵循从控制到碎部的原则。

根据观测结果，应对变形进行分析，得出变形的规律及大小，判定建筑物是逐步趋于稳定，还是变形继续扩大。如果变形继续扩大，且变形速率加快，说明它有破坏的危险，应及时发出警报，以便采取措施；即使没有破坏，但变形超出允许值时，则会妨碍建筑物的正常使用。如果变形逐渐缩小，说明建筑物趋于稳定，到达一定程度，即可终止观测。

第2节　变形观测的精度和频率

建筑物变形观测的精度，视变形观测的目的及变形值的大小而异，很难有一个明确的规定，国内外对此有不同的看法。原则上，如果观测的目的是为了监视建筑物的安全，精度要求稍低，只要满足预警需要即可，在1971年的国际测量工作者联合会(FIG)上，建议观测的中误差应小于允许变形值的1/10～1/20；如果目的是为了研究变形的规律，则精度应尽可能高些，因为精度的高低会影响观测成果的可靠性。当然，在确定精度时，还要考虑设备条件的可能，在设备条件具备，且增加工作量不大的情况下，以尽可能高些为宜。

观测频率的确定因载荷的变化及变形速率而异。例如，高层建筑在施工过程中的变形观测，通常楼层加高1～2层即观测一次；大坝的变形观测，则根据水位的高低确定观测周期。对于已经建成的建筑物，在建成初期，因为变形值大，观测的频率宜高。如果变形逐步趋于稳定，则周期逐渐加长，直至稳定，即可停止观测。对于濒临破坏的建筑物，或者是即将产生滑坡、崩塌的地面，其变形速率会逐渐加快，观测周期也要相应地逐渐缩短。观测的精度和频率两者是相关的，只有在一个周期内的变形值远大于观测误差，其所得结果才是可靠的。

第3节　基准点与变形点的构造与布设

无论是水平位移的观测还是垂直位移的观测，都要以稳固的点作为基准点，以求得变形点相对于基准点的位置变化。对于用作水平位移观测的基准点，要构成三角网、导线网或方向线等平面控制网，对于用作垂直位移观测的基准点，则需构成水准网。由于对基准点的要求主要是稳固，所以都要选在变形区域以外，且地质条件稳定，附近没有震动源的地方。对于一些特大工程，如大型水坝等，基准点距变形点较远，无法根据这些点直接对变形点进行观测，所以还要在变形点附近相对稳定的地方，设立一些可以用来直接对变形点进行观测的点作为过渡点，这些点称为工作基点。工作基点由于离变形体较近，可能也有变形，因而也要周期性地进行观测。

作为变形观测用的平面控制网，与地形测量或施工测量的控制网相比较，精度要求高，一般边长也较短。为了减少仪器对中误差对观测结果的影响，通常都埋设高1.3 m左右的观测墩，在墩顶安设强制对中器，以保证每次对中于同一位置上。强制对中器的构造如图3-18-1所示，中间有一螺孔，可用连接螺栓来固定仪器，也可将仪器的三个脚螺栓放置在互成120°的槽内，以使仪器中心与三条槽的交会点对准。观测墩的基础宜建在基岩或其他稳固的地层上。

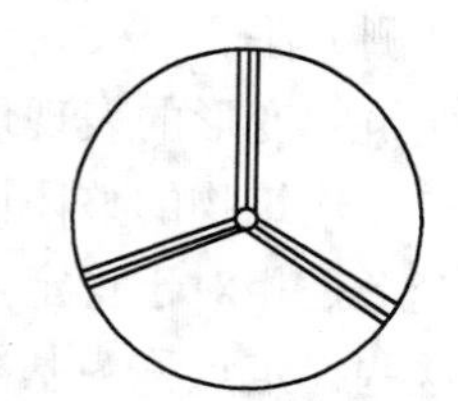

图3-18-1　强制对中器构造

高程基准点的数目不应少于3个，因为少于3个时，如果有一个点发生变化，就难于判定哪一个点发生了变化。根据地质条件的不同，高程基准点(包括工作基点)可采用深埋式或浅埋式水准点。深埋式是通过钻孔埋设在基岩上，浅埋式的基础与一般水准点相同。点的顶部均设有半球状的不锈钢或铜质标志。

在变形观测时，不可能对建筑物的每一点都进行观测，而是只观测一些有代表性的点，这些点称为变形点或观测点。变形点要与建筑物固连在一起，以保证它与建筑物一起变化。为使点位明显、肯定，以保证每次所观测的点位相同，也要设置观测标志。变形点的数量和位置，要能够全面反映建筑物变形的情况，并要顾及观测的方便。例如，对工业与民用建筑进行垂直位移观测时，其位置宜布设在建筑物的四角及荷载变化、楼层数变化以及地质条件变化处。对于大的建筑物，要求沿周边每隔 10～20 m 处布设一点，如图 3-18-2 所示。如果垂直位移是用水准测量的方法观测，在施工时，就在墙体底部离地面 0.8 m 左右处，按上述要求埋设凸出墙面的金属观测标志，以便于观测，如图 3-18-3 所示。这些标志要与墙体内的钢筋焊在一起，以保证它们的整体性。对于桥墩的垂直位移观测，则变形点宜布设在墩顶的四角，或垂直平分线的两端，以便根据不均匀的垂直位移，推求桥墩的倾斜程度。

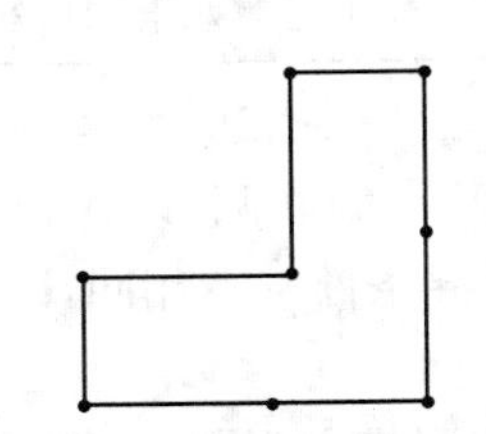

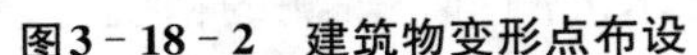

图 3-18-2　建筑物变形点布设

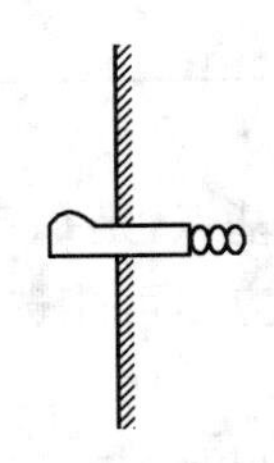

图 3-18-3　变形点金属观测标志

水平位移变形点的布设视建筑物的结构、观测方法及变形方向而定。产生水平位移的原因很多，主要有地震、岩体滑动、侧向的土压力和水压力、水流的冲击等。其中有些对位移方向的影响是已知的，例如，水坝受侧向水压而产生的位移，桥墩受水流冲击而产生的位移等，即属这种情况。但有些对方向的影响是不知道的，如受地震影响而使建筑物产生的位移。对于不同的情况，宜采用不同的观测方法，相应的对变形点的布设要求也不一样。但不管以什么方式布设，变形点的位置必须具有变形的代表性，必须与建筑物固连，而且要与基准点或工作基点通视。在变形点上，如果可以安置觇标或仪器，则应设置强制对中器进行强制对中，减小对中误差，如果不能安置觇标，则应设置清晰而易于照准的目标，其颜色和图案的选择，应有利于提高照准的精度。

第 4 节　垂直位移观测

建筑物受地下水位升降、荷载的作用及地震等的影响会产生位移。一般说来，在没有其他外力作用时，多数呈下沉现象，对它的观测称为沉降观测。在建筑物施工开挖基槽以后，深部地层由于荷载减轻而升高，这种现象称为回弹，对它的观测称为回弹观测。

垂直位移观测的高程依据是水准基点，即在水准基点高程不变的前提下，定期地测出变形点相对于水准基点的高差，并求出其高程，将不同周期的高程加以比较，即可得出变形点高程变化的大小及规律。

由水准基点组成的水准网称为垂直位移监测网，它可布设成闭合环、结点或附合水准路线等形式，其精度等级及主要技术要求见表 3-18-1。

表 3-18-1 垂直位移监测网的主要技术要求

等级	相邻基准点高差中误差/mm	每站高差中误差/mm	往返较差、附合或环线闭合差/mm	检测已测高差较差/mm	使用仪器、观测方法及要求
一等	±0.3	±0.07	$0.15\sqrt{n}$	$0.2\sqrt{n}$	$DS_{0.5}$型仪器，视线长度≤15 m，前后视距差≤0.3 m，视距累积差≤1.5 m，宜按国家一等水准测量的技术要求施测
二等	±0.5	±0.13	$0.30\sqrt{n}$	$0.5\sqrt{n}$	$DS_{0.5}$型仪器，宜按国家一等水准测量的技术要求施测
三等	±1.0	±0.30	$0.60\sqrt{n}$	$0.8\sqrt{n}$	$DS_{0.5}$或DS_1型仪器，宜按国家二等水准测量的技术要求施测
四等	±2.0	±0.70	$1.40\sqrt{n}$	$2.0\sqrt{n}$	$DS_{0.5}$或DS_1型仪器，宜按国家三等水准测量的技术要求施测

注：n为测段的测站数。

如果设置有工作基点，则每年应进行1～2次与水准基点的联测，以检查工作基点是否发生变动。联测工作应尽可能选择固定的月份，即保证外界条件基本相同，以减少外界条件变化对成果的影响。

变形点垂直位移观测的方法有多种，最常用的是水准测量。观测的精度等级和主要技术要求见表3-18-2。

表 3-18-2 变形点垂直位移观测的精度要求和观测方法

等级	高程中误差/mm	相邻点高差中误差/mm	观测方法	往返较差、附合或环线闭合差/mm
一等	±0.3	±0.15	除按国家一等水准测量的技术要求施测外，尚需设双转点，视线≤15 m，前后视距差≤0.3 m，视距累积差≤1.5 m	$\leqslant 0.15\sqrt{n}$
二等	±0.5	±0.30	按国家一等水准测量的技术要求施测	$\leqslant 0.30\sqrt{n}$
三等	±1.0	±0.50	按国家二等水准测量的技术要求施测	$\leqslant 0.60\sqrt{n}$
四等	±2.0	±1.00	按国家三等水准测量的技术要求施测	$\leqslant 1.40\sqrt{n}$

注：n为测站数。

由于变形观测是多周期的重复观测，且精度要求较高，为了避免误差的影响，尚需注意以下各点：

1. 设置固定的测站与转点，使每次观测在固定的位置上进行。
2. 人员固定，以减少人差的影响。
3. 使用固定的仪器和水准尺，以减少仪器误差的影响。

第 5 节　水平位移观测

水平位移观测的平面位置是依据水平位移监测网，或称平面控制网。根据建筑物的结构形式、已有设备和具体条件，可采用三角网、导线网、边角网、三边网和视准线等形式。在采用视准线时，为能发现端点是否产生位移，还应在两端分别建立检核点。

为了方便，水平位移监测网通常采用独立坐标系统。例如，大坝、桥梁等往往以它的轴线方向作为 x 轴，而 y 坐标的变化，即是它的侧向位移。为使各控制点的精度一致，都采用一次布网。

监测网的精度，应能满足变形点观测精度的要求。在设计监测网时，要根据变形点的观测精度，预估对监测网的精度要求，并选择适宜的观测等级和方法。水平位移监测网的等级和主要技术要求见表 3－18－3。

表 3－18－3　水平位移监测网的主要技术要求

等级	相邻基准点的点位中误差/mm	平均边长/m	测角中误差/″	最弱边相对中误差	作业要求
一等	1.5	<300	0.7	≤1/250 000	按国家一等三角要求施测
		<150	1.0	≤1/120 000	按国家二等三角要求施测
二等	3.0	<300	1.0	≤1/120 000	按国家二等三角要求施测
		<150	1.8	≤1/70 000	按国家三等三角要求施测
三等	6.0	<350	1.8	≤1/70 000	按国家三等三角要求施测
		<200	2.5	≤1/40 000	按国家四等三角要求施测
四等	12.0	<400	2.5	≤1/40 000	按国家四等三角要求施测

变形点的水平位移观测有多种方法，最常用的有测角前方交会法、后方交会法、极坐标法、导线法、视准线法、引张线法等，宜根据条件选用适当的方法。

一、测角前方交会法

在变形点上不便于架设仪器时，多采用这种方法。如图 3－18－4 所示，A，B 为平面基准点，P 为变形点，由于 A，B 的坐标为已知，在观测了水平角 α，β 后，即可依下式求算 P 点的坐标：

$$\left.\begin{aligned} x_P &= \frac{x_A\cot\beta + x_B\cot\alpha - y_A + y_B}{\cot\alpha + \cot\beta} \\ y_P &= \frac{y_A\cot\beta + y_B\cot\alpha + x_A - x_B}{\cot\alpha + \cot\beta} \end{aligned}\right\} \quad (3-18-1)$$

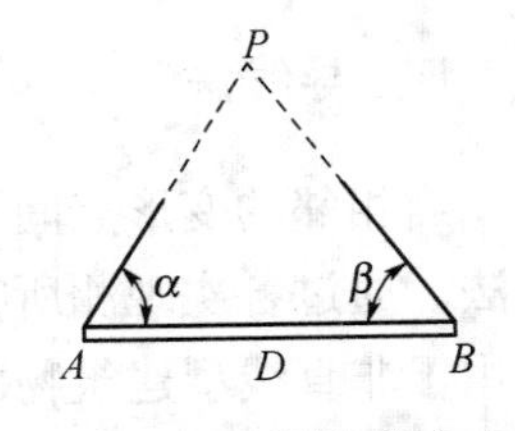

图 3－18－4　测角前方交会

点位中误差 m_P 的估算公式为

$$m_P = \frac{m''_\beta D\sqrt{\sin^2\alpha + \sin^2\beta}}{\rho''\sin^2(\alpha+\beta)} \quad (3-18-2)$$

式中，m''_β 为测角中误差；D 为两已知点间的距离；ρ'' 为 206 265″。

采用这种方法时，交会角宜在 60°～120°之间，以保证交会精度。

二、后方交会法

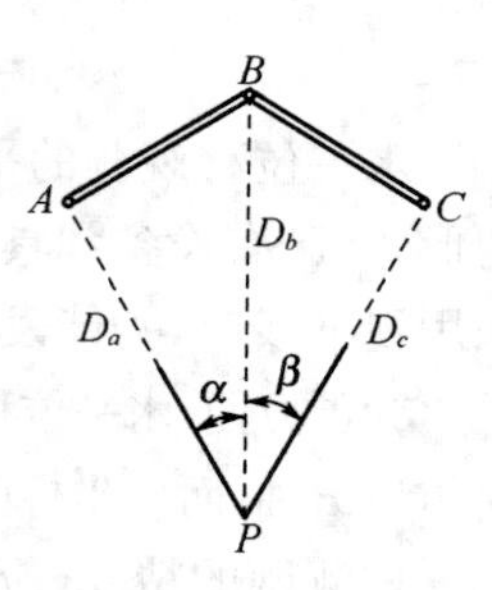

图 3-18-5 后方交会

如果变形点上可以架设仪器，且与三个平面基准点通视时，可采用这种方法。如图3-18-5所示，A,B,C 为平面基准点，P 为变形点，当观测了水平角 α,β 后，即可依下式计算 P 点坐标：

$$\left.\begin{aligned} x_P &= x_B + \Delta x_{BP} = x_B + \frac{a-Kb}{1+K^2} \\ y_P &= y_B + \Delta y_{BP} = y_B + K\cdot\Delta x_{BP} \end{aligned}\right\} \quad (3-18-3)$$

式中，$a=(x_A-x_B)+(y_A-y_B)\cot\alpha$；$b=(y_A-y_B)+(x_A-x_B)\cot\alpha$；$c=(x_C-x_B)+(y_C-y_B)\cot\beta$；$d=(y_C-y_B)+(x_C-x_B)\cot\beta$；$K=\dfrac{a+c}{b+d}$。

点位中误差的估算公式为

$$m_P=\frac{m''_\beta}{\rho''}\sqrt{\frac{D_{AB}^2D_c^2+D_{BC}^2+D_a^2}{[D_c\sin\alpha+D_a\sin\beta+D_b\sin(\alpha+\beta)]^2}} \quad (3-18-4)$$

式中，m_β 为测角中误差。

采用这种方法时，需注意 P 点不能与 A,B,C 在同一圆周上，否则无定解。

三、极坐标法

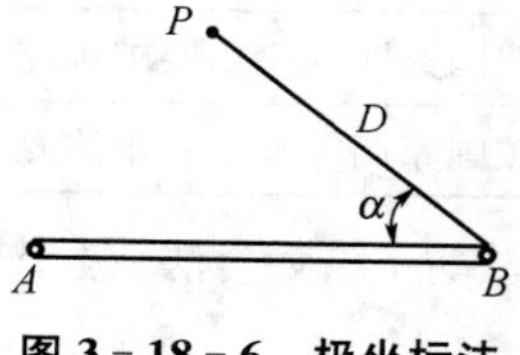

图 3-18-6 极坐标法

在光电测距仪出现以后，这种方法用得比较广泛，只要在变形点上可以安置反光镜，且与基准点通视即可。如图 3-18-6 所示，A,B 为基准点，其坐标已知，P 为变形点，当测出 α 及 D 以后，即可据以求出 P 点的坐标，由于计算方法简单，不再进行说明。

点位中误差的估算公式为

$$m_P=\pm\sqrt{m_D^2+\left(\frac{m_\alpha}{\rho''}D\right)^2} \quad (3-18-5)$$

四、导线法

当相邻的变形点间可以通视，且在变形点上可以安置仪器进行测角、测距时，可采用导线法。通过各次观测所得的坐标值进行比较，便可得出点位位移的大小和方向。视准线法多用于非直线型建筑物的水平位移观测，如对弧形拱坝和曲线桥的水平位移观测。

五、视准线法

视准线法适用于变形方向为已知的线形建(构)筑物，是水坝、桥梁等常用的方法。如图3-18-7所示，视准线的两个端点 A,B 为基准点，变形点 1,2,3 等布设在 AB 的连线上，其偏差不宜超过 2 cm。变形点相对于视准线偏移量的变化，即是建(构)筑物在垂直于视准点方向上的位移。量测偏移量的设备为活动觇牌，其构造如图 3-18-8 所示。觇牌图案可以左右移动，移动量可在刻划上读出。当图案中心与竖轴中心重合时，其读数应为零，这一位置称为零位。

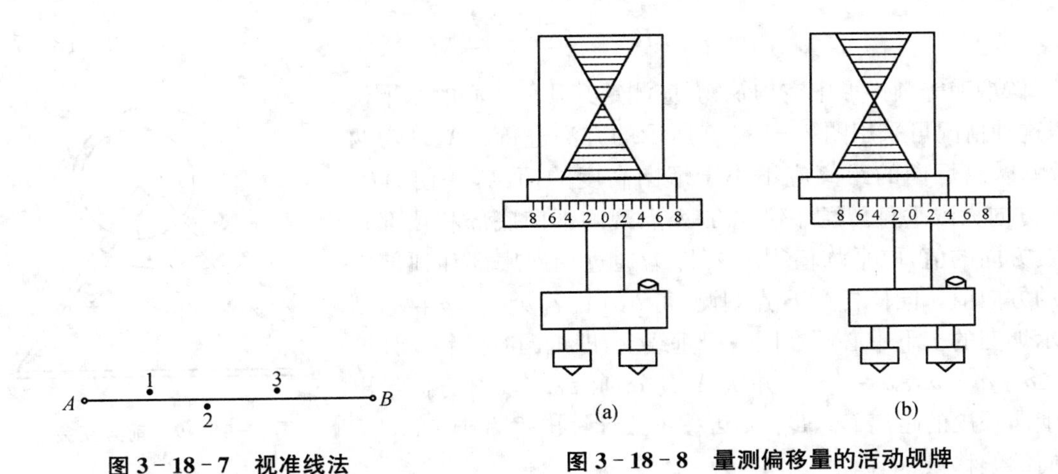

图 3－18－7　视准线法

图 3－18－8　量测偏移量的活动觇牌

观测时在视准线的一端架设经纬仪，照准另一端的观测标志，这时的视线称为视准线。将活动觇牌安置在变形点上，左右移动觇牌的图案，直至图案中心位于视准线上，这时的读数即为变形点相对视准线的偏移量。不同周期所得偏移量的变化即为其变形值。与此法类似的还有激光准直法，即用激光光束代替经纬仪的视准线。

六、引张线法

引张线法的工作原理与视准线法类似，但要求在无风及没有干扰的条件下工作，所以在大坝廊道里进行水平位移观测采用较多。所不同的是在两个端点间引张一根直径为 0.8～1 mm 的钢丝，以代替视准线。采用这种方法的两个端点应基本等高，上面要安置控制引张线位置的 V 形槽及施加拉力的设备。中间各变形点与端点基本等高，在上面与引张线垂直的方向上水平安置刻划尺，以读出引张线在刻划尺上的读数。不同周期观测时尺上读数的变化，即为变形点与引张线垂直方向上的位移值。

第 6 节　倾斜观测

一些高耸建(构)筑物，如电视塔、烟囱、高桥墩、高层楼房等，往往会发生倾斜。倾斜度用顶部的水平位移值 K 与高度 h 之比表示，即

$$i=\frac{K}{h} \tag{3-18-6}$$

一般倾斜度用测定的 K 及 h 求算，如果确信建筑物是刚性的，也可以通过测定基础不同部位的高程变化来间接求算。

高度 h 可用悬吊钢尺测出，也可用三角高程法测出。

顶部点的水平位移值，可用前方交会及建立垂准线的方法测出。

一、前方交会法

采用前方交会法时，例如对高层楼房的墙角观测，则高处观测点与其理论位置的坐标差 $\Delta x, \Delta y$，即为在 x, y 方向上的位移值，其最大位移方向上的位移值为

$$K = \sqrt{\Delta x^2 + \Delta y^2} \tag{3-18-7}$$

像烟囱等圆锥形中空构筑物，应测定其几何中心的水平位移，这种情况可采用图 3-18-9 所示的方法进行。A、B 为两观测站，离烟囱的距离应不小于烟囱高度的两倍，并使 AP，BP 方向大致垂直。经纬仪先在 A 点观测烟囱底部和顶部相切两方向的值，取平均值得 a，a' 即为通过烟囱底部和顶部中心的方向值。同样再在 B 点观测，得 b，b'。若 $a \neq a'$，$b \neq b'$，则表示烟囱的上下中心不在同一铅垂线上，即烟囱有倾斜。计算出 $\Delta a = a' - a$，$\Delta b = b' - b$，并从 A，B 分别沿 AP，BP 方向量出到烟囱外皮的距离 D_A，D_B，则可按下式计算出垂直于 AP，BP 方向的偏移量 e_A，e_B：

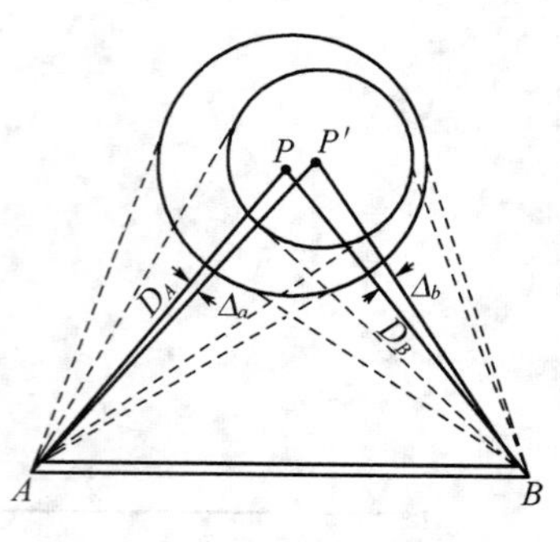

图 3-18-9　前方交会法

$$\left.\begin{aligned} e_A &= \frac{\Delta a}{\rho''}(D_A + R) \\ e_B &= \frac{\Delta b}{\rho''}(D_B + R) \end{aligned}\right\} \tag{3-18-8}$$

式中，R 为烟囱底部的半径，可量出底部的周长后求得。烟囱总的偏移量 e 为：

$$e = \sqrt{e_A^2 + e_B^2} \tag{3-18-9}$$

根据 Δa，Δb 的正负号，还可以按下式计算出偏移的方向：

$$\alpha = \arctan \frac{e_A}{e_B} \tag{3-18-10}$$

式中，α 为以 AP 为 0°按顺时针方向计量的方位角。

二、垂准线法

垂准线的建立，可以利用悬吊垂球，也可以利用铅垂仪（或称垂准仪）。

利用垂球时，是在高处的某点，如墙角、建筑物的几何中心处悬挂垂球，垂球线的长度应使垂球尖端刚刚不与底部接触，用尺子量出锤球尖至高处该点在底部的理论投影位置的距离，即为高处该点的水平位移值。

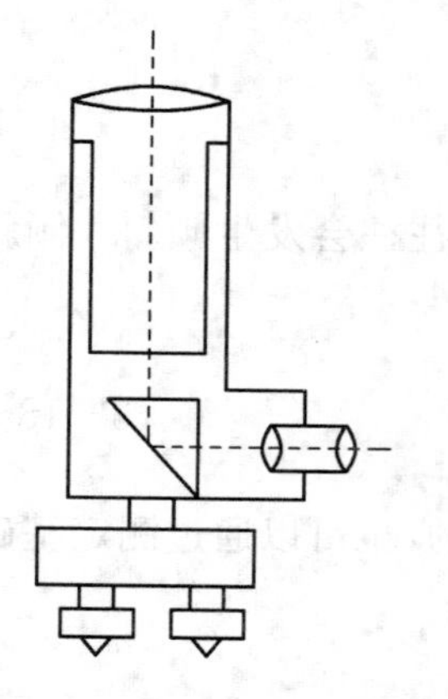

图 3-18-10　铅垂仪的构造

铅垂仪的构造如图 3-18-10 所示，当仪器整平后，即形成一条铅垂视线。如果在目镜处加装一个激光器，则形成一条铅垂的可见光束，称为激光铅垂线。观测时，在底部安置仪器，而在顶部量取相应点的偏移距离。

第 7 节　挠度观测

挠度是指建(构)筑物或其构件在水平方向或竖直方向上的弯曲值。例如,桥的梁部在中间会产生向下弯曲,高耸建筑物会产生侧向弯曲。

图 3－18－11 是对梁进行挠度观测的例子,在梁的两端及中部设置三个变形观测点 A,B 及 C,定期对这三个点进行沉降观测,即可依下式计算各期相对于首期的挠度值:

$$F_e=(s_B-s_A)-\frac{L_A}{L_A+L_B}(s_C-s_A) \tag{3-18-11}$$

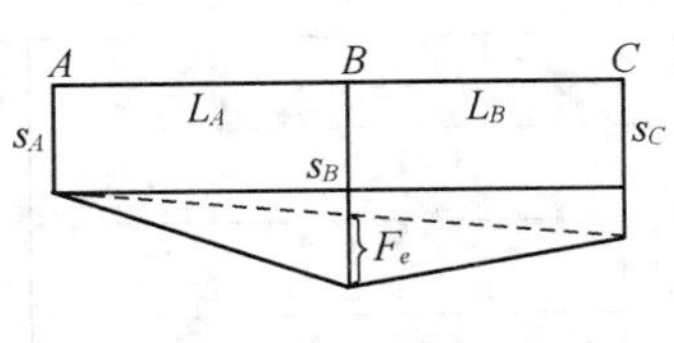

图 3－18－11　挠度观测

式中,L_A,L_B 为观测点间的距离;s_A,s_B,s_C 为观测点的沉降量。

沉降观测的方法可用水准测量,如果由于结构或其他原因,无法采用水准测量时,也可采用三角高程的方法。

桥梁在动荷载(如列车行驶在桥上)作用下会产生弹性挠度,荷载消失后,立即恢复原状,这就要求在挠度最大时测定其变形值。为能测得其瞬时值,可在地面架设测距仪,用三角高程法观测,也可利用近景摄影测量法测定。

对高耸建(构)筑物竖直方向的挠度观测,是测定在不同高度上的几何中心或棱边等特殊点相对于底部几何中心或相应点的水平位移,并将这些点在其扭曲方向的铅垂面上的投影绘成曲线,这样的曲线就是挠度曲线。水平位移可采用测角前方交会法、极坐标法或垂线法进行观测。

第 8 节　变形观测的成果处理

变形观测的外业工作结束后,应及时对观测手簿进行整理和检查。如有错误或误差超限,要找出原因,及时进行补测。

由于观测变形点的依据是监测网点,首要的是监测网点必须稳定可靠。为能判定其是否稳定,也要定期进行复测。如果各个点每次结果的平差值的较差在要求的范围内,则它是稳定的,如果某点的较差超限,说明该点产生了变形。根据该点观测的变形点,其结果应考虑该点变形的影响。

变形量的计算以首期观测的成果作为基础,即变形量是相对于首期的结果而言的,所以要特别注意首期观测的质量。

变形观测的目的是从多次观测的成果中发现变形的规律和大小,进而分析变形的性质和原因,以便采取措施。所以成果的表现形式应直观、清晰,通常采用以下形式。

一、列表

将各次观测成果依时间先后列表,表 3－18－4 是一个沉降观测的例子。表中列出了每次观测各点的高程 H,与上一期相比较的沉降量 s,累计的沉降量 $\sum s$,荷载情况,平均沉降量及平均沉降速度等,在作变形分析时,对这些信息可以一目了然。

表 3－18－4　沉降观测成果表

工程名称××楼　　仪器×××　　观测×××

点号	首期成果 1995.3.4	第二期成果 1995.5.8			第三期成果 1995.7.2						备注
	H_0/m	H/m	s/mm	$\sum s$ /mm	H/m	s/mm	$\sum s$ /mm				
1	17.595	17.590	5	5	17.588	2	7				
2	17.555	17.549	6	6	17.546	3	9				第二期观测为暴雨后
3	17.571	17.565	6	6	17.563	2	8				
4	17.604	17.601	3	3	17.600	1	4				
…	…	…			…						
静荷载 P	3.0 t/m²	4.5 t/m²			8.1 t/m²						
平均沉降量		5.0 mm			2.0 mm						
平均沉降速度		0.078 mm/d			0.037 mm/d						

二、作图

为了更直观地显示所获得的信息，可以将其绘制成图。图 3－18－12 是一个表示荷载、时间与沉降量的关系曲线图。图中横坐标为时间 T，可以 10 天或 1 个月为单位，纵坐标向下为沉降量 s，向上为荷载 P。所以横坐标轴以下是随着时间变化的沉降量曲线，即 $s-T$ 曲线；横坐标轴以上则是荷载随时间而增加的曲线，即 $P-T$ 曲线。施工结束后，荷载不再增加，则 $P-T$ 曲线呈水平直线。从这个图上，可以清楚地看出沉降量与荷载的关系及变化趋势是渐趋稳定。

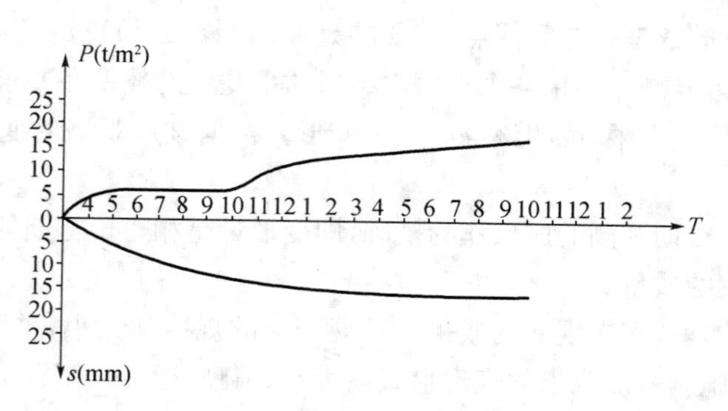

图 3－18－12　荷载、时间与沉降量的关系曲线图

根据同样方法，也可绘出其他变形与外界因素的关系曲线。

根据上述的各种信息，结合有关的专业知识，即可对变形的原因、趋势等进行几何的和物理的分析，为工程措施提供依据。

需要指出的是，一般认为稳定的基准点，也不可能完全没有变形。所谓稳定，只是相对而言，即当变形对变形点的观测没有实际影响时，就视为稳定。

习题 18

1. 建筑物变形观测的目的是什么？主要内容有哪些？

2. 沉降观测设置基准点和工作基点的要求是什么？

3. 倾斜观测的方法有哪几种？各适用于什么情况？

4. 某点的沉降观测数据如表 3－18－5 所示，试绘图表示沉降量与时间的关系。

表 3－18－5　某点的沉降观测数据

观测日期	11.9.10	11.11.12	12.12.15	12.2.30	12.4.20	12.6.9	12.7.26
观测高程/m	7.343	7.336	7.332	7.325	7.317	7.311	7.303
观测日期	12.10.3	12.12.6	13.2.4	13.4.10	13.6.3	13.8.3	13.10.6
观测高程/m	7.297	7.292	7.288	2.284	8.282	7.281	7.280

5. 在一建筑物上有一变形观测点，通过三次测量，其坐标值分别为 $X_1=9\ 929.089$ m，$Y_1=1\ 0211.976$ m；$X_2=9\ 929.076$ m，$Y_2=10\ 211.980$ m；$X_3=9\ 929.064$ m，$Y_3=10\ 211.975$ m。求此变形观测点每次观测的水平位移量及总位移量。

6. 由于地基不均匀沉降，建筑物发生倾斜，现测得建筑物前后基础的不均匀沉降量为 0.023 m。已知建筑的高为 19.20 m，宽为 7.20 m，求偏移量及倾斜率。

7. 一圆形尖顶古塔，现测得其顶部坐标为 $X_1=20.604$ m，$Y_1=27.008$ m，底部中心坐标为 $X_2=20.667$ m，$Y_2=26.927$ m。求倾斜量及倾斜方向。

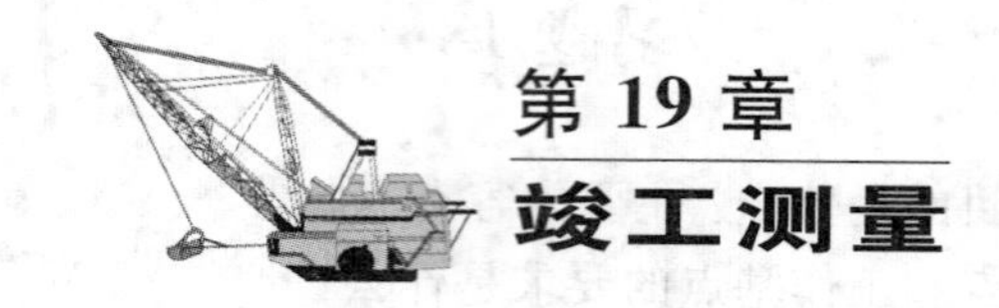

第19章 竣工测量

第1节 竣工测量的任务和内容

工程竣工后，为检查建筑体的主要结构及路线位置是否符合设计要求，应进行竣工测量。竣工测量是指工程建设竣工、验收时所进行的测量工作，主要是对施工过程中设计有所更改的部分、直接在现场指定施工的部分以及资料不完整而无法查对的部分，根据施工控制网进行现场实测或加以补测。其提交的成果主要包括竣工测量成果表、竣工总平面图、专业图、断面图以及细部点坐标和细部点高程明细表等。

在每一个单项工程完成后，必须由施工单位进行竣工测量，提出工程的竣工测量成果，作为编绘竣工总平面图的依据。竣工测量的内容包括：

1. 工业厂房及一般建筑物。包括房角坐标，各种管线进出口的位置和高程，并附房屋编号、构层数、面积和竣工时间等资料。

2. 铁路和公路等交通路线。包括起止点、转折点、交叉点的坐标，曲线要素，桥涵等构筑物的位置和高程，人行道、绿化带界线等。

3. 地下管网。检修井、转折点、起始点的坐标，井盖、井底、沟槽和管顶等的高程，并附注管道及检修井的编号、名称、管径、管材、间距、坡度和流向。

4. 架空管网。包括转折点、结点、交叉点的坐标，支架间距，基础面高程。

5. 特种构筑物。包括沉淀池、污水处理池、烟筒、水塔等的外形、位置及高程。

6. 绿化环境工程的位置和高程。

7. 测量控制网的平面坐标及高程。

第2节 竣工测量与验收测量

在工程竣工后，为检查构筑物结构及位置是否符合设计要求，应进行竣工测量，为工程使用中检修和安装设备提供测量数据。

竣工测量与验收测量的内容一般包括竣工建筑物及周边现状图测绘、建筑物与道路控制红线和用地红线等规划要素关系的标定、与周边建筑物关系的标定等。规划行政管理部门以此作为行政审批的依据，将竣工测量的结果与报建材料对照，以确定该项目是否有位移、超面积建设、不按设计图纸施工等违章建设行为。因此，竣工测量成果的精度较普通的地形图测绘要高，表示的内容更加丰富和详尽。

第 3 节　竣工总平面图的编绘

竣工测量的成果之一地形图，称为竣工地形图。由于其只反映竣工地物的整体平面位置，故又称竣工总平面图。竣工总平面图是设计总平面图在施工后实际情况的全面反映，即反映竣工后建筑物或构筑物及其工程设施在地面上的实际位置。竣工总平面图根据已竣工的建筑物竣工测量成果进行编绘。竣工总平面图的编绘主要包括室外实测和室内编绘。室外实测又称竣工测量，室内编绘主要包括竣工总平面图、专业分图和附表等的编绘工作。竣工总平面图以现场测绘为主，设计图结合室内编绘为辅，一般选用的比例尺为1∶500。

编绘竣工总平面图分三个步骤，即选择图幅大小与确定比例尺、绘制底图和编绘竣工总图。竣工总平面图是随着工程的陆续竣工相继编绘的。当某项工程竣工后，立即进行竣工测量并编绘总平面图。如果发现有位置偏移、变更等问题，要及时到现场查对，使竣工总平面图能真实反映实际情况。因此，竣工总平面图及竣工资料是反映工程质量的重要依据。

习题 19

1. 竣工测量提交的成果主要包括什么？
2. 竣工测量与验收测量的内容一般包括什么？
3. 竣工总平面图的编绘主要包括什么？

第 20 章 展望

第 1 节 现代测绘学与广义工程测量学

一、现代测绘学

工程测量学与大地测量学、摄影测量与遥感学、地图制图学、地理信息系统、海洋测绘及测绘仪器一样，是现代测绘科学与技术的重要组成部分。20 世纪 90 年代以来，现代测绘科学技术的发展非常迅速，与相邻科学及其他科学的联系也更加紧密，已从单纯的与地形有关的测绘和资料发展到数据采集、传输、存储、处理的自动化，并对资料信息进行深加工、作出科学解释与管理，进行数字地图、数字专用图生产，建立各种信息管理系统等。现代测绘科学、定位技术、遥感和地理信息学等学科与现代计算机科学与信息科学、通信科学等相结合的多科学集成，出现了新的科学——“Geomatics”，即“现代测绘学”或“地球空间信息学”，使传统测绘的内涵和外延得到了丰富，应用领域和范围进一步扩展。

“Geomatics”学科的出现反映了现代测绘科学与遥感、地理信息系统、多媒体通信等现代计算机科学的集成。这一科学包含了所有用计算机处理地理信息的各种学科与技术，涉及工程测量学、工程测量、地形测量、遥感、摄影测量、地理信息系统（GIS）、土地信息系统（LIS）、地籍测绘、市政府管理等；采用的方法有星载、机载、舰载和地面数据采集方法，通过计算机硬件和软件并借助现代信息技术来处理和管理各种空间数据。它是现代测绘科学与计算机信息科学的综合集成，属于空间信息科学的范畴。

“Geomatics”学科的出现给传统的测绘专业带来了机遇，但同样带来了挑战和竞争。由于其他学科对信息的获取、处理、分析和管理越来越重视，信息的获取和处理从专业领域发展成为更加通用和成熟的技术，测绘技术在过去几十年甚至上百年来的专业优势在现在已不是测绘业的“专利”和特长。例如，以前地面点的定位，需要建立全国范围或区域范围内的大地测量、工程测量控制网，并通过掌握经纬仪、水准仪、测距仪等常规测量仪器的专业技术人员的测量和各种复杂的计算才能获得，而现在在一般精度要求的情况下，这些工作只需要一台 GPS 接收机就可以完成。因此，在测绘业现在受到的竞争比任何时候都要激烈，测绘专业如何生存是各国测绘界普遍关心的问题。扩展测绘专业的服务面，面向环境和资源保护、减灾防灾、土地利用、房地产开发、工业领域、社区服务、工程管理等，在全球经济发展中求生存、求发展是当今测绘专业发展和应用的主要方向。

二、广义工程测量学

随着工程测量自动化程度和测量精度的提高，工程测量的技术和方法已经在大型设备安装，巨型实验设备建设，航空、航天工业，以及汽车、船舶和天线制造业中有了广泛的应用，出现了工程测量应用的新学科方向。大型水工建筑物的建设、水利枢纽和电站工程的建设使工程建筑物的安全检测、变形分析和预报成为工程测量的主要方向。随着人类科学技术不断向着宇宙和微观粒子世界延伸，工程测量不仅仅限于地面，而且深入地下、水域、空间、太空和宇宙，包括核电站、海底隧道、跨海大桥、磁悬浮铁路、电子对撞机工程、太空站等。由于仪器的进步和测量精度的提高，工程测量的领域日益扩大，除了传统的工程建设三个阶段的测量工作外，在地震观察、海底探测、巨型机器、车床、设备的荷载实验、高大建筑物（电视发射塔、冷却塔）变形观测、太空飞船对接、文物调查，甚至在医学上和罪证调查中，都应用了最新的工程测量和精密工程测量的仪器和方法。

可见，工程测量的发展情况和整个测绘专业的发展情况基本一致的，发展趋势是服务领域越来越广，和其他的专业如空间科学、资源开发、房地产、地理、工程监理、设计制造、工业测量与工业计量等的结合更加紧密。而不仅仅局限于传统的土木工程建设三个阶段的测量工作。

21世纪是数字化和信息化的时代，科学技术的突飞猛进给土木工程测量学科的发展带来了新的机遇和挑战。工程测量学的发展已经远远地突破了原来土木工程狭窄的概念，而向所谓的“广义工程测量”发展。苏黎世高等工业大学马西斯教授说：“一切不属于地球测定，不属于有关国家地图图集的地形测量和不属于官方测量课题，都属于工程测量。”

从工程测量的发展历史可以看出，工程测量从简单到复杂，从手工操作到测量自动化、一体化，从常规精度测量到高精度测量，从狭窄的土木工程测量到广义工程测量是必然的发展趋势。广义工程测量学是研究、提供、处理和表达地表上、下周围空间建筑和非建筑工程几何物理信息和图形信息，以及研究抽象几何实体的测设实现的理论、方法和技术的一门应用技术学科。广义工程测量学与其他科学联系紧密，解决精密复杂的工程测量课题需要高新技术发展和其他科学的支持，同样，工程测量的研究科学成果也可以应用到其他科学领域，因此它也不是一个单一的学科，而是与许多学科之间互相渗透、互相补充、互相促进。

第2节 工程测量内外业一体化和自动化

工程测量的应用面广，使用的仪器、方法多。然而由于生产能力、生产工具和信息传输等技术的落后，传统工程测量的内、外业生产的严重脱节，更缺乏科学的统筹和规划。长期以来，工程测量信息采集、处理、管理不够规范，数据格式不够统一，中间环节多，人工干预多，作业周期长，整体质量难以控制，与测绘信息化生产的要求有一定的差距。

20世纪90年代初以来，随着电子测量仪器（如电子经纬仪、测距仪、全站仪、数字水准仪和CPS等仪器）的发展和计算机技术的广泛应用，工程测量作业出现了所谓的内外业一体化思想和模式，这一思想的实质就是通过统一的数据载体和应用软件，使各工序和设备间测量数据达到共享。在国际上，徕卡公司于1994年底提出了“OSW”（Open Survey World），即开放的测量世界的概念，其目的是为了使用户所用的徕卡测量仪、系统软件及数据处理能全面兼容。这一概念的提出是非常现实的，因为在此之前，测量行业还没有一个仪器制造、系统及软件开发的数据统一标准，大大制约了工程测量一体化和自动一体化的进程。

工程测量的"一体化"可以理解为；外业工作无论采用一种或多种、相同类型或不同类型的测量仪器，通过统一的数据采集格式和内外业数据接口定义，从而使内外业工作在外业结束时就能一起进行和完成。这里的"自动化"不是指外业测量工作的完全自动化，而是指测量数据的预处理、传输和通信，从而形成电子数据的自动化流程过程中，不需人工干预和处理。如控制测量结束后即可在测站进行控制网的平差计算，施工放样数据可以在放样过程中自动计算等。

由于现阶段工程量仪器类型较多，有传统的光学仪器和模拟仪器，有现在的自动化程度较高的电子仪器，要按统一的数据采集格式记录数据，必须将外业用计算机与外业测量仪器联系，通过开发应用软件实现数据的自动化采集或手工输入，外业测量生成的数据文件通过拷贝或通信的方法传入内业计算机进行计算、处理和管理等。可见，实现内外业一体化的关键是统一的数据格式、数据标准、编码规则以及一体化作业相应的内外业软件等。

工程测量一体化依据计算机技术、数据库管理和处理技术，使用的计算机类型主要有两类，一是内业数据处理及管理用机，另一类是外业数据采集和预处理用机。内业用机主要是台式机或工作站，计算机可构成局域网，在此不作介绍。由于常规工程测量外业的特殊性，外业用计算机基本上还是袖珍计算机、掌上计算机或专用计算机。目前袖珍计算机已经基本淘汰，外业用计算机主要是掌上计算机。美国惠普公司的 HP95LX 于 20 世纪 90 年代初进入中国市场，是国内测量应用的第一代掌上计算机。之后又有 HP100LX/200LX 掌上电脑。HP100LX 机内固化的软件主要有个人信息管理、专用财务计算、系统管理、外部通信和 LOTUS 数据管理五大部分，其中电子邮件软件可进行远程数据联网通信。MP200LX 除外、内存为 2M 和增加了一个应用程序外，其他功能与 HP100LX 完全相同，针对掌上机的特点，测量软件需进行专门开发。

2000 年，惠普公司又推出了 WinCE 操作平台的高档 HP688 掌上电脑，国内电脑制造商也推出了类似的产品，不同档次的各类型掌上电脑已纷纷在外业测量数据采集中得到使用，如南方公司推出的掌上测绘精灵系列等。目前 WinCE 操作平台的掌上电脑除作为电子手簿使用外，甚至作为测量仪器(如 GPS)的控制器使用。

在工程测量一体化过程中，除了应用软件和作业规范的重要性外，外业用计算机的选择性也很重要。工程测量外业用计算机的选择涉及很多方面的因素，除了价格以外，对外业用计算机的选择要考虑以下一些原则：

1. 要能适合野外作业环境，要求重量轻、性能稳定、低耗能、容易解决供电问题，这是最起码的要求，更高的要求是能在恶劣的环境下使用。

2. 采用主流的操作系统，软件便于开发、可移植性、可升级性好，不能像袖珍型计算机那样，软件的开发过分依赖机器的硬件环境。

3. 有足够大的内存和外存，能保存一定数量的作业成果，并能避免断电造成的数据丢失。外存应采用标准和通用的 PCMCIA 卡、FLASH 卡等，有较好的抗静电性和可靠性。

4. 能与普通微机方便地进行通信，数据能通过软盘(或 PCMICA)输出，与测量仪器通信可靠，连接方便，更高的要求是带有无线电通信和拨号上网功能。

5. 主要消耗材料和配件的国产化程度要高，避免“马不贵鞍贵”的现象，一般的配件可以在市场上购买。

除此之外还应考虑机器的用途、机器的生命周期和市场供应等情况。

对照外业用计算机的选择原则，在顾及实用性和经济性两个方面的问题时，现阶段情况下选择掌上计算机作为外业数据采集与预处理的机型是较为合适的。为什么不一步到便携机呢？主要有以下几个原因：

1. 目前普通的便携机都在办公室或较好的环境下使用，不是外业操作机型，更经不起外业环境的考验。

2. 便携机仍然体积太大，电池使用时间太短，供电有一定困难。

3. 高质量的便携机仍然价格很高，许多功能在外业操作得不到应用和发挥，实际上是一种硬件资源的浪费。

4. 便携机的发展方向是多媒体功能越来越强大，因此实际外业中便携机的管理要比掌上机难，遇到计算机病毒袭击等情况比掌上机要复杂。便携机的优点是软件开发、数据处理和管理、网络功能强大，由于硬件很大，软盘等外部储存设备很便宜，用来备份和储存外业观测数据是相当方便的，因此可以适当配备一些便携机在工程测量外业营地，供数据备份、文字处理、上网、软件开发等使用。

第3节　工程测量数据的远程传输

工程测量一体化除了要解决测量仪器和计算机的通信问题外，也要解决测量数据传输的网络化问题。随着工程测量信息化程度的逐步提高，工程测量的作业方式正在发生改变，野外测量数据远程传输的需求也日益突出。

远程通信的硬件技术与软件技术发展到现在已是一种比较成熟的技术并且已经商品化。不过，这些商品化的远程通信技术主要是一些通用性的解决方法，直接应用于野外测量数据远程通信并不合适。因为野外测量数据远程通信有其特殊性，具体表现在以下几方面：

1. 野外通信条件参差不齐。通信的工具既有台式微机和便携式微机，也有袖珍电脑、掌上电脑，因此，通信软件规模应尽可能小，使之能在袖珍电脑上运行。

2. 通信时段较难统一。由于测量作业的分散性以及作业进程不一致，远程数据中心站点要求测量作业队在一固定时段传送野外测量数据是不现实的。可行的方法是远程数据中心站点应能随时接收野外测量数据，达到无人值守。

3. 对数据传输的安全性和可靠性有较高的要求。野外测量数据必须安全、可靠地提交给远程数据中心。在通信过程中不允许发生数据被窃取或数据改变的情况。

4. 任务比较单一，传输数据文件是其主要的任务。远程通信只是作为野外测量的一个辅助功能模块提供给测量人员。

远程通信的基本方法和适于所有掌上电脑野外测量数据远程通信的特殊方法有点对点的通信方法、一点对多点的通讯方法、B/S通信方法、基于移动通讯网的野外测量数据远程通讯方法。

第4节　工程测量学的明天

武汉大学的张正禄教授对工程测量的发展趋势和特点高度概括为“六化”和“十六字”。“六化”是测量内外作业的一体化、数据获取及处理的自动化、测量过程控制和系统行为的智能化、测量成果和产品的数字化、测量信息管理的可视化、信息共享和传播的网络化，“十六字”是精确、可靠、快速、简便、实时、持续、动态、遥测。

测量内外作业的一体化指测量内业和外业工作已无明确的界线，过去只能在内业处理和完成的事，现在在外业也可以很方便地完成。如测图时可在野外编辑修改图形，控制测量时可以在测站上平差和得到坐标，施工放样数据可在放样过程中随时计算等。

数据获取及处理的自动化主要指数据的自动化流程。电子全站仪、电子水准仪、GPS接收机都是自动化地进行数据获取，大比例尺测图系统、水下地形测量系统、大坝变形监测系统等都可实现或都已实现数据获取及处理的自动化，如武汉大学研制的科傻系统实现了地面控制和施工测量的数据获取及处理的自动化。用测量机器人还可实现无人观测，即测量过程的自动化。

测量过程控制和系统行为的智能化主要指通过程序实现对自动化观测仪器的智能化控制、管理，能模拟人脑的思维方式判断和处理测量过程中遇到的各种问题，如在地铁自动变形监测系统中，当测量视线遇遮挡时会自动判断并等待车辆经过后再观测，当变形值超限时会自动通过电话、短信或发电子邮件等方式报警。

测量成果和产品的数字化是指成果的形式和提交方式，只有数字化才能实现计算机处理和管理以及与后续系统、用户之间的数据无缝衔接。测量成果和产品的数字化实际上还包括了测量成果的多样化。

测量信息管理的可视化包含图形可视化、三维可视化和虚拟现实等。

信息共享和传播的网络化是在数字化基础上锦上添花，包括在局域网和国际互联网上实现。

“十六字”从另一角度概括了现代工程测量学发展的特点，特别是朝快速、动态方向发展。从目前的情况可以看出，各种移动式测量系统，如车载、机载测量系统，将成为今后工程测量的主要手段。

从工程测量整个学科的发展来看，精密工程测量的理论技术与方法、工程的形变监测分析与灾害预报、工程信息系统的建立与应用将是今后一段时间内工程测量学研究的主要方向。

展望未来，我们可以预计工程测量将在以下方面得到显著发展：

1. 测量机器人将作为多传感器集成系统在人工智能方面得到进一步发展，其应用范围将进一步扩大，影像、图形和数据处理方面的能力将进一步增强。

2. 在变形观测数据处理和大型工程建设中，将发展基于知识的信息系统，并进一步与大地测量、地球物理、工程与水文地质以及土木建筑等学科相结合，解决工程建设中以及运行期间的安全监测、灾害防治和环境保护的各种问题。

3. 工程测量将从土木工程测量、三维工业测量扩展到人体科学测量，如人体各器官或各部位的显微测量和显微图像处理。

4. 多传感器的混合测量系统将得到迅速发展和广泛应用，如 GPS 接收机与电子全站仪或测量机器人集成，可在大区域乃至国家范围内进行无控制网络的各种测量和定位工作；在小尺度范围内，经纬仪、激光跟踪测量仪和摄影测量系列的集成可用于机器人的动态检校和设备在线检测等。

5. GPS，GIS，RS 技术将紧密结合工程项目，在勘测、设计、施工管理一体化方面发挥重大作用。

6. 大型和复杂结构建筑、设备的三维测量、几何重构以及质量控制将是工程测量学发展的热点。固定式、移动式、车载、机载三维激光扫描仪将成为快速获取被测物体乃至地面建筑物、构筑物及地形信息的重要仪器。用精密工程测量的设备和方法进行工程测量、大型设备的安装、在线检测和质量控制，成为设计制造的重要组成部分，甚至作为制造系统不可分割的一个单元是在工业领域应用的一个趋势。

7. 数据处理中数学物理模型的建立、分析和辨识将成为工程测量学专业教育的重要内容；数据处理由侧重网的平差计算、点的坐标计算、几何元素计算发展到高密度空间三维点、"点云"数据处理、被测物的三维重建、可视化分析、"逆向工程"以及与实体模型的比较分析、测量数据和各种设计数据库的无缝衔接等。

综上所述，工程测量学的发展，主要表现在从一维、二维到三维乃至四维，从点信息到面信息获取，从静态到动态，从后处理到实时处理，从人眼观测操作到机器人自动寻标观测，从大型特种工程到人体测量工程，从高空到地面、地下以及水下，从人工测量到无接触遥测，从周期观测到持续测量。测量精度从 mm 级到 μm 级。一方面，随着人类文明的进展，对工程测量学的要求越来越高，服务范围不断扩大；另一方面，现代科技新成就为工程测量学提供了新的工具和手段，从而推动了工程测量学的不断发展，而工程测量学的发展又将直接对改善人们的生活环境、提高人们的生活质量起到重要作用。

习题 20

1. 简述现代测绘学的定义。
2. 如何理解广义工程测量学的定义？
3. 何谓工程测量的内外业一体化和自动化？
4. 野外测量数据远程通信的特殊性表现在哪些方面？
5. 简述工程测量的发展趋势的"六化"含义。
6. 工程测量发展的"十六字"含义是什么？
7. 工程测量学有哪些发展方向和应用领域？

第 4 篇
工程测量实训指导

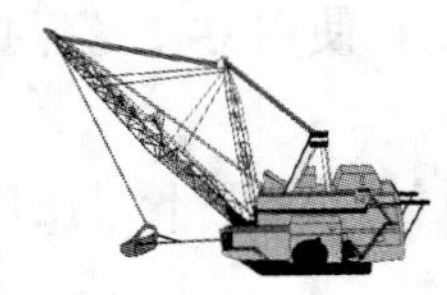

第21章 工程测量实训总则

一、测量实训课须知

测量实训课旨在培养学生实际操作能力，加深对课程内容的理解，是学习测量学的重要环节之一；是理论联系实际，加强基本技能的有效措施。平时实训课侧重于测量学的最基础训练，与其他教学环节有着密切的联系。为了使实训课起到应有的作用，学生必须注意下列几点：

1. 课前应做好准备，包括阅读本书"工程测量实训指导"，预习教材中有关章节，准备好必要的表格和文具等；
2. 实训前应了解实习的内容和要求，弄清有关的基本理论和方法；
3. 实训课无论在室外或室内进行，都和上课一样，必须遵守上课纪律；
4. 实训课上应认真完成教师所布置的任务；
5. 实训应按统一安排的地点进行，不得擅自改变；
6. 实训中应爱护仪器工具，严格遵守《测量仪器使用规范》；
7. 实训中必须重视记录，严格遵守《测量资料记录规则》；
8. 实训中应该爱护树木花草和农作物，不得任意损坏。

二、测量资料记录规则

1. 实习记录直接填写在规定的表格中，不得先用另纸记录，再行转抄；
2. 记录和计算须用 H 或 2H 铅笔书写，不得使用钢笔、圆珠笔或其他笔书写；
3. 字体应端正、清晰，书写在规定的格子内，上部应留有适当空隙，作错误更正之用；
4. 写错的数字用横线端正地划去，在原字上方写出正确数字，严禁在原字上涂改或用橡皮擦拭挖补；
5. 禁止连续更改数字，例如改了观测数据，又改其平均数，观测的尾数原则上不得更改，如角度的分、秒值，水准和距离的厘米、毫米数；
6. 记录的数字应齐全，如水准中的 0234 或 3100，角度的 3°04′06″或 3°20′00″，数字"0"不得随便省略；
7. 当一人观测由另一人记录时，记录者应将所记数字回报给观测者，以防听错记错；
8. 记录应保持清洁整齐，所有应填写的项目都应填写齐全。

三、测量仪器使用规则

1. 测量仪器多为精密、贵重仪器。为保证仪器安全，延长使用寿命及保持仪器精度，使用仪器时，需按本规则要求进行；

2. 对光学仪器要严格防潮、防尘、防震，在雨天及大风沙气候下不得使用，在搬运途中必须有人扶持；

3. 仪器应尽可能避免架设在交通要道上，在架好的仪器旁必须有人看守；

4. 在架设好仪器后，必须检查脚架螺旋及连接螺旋是否已拧紧；

5. 在使用过程中搬动仪器，应将上盘制动螺旋松开，对于经纬仪，还要将望远镜竖置，将仪器抱在胸前，一手扶住基座部分，不得将仪器扛在肩上；

6. 拧动仪器的各部的螺旋，要用力适当，在未松开制动螺旋时，不得转动仪器的照准部及望远镜；

7. 在取出仪器后，必须将干燥剂放于盒内，并将盒子盖好，以防干燥剂失效；

8. 工作时不得坐在仪器盒上，在仪器装在盒内搬运时，应该检查搭扣是否扣好，皮带是否安全；

9. 在使用过程中如发现仪器转动失灵，或有异样声音，应立即停止工作，对仪器进行检查，并报告实验室；

10. 仪器的光学部分如沾有灰尘，应用软毛刷刷净，不得用不洁及粗糙的布类擦拭，更不得用手擦拭；

11. 如仪器沾有水珠，应将仪器在通风干燥处晾干后再装入盒内；

12. 工作过程中，不得将两腿骑在脚架腿上；

13. 使用仪器后，均应详细检查仪器状况及配件是否齐全；

14. 仪器装箱时应保持原来的放置位置，且将制动螺旋拧紧。如果仪器盒子不能盖严，不能用力按压，应检查仪器的放置位置；

15. 在使用钢尺时，切勿在打卷的情况下拉尺，并不得脚踩、车压；

16. 钢尺在用完后，必须擦净、上油，然后卷入盒内；

17. 丈量距离时，应在卷起1～2圈的情况下拉尺，且用力不得过猛，以免将连接部分拉坏；

18. 花杆及水准尺应该保持其刻划清晰，没有弯曲，不得用来扛抬物品及乱扔乱放。水准尺放置在地上时，尺面不得靠地；

19. 垂球应保持形状对称，尖部锐利，不得在坚硬的地面上乱用乱碰；

20. 测钎应保持没有弯曲，不得用来作为拉钢尺的把手；

21. 分度器等均应妥善放置，以保持刻划清晰，并防止发生折断及扭曲；

22. 对特殊贵重及精密仪器，应按专业的规定使用。

四、电子测量仪器使用规则

1. 电子测量仪器为特殊贵重仪器，在使用时必须有专人负责；

2. 仪器应严格防潮、防尘、防震，在雨天及大风沙气候下不得使用，长途搬运时，必须将仪器装入减震箱内，且由专人护送；

3. 工作过程中搬移测站时，仪器必须卸下装箱，或装入专用背架，不得装在脚架上搬动；

4. 仪器的光学部分及反光镜严禁用手摸，且不得用粗糙物品擦拭，灰尘宜用软毛刷刷净，油污可用脱脂棉蘸乙醚混合液或哈气擦拭；

5. 仪器不用时宜放在通风、干燥，而且安全的地方，如果在野外沾水，应立即擦净、晾干，再装入箱内；

6. 仪器在阳光下使用时必须打伞，以免曝晒，影响仪器性能；

7. 发射及接收物镜严禁对准太阳，以免将管子烧坏；

8. 仪器在不使用时应经常通电，以防元件受潮，电池应定时充电，但充电不宜过量，以免损坏电池；

9. 使用仪器时，操作按钮及开关，不要用力过大；

10. 使用仪器前，应检查电池电压及仪器的各种工作状态，看是否正常，如发现异常，应立即报告实验室，不得继续使用，更不得随意动手拆修；

11. 仪器的电缆接头，在使用前应弄清楚构造，不得盲目地乱拧乱拨；

12. 仪器在不工作时，应将电源开关关闭；

13. 每次使用完毕，应在使用记录上登记使用人、使用时间及使用日期；

14. 学生实习使用仪器时，教师必须在场指导。

五、工程测量实验室借用仪器设备规定

1. 学生借用本实验室仪器设备，均依本规定办理；

2. 学生依教学计划进行实习借用仪器时，需由任课教师在一周前提出使用仪器之品种、数量、使用时间、使用班级及实习组数，以便实验室进行准备；

3. 学生借用仪器时，需按实验室预先填好的卡片所列之品种、数量、设备编号进行清点，并由组长签字后，方可借用；

4. 学生借用仪器时，需按编号顺序有秩序进行，除特殊情况外，未征得实验室同意，不得任意调换仪器；

5. 非上课时间借用仪器时，为避免影响正常的教学工作，需由任课教师事先与实验室进行联系，以便统筹安排；

6. 学生借用之仪器、设备，不得转借，除另有规定者外，必须在下课时归还实验室，不得擅自带回宿舍；

7. 在归还仪器时，应将脚架腿擦干净，放回原处，并由实验室工作人员进行检查，如认为与借出时情况相符，则由验收人员在借用卡片上签字验收；

8. 学生借用之仪器设备，应按操作要求使用，并需加以爱护，如有丢失、损坏，限期按价赔偿；

9. 学生如违反规定，经教育而不改正，并造成不良后果者，报请学校酌情处理。

六、工程测量实验室赔偿规定

1. 仪器、设备凡有丢失、损失，均由负责者赔偿；

2. 损坏情况较轻，且能修理复原者，赔偿修理费；

3. 设备丢失或损坏情况严重，不能修复，或虽可修复，但对仪器精度严重损伤者，则酌情按原价或折价赔偿；

4. 仪器价值昂贵，如责任者在经济上无力负担，则除赔偿力所能及的费用外，另给行政处分；

5. 对于不听劝阻或有意损坏者，加重赔偿；

6. 赔偿之费用，必须限期交实验室，再转交财务科。除确有经济困难，经学校批准或延期者，逾期不交，从有关费用中扣除。

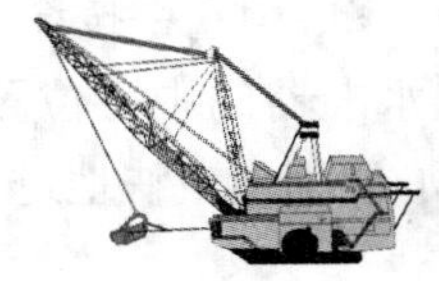

第22章 单项技能课间实训指导

实训1 水准仪的认识与使用

一、实训目的

1. 了解水准仪的构造，熟悉各部件的名称、功能及作用。
2. 初步掌握其使用方法，学会水准尺的读数。

二、实训器具

每小组配备：DS_3型水准仪1台、水准尺1对、尺垫1对、记录板1个、测伞1把。

三、实训内容

(1) 熟悉DS_3型水准仪各部件的名称及作用。
(2) 学会使用圆水准器整平仪器。
(3) 学会瞄准目标，消除视差及利用望远镜的中丝在水准尺上读数。
(4) 学会测定地面两点间的高差。
(5) 实训课时为2学时。

四、实训步骤

1. 安置仪器

打开三脚架，使架头大致水平，高度适中将脚架稳定(踩紧)。然后用连接螺旋将水准仪固定在三脚架上。

2. 了解水准仪各部件的功能及使用方法

(1) 调节目镜，使十字丝清晰，旋转物镜调焦螺旋，使物像清晰。

(2) 转动脚螺旋使圆水准器气泡居中(粗平)；转动微倾螺旋使水准管气泡居中(精平)。

(3) 用准星和照门来粗略照准目标，旋紧水平制动螺旋，转动水平微动螺旋来精确照准目标。

3. 概略整平练习

如图 4－22－1(a)所示的圆气泡处于 a 处而不居中。为使其居中，先按图中箭头的方向转动 1、2 两个脚螺旋，使气泡移动到 b 处，如图 4－22－1(b)所示；再用左手按图 4－22－1(b)中箭头所指的方向转动第三个螺旋，使气泡再从 b 处移动到圆水准器的中心位置。一般反复操作 2～3 次即可整平仪器。操作熟练后，三个螺旋可一起转动，使气泡更快地进入圆圈中心。

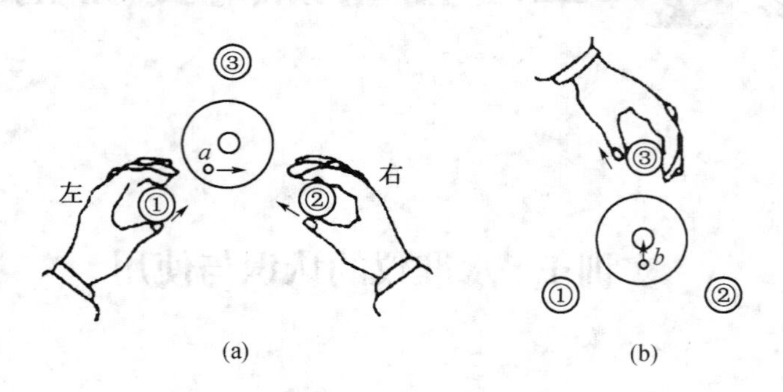

图 4－22－1　概略整平方法

4. 读数练习

概略整平仪器后，用准星和照门瞄准水准尺，旋紧水平制动螺旋。分别调节目镜和物镜调焦螺旋，使十字丝和物像都清晰。此时物像已投影到十字丝平面上，视差已完全消除。转动微倾螺旋，使十字丝的竖丝对准尺面，转动微倾螺旋精平，用十字丝的中丝读出 m 数、dm 数和 cm 数，并估读到 mm，记下四位读数。

5. 高差测量练习

(1) 在仪器前后距离大致相等处各立一根水准尺，分别读出中丝所截取的尺面读数，记录并计算两点间的高差。

(2) 不移动水准尺，改变水准仪的高度，再测两点间的高差，两点间的高差之差不应大于 5 mm。

五、注意事项

(1) 读取中丝读数前，应消除视差，符合水准气泡必须严格符合。

(2) 微动螺旋和微倾螺旋应保持在中间运行，不要旋到极限。

(3) 观测者的身体各部位不应接触脚架。

六、上交资料

每小组上交合格的水准仪认识与使用记录表一份。

实训报告 1　水准仪的认识与使用记录表

日期_______　班级_______　组别_______　姓名_______　学号_______

测站	测点		后视读（m）	前视读（m）	高差（m）	高程（m）	备注
	后						
	前						
	后						
	前						
	后						
	前						
	后						
	前						
	后						
	前						
	后						
	前						
	后						
	前						
	后						
	前						
	后						
	前						
	后						
	前						
	后						
	前						
实训场地布置示图							
实训总结							

实训 2　普通水准测量

一、实训目的

1. 掌握普通水准测量的观测、记录、计算和检核的方法。
2. 熟悉闭合(或附合)水准路线的施测方法、闭合差的调整及待定点高程的计算。

二、实训器具

每小组配备:DS_3型水准仪 1 台、水准尺 1 对、尺垫 2 个、记录板 1 个、测伞 1 把。

三、实训内容

1. 闭合水准路线测量或附合水准路线测量(至少要观测 4 个测站)。
2. 观测精度满足要求后,根据观测结果进行水准路线高差闭合差的调整和高程计算。
3. 实训课时为 2 学时。

四、实训步骤

从指定水准点出发按普通水准测量的要求施测一条闭合(或附合)水准路线,每人轮流观测两站,然后计算高差闭合差及容许值。若高差闭合差在允许范围之内,则对闭合差进行调整,最后算出各测站改正后高差;若闭合差超限,则应返工重测。

五、技术要求

(1) 视线长度不超过 100 m,前、后视距应大致相等。

(2) 限差要求

$$f_{h允} = \pm 12\sqrt{n}\ (\text{mm}) \qquad (n\ 为测站数)$$

$$f_{h允} = \pm 40\sqrt{L}\ (\text{mm}) \qquad (L\ 为路线长度,以\ \text{km}\ 为单位)$$

六、注意事项

(1) 已知点与待定点上不能用尺垫,土路上的转点必须用尺垫。仪器迁站时,前视尺垫不能移动。

(2) 水准尺必须扶直,不得前后左右倾斜。

(3) 前、后视距大致相等,注意消除视差。

七、上交资料

每小组上交合格的普通水准测量记录表一份。

实训报告 2　普通水准测量记录表

日期________ 班级________ 组别________ 姓名________ 学号________

测站	点号		后视读数/m	前视读数/m	高差/m		高程/m	点　号	备注
					+	−			
	后								
	前								
	后								
	前								
	后								
	前								
	后								
	前								
	后								
	前								
	后								
	前								
	后								
	前								
检核	$\sum$								
				$\sum_h =$					

1. 高差闭合差 $f_h =$
2. 允许闭合差 $f_{h允} = \pm 12\sqrt{n}$ (mm)

实习场地布置示图

实习总结

实训 3　微倾式水准仪的检验与校正

一、实训目的

(1) 熟悉水准仪各主要轴线之间应满足的几何条件。
(2) 掌握 DS_3 型水准仪的检验与校正。

二、实训器具

每小组配备：DS_3 型水准仪 1 台、水准尺 1 对、尺垫 1 对、记录板 1 个、测伞 1 把。

三、实训内容

1. 圆水准器的检验与校正。
2. 望远镜十字丝的检验与校正。
3. 水准管轴平行于视准轴的检验与校正。
4. 实训课时为 2 学时。

四、实训步骤

1. 圆水准器轴平行于竖轴的检验与校正

(1) 检验。① 将仪器置于脚架上，然后踩紧脚架，转动脚螺旋使圆水准器气泡严格居中；② 仪器旋转 180°，若气泡偏离中心位置，则两者相互不平行，需要校正。

(2) 校正。① 稍微松动圆水准器底部中央的紧固螺旋；② 用校正针拨动圆水准器校正螺钉，使气泡返回偏离中心的一半；③ 转动脚螺旋使气泡严格居中；④ 反复检查 2～3 遍，直至仪器转动到任何位置气泡都居中。

2. 十字丝横丝垂直于仪器竖轴的检验与校正

(1) 检验。① 严格整平水准仪，用十字丝交点对准一固定小点；② 旋紧制动螺旋，转动微动螺旋，使横丝沿小点移动，如横丝移动时不偏离小点，则条件满足；反之则应校正。

(2) 校正。用小螺钉旋具松开十字丝分划板 3 颗固定螺钉，转动十字丝分划板使横丝末端与小点重合，再拧紧被松开的固定螺钉。

3. 水准管轴平行于视准轴的检验与校正

(1) 检验。① 在比较平坦的地面上选择相距 100 m 左右的 A，B 两点，分别在两点上放上尺垫，踩紧并立上水准尺；② 置水准仪于 A，B 两点的中间，精确整平后分别读取两水准尺上的中丝读数 a_1 和 b_1，求得正确高差 $h_1 = a_1 - b_1$（为了提高精度和防止错误，可两次测定 A，B 两点的高差，并取平均值作为最后结果）；③ 将仪器搬至离 B 点 2～3 m 处，精确整平后再分别读取两水准尺上中丝读数 a_2 和 b_2，求得两点间的高差；④ 若 $h_1 = h_2$，则条件满足，若 $h_1 \neq h_2$，则该仪器水准管轴不平行于视准轴，需要校正。

(2) 校正。① 先求得 A 点水准尺上的正确读数 $a_3 = h_1 + b_2$；② 转动微倾螺旋使中丝读数由 a_2 改变成 a_3，此时水准管气泡不再居中；③ 用校正针拨动校正螺钉，使水准管气泡居中；④ 重复检查，直至 $|h_1 - h_2| \leqslant 3$ mm。

五、注意事项

(1) 必须按实训步骤规定的顺序进行检验和校正，不得颠倒。

(2) 拨动校正螺钉时，应先松后紧，松一个紧一个，用力不宜过大；校正结束后，校正螺钉不能松动，应处于稍紧状态。

六、上交资料

每小组上交微倾式水准仪检验与校正记录表一份。

实训报告 3　微倾式水准仪检验与校正记录表

日期________　班级________　组别________　姓名________　学号________

测站位置	计算符号	第一次	第二次	原理略图(按实际地形画图)
仪器与两标尺等距离	a_1			
	b_1			
	$h_1=a_1-b_1$			
仪器在 B 点标尺一端	h_1			
	b_2			
	$a_3=h_1+b_2$			
	a_2			
	$\Delta=a_3-a_2$			
实训总结				

实训 4　经纬仪的认识与使用

一、实训目的

1. 认识 DJ_6 型光学经纬仪的基本结构及主要部件的名称和作用。
2. 掌握 DJ_6 型光学经纬仪的基本操作和读数方法。

二、实训器具

每小组配备：DJ_6 型光学经纬仪 1 台、记录板 1 个、测伞 1 把。

三、实训步骤

1. 认识 DJ_6 型光学经纬仪的各操作部件，掌握使用方法。
2. 学会用脚螺旋及水准管整平仪器。
3. 在一个指定点上，练习用光学对中器对中、整平经纬仪的方法。
4. 练习用望远镜精确瞄准目标。掌握正确调焦方法，消除视差。
5. 学会 DJ_6 型光学经纬仪的读数方法，读数记录于“读数记录表”中。
6. 练习配置水平度盘的方法。

四、注意事项

1. 实验课前要认真阅读教材中有关内容。

2. 将经纬仪由箱中取出并安放到三脚架上时，必须是一只手拿住经纬仪的一个支架，另一只手托住基座的底部，并立即旋紧中心连接螺旋，以防仪器从脚架上掉下摔坏。

3. 安置经纬仪时，应使三脚架架头大致水平，以便能较快地完成对中、整平操作。

4. 操作仪器时，应用力均匀。转动照准部或望远镜，要先松开制动螺旋，切不可强行转动仪器。旋紧制动螺旋时用力要适度，不宜过紧。微动螺旋、脚螺旋均有一定调节范围，宜使用中间部分。

5. 在三脚架架头上移动经纬仪完成对中后，要立即旋紧中心连接螺旋。

6. 使用带分微尺读数装置的 DJ_6 型光学经纬仪，读数时应估读到 $0.1'$，即 $6''$，故读数的秒值部分应是 $6''$ 的整倍数。

五、上交资料

每小组上交水平度盘读数记录表一份。

实训报告 4　水平角计算记录表

仪器______　天气______　班组______　观测者______　记录者______　日期______

<table>
<tr><th rowspan="2">测站</th><th rowspan="2">目标</th><th colspan="3">水平度盘读数</th><th rowspan="2">角值</th><th rowspan="2">备注</th></tr>
<tr><th>°</th><th>′</th><th>″</th></tr>
<tr><td rowspan="2"></td><td></td><td></td><td></td><td></td><td rowspan="2"></td><td rowspan="2"></td></tr>
<tr><td></td><td></td><td></td><td></td></tr>
<tr><td rowspan="2"></td><td></td><td></td><td></td><td></td><td rowspan="2"></td><td rowspan="2"></td></tr>
<tr><td></td><td></td><td></td><td></td></tr>
</table>

实训5　测回法观测水平角

一、实训目的

1. 掌握测回法测量水平角的操作方法、记录和计算。

2. 每位同学对同一角度观测一测回，上、下半测回角值之差不超过±40″。

3. 在地面上选择四点组成四边形，所测四边形的内角之和与360°之差不超过$\pm 60''\sqrt{4}=\pm 120''$。

二、实训器具

每小组配备：DJ_6型经纬仪1台、测钎2只、记录板1个、测伞1把。

三、方法与步骤

1. 在地面上选择四点组成四边形，每位同学测量一个角度。

2. 在测站点安置经纬仪，对中、整平。

3. 盘左位置，瞄准左手方向的目标，读取水平度盘读数，记入观测手簿；然后松开照准部制动螺旋，顺时针转动照准部，瞄准右手目标，读取水平度盘读数，记入观测手簿。

4. 盘右位置，松开照准部和望远镜制动螺旋，纵转望远镜成盘右位置，瞄准原右手方向的目标，读取水平度盘读数，记入观测手簿；然后松开照准部制动螺旋，逆时针转动照准部，瞄准原左手方向的目标，读取水平度盘读数，记入观测手簿。

四、注意事项

1. 目标不能瞄错，并尽量瞄准目标下端。

2. 立即计算角值，如果超限，应重测。

五、上交资料

每小组上交合格的测回法观测记录表一份。

实训报告 5　水平角测回法观测记录表

仪器型号：________　观测日期：________　观测：________　计算：________
仪器编号：________　天　　气：________　记录：________　复核：________

测回	测站	盘位	目标	水平盘读数	半测回角值	一测回角值	备注
				° ′ ″	° ′ ″	° ′ ″	

实训 6　全圆方向观测法测水平角

一、实训目的

掌握用 DJ_6 型光学经纬仪按方向观测法测水平角的方法及记录、计算方法，了解各项限差。

二、实训器具

每小组配备：DJ_6 型经纬仪 1 台、记录板 1 个、测伞 1 把。

三、实训步骤

在一个测站上对 4 个目标作两测回的方向法观测。

1. 一测回操作顺序为：

上半测回，盘左，零方向水平度盘读数应配置在比 0°稍大的读数处，从零方向开始，顺时针依次照准各目标，读数，归零，并计算归零差。若归零差不超过限差规定，则计算零方向平均值。

下半测回，盘右从零方向开始，逆时针依次照准各目标，读数，归零，并计算归零差。若归零差不超过限差规定，则计算零方向平均值。

计算半测回方向值及一测回平均方向值。

2. 进行第二测回观测时，操作方法和步骤与上述基本相同，仅是盘左零方向要变换水平度盘位置，应配置在比 90°稍大的读数处。

3. 若同一方向各测回方向值互差不超过限差规定，则计算各测回平均方向值。所有读数均应当场记入水平角观测手簿中。

4. DJ_6 型经纬仪方向法观测的各项限差如下：

半测回归零差：±18″；

同一方向各测回方向值互差：±24″。

四、注意事项

1. 要旋紧中心连接螺旋和纵轴固定螺旋，防止发生事故。

2. 应选择距离稍远、易于照准的清晰目标作为起始方向(零方向)。

3. 为避免发生错误，在同一测回观测过程中，切勿碰动水平度盘变换手轮，注意关上保护盖。

4. 记录员听到观测员读数后必须向观测员回报，经观测员默许后方可记人手簿，以防听错而记错。

5. 手簿记录、计算一律取至″。

6. 观测过程中，若照准部水准管气泡偏离居中位置，其值不得大于一格。同一测回内若气泡偏离居中位置大于一格，则该测回应重测。不允许在同一个测回内重新整平仪器，不同测回，则允许在测回间重新整平仪器。

7. 测回间盘左零方向的水平度盘读数应变动 $180°/n$(n 为测回数)。本实验测两测回，故 $n=2$。

五、上交资料

每小组上交合格的两测回观测记录表一份。

实训报告6　全圆方向观测法记录表

时　间________　天　气________　仪器型号________

观测者________　记录者________　测　　站________

<table>
<tr><td rowspan="2">测站</td><td rowspan="2">测回</td><td rowspan="2">目标</td><td colspan="2">水平度盘读数</td><td rowspan="2">2C=左−(右±180)</td><td rowspan="2">平均读数=[左+(右±180)]/2</td><td rowspan="2">归零后的方向值</td><td rowspan="2">各测回归零方向值平均值</td><td rowspan="2">简图与角值</td></tr>
<tr><td>盘左(L)</td><td>盘右(R)</td></tr>
<tr><td>1</td><td>2</td><td>3</td><td>4</td><td>5</td><td>6</td><td>7</td><td>8</td><td>9</td><td>10</td></tr>
<tr><td rowspan="10">O</td><td rowspan="5">1</td><td>A</td><td></td><td></td><td></td><td></td><td></td><td></td><td rowspan="10"></td></tr>
<tr><td>B</td><td></td><td></td><td></td><td></td><td></td><td></td></tr>
<tr><td>C</td><td></td><td></td><td></td><td></td><td></td><td></td></tr>
<tr><td>D</td><td></td><td></td><td></td><td></td><td></td><td></td></tr>
<tr><td>A</td><td></td><td></td><td></td><td></td><td></td><td></td></tr>
<tr><td rowspan="5">2</td><td>A</td><td></td><td></td><td></td><td></td><td></td><td></td></tr>
<tr><td>B</td><td></td><td></td><td></td><td></td><td></td><td></td></tr>
<tr><td>C</td><td></td><td></td><td></td><td></td><td></td><td></td></tr>
<tr><td>D</td><td></td><td></td><td></td><td></td><td></td><td></td></tr>
<tr><td>A</td><td></td><td></td><td></td><td></td><td></td><td></td></tr>
</table>

实训7　竖直角观测

一、实训目的

1. 了解经纬仪竖盘注记形式，掌握竖角及竖盘指标差的计算公式。
2. 掌握竖角观测、记录、计算和检验竖盘指标差的方法。

二、实训器具

每小组配备：DJ_6 型经纬仪 1 台、记录板 1 个、测伞 1 把。

三、实训步骤

1. 写出竖角及竖盘指标差的计算公式

安置仪器，转动望远镜，观测竖盘读数的变化，确定竖盘注记形式。

(1) 当望远镜视线上倾时，竖盘读数增加，则竖角 α＝瞄准目标时竖盘读数－视线水平时竖盘读数；

(2) 当望远镜视线上倾时，竖盘读数减少，则竖角 α＝视线水平时竖盘读数－瞄准目标时竖盘读数。

2. 竖角观测

选定远处一觇标(标牌或其他明显标志)作为目标，采用中丝法测竖角。一人观测，一人记录，分别对四个目标用中丝法观测竖角一测回。

(1) 在测站上安置仪器，对中，整平。

(2) 盘左。依次瞄准各目标，使十字丝的中横丝切目标于某一位置。

(3) 转动竖盘指标水准管微动螺旋，使竖盘指标水准管气泡居中。读取竖盘读数 L。记录并计算盘左半测回竖角值。

(4) 盘右。观测方法同(2)、(3)步，读取竖盘读数 R。记录并计算盘右半测回竖角值。

(5) 计算指标差及一测回竖角值。指标差变化容许值为 25″，如果超限，则应重测。然后交换工种，进行另一测回的竖角观测。

3. 若时间许可，每人再对一个目标用三丝法进行一测回的观测。

四、注意事项

1. 务必弄清计算竖角和指标差的公式。

2. 观测时，对同一目标要用十字丝横丝切准同一部位。每次读数前都要使指标水准管气泡居中。

3. 计算竖角和指标差时，应注意正、负号。

4. 用三丝法观测时，观测员要与记录员配合好，明确观测次序，以免把盘左盘右的上下丝读数记录错。

五、上交资料

每小组上交竖角观测记录表一份。

实训 7　垂直角现测记录表

时　间________　天　气________　仪器型号________

观测者________　记录者________　测　站________

测点	目标	竖盘位置	竖盘读数	半测回竖直角	指标差/″	一测回竖直角
			° ′ ″	° ′ ″		° ′ ″
		左				
		右				
		左				
		右				

实训 8　经纬仪的检验与校正

一、实训目的

1. 加深对经纬仪主要轴线之间应满足条件的理解。

2. 掌握 DJ_6 型经纬仪的室外检验与校正的方法。

二、仪器和工具

1. 每小组配备：DJ_6 型光学经纬仪 1 台、记录板 1 个、皮尺 1 把、校正针 1 根、小螺丝刀 1 把。

2. 自备 2H 铅笔、直尺。

三、实验步骤提要

1. 了解经纬仪主要轴线应满足的条件，弄清检验原理。

2. 照准部水准管轴垂直于竖轴的检验与校正。

(1) 检验方法。先将仪器大致整平，转动照准部使水准管与任意两个脚螺旋连线平行，转动这两个脚螺旋使水准管气泡居中。将照准部旋转 180°，如气泡仍居中，则条件满足；如气泡不居中，则需进行校正。

(2) 校正方法。转动与水准管平行的两个脚螺旋，使气泡向中心移动偏离值的一半。用校正针拨动水准管一端的上、下校正螺丝，使气泡居中。此项检验和校正需反复进行，直至水准管旋转至任何位置时水准管气泡偏离居中位置不超过 1 格。

(3) 十字丝竖丝垂直于横轴的检验与校正。

① 检验方法。整平仪器，用十字丝竖丝照准一清晰小点，固定照准部，使望远镜上下微动，若该点始终沿竖丝移动，则十字丝竖丝垂直于横轴。否则，条件不满足，需进行校正。

② 校正方法。卸下目镜处的十字丝护盖，松开四个压环螺丝，微微转动十字丝环，直至望远镜上下微动时该点始终在纵丝上。然后拧紧四个压环螺丝，装上十字丝护盖。

(4) 视准轴垂直于横轴的检验与校正。

① 检验方法。整平仪器，选择一与仪器同高的目标点 A，用盘左、盘右观测。盘左读数为 L'、盘右读数为 R'，若 $R'=L'\pm180°$，则视准轴垂直于横轴；否则，需进行校正。

② 校正方法。先计算盘右瞄准目标点 A 应有的正确读数 R，$R=R'+c=\frac{1}{2}(L'+R'\pm180°)$，视准轴误差 $c=\frac{1}{2}(L'-R'\pm180°)$，转动照准部微动螺旋，使水平度盘读数为 R，旋下十字丝环护罩，用校正针拨动十字丝环的左、右两个校正螺丝使一松一紧(先略放松上、下两个校正螺丝，使十字丝环能移动)，移动十字丝环，使十字丝交点对准目标点 A。

检校应反复进行，直至视准轴误差 c 在 $\pm60''$ 内。最后将上、下校正螺丝旋紧，旋上十字丝环护罩。

(5) 横轴垂直于竖轴的检验。

在离墙 20～30 m 处安置仪器，盘左照准墙上高处一点 P(仰角 30°左右)，放平望远镜，在墙上标出十字丝交点的位置 m_1；盘右再照准 P 点，将望远镜放平，在墙上标出十字丝交点位置 m_2。如 m_1，m_2 重合，则表明条件满足；否则需计算 i 角。

$$i=\frac{d}{2D\cdot\tan\alpha}\cdot\rho''$$

式中，D 为仪器至 P 点的水平距离；d 为 m_1 和 m_2 的距离；α 为照准 P 点时的竖角；$\rho''=206\,265''$。

当 i 角大于 $60''$ 时，应校正。由于横轴是密封的，且需专用工具，故此项校正应由专业仪器检修人员进行。

(6) 竖盘指标差检验与校正

① 检验

a. 用盘左、盘右照准同一水平目标，在竖盘指标水准管气泡居中时，分别读取竖盘读数 L 和 R。

b. 按竖盘指标差计算公式计算出指标差 x，若 $|x|>60''$，则须进行校正。

② 校正

a. 经纬仪位置不动，仍用盘右照准原目标。转动竖盘指标水准管微动螺旋，使指标对准竖盘读数正确值 $(R-x)$，此时竖盘指标水准管气泡不再居中。

b. 用校正针拨动竖盘指标水准管校正螺丝使气泡居中。

此项检验校正需反复进行，直到竖盘指标差 x 满足要求为止。

对于有竖盘指标自动归零补偿器的经纬仪，其竖盘指标差的检验方法同上，但校正工作应由专业仪器检修人员进行。

四、注意事项

1. 实验课前，各组要准备几张画有十字线的白纸，用作照准标志。
2. 要按实验步骤进行检验、校正，不能颠倒顺序。在确认检验数据无误后，才能进行校正。
3. 每项校正结束时，要旋紧各校正螺丝。
4. 选择检验场地时，应顾及视准轴和横轴两项检验，既可看到远处水平目标，又能看到墙上高处目标。
5. 每项检验后应立即填写经纬仪检验与校正记录表中相应项目。

五、上交资料

每小组上交经纬仪检验与校正记录表一份。

六、记录表格

实训 8　经纬仪的检验与校正记录表

视准轴应垂直于横轴的检验记录表

仪器______ 天气______ 班组______ 观测者______ 记录者______ 日期______

测站	竖盘位置	目标	水平盘读数	$a_1=a_2\pm180°$	检验结果是否合格
O	盘左	P			
	盘右	P			

视准轴应垂直于横轴的校正记录表

仪器______ 天气______ 班组______ 观测者______ 记录者______ 日期______

测站	竖盘位置	目标	水平盘读数	盘右水平盘的正确读数 $a=\frac{1}{2}[a_2+(a_1\pm180°)]$
O	盘左	P		
	盘右	P		

竖盘指标差的检验与校正记录表

仪器______ 天气______ 班组______ 观测者______ 记录者______ 日期______

检验	测站	目标	竖盘位置	竖盘读数 ° ′ ″	指标差/ ″	校正	竖盘位置	目标	正确读数 $R-x$
	A	B	左				盘右	B	
			右						

实训9　距离测量(3种方法)

一、实训目的

掌握视距测量的观测方法,学会用计算器进行视距计算;掌握钢尺量距、手持测距仪的方法。

二、实训器具

每小组配备:DJ_6 型经纬仪1台、视距尺1支、小钢尺1把、钢卷尺1把、手持测距仪1台、记录板1个。

三、实训步骤

1. 在测站点 A 安置经纬仪,用小钢尺量取仪器高 i(测站点至经纬仪横轴的高度),并假定测站点的高程 $H_A=20.00$ m。

2. 视距测量一般以经纬仪的盘左位置进行观测,视距尺立于若干待测定的地物点上(设为 B 点)。瞄准直立的视距尺,转动望远镜微动螺旋,以十字丝的上丝对准尺上某一整dm数,读取下丝读数 a、上丝读数 b、中丝读数 v。下丝读数减上丝读数,即得视距间隔。然后,将竖盘指标水准管气泡居中,读取竖盘读数,立即算出竖直角 α。

3. 按测得的 i,l,v 和 α 用公式

$$D=Kl\cos^2\alpha$$

$$h=\frac{1}{2}Kl\sin 2\alpha+i-v$$

$$H_B=H_A+h$$

计算出 A,B 两点间水平距离及 B 点高程。

4. 用钢卷尺量取对应两点的距离,进行比较分析。

5. 用手持测距仪测取对应两点的距离,进行比较分析。

四、注意事项

1. 视距测量观测前应对竖盘指标差进行检验校正，使指标差在±60″以内。
2. 观测时视距尺应竖直并保持稳定。
3. 对视距测量、钢尺量距和手持测距仪测距进行精度对比分析。

五、上交资料

每小组上交视距测量记录表一份。

实训报告 9　视距测量记录表

测区________　日期________　观测员________

仪器号________　天气________　记录员________

测站________　测站高程________　$K=$________　$C=$________

测点	竖盘位置	尺上读数			尺间隔 I	竖盘读数	竖直角 a	水平距离 D	高差		测点高程
		中丝	上丝	下丝					半测回	平均	

实训 10　罗盘仪定向

一、实训目的

掌握用罗盘仪测定直线磁方位角的方法。

二、实训器具

每小组配备：罗盘仪 1 副、皮尺 1 幅、标杆 3 根、测钎 1 束、粉笔若干支、量角器 1 个、比例尺 1 支、记录板 1 个、绘图用具(自备)。

三、实训步骤

罗盘仪的使用步骤如下：

1. 罗盘仪仪器的安装。

2. 罗盘仪定向：在地面上定一条直线 AB，在 B 点放置标杆，在 A 点安置罗盘仪，对中整平后，旋松磁针固定螺丝放下磁针，用物镜中十字架纵线瞄准 B 点上的标杆，读取磁针北端在刻度盘上的读数，即为 AB 边的正磁方位角。然后以同法在 A 点放置标杆，在 B 点安置罗盘仪，用物镜中十字架纵线瞄准 A 点上的标杆，测出 AB 直线的反磁方位角。最后检查正、反磁方位角的误差是否越限。按此方法进行 4 条直线的观测。

四、上交资料

每小组上交直线方向磁方位角数据记录表一份。

实训报告 10　罗盘仪测量记录表

组号________　观测者________　记录者________

测站点	目标	磁方位角			备注
		正 ° ′	反 ° ′	平均 ° ′	

实训 11　全站仪的认识与使用

一、实训目的

1. 了解全站仪的构造。
2. 熟悉全站仪的操作界面及作用。
3. 掌握全站仪的基本使用。

二、实训器具

每小组配备:全站仪1台、棱镜2套、测伞1把。

三、实训步骤

1. 全站仪的认识

全站仪由照准部、基座、水平度盘等部分组成,采用编码度盘或光栅度盘,读数方式为电子显示。有功能操作键及电源,还配有数据通信接口。

2. 全站仪的使用(以拓普康全站仪为例进行介绍)

(1) 测量前的准备工作

① 电池的安装(注意:测量前电池需充足电)。

把电池盒底部的导块插入装电池的导孔。

按电池盒的顶部直至听到"咔嚓"响声。

向下按解锁钮,取出电池。

② 仪器的安置。

在实验场地上选择一点,作为测站,另外两点作为观测点。

将全站仪安置于点,对中、整平。

在两点分别安置棱镜。

③ 竖直度盘和水平度盘指标的设置。

竖直度盘指标设置。松开竖直度盘制动钮,将望远镜纵转一周(望远镜处于盘左,当物镜穿过水平面时),竖直度盘指标即已设置。随即听见一声鸣响,并显示出竖直角。

水平度盘指标设置。松开水平制动螺旋,旋转照准部360°,水平度盘指标即自动设置。随即一声鸣响,同时显示水平角。至此,竖直度盘和水平度盘指标已设置完毕。值得注意的是每当打开仪器电源时必须重新设置竖直度盘和水平度盘的指标。

④ 调焦与照准目标。

操作步骤与一般经纬仪相同,注意消除视差。

(2) 角度测量

① 首先从显示屏上确定是否处于角度测量模式,如果不是,则按操作转换为角度测量模式。

② 盘左瞄准左目标 A,按置零键,使水平度盘读数显示为 $0°00'00''$,顺时针旋转照准部,瞄准右目标 B,读取显示读数。

③ 同样方法可以进行盘右观测。

④ 如果测竖直角,可在读取水平度盘的同时读取竖盘的显示读数。

(3) 距离测量

① 首先从显示屏上确定是否处于距离测量模式,如果不是,则按操作键转换为距离测量模式。

② 照准棱镜中心,这时显示屏上能显示箭头前进的动画,前进结束则完成距离测量,得出距离,H_D 为水平距离,V_D 为倾斜距离。

(4) 坐标测量

① 首先从显示屏上确定是否处于坐标测量模式，如果不是，则按操作键转换为坐标测量模式。

② 输入本站点 O 点及后视点坐标，以及仪器高、棱镜高。

③ 瞄准棱镜中心，这时显示屏上能显示箭头前进的动画，前进结束则完成坐标测量，得出点的坐标。

四、注意事项

(1) 运输仪器时，应采用原装的包装箱运输、搬动。

(2) 近距离将仪器和脚架一起搬动时，应保持仪器竖直向上。

(3) 拔出插头之前应先关机。在测量过程中，若拔出插头，则可能丢失数据。

(4) 换电池前必须关机。

(5) 仪器只能存放在干燥的室内。充电时，周围温度应在 10～30℃之间。

(6) 全站仪是精密贵重的测量仪器，要防日晒、防雨淋、防碰撞震动。严禁仪器直接照准太阳。

五、上交资料

每小组上交全站仪测量记录表一份。

实训报告 11　全站仪测量记录表

组别：　　　　仪器号码：　　　　　　　　　　　　　　年　　　月　　　日

测站	测回	仪器高/m	棱镜高/m	竖盘位置	水平角观测		竖直角观测		距离高差观测			坐标测量		
					水平度盘读数	方向值或角值	竖直度盘读数	竖直角	斜距/m	平距/m	高程/m	x/m	y/m	H/m

实训 12　GPS 接收机的认识与使用

一、实训目的

1. 熟悉 GPS 接收机各部件的功能。
2. 掌握接收机上显示面板的使用。
3. 掌握接收机在测站上的设置方法。

二、实训器具

每小组配备:GPS 接收机 1 台、脚架 1 个、测伞 1 把。

三、实训步骤

1. 实习前,熟悉 GPS 接收机的各项技术指标。
2. 熟悉 GPS 接收机的各项配置。
3. 实习内容主要是 GPS 接收机的使用。

(1) 认识 GPS 接收机的硬件组成。

(2) 电池的安装。安装电池时,先松开固连螺旋按电池盒上的提示安装上电池。安装时,注意电池盒上标注的“+”或“—”极性。

(3) GPS 接收机安装。将 GPS 接收机安放在三脚架基座上,对中、整平、量天线高,与常规测量架设仪器相同。但是,如果 GPS 安置出现测站偏心,就会引起偏心误差。值得注意的是,由于 GPS 是属于三维定位系统,天线高量测误差也会影响平面定位精度。

(4) GPS 接收机操作:开机、参数输入、数据接收、状态面板。接收机一旦开机,便立即搜索卫星信号,跟踪卫星并记录数据。状态面板提供观测过程的监视信息,设有“设站时间段指示灯”“数据记录指示灯” “卫星跟踪指示灯”“电源状态指示灯”等四个指示灯,分别闪烁红或绿两种灯光信号。

(5) GPS 接收机关机。关闭 GPS 接收机电源时,按住电源开关不放,伴随两个蜂鸣声,指示灯全红。直至电源指示灯全灭。

(6) 外业清除内存文件的操作。

(7) GPS 接收机向 PC 机传输(下载)数据。

四、注意事项

1. 实验前,应做好充分的准备。实验教师结合仪器进行接收机性能、状态和功能的讲授。
2. 使用仪器时,应按要求操作。
3. 安装(或更换)电池时,应注意电池的正负极,不要将正负极装反。
4. 架设仪器时,应扣紧接收机与基座的螺旋,以防接收机从脚架上脱落。
5. 操作过程中,注意观察各指示灯的情况。

五、上交资料

每小组上交合格的 GPS 接收机的使用报告一份。

实训 13　全站仪导线测量

一、实训目的

1. 了解应用程序功能(PROG):测量、放样、面积测量、对边测量、参考线放样。

2. 能够正确快速地安置全站仪,并能进行定向、输入测站点数据信息(测站点坐标、定向点坐标、仪器高、觇标高)等工作。

3. 掌握全站仪导线的布设、施测和计算方法。

二、实训器具

每组配备:全站仪 1 台、棱镜组 2 套。

三、实训步骤

全站仪导线测量步骤如下:

1. 在测区内选定由 4～5 个导线点组成的闭合导线,在各导线点打下木桩或在地上画上记号标定点位,绘出导线略图。

2. 用全站仪往返测量各导线边的边长,读至 mm,每边测 4 个测回,每测回读 4 次数。

3. 采用方向法观测导线各转折角,奇数测回测左角,偶数测回测右角,共测 4 个测回。

4. 计算:角度闭合差 $f_\beta = \sum\beta - (n-2) \times 180°$,$n$ 为测角数;导线全长相对闭合差。外业成果合格后，内业计算各导线点坐标。

或者完全按《建筑工程测量》教材介绍的“全站仪导线测量”章节进行观测、记录与计算。

四、注意事项

1. 由于全站仪是集光、电、数据处理于一体的多功能精密测量仪器,在实习过程中应注意保护好仪器,尤其不要使全站仪的望远镜受到太阳光的直射,以免损坏仪器。

2. 未经指导教师的允许,不要任意修改仪器的参数设置,也不要任意进行非法操作,以免因操作不当而发生事故。

五、上交资料

每小组上交导线记录计算表一份。

实训14　四等水准测量

一、实训目的

1. 进一步熟练水准仪的操作，掌握用双面水准尺进行四等水准测量的观测、记录与计算方法。

2. 熟悉四等水准测量的主要技术指标，掌握测站及线路的检核方法。

视线高度>0.2 m；视线长度≤80 m；前后视距差≤3 m；前后视距累积差≤10 m；红黑面读数差≤3 mm；红黑面高差之差≤5 mm。

二、实训器具

每小组配备：DS_3型水准仪1台、双面水准尺2支、记录板1个。

三、实训步骤

1. 了解四等水准测量的方法

双面尺法四等水准测量是在小地区布设高程控制网的常用方法，是在每个测站上安置一次水准仪，分别在水准尺的黑、红两面刻划上读数，可以测得两次高差，进行测站检核。除此以外，还有其他一系列的检核。

2. 四等水准测量的实验

(1) 从某一水准点出发，选定一条闭合水准路线。路线长度200～400 m，设置4～6站，视线长度30 m左右。

(2) 安置水准仪的测站至前、后视立尺点的距离，应该用步测使其相等。在每一测站，按下列顺序进行观测：

后视水准尺黑色面，读上、下丝读数，精平，读中丝读数；

前视水准尺黑色面，读上、下丝读数，精平，读中丝读数；

前视水准尺红色面，精平，读中丝读数；

后视水准尺红色面，精平，读中丝读数。

(3) 记录者在“四等水准测量记录”表中按表头表明次序(1)—(8)记录各个读数，(9)—(16)为计算结果：

后视距离(9)＝100×[(1)－(2)]

前视距离(10)＝100×[(4)－(5)]

视距之差(11)＝(9)－(10)

$\sum$视距差(12)＝上站(12)＋本站(11)

红黑面差(13)＝(6)＋K－(7)，(K＝4.687或4.787)

(14)＝(3)＋K－(8)

黑面高差(15)＝(3)－(6)

红面高差(16)＝(8)－(7)

高差之差(17)＝(15)－(16)＝(14)－(13)

平均高差(18)＝1/2×[(15)＋(16)]

每站读数结束填入表中(1)—(8)，随即进行各项计算并填入表中(9)—(16)，并按技术指标进行检验，满足限差后方能搬站。

(4) 依次设站，用相同方法进行观测，直到线路终点，计算线路的高差闭合差。按四等水准测量的规定，线路高差闭合差的容许值为$\pm 20\sqrt{L}$mm，L 为线路总长，km。

四、注意事项

(1) 四等水准测量比工程水准测量有更严格的技术规定，要求达到更高的精度，其关键在于：前后视距相等(在限差以内)；从后视转为前视(或相反)，望远镜不能重新调焦；水准尺应完全竖直，最好用附有圆水准器的水准尺。

(2) 每站观测结束，已经立即进行计算和进行规定的检核，若有超限，则应重测该站。全线路观测完毕，线路高差闭合差在容许范围以内，方可收测，结束实训。

五、上交资料

每小组上交经过各项检核计算后的四等水准测量记录表一份。

实训报告 14　四等水准测量记录

组别：　　　　　　　仪器号码：　　　　　　　　　　　　　年　　月　　日

测站编号	后视 上丝 / 下丝	前视 上丝 / 下丝	方向及尺号	水准尺读数		黑+K−红	平均高差
	后视距 / 视距差	前视距 / $\sum$视距差		黑色面	红色面		
	(1)	(4)	后	(3)	(8)	(14)	(18)
	(2)	(5)	前	(6)	(7)	(13)	
	(9)	(10)	后−前	(15)	(16)	(17)	
	(11)	(12)					
			后				
			前				
			后−前				
			后				
			前				
			后−前				
			后				
			前				
			后−前				

实训 15　全站仪数据采集(坐标测量)

一、实训目的

掌握用全站仪的程序进行碎部点数据采集并利用内存记录数据的方法;掌握全站仪和计算机之间进行数据传输的方法,并学会输出碎部点三维坐标。

二、实训器具

1. 每小组配备:全站仪 1 台、数据电缆 1 根、脚架 1 个、棱镜杆 1 根、棱镜 1 个、钢卷尺(2 m)1 把。

2. 自备 4H 或 3H 铅笔、草稿纸。

三、实训步骤

1. 野外数据采集

用全站仪进行数据采集可采用三维坐标测量方式。测量时,应有一位同学绘制草图,草图上须标注碎部点点号(与仪器中记录的点号对应)及属性。

(1) 安置全站仪:对中,整平,量取仪器高,检查中心连接螺旋是否旋紧。

(2) 打开全站仪电源,并检查仪器是否正常。

(3) 建立控制点坐标文件,并输入坐标数据。

(4) 建立(打开)碎部点文件。

(4) 设置测站:选择测站点点号或输入测站点坐标,输入仪器高并记录。

(5) 定向和定向检查:选择已知后视点或后视方位进行定向,并选择其他已知点进行定向检查。

(7) 碎部测量:测定各个碎部点的三维坐标并记录在全站仪内存中,记录时注意棱镜高、点号和编码的正确性。

(8) 归零检查:每站测量一定数量的碎部点后,应进行归零检查,归零差不得大于 1′。

2. 全站仪数据传输

(1) 利用数据传输电缆将全站仪与电脑进行连接。

(2) 运行数据传输软件,并设置通讯参数(端口号、波特率、奇偶校验等)。

(3) 进行数据传输,并保存到文件中。

(4) 进行数据格式转换。将传输到计算机中的数据转换成内业处理软件能够识别的格式。

四、注意事项

1. 在作业前应做好准备工作,将全站仪的电池充足电。

2. 使用全站仪时,应严格遵守操作规程,注意爱护仪器。

3. 外业数据采集后,应及时将全站仪数据导出到计算机中并备份。

4. 用电缆连接全站仪和电脑时，应注意关闭全站仪电源，并注意正确的连接方法。
5. 拔出电缆时，注意关闭全站仪电源，并注意正确的拔出方法。
6. 控制点数据、数据传输软件由指导教师提供。
7. 小组每个成员应轮流操作，掌握在一个测站上进行外业数据采集的方法。

五、上交资料

实训结束后将测量实验报告，电子版的原始数据文件以小组为单位打包提交电子文件。

实训 16　用水准仪进行设计高程的测设

一、实训目的

1. 根据地面上已知水准点位置，用水准仪测设出设计点的高程标志线。
2. 每人独立计算测设元素。
3. 每人至少测设一个高程点位。

二、实训器具

每小组配备：DS_3 型水准仪 1 台、水准尺 2 把、记号笔 1 支、木桩数个、铁锤 1 把。

三、实训步骤

1. 已知：在待测设高程点附近有一临时水准点 A，其高程为 $H_A=22.576$ m，待测设点 B，设计高程为 $H_B=23.450$ m，如图 4-22-2 所示。

2. 在待测设点 B 处打一木桩。

3. 在已知水准点 A 与待测设点 B 之间安置水准仪，在 A 点上立尺，读后视读数 $a=1.621$ m，计算仪器视线高 $H_i=H_A+a=22.576\text{ m}+1.621\text{ m}=24.197$ m。

4. 根据 B 点的设计高程 $H_{设}$，计算出水准尺立于该标志线上应有的读数：

$$b_{应}=H_i-H_{设}=24.197\text{ m}-23.450\text{ m}=0.747\text{ m}$$

5. 将水准尺紧贴于 B 点木桩的侧面，将尺子竖直上下移动，使水准仪望远镜的十字丝中横丝正好对准应读前视数 $b_{应}$ 时停止，沿尺底零点处画一横线，该横线的高程即为欲测设的已知高程。

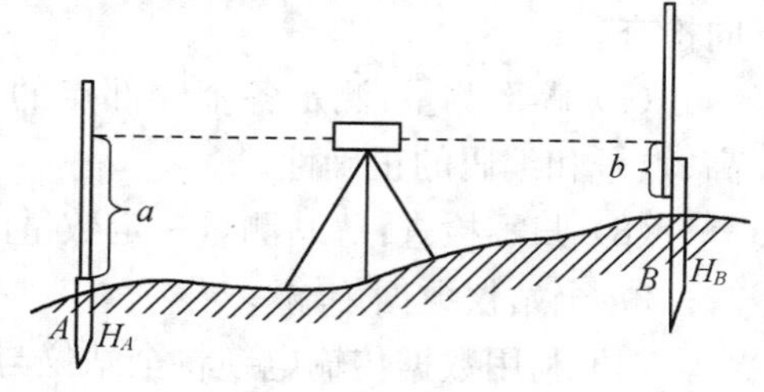

图 4-22-2　高程测设

6. 检核：改变仪器的高度，测量上述尺底线的高程，与设计高程比较，误差不超过规定值，则该横线作为测设的高程标志线，并在木桩上注记相应高程符号和数值。

四、注意事项

1. 外业工作开始前要进行仪器检验校正。
2. 标定的桩位要保证稳定，可靠。

五、上交资料

每小组上交用水准仪进行设计高程的测设的相关资料一份。

实训报告 16　测设已知高程

日期:______年______月______日　天　气______　观测:______
班级:______　组号:______　仪器号:______　记录:______

水准点高程	后视读数	视线高程	测设高程	前视读数

高程检核

测 站	点 号	后视读数	前视读数	高 差	高 程	备 注

实训 17　用直角坐标法测设点的平面位置

一、实训目的

1. 当建筑场地已有相互垂直的主轴线或矩形方格网时,常采用直角坐标法测设平面点位。
2. 每人独立计算测设元素。
3. 每人至少用直角坐标法测设一个点位。

二、实训器具

每小组配备:DJ_6 型经纬仪 1 台、测钎数根、钢尺 1 把、木桩数根、铁锤 1 把。

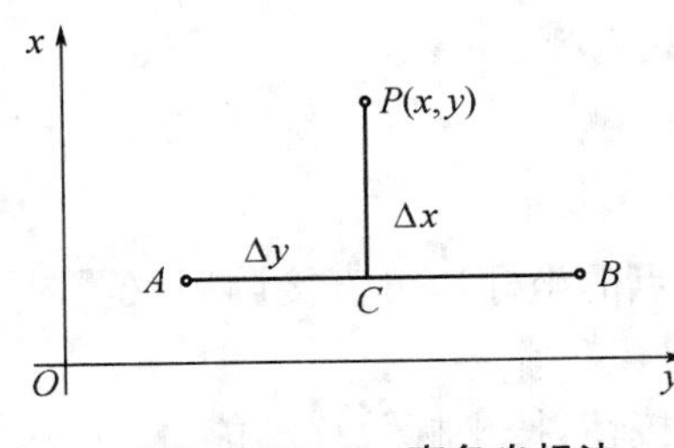

图 4－22－3　直角坐标法

三、实训步骤

1. 已知:A,B 为建筑方格网角点(或主轴线上的点),其坐标已知。P 为待测设点,其设计坐标为(X_P,Y_P),如图 4－22－3 所示。

2. 计算测设元素:求 P 点相对控制点 A 的坐标增量 Δx,Δy。

3. 外业测设:

(1) A 点架经纬仪，瞄准 B 点，沿视线方向用钢尺测设横距 Δy，在地面上定出 C 点；

(2) 安置经纬仪于 C 点，瞄准 A 点，顺时针测设 $90°$ 水平角，沿直角方向线用钢尺测设纵距 Δx，即获得 P 点在地面上的位置；

4. 检核：用相同的方法，由 B 点开始，测设 P 点。

四、注意事项

测设直角时，起始方向要尽量照准远距离的点。

五、上交资料

实训报告 17　用直角坐标法测设点的平面位置

日期：______年______月______日　天　气：______　观测：______

班级：______　组号：______　仪器号：________　记录：________

测　站	目　标	Δx	Δy	备　注

实训 18　用全站仪坐标法测设点的平面位置

一、实训目的

1. 全站仪不但精度高，能快速地测角、测距、测定点的坐标，而且在施工测设中因少受天气、地形条件的限制也显示出它的独特优势，从而在生产实践中得到了广泛应用。全站仪坐标测设法，就是使用全站仪，根据待测设点的坐标标定出点位。

2. 每人至少用全站仪直角坐标法测设一个点位。

二、实训器具

每小组配备：全站仪 1 台、棱镜 2 个、木桩数根、铁锤 1 把。

三、实训步骤

1. 将已知点数据和待测设点数据输入仪器。

2. 仪器安置在测站点，对中、整平。

3. 进入放样模式，设置测站(输入测站点、后视点和测设点的坐标)，可直接调用仪器内存储数据或现场输入。

4. 跑点员将棱镜立于测设点附近，观测者用望远镜照准棱镜，按坐标放样功能键，全站仪显示棱镜位置与待测设点的坐标差值。观测者屏幕显示，指挥跑点员前后左右移动棱镜位置，直至仪器显示坐标差值等于零时，此时，棱镜位置即为放样点的点位。

四、注意事项

跑点人员要按照观测员指挥，朝着棱镜与仪器连线方向前进或后退，沿着与连线垂直方向左右移动棱镜位置。

实训 19　圆曲线的测设

一、实训目的

1. 掌握圆曲线主点测设的计算。
2. 掌握圆曲线主点里程的计算。
3. 掌握圆曲线主点的测设方法。
4. 掌握用偏角法进行圆曲线的详细测设。

二、实训器具

每小组配备：经纬仪 1 台，花杆、钢尺、皮尺、木桩、铁锤、测钎、竹桩、记录板、小红纸等若个。

三、实训内容

1. 根据指定的数据计算测设要素和主点里程。
2. 设置圆曲线主点。
3. 用偏角法进行圆曲线详细测设。

四、实训步骤

1. 测设数据的准备

(1) 根据给定的转角 α 和圆曲线半径 R 计算曲线测设要素 T, L, E, D。

(2) 根据给定的交点里程，计算主点 ZY，YZ，QZ 里程桩号。

(3) 按切线支距法计算各桩详细测设坐标 X_i, Y_i。

(4) 按偏角法计算各桩详细测设数据 $\Delta i, C_1, C_0$。

2. 圆曲线主点测设(图 4 - 22 - 4)

① 在交点 JD_i 处架设经纬仪，完成对中、整平工作后，转动照部瞄准 JD_{i-1}，制动照准部，转动变换手轮使水平度盘读数为 0°00′00″，转动望远镜进

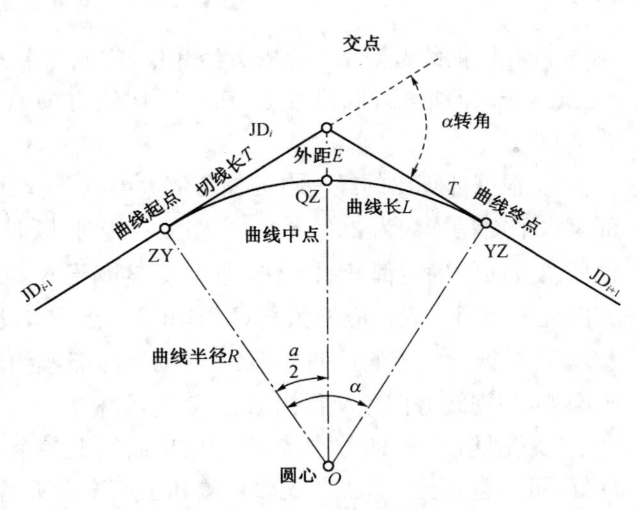

图 4 - 22 - 4　圆曲线主点测设

行指挥定向，从 JD_i 出发在该切线方向上量取切线长 T，得 ZY 点，打桩标记。

② 转动照准部瞄准 JD_{i+1}，制动照准部，转动望远镜进行指挥定向，从 JD_i 出发在该切线方向上最取切线长 T，得 YZ 点，打桩标记。

③ 确定分角线方向，当路线左转时，顺时针转动照准部至水平度盘读数为 $\frac{180°-\alpha}{2}$ 时，制动照准部，此时望远镜方向为分角线方向。

当路线右转时，顺时针转动照准部至水平度盘读数为 $\frac{180°+\alpha}{2}$ 时，制动照准部然后倒转望远镜，此时望远镜视线方向为分角线方向。

④ 在分角线方向上，从 JD_i 量取外距 E，定出 QZ 点并打桩标记。

3. 用偏角法进行圆曲线详细测设(图 4-22-5)

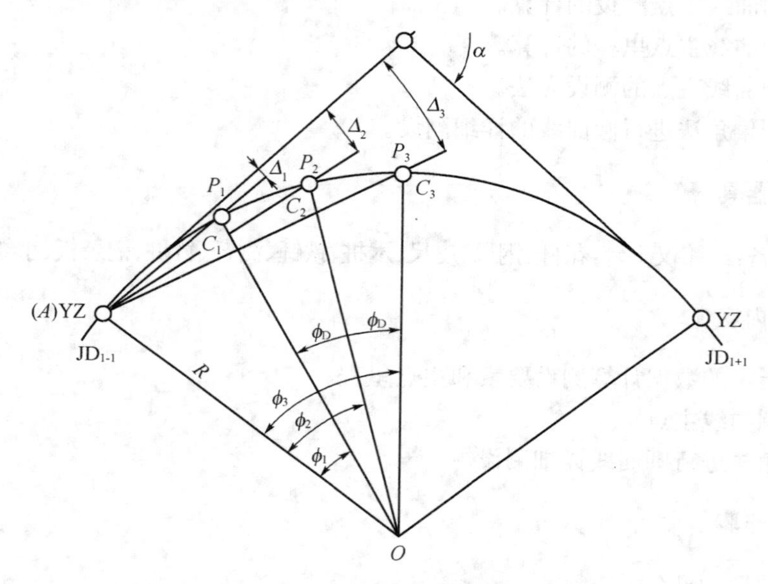

图 4-22-5　偏角法测设圆曲线

① 在圆曲线起点 ZY 点安置经纬仪，完成对中、整平工作。

② 转动照准部，瞄准交点 JD_i(即切线方向)，转动变换手轮，将水平度盘读配置为 0°00′00″。

③ 根据计算出的经一点的偏角值大小 Δ_1 转动照准部，当路线左转时，逆时针转动照准部至水平度盘读数为 $360°-\Delta_1$；当路线右转时，顺时针转动照准部至水平度盘读数为 Δ_1(其他偏角方向的确定都参照此法，即左转：$360°-\Delta_i$，右转：Δ_i)；以 ZY 为原点，在望远镜视线方向上量出第一段相应的弦长 C_1 定出第一点 P_1，设桩。

④ 根据第二个偏角的大小 Δ_2 转动照准部，定出偏角方向。以 P_1 为圆心，以 C_0 为直径画圆弧，与视线方向相交得出第二点 P_2，设桩。

⑤ 按照上一步的方法，依次定向出曲线上各个整桩点点位，直至曲中点 QZ，若通视条件好，可一直测至 YZ 点。比较详测和主点测设所得的 QZ，YZ 点，进行精度校核。

⑥ 偏角法进行圆曲线详细测设也可从圆直点 YZ 开始，以同样的方法进行测设。但要注意偏角的拨转方向及水平度盘读数，与上半条曲线是相反的。

五、注意事项

1. 偏角法测设时，拉距是从前一曲线点开始，必须以对应的弦长为直径画圆弧，与视线方向相交，获得该点。

2. 由于偏角法存在测点误差累积的缺点，因为一般由于曲线两端的 ZY，YZ 点分别向 QZ 点施测。

3. 注意偏角的拨转方向及水平度盘读数。

六、上交资料

每小组上交含有合格计算资料的实验报告一份。

实训报告 19　圆曲线的测设计算表

圆曲线测设元素与主点桩号计算								
已知数据					要素计算值/m		主点桩号里程/m	
偏角值 $\Delta\alpha$：	°	′	″	弧度				
					切线长 T=		JD	
圆曲线半径 R/m：					曲线长 L=		ZY	
交点 JD 里程：					外距 E=		QZ	
					切曲差 D=		YZ	
							JD(检核)	

偏角法测设圆曲线测设数据计算表

曲线桩号	ZY(YZ)至桩的曲线长/m	偏角 Δ_i				长弦法弦长 C_i/m	短弦法相邻桩间弦长/m
		小数 °	°	′	″		
ZY							
QZ							
YZ							
圆曲线半径 R= ρ''=							

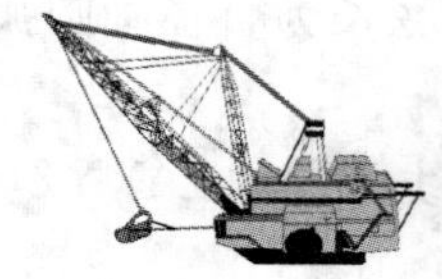

第 23 章 综合技能作业周实训指导

实训内容与要求

一、实训目的

教学实训是测量教学的重要组成部分，除验证课堂理论外，是巩固和深化所学知识的环节，更是培养学生动手能力和训练严谨的科学态度和作风的重要手段。控制测量实训是加强学生对测量仪器操作使用的必要过程。地形图的测绘和建(构)筑物的测设，可增强学生测绘和测设地面点位的概念，提高其应用地形图的能力，为今后解决实际工程中遇到的有关测量问题打下基础。

二、实训要求

通过实训应达到下列各项要求。

1. 掌握经纬仪、水准仪、全站仪、钢尺等常规测量仪器工具的操作使用方法，能顺利地进行角度、高程及距离测量，并掌握坐标、高程等计算。

2. 熟悉地形图测绘的全过程。掌握在地形图上确定点的坐标，两点间的距离、坐标方位及高程的方法。

3. 掌握施工测量的基本工作和方法，计算放样数据；测设建(构)筑物、管线的平面位置和高程。

4. 实训结束时，每人上交实训报告 1 份及各种内业计算表及放样测设数据计算表。每组上交地形图 1 幅。

5. 无故不参加者按旷课论处。

三、准备工作

1. 思想准备

由测量理论教学专人以操作实践为主的教学实训，应由有关负责人和指导教师讲明实训的重要性、目的和要求以及实训的内容和时间安排，使学生在思想上有所准备。由于测量实训的特点是以小组为单位，分散独立作业，劳动强度大，要求各组搞好分工配合和团结协作，学会应用理论知识解决实际问题和培养吃苦耐劳的精神。同时，提出具体的措施，确保人身、仪器的安全和实训的顺利进行。

2. 仪器工具

每组配备经纬仪、水准仪、平板仪各1套，钢尺、皮尺各1把，水准尺1根，尺垫1个，手锤1把，木桩、小钉、测钎若干个，标杆2根；铅笔、三角板、橡皮等文具由小组自备。

3. 人员组织

实训教学以班为单位，指导教师按实训计划安排好实训内容，班长、团支部书记负责生活管理。每班分为若干个小组，每组5～6人，设正、副组长各1人，组长负责人员分工和实施，副组长负责仪器和工具的管理。

4. 场地布置

实训场地可根据各专业的要求进行选择和布置。建筑工程专业各组可在100 m×100 m以上的范围内布设5～6个导线点或三角形的三角锁，组织各项测量实训；市政专业以班为单位，在长1km以上、宽100 m以上的范围内布设12个以上的三角点，每组分配2～3个点和划分一定的测图面积，共同完成测区内的测量实训；给排水、暖通等专业可布设适合测绘带状地形图的控制点，参照以上测量范围和面积并根据地形条件，由各组单独完成分散的短距离的带状地形图或共同完成长距离的带状地形图。

有固定实训场地的，可预先测设若干个控制点，以便指导和学生自检测量成果。

四、实训注意事项

1. 仪器使用与爱护。每次出发前及收工时均应清点仪器和工具；实训中如发现仪器有故障，应立即报告辅导教师，不准自行拆卸；按时领借和交还仪器并妥善保管，不得损坏和丢失，否则按价赔偿。

2. 实训前要做好准备工作，随着实训进度参看教材有关章节。

3. 每项测量实训完后，要及时计算整理成果、原始数据以及资料，成果妥善保管，不得丢失。

4. 实训期间晚自习应整理当天测量的资料并进行内业计算。

五、实训内容及技术要求

1. 平面控制测量

图根导线测量，采用测回法观测导线的转折角，角度闭合差范围为$\pm 40\sqrt{n}$，钢尺量距相对误差精度不低于1/3 000，导线相对闭合差不低于1/2 000。每组根据外业资料，在辅导教师的指导下，计算出各点的坐标。

2. 高程控制测量

利用导线点组成等外水准路线，作为测区的高程控制，其高差闭合差范围为$\pm 12\sqrt{n}$ mm(n为测站数)。由外业资料及已知高程计算出各点的高程。

3. 测绘地形图

建筑工程专业测图比例尺为1∶500，等高距为0.5 m，每组测图面积为150 m×150 m以上；市政工程专业测图比例尺为1∶1 000，等高距为0.5 m，每组测图面积为300 m×100 m以上；给排水、暖通等专业测图比例尺为1∶1 000，等高距为0.5 m，每组测绘带状地形图300 m×50 m左右。

测图前的准备工作主要是碎部测量方法、地形图的整饰和拼接等，可参照教材有关内容。

每组需交控制测量手簿、碎部测量手簿、地形图及个人计算的控制点坐标和高程资料。

4. 地形图的应用

建筑工程专业的学生可在各组测绘的地形图上设计三点“L”形建筑基线，根据基线三点在图上的位置确定其坐标；在基线的一侧，设计一幢平行于建筑基线的房屋，其长、宽分别为 30 m 和 18 m；其四角坐标可以在图上量测，室内地坪的设计高程应与图上高程相适应。

市政工程专业的学生可在图上设计圆曲线和计算其要素：切线长 T，曲线长 L，外矢距 E，曲线主点里程。计算时角度取至′，距离取至 cm。

给排水、暖通的专业学生可在图上设计管道的主点位置，确定其坐标和高程。

5. 施工放样

每组依据设计出的基线、房屋、曲线、管线等坐标、高程、曲线要素，按照教材中相关章节中的内容测设到实地，并进行检核。

建筑工程专业每人需交建筑基线放样数据计算、放样略图和检测记录，房屋放样数据计算、放样略图及检测记录，高程放样数据及检测结果。

市政工程、给排水、暖通等专业每人需交线路曲线主点要素计算表、详细测设的数据计算表、放样略图和核测记录等。

六、时间安排

根据测量教学大纲的要求，列出一两周实训安排表，以供参考，各专业可根据其具体情况作适当调整。

实习内容	时间安排(d)	备注
领借、检校仪器、踏勘测区及选点	1	星期一
平面及高程测量	2	星期二、星期三
地形图测绘及整饰	2	星期四、星期五
图上设计建筑物，计算放样数据	1	星期一
测设点位及高程	1	星期二
参观施工现场或新仪器介绍	1	星期三
机动	1	星期四
考核、实习总结	1	星期五
总计	10	

七、测量实训考核

(1) 考核可按口试、笔试或操作演示等方式，较全面地了解学生的实际能力和水平。

(2) 实训考核以业务水平为主，即实际的作业技能、应用理论解决实际问题的能力、完成实训内容的数量和质量，并结合思想表现、爱护仪器工具和遵守纪律、出勤情况等作出成绩评定。

(3) 成绩评定可为优、良、中、及格。凡实训缺勤，违反纪律，不交成果资料，伪造测量数据，损坏仪器工具等行为，根据其严重程度，降低成绩等级或不予及格。

实训报告书

一、实训已知数据

点号	坐标/m		高程/m	备注
	X	Y		

二、测量仪器和工具

(一) 测量仪器和工具的领借

从测量仪器室领借的仪器、工具的清单应注明编号型号及数量。

(二) 水准仪检验与校正

1. 一般检查

三脚架是否牢稳	
制动及微动螺旋是否有效	
其他	

2. 圆水准器轴平行于竖直轴

转180°检验次数	气泡偏离数/mm
1	
2	

3. 十字横丝垂直于竖直轴

检验次数	误差是否显著
1	
2	

4. 视准轴平行于水准管轴

仪器在中点求正确高差			仪器在 A 点旁检验校正		
第一次	A 点尺上读数 a_1		第一次	A 点尺上读数(由物镜看) a	
	B 点尺上读数 b_1			B 点尺上应读数 b ($b=a-h$)	
	$h_2=a_1-b_1$			B 点尺上实读数 b'	

（续表）

仪器在中点求正确高差			仪器在A点旁检验校正		
第二次	A点尺上读数a_2		第二次	A点尺上读数(由物镜看)a	
	B点尺上读数b_2			B点尺上应读数b($b=a-h$)	
	$h_2=a_2-b_2$			B点尺上实读数b'	
平均	平均高差 $h=(h_1+h_2)/2$		第三次	A点尺上读数(由物镜看)a	
				B点尺上应读数b($b=a-h$)	
				B点尺上实读数b'	
				视准轴偏上(或偏下)之数值	

5. 检校结论

（三）经纬仪检验与校正

1. 一般检查

三脚架是否牢稳		螺旋等处是否清洁	
仪器转动是否灵活		望远镜成像是否清晰	
制动及微动螺旋是否有效		其他	

2. 水准管轴垂直于竖直轴

检验(照准部转180°)次数	1	2	3	4	5
气泡偏差格数					

3. 十字竖丝垂直于水平轴

检验次数	误差是否显著
1	
2	

4. 视准轴垂直于水平轴

	目标	横尺读数			目标	横尺读数	
第一次检验		(盘左)B_1		第二次检验		(盘左)B_1	
		(盘右)B_2				(盘右)B_2	
		$(B_2-B_1)/4$				$(B_2-B_1)/4$	
		$B_2-(B_2-B_1)/4$				$B_2-(B_2-B_1)/4$	

5. 水平轴垂直于竖直轴(仪器距水准尺约 10 m)

检验次数	A、B 两点距离
1	
2	

6. 检校结论

（四）其他仪器、工具情况说明

三、控制测量

（一）光电测距记录

日期________ 班级________ 小组________ 姓名________ 学号________

测站	镜站点	垂直角 ° ′ ″	斜距 /m	平距 /m	平距中数 /m	相对精度	备注

（续表）

测站	镜站点	垂直角 ° ′ ″	斜距 /m	平距 /m	平距中数 /m	相对精度	备注

精度要求：

（二）经纬仪导线测量手簿

日期＿＿＿＿天气＿＿＿＿测量＿＿＿＿记录＿＿＿＿

测站	盘位	目标	水平度盘读数 ° ′ ″	半测回角值 ° ′ ″	一测回角值 ° ′ ″	水平距离 /m	已知方位角 ° ′ ″

（续表）

测站	盘位	目标	水平度盘读数	半测回角值	一测回角值	水平距离 /m	已知方位角
			° ′ ″	° ′ ″	° ′ ″		° ′ ″

(续表)

测站	盘位	目标	水平度盘读数	半测回角值	一测回角值	水平距离/m	已知方位角
			° ′ ″	° ′ ″	° ′ ″		° ′ ″

测站示意图

（三）导线坐标计算表

点号	观测角（左角）	改正数 /″	改正后角值	坐标方位角	边长 D /m	坐标增量		改正后坐标增量		坐标		点号
	° ′ ″		° ′ ″	° ′ ″		Δx /m	Δy /m	Δx /m	Δy /m	x/m	y /m	
1	2	3	4	5	6	7	8	9	10	11	12	13
$\sum$												
校核计算												

（四）全站仪坐标测量

日期________班级________小组________姓名________

测站：NO：　x：　y：　H：

后视：NO：　x：　y：　H：

仪器高：

测站	目标	坐标		高程/m	备注
		x/m	y/m		

（五）水准测量记录手簿

测站	测点	后视读数 a/m	前视读数 b/m	高差 h/m		高程 H/m	备注
				+	−		
计算检核							

（六）三、四等水准观测手簿

观测时间：　　年　　月　日　　　天气：　　　观测者：

开始时间：　　时　　分　　　　　呈像：　　　记录者：

结束时间：　　时　　分　　　　　　　　　　　立尺：

测站编号	后尺	下丝	前尺	下丝	方向及尺号	标尺读数		K+黑−红/mm	高差中数/m	备注
		上丝		上丝						
	后距/m		前距/m			黑面/mm	红面/mm			
	视距差 d/m		$\sum d$ /m							
					后					
					前					
					后−前					

（续表）

测站编号	后尺 下丝	前尺 下丝	方向及尺号	标尺读数		K+黑−红/mm	高差中数/m	备注
	后尺 上丝	前尺 上丝		黑面/mm	红面/mm			
	后距/m	前距/m						
	视距差 d/m	$\sum d$/m						
			后					
			前					
			后—前					
			后					
			前					
			后—前					
			后					
			前					
			后—前					
			后					
			前					
			后—前					
			后					
			前					
			后—前					
			后					
			前					
			后—前					
			后					
			前					
			后—前					

观测时间：　年　月　日　　天气：　　观测者：
开始时间：　时　分　　　　呈像：　　记录者：
结束时间：　时　分　　　　　　　　　立尺：

测站编号	后尺	下丝	前尺	下丝	方向及尺号	标尺读数		K+黑一红/mm	高差中数/m	备注
		上丝		上丝		黑面/mm	红面/mm			
	后距/m		前距/m							
	视距差 d/m		$\sum d$/m							
					后					
					前					
					后一前					
					后					
					前					
					后一前					
					后					
					前					
					后一前					
					后					
					前					
					后一前					
					后					
					前					
					后一前					
					后					
					前					
					后一前					
					后					
					前					
					后一前					
					后					
					前					
					后一前					

（七）控制测量成果表

点号	坐标/m		高程 H/m
	x	y	

点位示意图

四、定位放线与抄平

（一）设计资料

日期________ 班级________ 小组________ 姓名________ 学号________

坐标 \ 点名	已知点 A	已知点 B	待定位点 1	待定位点 2	待定位点 3	待定位点 4
X						
Y						
H						

（二）计算放样数据及绘制放样略图

日期________ 班级________ 小组________ 姓名________ 学号________

测站点	点名	水平角(° ′ ″)	边长/m	高差/m
	（定向点）			
	（待定点）			
	（待定点）			
	（待定点）			
	（待定点）			

（三）放样过程

1. 平面放样

日期________ 班级________ 小组________ 姓名________ 学号________

测站点	点名	方位角(° ′ ″)	边长/m
	(定向点)		
	(待定点)		
	(待定点)		
	(待定点)		
	(待定点)		

2. 高程放样

日期________ 班级________ 小组________ 姓名________ 学号________

测站点	已知高程/m	后视读数/m	视线高程/m	设计高程/m	前视尺应读数/m

（四）检查记录

日期________ 班级________ 小组________ 姓名________ 学号________

平面位置检查记录							
测站	点名	水平角(°′″)	边长/m	X/m	Y/m	误差/cm	限差/cm
高程检查记录							
起始点	已知高程/m	后视读数/m	前视读数/m	高差/m	高程/m	误差/cm	限差/cm

五、个人实训小结

个人实训小结内容包括测量实训的目的、要求，测区概况、实训主要内容及过程、成果或结论、收获体会等。

六、成绩评定

附　录

附录1　《工程测量员》国家职业标准(6－01－02－04)

1. 职业概况

1.1　职业名称

工程测量员。

1.2　职业定义

使用测量仪器设备,按工程建设的要求,依据有关技术标准进行测量的人员。

1.3　职业等级

本职业共设五个等级,分别为:初级(国家职业资格五级)、中级(国家职业资格四级)、高级(国家职业资格三级)、技师(国家职业资格二级)、高级技师(国家职业资格一级)。

1.4　职业环境条件

室内、外,常温。

1.5　职业能力特征

有较强的计算能力、判断能力、分析能力和空间感觉。

1.6　基本文化程度

高中毕业(或同等学力)。

1.7　培训要求

1.7.1　培训期限

全日制职业学校教育,根据其培养目标和教学计划确定。

晋级培训期限:初级不少于360标准学时;中级不少于300标准学时;高级不少于260标准学时;技师不少于220标准学时;高级技师不少于180标准学时。

1.7.2　培训教师

培训初级、中级的教师,应具有本职业高级以上职业资格证书,或相关专业中级以上(含中级)专业技术职务任职资格;培训高级的教师,应具有本职业技师职业资格证书2年以上,或相关专业中级(含中级)以上专业技术职务任职资格;培训技师的教师,应具有本职业高级技师职业资格证书2年以上,或相关专业高级专业技术职务任职资格;培训高级技师的教师,应具有本职业高级技师职业资格证书3年以上,或相关专业高级专业技术职务任职资格。

1.7.3　培训场地设备

理论知识培训为标准教室;实际操作培训在具有被测实体的、配备测绘仪器的训练场地。

1.8　鉴定要求

1.8.1　鉴定对象

从事或准备从事本职业的人员。

1.8.2　申报条件

1.8.2.1　初级（具备下列条件之一者）：

（1）经本职业初级正规培训达规定标准学时数，并取得结业证书。

（2）在本职业连续见习2年以上。

1.8.2.2　中级（具备下列条件之一者）：

（1）取得本职业或相关职业初级职业资格证书后，连续从事本职业工作3年以上，经本职业中级正规培训达规定标准学时数，并取得结业证书。

（2）取得本职业初级职业资格证书后，连续从事本职业工作5年以上。

（3）取得经劳动保障行政部门审核认定的、以中级技能为培养目标的中等以上职业学校本职业（专业）毕业证书。

1.8.2.3　高级（具备下列条件之一者）：

（1）取得本职业或相关职业中级职业资格证书后，连续从事本职业工作4年以上，经本职业高级正规培训达规定标准学时数，并取得结业证书。

（2）取得本职业中级职业资格证书后，连续从事本职业工作5年以上。

（3）取得高级技工学校或经劳动保障行政部门审核认定的、以高级技能为培养目标的高等职业学校本职业（专业）毕业证书。

（4）取得本职业中级职业资格证书的大专以上本专业或相关专业毕业生，连续从事本职业工作2年以上。

1.8.2.4　技师（具备下列条件之一者）：

（1）取得本职业高级职业资格证书后，连续从事本职业工作5年以上，经本职业技师正规培训达规定标准学时，并取得结业证书。

（2）取得本职业高级职业资格证书后，连续从事本职业工作7年以上。

1.8.2.5　高级技师（具备下列条件之一者）：

（1）取得本职业技师职业资格证书后，连续从事本职业工作5年以上，经本职业高级技师正规培训达规定标准学时，并取得结业证书。

（2）取得本职业技师职业资格证书后，连续从事本职业工作8年以上。

1.8.3　鉴定方式

分为理论知识考试与技能操作考核。理论知识考试采用闭卷笔试方式，技能操作考核采用现场实际操作方式。理论知识考试与技能操作考核均实行百分制，成绩皆达60分以上者为合格。技师和高级技师还须进行综合评审。

1.8.4　考评人员和考生的配比

理论知识考试考评人员与考生配比为1∶15，每个标准教室不少于2名考评人员；技能操作考核考评员与考生配比为1∶5，且不少于3名考评员；综合评审委员不少于5名。

1.8.5　鉴定时间

各等级理论知识考试时间为120 min；实际操作技能考核时间为90～240 min；综合评

审时间不少于 30 min。

1.8.6　鉴定场所设备

理论知识考试在标准教室内进行，技能操作考核在具有被测实体的、配备测绘仪器的技能考核场地。

2. 基本要求

2.1　职业道德

2.1.1　职业道德基本知识

2.1.2　职业守则

遵纪守法、爱岗敬业、团结协作、精益求精。

2.2　基础知识

2.2.1　测量基础知识

(1) 地面点定位知识。

(2) 平面、高程测量知识。

(3) 测量数据处理知识。

(4) 测量仪器设备知识。

(5) 地形图及其测绘知识。

2.2.2　计算机基本知识

2.2.3　安全生产常识

(1) 劳动保护常识。

(2) 仪器设备的使用常识。

(3) 野外安全生产常识。

(4) 资料的保管常识。

2.2.4　相关法律、法规知识

(1)《中华人民共和国劳动法》相关知识。

(2)《中华人民共和国测绘法》相关知识。

(3) 其他有关法律、法规及技术标准的基本常识。

3. 工作要求

本标准对初级、中级、高级工程测量员，工程测量技师和高级技师的技能要求依次递进，高级别涵盖低级别的要求。

3.1　初级工程测量员

职业功能	工作内容	技能要求	相关知识
一、准备	(一) 资料准备	1. 能理解工程的测量范围和内容 2. 能理解测量工作的基本技术要求	1. 各种工程控制网的布点规则 2. 地形图、工程图的分幅与编号规则
	(二) 仪器准备	能进行常用仪器设备的准备	常用仪器设备的型号和性能常识

续表

职业功能	工作内容	技能要求	相关知识
二、测量	(一) 控制测量	1. 能进行图根导线选点、观测、记录 2. 能进行图根水准观测、记录 3. 能进行平面、高程等级测量中前后视的仪器安置或立尺(镜)	1. 水准测量、水平角与垂直角测量和距离测量知识 2. 导线测量知识 3. 常用仪器设备的操作知识
	(二) 工程与地形测量	1. 能进行工程放样、定线中的前视定点 2. 能进行地形图、纵横断面图和水下地形测量的立尺 3. 能现场绘制草图、放样点的点之记	1. 施工放样的基本知识 2. 角度、长度、高度的施工放样方法 3. 地形图的内容与用途及图式符号的知识
三、数据处理	(一) 数据整理	1. 能进行外业观测数据的检查 2. 能进行外业观测数据的整理	水平角、垂直角、距离测量和放样的记录规则及观测限差要求
	(二) 计算	1. 能进行图根导线、水准测量线路的成果计算 2. 能进行坐标正、反算及简单放样数据的计算	1. 图根导线、水准测量平差计算知识 2. 坐标、方位角及距离计算知识
四、仪器设备维护	仪器设备的使用与维护	1. 能进行经纬仪、水准仪、光学对中器、钢卷尺、水准尺的日常维护 2. 能进行电子计算器的使用与维护	常用测量仪器工具的种类及保养知识

3.2　中级工程测量员

职业功能	工作内容	技能要求	相关知识
一、准备	(一) 资料准备	1. 能根据工程需要,收集、利用已有资料 2. 能核对所收集资料的正确性及准确性	1. 平面、高程控制网的布网原则、测量方法及精度指标的知识 2. 大比例尺地形图的成图方法及成图精度指标的知识
	(二) 仪器准备	1. 能按工程需要准备仪器设备 2. 能对 DJ_2 型光学经纬仪、DS_3 型水准仪进行常规检验与校正	1. 常用测量仪器的基本结构、主要性能和精度指标的知识 2. 常用测量仪器检校的知识
二、测量	(一) 控制测量	1. 能进行一、二、三级导线测量的选点、埋石、观测、记录 2. 能进行三、四等精密水准测量的选点、埋石、观测、记录	1. 测量误差的概念 2. 导线、水准和光电测距测量的主要误差来源及其减弱措施的知识 3. 相应等级导线、水准测量记录要求与各项限差规定的知识
	(二) 工程测量	1. 能进行各类工程细部点的放样、定线、验测的观测、记录 2. 能进行地下管线外业测量、记录 3. 能进行变形测量的观测、记录	1. 各类工程细部点测设方法的知识 2. 地下管线测量的施测方法及主要操作流程 3. 变形观测的方法、精度要求和观测频率的知识
	(三) 地形测量	1. 能进行一般地区大比例尺地形图测图 2. 能进行纵横断面图测图	1. 大比例尺地形图测图知识 2. 地形测量原理及工作流程知识 3. 地形图图式符号运用的知识

续表

职业功能	工作内容	技能要求	相关知识
三、数据处理	（一）数据整理	1. 能进行一、二、三级导线观测数据的检查与资料整理 2. 能进行三、四等精密水准观测数据的检查与资料整理	1. 等级导线测量成果计算和精度评定的知识 2. 等级水准路线测量成果计算和精度评定的知识
	（二）计算	1. 能进行导线、水准测量的单结点平差计算与成果整理 2. 能进行不同平面直角坐标系间的坐标换算 3. 能进行放样数据、圆曲线和缓和曲线元素的计算	1. 导线、水准线路单结点平差计算知识 2. 城市坐标与厂区坐标的基本原理和换算的知识 3. 圆曲线、缓和曲线的测设原理和计算的知识
四、仪器设备维护	仪器设备使用与维护	1. 能进行 DJ_2、DJ_6 经纬仪、精密水准仪、精密水准尺的使用及日常维护 2. 能进行光电测距仪的使用和日常维护 3. 能进行温度计、气压计的使用与日常维护 4. 能进行袖珍计算机的使用和日常维护	1. 各种测绘仪器设备的安全操作规程与保养知识 2. 电磁波测距仪的测距原理、仪器结构和使用与保养的知识 3. 温度计、气压计的读数方法与维护知识 4. 袖珍计算机的安全操作与保养知识

3.3 高级工程测量员

职业功能	工作内容	技能要求	相关知识
一、准备	（一）资料准备	1. 能根据各种施工控制网的特点进行图纸、起算数据的准备 2. 能根据工程放样方法的要求准备放样数据	1. 施工控制网的基本知识 2. 工程测量控制网的布网方案、施测方法及主要技术要求的知识 3. 工程放样方法与数据准备知识
	（二）仪器准备	能根据各种工程的特殊需要进行陀螺经纬仪、回声测深仪、液体静力水准仪或激光铅直仪等仪器设备准备和常规检验	陀螺经纬仪、回声测深仪、液体静力水准仪或激光铅直仪等仪器设备的工作原理、仪器结构和检验知识
二、测量	（一）控制测量	1. 能进行各类工程测量施工控制网的选点、埋石 2. 能进行各类工程测量施工控制网的水平角、垂直角和边长测量的观测、记录 3. 能进行各种工程施工高程控制测量网的布设和观测、记录 4. 能进行地下隧道工程控制导线的选点、埋石和观测、记录	1. 测量误差产生的原因及其分类的知识 2. 水准、水平角、垂直角、光电测距仪观测的误差来源及其减弱措施的知识 3. 工程测量细部放样网的布网原则、施测方法及主要技术要求 4. 高程控制测量网的布设方案及测量的知识 5. 地下导线控制测量的知识 6. 工程施工控制网观测的记录和限差要求的知识

续表

职业功能	工作内容	技能要求	相关知识
二、测量	(二)工程测量	1. 能进行各类工程建、构筑物方格网轴线测设、放样及规划改正的测量、记录 2. 能进行各种线路工程中线测量的测设、验线和调整 3. 能进行圆曲线、缓和曲线的测设、记录 4. 能进行地下贯通测量的施测和贯通误差的调整	1. 各类工程建、构筑物方格网轴线测设及规划改正的知识 2. 各种线路工程测量的知识 3. 地下工程贯通测量的知识 4. 各种圆曲线、缓和曲线测设方法的知识 5. 贯通误差概念和误差调整的知识
	(三)地形测量	1. 能进行大比例尺地形图测绘 2. 能进行水下地形测绘	1. 数字化成图的知识 2. 水下地形测量的施测方法
三、数据处理	(一)数据整理	1. 能进行各类工程施工控制网观测的检查与整理 2. 能进行各类工程施工控制网轴线测设、放样及规划改正测量的检查与整理 3. 能进行各种线路工程中线测量的测设、验线和调整的检查与整理	各种轴线、中线测设、调整测量的计算知识
	(二)计算	1. 能进行各种导线网、水准网的平差计算及精度评定 2. 能进行轴线测设与细部放样数据准备的平差计算 3. 能进行地下管线测量的计算与资料整理 4. 能进行变形观测资料的整编	1. 高斯投影的基本知识 2. 衡量测量成果精度的指标 3. 地下管线测量数据处理的相关知识 4. 变形观测资料整编的知识
四、质量检查与技术指导	(一)控制测量检验	1. 能进行各等级导线、水准测量的观测、计算成果的检查 2. 能进行各种工程施工控制网观测成果的检查	1. 各等级导线、水准测量精度指标、质量要求和成果整理的知识 2. 各种工程施工控制网观测成果的限差规定、质量要求
	(二)工程测量检验	1. 能进行各类工程细部点放样的数据检查与现场验测 2. 能进行地下管线测量的检查 3. 能进行变形观测成果的检查	1. 各类工程细部点放样验算方法和精度要求的知识 2. 地下管线测量技术规程、质量要求和检查方法的知识 3. 变形观测成果计算、精度指标和质量要求的知识
	(三)地形测量检验	1. 能进行各种比例尺地形图测绘的检查 2. 能进行纵横断面图测绘的检查 3. 能进行各种比例尺水下地形测量的检查	1. 地形图测绘的精度指标、质量要求的知识 2. 纵横断面图测绘的精度指标、质量要求的知识 3. 水下地形测量的精度要求,施测方法和检查方法的知识
	(四)技术指导	能在测量作业过程中对低级别工程测量员进行技术指导	在作业现场进行技术指导的知识

续表

职业功能	工作内容	技能要求	相关知识
五、仪器设备维护	仪器设备使用与维护	1. 能进行精密经纬仪、精密水准仪、光电测距仪、全站型电子经纬仪的使用和日常保养 2. 能进行电子计算机的操作使用和日常维护 3. 能进行各种电子仪器设备的常规操作及相互间的数据传输	1. 各种精密测绘仪器的性能、结构及保养常识 2. 电子计算机操作与维护保养知识 3. 各种电子仪器的操作与数据传输知识

3.4　工程测量技师

职业功能	工作内容	技能要求	相关知识
一、方案制定	方案制定	1. 能根据工程特点制定各类工程测量控制网施测方案 2. 能按照实际需要制定变形观测的方法与精度的方案 3. 能根据现场条件制定竖井定向联系测量施测方法、图形、定向精度的方案 4. 能根据工程特点制定施工放样方法与精度要求的方案 5. 能制定特种工程测量控制网的布设方案与技术要求	1. 运用误差理论对主要测量方法(导线测量、水准测量、三角测量等)进行精度分析与估算的知识 2. 确定主要工程测量控制网精度的知识 3. 变形观测方法与精度规格确定的知识 4. 地下控制测量的特点、施测方法及精度设计的知识 5. 联系三角形定向精度及最有利形状的知识 6. 施工放样方法的精度分析及选择 7. 特种工程测量控制网的布设与精度要求的知识
二、测量	(一) 控制测量	能进行各种工程测量控制网布设的组织与实施	工程控制网布设生产流程与生产组织知识
	(二) 工程测量	1. 能进行各种工程轴线(中线)测设的组织与实施 2. 能进行各种工程施工放样测量的组织与实施 3. 能进行地下工程测量的组织与实施 4. 能进行特种工程测量的组织与实施	1. 各类工程建设项目对测量工作的要求 2. 工程建设各阶段测量工作内容的知识
	(三) 地形测量	能进行大比例尺地形图、纵横断面图和水下地形测绘的组织与实施	地形测量生产组织与管理的知识

续表

职业功能	工作内容	技能要求	相关知识
三、数据处理	数据处理	1. 能进行控制测量三角网、边角网的平差计算和精度评定 2. 能进行各种工程测量控制网的平差计算和精度评定	1. 各种测量控制网平差计算的知识 2. 各种测量控制网精度评定的方法
四、质量检验与技术指导	（一）控制测量检验	1. 能进行各等级导线网、水准网测量成果的检验、精度评定与资料整理 2. 能进行各种工程施工控制网测量成果的检验、精度评定与资料整理	1. 各等级导线网、水准网质量检查验收标准 2. 各种工程施工控制网的质量检查验收标准
	（二）工程测量检验	1. 能进行各种工程轴线（中线）测设的数据检查与现场验测 2. 能进行地下管线测量成果的检验 3. 能进行变形观测成果的检验	1. 各种工程轴线（中线）的检验方法和精度要求的知识 2. 地下管线测量的质量验收标准 3. 变形观测资料质量验收标准
四、质量检验与技术指导	（三）地形测量检验	1. 能进行各种比例尺地形图测绘的检验 2. 能进行纵横断面图测绘的检验 3. 能进行各种比例尺水下地形测量的检验	1. 各种比例尺地形图精度分析知识 2. 各种比例尺地形图测绘质量检验标准 3. 纵横断面图测绘的质量检验标准 4. 水下地形测量的质量检查验收标准
	（四）技术指导与培训	1. 能根据工程特点与难点对低级别工程测量员进行具体技术指导 2. 能根据培训计划与内容进行技术培训的授课 3. 能撰写本专业的技术报告	1. 技术指导与技术培训的基本知识 2. 撰写技术报告的知识
五、仪器设备维护	仪器设备使用与维护	1. 能进行各种测绘仪器设备的常规检校 2. 能制定常用测量仪器的检定、保养及使用制度	1. 测绘仪器设备管理知识 2. 各种测量仪器检校的知识

3.5 工程测量高级技师

职业功能	工作内容	技能要求	相关知识
一、技术设计	技术设计	1. 能根据工程项目特点编制各类工程测量技术设计书 2. 能根据测区情况和成图方法的不同要求编制各种比例尺地形图测绘技术设计书 3. 能根据工程的具体情况与工程要求编制变形观测的技术设计书 4. 能编制特种工程测量技术设计书	1. 工程测量技术管理规定 2. 工程测量技术设计书编写知识
二、测量	控制测量	能根据规范与有关技术规定的要求对工程控制网测量中的疑难技术问题提出解决方案	规范与有关技术规定的知识
	工程测量	能根据工程建设实际需要对工程测量中的技术问题提出解决方案	工程管理的基本知识
	地形测量	能根据测区自然地理条件或工程建设要求对各种比例尺地形图的地物、地貌表示提出解决方案	地形图测绘技术管理规定
职业功能	工作内容	技能要求	相关知识
三、数据处理	数据处理	1. 能进行工程测量控制网精度估算与优化设计 2. 能进行建筑物变形观测值的统计与分析	1. 测量控制网精度估算与优化设计的知识 2. 建筑物变形观测值的统计与分析知识
四、质量审核与技术指导	(一) 质量审核与验收	1. 能进行各类工程测量成果的审核与验收 2. 能进行各种成图方法与比例尺地形图测绘成果资料的审核与验收 3. 能进行建筑物变形观测成果整编的审核与验收 4. 能根据各类成果资料审核与验收的具体情况编写观测测量的技术报告	1. 工程测量成果审核与验收技术规定的知识 2. 地形图测绘成果验收技术规定的知识 3. 建筑物变形观测成果资料验收技术规定的知识 4. 编写测量成果验收技术报告的知识
	(二) 技术指导与培训	1. 能根据工程测量作业中遇到的疑难问题对低等级工程测量员进行技术指导 2. 能根据本单位实际情况制定技术培训规划并编写培训计划	制定技术培训规划的知识

4. 比重表

4.1　理论知识

项目		初级工程测量员(%)	中级工程测量员(%)	高级工程测量员(%)	工程测量技师(%)	工程测量高级技师(%)
基本要求	职业道德	5	5	5	5	5
	基础知识	25	20	15	10	5
相关知识	准备	15	15	10		
	测量	35	35	35	15	15
	数据处理	5	10	12	15	20
	质量检验与技术指导			18	40	40
	仪器设备维护	15	15	5	5	
	方案制定				10	
	技术设计					15
	合计	100	100	100	100	100

4.2　技能操作

项目		初级工程测量员(%)	中级工程测量员(%)	高级工程测量员(%)	工程测量技师(%)	工程测量高级技师(%)
技能要求	准备	20	10	10	—	—
	测量	50	57	52	30	30
	数据处理	15	20	15	15	20
	仪器设备维护	15	13	5	3	—
	质量检验与技术指导	—	—	18	37	30
	方案制定	—	—	—	15	—
	技术设计	—	—	—	—	20
	合计	100	100	100	100	100

附录2　工程测量员中级理论知识试卷

注　意　事　项

1. 考试时间：120分钟。
2. 本试卷依据《工程测量员》国家职业标准(6－01－02－04)命制。
3. 请首先按要求在试卷的标封处填写您的姓名、准考证号和所在单位的名称。
4. 请仔细阅读各种题目的回答要求，在规定的位置填写您的答案。
5. 不要在试卷上乱写乱画，不要在标封区填写无关的内容。

一、单项选择(第1题～第80题。选择一个最合适的答案，将相应的字母填入题内的括号中。每题1分，满分80分。)

1. 绝对高程是地面点到(　　)的铅垂距离。

A. 坐标原点　　B. 大地水准面　　C. 任意水准面　　D. 赤道面

2. 用水准仪望远镜在标尺上读数时，应首先消除视差，产生视差的原因是(　　)。

A. 外界亮度不够　　B. 标尺不稳

C. 标尺的成像面与十字丝平面没能重合　　D. 十字丝模糊

3. 以下(　　)是导线测量中必须进行的外业工作。

A. 测水平角　　B. 测竖角　　C. 测气压　　D. 测垂直角

4. 下列关于等高线的叙述是错误的是(　　)。

A. 所有高程相等的点在同一等高线上

B. 等高线必定是闭合曲线，即使本幅图没闭合，则在相邻的图幅闭合

C. 等高线不能分叉、相交或合并

D. 等高线经过山脊与山脊线正交

5. 导线最好应布设成(　　)。

A. 附合导线　　B. 闭合水准路线　　C. 支水准路线　　D. 其他路线

6. 在进行高程控制测量时，对于地势比较平坦地区且精度要求高时，一般采用(　　)。

A. 水准测量　　B. 视距测量　　C. 三角高程测量　　D. 气压测量

7. 在进行高程控制测量时，对于地势起伏较大的山区且精度要求低时，一般采用(　　)。

A. 水准测量　　B. 视距测量　　C. 三角高程测量　　D. 气压测量

8. 以真子午线北端作为基本方向顺时针量至直线的夹角称为该直线的(　　)。

A. 坐标方位角　　B. 子午线收敛角　　C. 磁方位角　　D. 真方位角

9. 下列所列各种点，(　　)属于平面控制点。

A. 导线点　　B. 水准点　　C. 自画点　　D. 三角高程点

10. 下列所列各种点，(　　)属于高程控制点。

A. 三角点　　B. 水准点　　C. 导线点　　D. 自画点

11. 测量工作的基准线是(　　)。

A. 曲线　　B. 线段　　C. 铅垂线　　D. 直线

12. 野外测量工作的基准面是(　　)。

A. 大地水准面　　B. 任意水准面　　C. 赤道面　　D. 坐标原点

13. 三等水准测量采用(　　)的观测顺序可以减弱仪器下沉的影响。

A. 前—后—前—后　　B. 前—前—后—后

C. 前—后—后—前　　D. 后—前—前—后

14. 经纬仪与水准仪十字丝分划板上丝和下丝的作用是(　　)。

A. 美观　　B. 测量视距　　C. 保证平行　　D. 瞄准

15. 水准测量中,转点 TP 的主要作用是(　　)。

A. 休息　　B. 传递高程　　C. 垫高尺子　　D. 固定点位

16. 等高线应与山脊线及山谷线(　　)。

A. 成 45°角　　B. 一致　　C. 平行　　D. 垂直

17. 测图比例尺越大,表示地表现状越(　　)。

A. 简单　　B. 复杂　　C. 详细　　D. 简洁

18. 相对高程是地面点到(　　)的垂直距离。

A. 大地水准面　　B. 假定大地水准面

C. 任意水准面　　D. 赤道面

19. 权与中误差的平方成(　　)。

A. 正比　　B. 反比　　C. 一致　　D. 相反

20. 在球面上用地理坐标表示点的平面坐标时,地面点的位置通常用(　　)表示。

A. 方向　　B. 时区　　C. 经纬度　　D. 坐标

21. 将地面点由球面坐标系统转变到平面坐标系统的变换称为(　　)。

A. 放大　　B. 缩小　　C. 球面投影　　D. 地图投影

22. 直线定向是确定一直线与标准方向间(　　)的工作。

A. 直线关系　　B. 曲线关系　　C. 角度关系　　D. 坐标关系

23. 经纬仪测回法测量垂直角时盘左盘右读数的理论关系是(　　)。

A. 两者差为零　　B. 两者和为 360°

C. 两者差为 180°　　D. 两者和为 180°

24. 高斯投影属于(　　)。

A. 等面积投影　　B. 等距离投影　　C. 等角投影　　D. 等长度投影

25. 目镜调焦的目的是(　　)。

A. 看清十字丝　　B. 看清物像　　C. 消除视差　　D. 以上都不对

26. 已知 A 点高程为 62.118 m,水准仪观测 A 点标尺的读数为 1.345 m,则仪器视线高程为(　　)m。

A. 60.773　　B. 63.463　　C. 62.118　　D. 62.000

27. 坐标方位角的取值范围为(　　)。

A. 0°～270°　　B. −90°～90°　　C. 0°～360°　　D. −180°～180°

28. 导线测量角度闭合差的调整方法是(　　)。

A. 反号按角度个数平均分配　　B. 反号按角度大小比例分配

C. 反号按边数平均分配　　D. 反号按边长比例分配

29. 三角高程测量中,采用对向观测可以消除(　　)的影响。

A. 视差　　B. 视准轴误差

C. 地球曲率差和大气折光差　　D. 水平度盘分划误差

30. 同一幅地形图内，等高线平距越大，表示(　　)。

A. 等高距越大　　B. 地面坡度越陡

C. 等高距越小　　D. 地面坡度越缓

31. 施工放样的基本工作包括测设(　　)。

A. 水平角、水平距离与高程　　B. 水平角与水平距离

C. 水平角与高程　　D. 水平距离与高程

32. 沉降观测宜采用(　　)方法。

A. 三角高程测量　　B. 水准测量或三角高程测量

C. 水准测量　　D. 等外水准测量

33. 在(　　)为半径的圆面积之内进行平面坐标测量时，可以用过测区中心点的切平面代替大地水准面，而不必考虑地球曲率对距离的投影。

A. 100 km　　B. 50 km　　C. 25 km　　D. 10 km

34. 水平角观测时，各测回间改变零方向度盘位置是为了削弱(　　)误差影响。

A. 视准轴　　B. 横轴　　C. 指标差　　D. 度盘分划

35. 衡量导线测量精度的指标是(　　)。

A. 坐标增量闭合差　　B. 导线全长闭合差

C. 导线全长相对闭合差　　D. 以上都不对

36. 高差与水平距离之(　　)为坡度。

A. 和　　B. 差　　C. 比　　D. 积

37. 经纬仪测量水平角时，正倒镜瞄准同一方向所读的水平方向值理论上应相差(　　)。

A. 180°　　B. 0°　　C. 90°　　D. 270°

38. 1∶5 000 地形图的比例尺精度是(　　)。

A. 5 m　　B. 0.1 mm　　C. 5 cm　　D. 50 cm

39. 以下不属于基本测量工作范畴的一项是(　　)。

A. 高差测量　　B. 距离测量　　C. 导线测量　　D. 角度测量

40. 对某一量进行观测后得到一组观测值，则该量的最或是值为这组观测值的(　　)

A. 最大值　　B. 最小值　　C. 算术平均值　　D. 中间值

41. 闭合水准路线高差闭合差的理论值(　　)。

A. 总为 0　　B. 与路线形状有关

C. 为一不等于 0 的常数　　D. 由路线中任两点确定

42. 用经纬仪测水平角和竖直角，一般采用正倒镜方法，下面不能用正倒镜法消除的仪器误差是(　　)。

A. 视准轴不垂直于横轴　　B. 竖盘指标差

C. 横轴不水平　　D. 竖轴不竖直

43. 下面关于控制网的叙述错误的是(　　)。

A. 国家控制网从高级到低级布设

B. 国家控制网按精度可分为 A、B、C、D、E 五级

C. 国家控制网分为平面控制网和高程控制网

D. 直接为测图目的建立的控制网，称为图根控制网

44. 下面关于高斯投影的说法正确的是（　　）。

A. 中央子午线投影为直线，且投影的长度无变形

B. 离中央子午线越远，投影变形越小

C. 经纬线投影后长度无变形

D. 高斯投影为等面积投影

45. 根据工程设计图纸上待建的建筑物相关参数将其在实地标定出来的工作是（　　）。

A. 导线测量　　B. 测设　　C. 图根控制测量　　D. 采区测量

46. 已知某直线的方位角为160°，则其象限角为（　　）。

A. 20°　　B. 160°　　C. 南东20°　　D. 南西110°

47. 系统误差具有的特点为（　　）。

A. 偶然性　　B. 统计性　　C. 累积性　　D. 抵偿性

48. 任意两点之间的高差与起算水准面的关系是（　　）。

A. 不随起算面而变化　B. 随起算面变化　　C. 总等于绝对高程　　D. 无法确定

49. 经纬仪不能直接用于测量（　　）。

A. 点的坐标　　B. 水平角　　C. 垂直角　　D. 视距

50. 用水准测量法测定A、B两点的高差，从A到B共设了两个测站，第一测站后尺中丝读数为1234，前尺中丝读数1470，第二测站后尺中丝读数1430，前尺中丝读数0728，则高差为（　　）米。

A. －0.938　　B. －0.466　　C. 0.466　　D. 0.938

51. 用水准仪进行水准测量时，要求尽量使前后视距相等，是为了（　　）。

A. 消除或减弱水准管轴不垂直于仪器旋转轴误差影响

B. 消除或减弱仪器升沉误差的影响

C. 消除或减弱标尺分划误差的影响

D. 消除或减弱仪器水准管轴不平行于视准轴的误差影响

52. 某地图的比例尺为1∶1 000，则图上6.82厘米代表实地距离为（　　）。

A. 6.82米　　B. 68.2米　　C. 682米　　D. 6.82厘米

53. 测量地物、地貌特征点并进行绘图的工作通常称为（　　）。

A. 控制测量　　B. 水准测量　　C. 导线测量　　D. 碎部测量

54. 一组测量值的中误差越小，表明测量精度越（　　）。

A. 高　　B. 低

C. 精度与中误差没有关系　　D. 无法确定

55. 在地图上，地貌通常是用（　　）来表示的。

A. 高程值　　B. 等高线　　C. 任意直线　　D. 地貌符号

56. 将地面上各种地物的平面位置按一定比例尺，用规定的符号缩绘在图纸上，这种图称为（　　）。

A. 地图　　B. 地形图　　C. 平面图　　D. 断面图

57. 由一条线段的边长、方位角和一点坐标计算另一点坐标的计算称为（　　）。

A. 坐标正算　　B. 坐标反算　　C. 导线计算　　D. 水准计算

58. 水准测量时对一端水准尺进行测量的正确操作步骤是(　　)。

A. 对中　整平　瞄准　读数　　B. 整平　瞄准　读数　精平

C. 粗平　精平　瞄准　读数　　D. 粗平　瞄准　精平　读数

59. 通常所说的海拔高指的是点的(　　)。

A. 相对高程　　B. 高差　　C. 高度　　D. 绝对高程

60. 水平角测量通常采用测回法进行,取符合限差要求的上下单测回平均值作为最终角度测量值,这一操作可以消除的误差是(　　)。

A. 对中误差　　B. 整平误差　　C. 视准误差　　D. 读数误差

61. 角度测量读数时的估读误差属于(　　)。

A. 中误差　　B. 系统误差　　C. 偶然误差　　D. 相对误差

62. 经纬仪对中和整平操作的关系是(　　)。

A. 互相影响,应反复进行　　B. 先对中,后整平,不能反复进行

C. 相互独立进行,没有影响　　D. 先整平,后对中,不能反复进行

63. 大地水准面是通过(　　)的水准面。

A. 赤道　　B. 地球椭球面

C. 平均海水面　　D. 中央子午线

64. 水平角观测时,各测回间改变零方向度盘位置是为了削弱(　　)误差影响。

A. 视准轴　　B. 横轴　　C. 指标差　　D. 度盘分划

65. 经纬仪导线测量中必须进行的外业工作是(　　)。

A. 测水平角　　B. 测高差　　C. 测气压　　D. 测垂直角

66. 右图为某地形图的一部分,三条等高线所表示的高程如图所视,A 点位于 MN 的连线上,点 A 到点 M 和点 N 的图上水平距离为 $MA=3$ mm,$NA=2$ mm,则 A 点高程为(　　)。

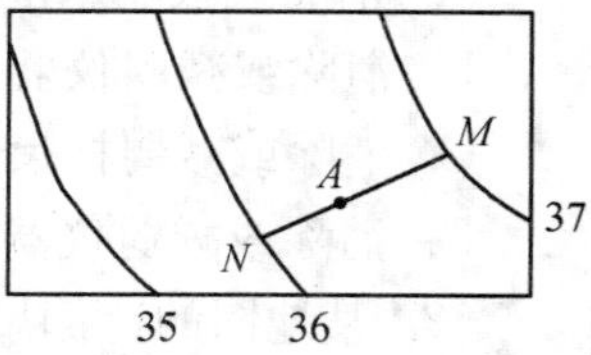

A. 36.4 m　　B. 36.6 m

C. 37.4 m　　D. 37.6 m

67. 1∶1000 地形图的比例尺精度是(　　)。

A. 1 m　　B. 1 cm　　C. 10 cm　　D. 0.1 mm

68. 下面关于铅垂线的叙述正确的是(　　)。

A. 铅垂线总是垂直于大地水准面　　B. 铅垂线总是指向地球中心

B. 铅垂线总是互相平行　　C. 铅垂线就是椭球的法线

69. 以下测量中不需要进行对中操作是(　　)。

A. 水平角测量　　B. 水准测量

C. 垂直角测量　　D. 三角高程测量

70. 某多边形内角和为 1 260°,那么此多边形为(　　)

A. 六边形　　B. 七边形　　C. 八边形　　D. 九边形

71. 视距测量中,上丝读数为 3.076 m,下丝读数为 2.826 m,则距离为(　　)。

A. 25 m　　B. 50 m　　C. 75 m　　D. 100 m

72. 采用 DS_3 水准仪进行三等以下水准控制测量,水准管轴与视准轴的夹角不得大于(　　)。

A. 12″　　B. 15″　　C. 20″　　D. 24″

73. 水准仪最主要的功能是测量(　　)。

A. 角度　　B. 距离　　C. 高差　　D. 以上都对

74. 经纬仪最主要的功能是测量(　　)。

A. 角度　　B. 距离　　C. 高差　　D. 以上都对

75. DS_3 型水准仪表示该仪器每公里往返测高差所得平均高差的中误差为(　　)mm。

A. 1　　B. 2　　C. 3　　D. 6

76. DS_3 型水准仪的水准管分划值为(　　)。

A. 10″/2 mm　　B. 20″/4 mm　　C. 20″/2 mm　　D. 20″/4 mm

77. DJ_6 型经纬仪表示该仪器一测回方向观测中误差为(　　)。

A. 3″　　B. 6″　　C. 9″　　D. 12″

78. 分别在两个已知点向未知点观测,测量两个水平角后计算未知点坐标的方法是(　　)。

A. 导线测量　　B. 侧方交会　　C. 后方交会　　D. 前方交会

79. 如图所示支导线,AB 边的坐标方位角为 120°,转折角如图,则 CD 边的坐标方位角为(　　)。

A. 190°　　B. 10°

C. 90°　　D. 40°

80. 用水准仪望远镜在标尺上读数时,应首先消除视差,产生视差的原因是(　　)。

A. 外界亮度不够　　B. 标尺不稳

C. 标尺的成像面与十字丝平面没能重合　　D. 十字丝模糊

二、判断题(第 81 题～第 100 题。将判断结果填入括号中。正确的填"√",错误的填"×"。每题 1 分,满分 20 分。)

81. 测量计算的基准面必须是大地水准面。(　　)

82. 全站仪能在一个测站上完成角度、距离、坐标的测量工作。(　　)

83. 高差测量不属于基本测量工作的范畴。(　　)

84. 望远镜物镜光心与十字丝分划板中心(或十字丝交叉点)的连线,称为水准轴。(　　)

85. 1∶5 000 地形图的比例尺精度是 50 cm。(　　)

86. 测定就是把图纸上设计好的建筑物、构筑物的平面高程位置,按设计要求把他们标定在地面上,作为施工的依据。(　　)

87. DS_1 型水准仪表示该仪器每千米往返测高差所得平均高差的中误差为 3 mm。(　　)

88. 导线测量的外业工作是踏勘选点,测角,丈量边长。(　　)

89. 建筑场地的平面控制中,高程控制在一般情况下,采用二等水准测量方法。(　　)

90. 道路横断面测量是测定各中桩垂直于路中线方向的地面起伏情况。(　　)

91. 等高线是地面上高程相等的相邻点的连线。(　　)

92. 在等精度观测中,对某一角度重复观测 n 次,观测值的观测精度是不同的。(　　)

93. 一对双面水准尺的红、黑面的零点差应为 4.687 和 4.787。(　　)

94. 同一幅地形图内,等高线平距越大,表示地面坡度越陡。(　　)

95. 现在使用的国家高程基准为"1956 年黄海高程系"。(　　)

96. 经纬仪测量水平角时，正倒镜瞄准同一方向所读的水平方向值一般相差 90°。 (　　)

97. 水准测站上采取“后—前—前—后”的观测次序，可以消减仪器下沉影响。 (　　)

98. 水准高程引测中，采用偶数站观测，路线起、终点使用同一根尺，其目的是为了克服水准尺的零点差。 (　　)

99. 为了能在图上判别出实地 0.2 m，应选择 1/2 000 的地形图测图比例尺。 (　　)

100. DJ_2 型经纬仪表示该仪器一测回方向观测中误差为 6″。 (　　)